機能水
実用ハンドブック

ウォーターサイエンス研究会●編

The Handbook of The Science of Water

人間と歴史社

発刊にあたって

Water Science

水はエントロピーを越えて生命を育む

「水だ！」――この一言によって哲学は開幕した。宣言したのはターレスである。このことをアリストテレスは次のように証言している。

「かれ(ターレス)がこう判断したのは、恐らくは、万物の養分には水気があり、熱そのものさえこれから生じ、これによって活きつづけるのを見てであろう」――。そして、「万物の種子(精子)が自然本性上水気をもっている、という理由からもこう判断したのであろう」と。まさにターレスこそ「水」というカオスを初めて哲学と科学の眼をもって芸術化した最初の人であったということができる。

「万物の根源(アルケー)は水だ」――というターレスの言葉が、科学的に分析されたのは18世紀後半から19世紀初頭にかけてである。アボガドロらによって水は１個の酸素原子と２個の水素原子から成る分子量18の化合物であることが明らかにされた。

この時から水は「H_2O」と表され、その偉大な性能のゆえにあらゆる分野に利用され、現代ではとくに界面化学分野において液晶や各種LSIの洗浄液として、最先端技術を支えている。

しかし今日、水道の蛇口から出てくる水は無臭ではなくなり、その中にはまったく新しい、しかもいままで考えられなかった汚染物質が入っていることが明らかにされるに至って、多くの人は水道水に不安を感じ、自ら予防的手段を考えるようになった。中には水道の水を子どもに飲ませることを拒否する人さえ出始めている。水はもはや安全な身近なものではなくなりつつある。

従来、「水」と「H_2O」は混同されることなく共存してきた。少なくとも前産業社会では水は純粋性と再生をもたらす「素材」と知覚されてきた。それがいまや生きた水に触れる機会すら失われようとしている。反面、科学技術は水をより純度の高いものに作りあげ、「純水」「超純水」へと精度を増すことによって、より高度な技術開発の素材にしようとしている。その結果、「H_2O」は完全に洗浄の液体と化してしまった。

かつては水に触れることで、またあらゆるものが水に流されることでいったん「アルケー」(根源)に帰し、洗われ、清められた状態で「再生」を遂げるといった精神的、神秘的な意味をもつ素材が水であった。それが産業用、技術用の洗剤となり、肌にとって有毒な素材として恐れられるようになったのである。

「H_2O」は近代社会の創造物である。それゆえ技術的な管理を要する。そのシステムの犠牲になった時、水は廃棄物と毒のベクトルとなろう。

同一にして相反する素材――それが水であり、H_2Oである。

生命はおよそ35億年前に海の中で誕生したといわれる。そして、30億年もの間、生物は水の中で進化をくり返し、いまから２億２千万年前に陸へと進出していったとされている。

生命誕生のドラマは一方で紫外線との闘いであった。生命が誕生した頃の地球にはまだ大気中に酸素もオゾンもなく、強力な紫外線が降り注いでいたと考えられている。もし、地上に生物が誕生したとしても、強い紫外線のためDNAが破壊されて生存も進化も不可能であったろう。どこか紫外線を避けるところ、遮るところが必要であった。水深50～100メートルのところなら紫外線は届かない。しかも、水の中なら大気中に酸素もオゾンもなくとも生物は生存できたであろう。そこで生まれた原始生物は光合成を行い、生命活動を行い酸素を作り出していった。酸素がある程度増えればオゾンも増え、紫外線は遮ぎられて、地上での生存も可能となり、生物は陸へと進出することができたのである。

しかも、水はただの液体ではなく、酸とアルカリの中和したニュートラルな性質も生命にとって好都合であった。もう一つ、水は４℃で最も比重が大きいという性質も幸いした。もしそうでなかったら、水は底から順に凍ってしまい、魚類は生存できなかったであろう。

さらに、水がさまざまな物を溶かす能力にすぐれているということも、生物の生存には都合がよかった。水は溶けやすいものをよく溶かし、溶かしにくいものは残すという偉大な能力をもっている。これが豊かな「土壌」を作り出すのである。肥沃な土とは細かい珪酸塩の粒子があり、生物の死骸――いわゆる有機物を大量に含んでいることでもある。つまり、水の溶解力が粘土をつくり、生物を育んできたといえる 。人類はこうした水の性質を利用して「農業」という産業を築いていったのである。

人間だけでなく、生物にとって水は重要な役割を果たしている。それは水の性質をよりよく利用しているということにほかならない。

生物の成分を分析すると３分の２は水である。人間も60％が水であり、新生児では70％以上が水である。血液や尿といった体液は、ほとんど水の中にいろいろな成分が溶け込んだものである。タンパク質や核酸などの生命活動に重要な働きをもった有機物や各種の酸、塩基、塩類が溶け込んでいる。これらの化学物質が化学反応を行う場を水はつくっている。水を「触媒」にして体内の化学反応は円滑に行われているのである。また、水にはいろいろな物質が溶け込むことから、細胞は細胞内への水の取り込みや排出を通して、栄養素を取り込み老廃物を排出することができる。

第２に、水はほかの物質と比べて分子量の割りに沸点や融点が異常に高く、かつその差が大きいという性質をもっている。このことは、液体として存在する温度範囲が広いということである。つまり、水が液体として存在するということは、生物の体内において良い媒体となっていることでもある。

第３は、比熱が大きいこと。そのため生物は体内に水を保持することによって、外部からの加熱や冷却に対して体内の温度をほぼ一定に保つことができるのである。

そして第4に、水は気化熱が大きいことが挙げられる。そのため植物では葉から水を蒸散でき、動物では発汗によって体内の温度の上昇を防ぐことができるのである。

第5に、水は表面張力が大きい。つまり、毛管現象と同じことが起こるために、植物での根からの水の吸収や動植物の体内で、細胞のすみずみまで水が浸透することができ、すみやかに細胞への栄養素の供給と老廃物の除去ができるのである。

第6番目には水の熱伝導率の大きいことがあげられる。生体内で化学反応が起こると必ず「熱」が産出されるが、熱伝導率が小さいと局所的に温度が高くなったり、熱の蒸散が皮膚表面だけに限られてしまい、熱が体内に蓄積されてしまうことになる。

そして最後に、水は氷にくらべて体積が小さいことである。氷が水に浮くのはそのためで、このことが水中での生物の生存を助け、厳寒期を生き延びさせたのである。

こうした水の不思議さ、特性はすべて水の「構造」にあるといってよい。

健康で美しく生きるということは、いかに生体を安定に保つかということである。水のエントロピーが生命を脅かすどころか、それを育んでいくという事実を新たな視点で捉える――。そのとき再び、水は「夢」を映す力をとり戻すことができよう。

本書の構成

第1章は「機能水の構造とメカニズム」を中心に構成した。

[1-1]「高温・高圧下における水の構造と物性」――分子モデル・分極モデル導入の必要性――と題された本稿では、水の構造と物性についてのこれまでの研究の成果を解説しつつ、水素結合の本質が正しい手法で導入されていないこと、分子モデルが単純であることから、常温・常圧では有効であったモデルが高温・高圧の超臨界状態では実験値と合わなくなることを指摘。高温・高圧状態における水の構造と物性について得られた知見を紹介したうえで「複数種類の分子モデル」や「分極モデル」導入が必須であると説いている。

[1-2]「水の平均的構造と動的構造」――分子動力学シミュレーションからみた水の液体構造――は、分子動力学法にもとづく水のモデルを説明し、モデルにもとづくシミュレーションによって水の熱力学量と輸送係数の異常がどのように再現されるかを例示している。さらに分子動力学シミュレーションによって得られた水の平均的構造、動的構造について解説している。

[1-3]「交流電場を利用した新しい水溶液分析」は、溶

液分子の振動のしやすさを外部から電場を作用させることで評価できる分析装置についてその原理と構造を説明し、さまざまな溶液における測定結果を紹介。電解質溶液の濃度を増していくと水分子とイオンの作る水和圏がひろがり、陰・陽イオンを骨格とした三次元高次構造が発生することを報告し、NMR分析機器との違いを解説しつつ、新たな水の構造変化の研究手段としての可能性を示唆している。

[1-4]「水溶液に対する磁場効果」は、コロイド分散系、原子間力顕微鏡、蛍光プローブを用い、単純かつ精密に制御された実験系において水溶液系への磁場効果、変動磁場と静磁場での水溶液への効果の違い、多孔質粒子へのイオン吸着速度や多孔質膜中のイオン透過速度への磁場の影響に関して検討した結果を紹介。再現性の高い実験系とデータに基づき水溶液への磁場効果の存在を支持する内容となっている。

[1-5]「磁気処理水の物性変化のメカニズム」——蒸発速度からみた磁気処理水の物理的特性——は、磁気処理水の基礎的研究の試みとして純水の物性変化と磁気処理の関係を調べることを課題とした研究に、物性変化の指標として安定性があり再現性のある蒸発速度を採用し、攪拌磁気処理、静水磁気処理と蒸発速度の関係、蒸発速度に対する磁場の強さの影響、溶存酸素の影響について実験を紹介している。また、溶存酸素のある状態での純水の攪拌磁気処理によって蒸発速度が減少するが、溶存酸素が少ないと速度は変化しないこと、静水磁気処理では溶存酸素は蒸発速度には関与しないなどの結果を紹介し、磁気処理水の物性変化のメカニズムを考察している。

[1-6]「機能水の分析方法と問題点」として、機能水の物性分析・計測法を水中に含まれる物質の定性·定量に関する方法と水溶液全体の状態分析をする方法に大別し、後者に関してはX線·中性子線回折測定、熱力学的測定、NMRスペクトル測定、中性子散乱測定、振動分光測定、分子動力学法などさまざまな測定・シミュレーション手法によって得られる情報のタイムスケールと水の構造について図表化。それぞれの測定法における注意事項、問題点を指摘・議論する内容となっている。

[1-7]「水とタンパク質の相互作用のメカニズム」——疎水クラスターによるタンパク質の構造及び機能の調節——では、水がタンパク質の周りにどのように分布しているか、特性化しているかを誘導緩和測定などの結果をもとに解説し、疎水相互作用によって生成される疎水クラスターがタンパク質内にどのように形成されているか、タンパク質の構造や機能がどのように疎水クラスターによって調節されるかについて豊富な研究事例を紹介しつつ、水とタンパク質の相互作用のメカニズムを解説している。

[1-8]「機能水の特性評価方法」――機能水の物理化学的な特性評価と人工膜界面における挙動――では、分光法および表面張力測定による機能水の特性評価方法を紹介しつつ、さらに単層構造のリポソームを用いた研究において機能水の表面張力の挙動と人工膜界面における挙動が良く一致することを報告。今後の機能水研究における実験条件、実験装置などの画一化の重要性を指摘している。

[1-9]「エージング指標による水の評価」では、クラスターの大小、クラスターの分布による水の評価方法について解説したうえで、不安定水溶液が時間にともない安定水溶液に変化するエージング(老化)現象に着目。ORP-pHを基に定量的にエージングを評価する指標[AI]を水の新たな評価方法として提唱。温泉水を用いた評価の試験例を紹介している。

[1-10]「水の構造設計」――^{17}O-NMR化学シフト法による水の液体構造の遷移の研究――では、過去における水の液体構造理論と構造モデルの発展を要約して解説しつつ、さらにNMR分析による水の構造解析に関する研究をプロトンの交換速度、緩和時間測定、化学シフトの3つに大別して紹介。分子集合体である液体として水の構造を理解し、かつ水の構造設計を行わねばならない水利用の第三ステージにおける^{17}O-NMR化学シフト法の有効性を示唆している。

[1-11]「おいしい水、健康によい水の評価基準と4つの供給法」では、水温、化学成分、臭気、分子レベルの観点からおいしい水とは何かを解説し、健康に良い水とは何かを、水に含まれる化学成分の観点から考察。脳卒中死亡率の最低値を示す水質特性やWHOの飲料水ガイドラインを紹介している。考えられる飲み水の供給方法を4つのカテゴリーに分けて分類。安全な水の供給について問題を提起している。

[1-12]「ファジィ理論とバイオセンサーによる水の評価」では、水などのあいまいで微妙なものの評価においては、従来の重回帰分析よりもファジィ理論を適用した評価方法の方がすぐれていることを検証。また水のミネラル分の量に対応して起こるアルコール醗酵を検出するバイオセンサーを試作し、名水を審査。バイオセンサーが硬度だけでは表現しきれない水の微妙な差異を識別できる可能性を持つと報告。これらの評価方法によって感度の高い水質管理システムが構築可能であることを示唆している。

第2章では、「機能水による衛生管理と医学的効果」を中心に構成した。

[2-1]「弱酸性電解水のサニテーション効果」では、希塩酸を原料とした弱酸性電解水の生成方法と塩酸を原料とした場合の利点を説明し、次亜塩素酸溶液のpHによる殺菌力の変化、温度による殺菌力の変化、各種微生物に対する殺傷効果の違いなどについてデータにもとづき検証し、産業的利用における安全

性、保存性、経済性、環境への影響について考察。希塩酸を原料とした弱酸性電解水による高度のサニテーション効果の活用を提唱する。

[2-2]「酸性電解水と超音波処理水の特性と比較」では、酸性電解水と超音波処理水の製造原理を解説し、酸性電解水と超音波処理水の持つ機能と性質を溶液の物理化学的な観点から考察。両者における殺菌作用の違い、超音波処理水は余分な塩分、特に塩素系イオンを含まないので環境問題に特別な配慮を必要としないことなどを指摘。酸性電解水と超音波処理水の由来や物性の違いからどのような長所・短所が生じるかについての実用的な研究の重要性を説いている。

[2-3]「酸化水の殺菌作用とアルカリ性還元水の洗浄作用」では、強電解水の生成原理と性質、酸化水が殺菌に伴いどのように還元されるかをプロトン活動度pHと電子活動度peを示すダイアグラムを用いて解説。さらに酸性水の殺菌効果の特徴を、(1) 広殺菌スペクトル、(2) 瞬時の殺菌、(3) タンパク質による殺菌力の失効を、厳密な電子活性の定義に基づいて説明。副作用を伴わない殺菌効果を持つ酸性水、酸化を抑えながら発揮されるやさしい洗浄力をもつアルカリ水の使用上のポイントを挙げている。

[2-4]「イオン化カルシウム水の殺菌・保水効果」では、モルモットによる動物実験で塩化カルシウム水に比べ、カルシウムイオン水のほうが小腸粘膜からへの直接透過吸収性に優れることを実証。ラットの卵巣による実験結果から体内に取り込まれたあとも、塩化カルシウムとイオン化カルシウムでは陰イオンの違いによって生理作用にも違いが生じることを解説。さらにカルシウムイオン水の保湿・保水効果を皮膚、生鮮食品、乾燥食品において検証した結果を紹介している。

[2-5]「強電解酸性生成水の殺菌作用機序」では、強電解酸性生成水(酸性水)の抗酸菌から真菌まで代表的原因菌30種についての殺菌効果を試験、15秒以上の接触で完全な殺菌効果が得られることを報告。強電解酸性水の経時的消毒効果を試験した結果からアルブミンに殺菌効果消失作用があることを確認。さらにビタミンC、ビタミンEの添加実験から過酸化イオンのスカベンジの影響を考察している。アルブミンを含む組織の消毒では消毒部位のアルブミン濃度を1%以下にする工夫が必要など、酸性水の今後の医療面での応用においての考慮点を示している。

[2-6]「電解次亜水の食品衛生管理への応用」——電解次亜水の殺菌作用と食中毒防止への実用例——では、電解次亜水の物性、生成原理、食中毒原因菌に対するすぐれた殺菌作用のメカニズムを解説。電解次亜水を使用することの利点と使用上について説明。「貯水式」と「流水式」生成装置について、「流水式」生成装置を採用、電解次亜水が安全かつ有効に学

校給食センターの食品衛生管理に応用された事例を紹介している。

[2-7]「オゾン水の食品産業への活用」——オゾン水を用いた食品工場の洗浄殺菌および食品の洗浄除菌——では、オゾン水の特性、殺菌機構、オゾン水に影響を与える因子について解説し、オゾン溶解装置におけるオゾン溶解と拡散システムについて考察している。オゾン水によるグラム陰性細菌の殺菌効果、納豆菌バクテリオファージの不活性化についての試験結果を紹介。さらにオゾン水によるイチゴやブドウなどの果実、キュウリやレタスなどの野菜における殺菌効果を具体的なデータで検証し、オゾン水の食品産業への活用を提唱している。

[2-8]「アルカリイオン水の臨床効果」では、アルカリイオン水飲用の胃腸症状に対する効果について多数症例を同一基準に基づき臨床的に検討、便秘や下痢が明らかに改善されたことを確認。さらに、ラットにおける動物実験でアルカリイオン水の摂取によって白血球産生活性酸素が低下することを報告し、アルカリイオン水の生体への作用機序の解明には飲用時におけるサイトカイン－白血球－活性酸素、さらには自律神経－ホルモン－免疫系の変動を明らかにすることが重要であることを提案している。

[2-9]「電解還元水の医学的可能性」——電解還元水の活性酸素消去作用とガン細胞の増殖抑制——では、電解還元水の活性酸素消去作用の実験結果から電解還元水に含まれる活性酸素消去物質として水中に微量ながら安定して存在する活性水素を仮説しつつ、電解還元水のカタラーゼ酵素活性、DNA酸化損傷防止効果、ガン細胞の増殖抑制、形態変化、テロメア短縮、転移能の抑制作用を示す観察を報告。また電解還元水がサイトカイン遺伝子の活性化やインスリン様活性を持つ可能性を示唆する研究を紹介している。

[2-10]「電解酸性水の医療への応用」では、電解酸性水における酸化還元電位、pH、次亜塩素酸濃度の関係を解説し、次亜塩素酸による電解酸性水の殺菌機序を考察している。有機物、温度、保存、噴霧使用、吸着といった要因が殺菌作用にどのような影響を及ぼすかを説明。殺菌作用の確認方法としての溶存酸素量の測定方法、病院などでどのように利用するか、その際にどのような点に留意すべきかなどについて紹介している。

[2-11]「健康によい水・悪い水」では、水の硬度、弱アルカリ水、酸化還元電位の低い水、水分子のクラスターが小さい水、アルカリイオン水が健康に与えると考えられている影響について、どのようなメカニズムが作用しているかについて考察。さらに水によって媒介される病気と、それに関して開発途上国、先進国が抱えている問題、水道水に含まれる汚染物質——特にトリハロメタンと硝酸性物質が健康

に与える問題について解説している。

第３章では、「産業における機能水の応用展開」を中心に構成した。
[3-1]「農業における電気分解水を用いた病虫害防除」では、日本各地における強酸性電解水や強アルカリ性電解水などを用いたさまざまな農作物栽培(24品目)における病虫害防除の実績例および研究事例を紹介しつつ、農薬との混合使用における注意点を指摘するほか、生態系のバランスを考慮したより望ましい病虫害防除のあり方を提案する。

[3-2]「電解水の青枯病菌に対する殺菌効果」では、ＮＦＴ水耕栽培において電解水を用いた場合、時間経過にともない循環される電解水に生じる性質の変化を説明。電解水の持つ青枯病菌に対する高い殺菌効果を示す試験結果を報告している。さらにトマトのＮＦＴ水耕栽培における青枯病の防除試験の結果からｐＨの調整や電解水の循環時間制限などより有効な電解水の利用方法を考察する。

[3-3]「各種処理水の植物生育効果」では、音波、磁場、セラミックスなどが生み出す微弱エネルギーが水の質に変化をもたらすメカニズムを考察。各種処理水の効果をレタスの水耕栽培実験によって検証。さらに作物に含まれる水分を近赤外分光分析法で解析することでその生産地の判別も可能であることを示唆している。

[3-4]「環境保全型農業への転換」——稲作の収穫量に強電解水がもたらす効果についての実験的研究——強電解水である強酸化水と強還元水の持つ特性と実用面での効果を紹介。強電解水を稲作に利用する際における散布方法、漢方薬との併用方法について説明し、強電解水の稲作における実践3例にもとづき強電解水の稲の育成、収穫労力、収穫量における効果を考察。強酸化水と強還元水の交互散布の活用を環境保全型農業にもっとも近い農業技術として推奨する。

[3-5]「韓国における強電解水農法」では、韓国における電解水農法を紹介。電解水による土質改善、種子の消毒、作物栽培における病虫害防除の成果を報告。白菜、レタス、キュウリにおける模範栽培事例を紹介しつつ、また地域の特性に合わせた強電解水農法の実用・応用に際してのマニュアル化の重要性を指摘している。今後の日韓における産学共同型のさらなる技術開発を展望する。

[3-6]「石英斑岩(麦飯石)処理水の農業への応用」——石英斑岩による農薬の処理と培養液の活性化——では、石英斑岩(麦飯石)は古来、漢方薬として重用されていることから、その化学組成、放射能特性および理化学性についての分析結果を紹介。さらに石英斑岩が農薬を吸着する特性を持つメカニズムについて考察する。さらに石英斑岩のｐＨ緩衝効果に着目、溶液栽培における活性水としての麦飯石処理水

の可能性を示唆している。

[3-7]「電解処理水の生成方法と食品工業への応用」では、直流・交流電源、電気石の微小電極、磁気による起電力、高圧電場を利用しての電気処理水の製造方法を紹介しつつ、さらに明確な電気分解によって生成される陰極水と陽極水の特性について解説。陰極水の利用効果について豆腐や味噌の品質維持や米の吸水率の向上などについての実験結果を紹介し、陽極水についてはどのような場合や利用方法をすれば効果的な殺菌効果や鮮度維持効果を得られるかを、さまざまな事例にもとづき解説している。

[3-8]「オゾン水の科学と食品産業への応用」では、オゾン水の瞬時殺菌効果、安全性、利便性、脱臭・鮮度保持効果など食品加工分野で有効な理由を紹介。カットキュウリにおける大腸菌殺菌の実験から高濃度オゾン水の必要性を説く。操作簡便で安全な直流電圧を用いた高濃度オゾン水生成装置を推奨。食品加工にとどまらず、農・水・畜産業におけるオゾン水のさまざまな活用方法を提案している。

[3-9]「磁気処理水の防錆・除錆効果と作用機序」では、磁気処理水の持つ防錆効果は磁気処理水が水の中の溶存酸素の減少をもたらすことに起因することを報告。また水の中の鉄酸化物が磁気処理により凝集・沈殿し、赤水も防止されることを解説。加えて磁気処理によって酸化還元反応が惹起されることで除錆効果も期待できることを試験的に検証している。

[3-10]「スケール抑制と防錆効果のメカニズム」では、磁場によるスケール抑制のメカニズムとして「イオン濃縮」と「正負イオン衝突の増大」の影響を実験的に比較検討。スケールはスラッジという形で堆積することで抑制されるとし、防錆効果は電磁場処理による水の電位低下による鉄表面の影響によると考察している。

[3-11]「エレクトロニクス分野における精密洗浄」では、酸化性機能水と還元性機能水のそれぞれが持つ洗浄効果の特性や電解水とガス溶解水のクリーン度、3種類の機能水製造法などについて解説。さらにシリコンウェハー上のCuの洗浄やCMP処理後の微粒子除去における洗浄能力をデータで対比し、今後のエレクトロニクスの分野における用途拡大と効率的な製造方法の開発の重要性を解説する。

[3-12]「電子エコロジーの可能性」では、電子水の技術と効果を併用したパン工場、潅水技術、エコ農法、養鶏、酪農、アコヤ貝養殖などへの応用例を紹介。環境の保全・改善を可能とする電子物性技術の化学産業およびエネルギー産業への展開を提唱している。

[3-13]「高周波還元水の科学と産業への展開」では、高周波還元水の持つ赤錆の除去と防止効果のメカニズ

ムについて詳述。さらに原子力発電ボイラーにおけるスケール除去、灰のダイオキシン除去、レジオネラ菌抑制、湖沼浄化などへの展開を提案している。

[3-14]「新しい水の機能と可能性」——超臨界水による有機汚染物質分解への応用——では、超臨界水による加水分解反応によってフロンが短時間でCO_2と無機塩酸にまで分解されることを反応式で説明。プラスチック廃棄物の分解および土壌中の有機汚染物質の分解など、超臨界水の酸化反応はゴミ焼却等に付帯するさまざまな環境問題に応用できる可能性を提唱している。

◇

いま、機能水の中でもっとも注目を集めているのが「溶存水素水」である。「県立広島大学生命科学研究所」の岡安 元氏と三羽信比古氏らのチームは、水の中に従来の10倍の水素を溶かす技術に成功し、水に溶けた水素は「活性酸素」を消去する能力があり、実際にこの水が「ガン細胞」の増殖を抑える効果を確認したという。それによれば、ヒトの「舌ガン細胞」に通常の水と「溶存水素」の多い水を与えて培養したところ、通常の水ではガン細胞は増殖を続けたが、「溶存水素」の多い水ではガン細胞が壊れ、増殖が約3分の1に抑制されたという。この結果は、2006年3月に行われた第126回「日本薬学会」において「新規の高濃度溶存水素水による抗ガン効果と活性酸素抑制効果」との内容で発表されている。その要旨を以下に紹介する。

[目的]

水を電気分解して生じる溶存水素は、従来のフロー式でなく「溜置き式」とすると、高密度圧縮した活性炭への多量包含が可能となり、この溶存水素が、発ガンの元凶である活性酸素をマンツーマンで消去して、抗酸化作用に優れた水を調製できる。さらに、水の電気分解が従来の隔膜式でなく「非隔膜式」とする工夫により、従来の整水器によるアルカリ水とは異なり、体に優しい中性pHとなる。我々は、この高濃度溶存水素水を(株)高岳製作所・製 ActiveBIO ／型式EP-200MAPで調製し、その新規機能を調べ、今回報告する。

[実験方法]

高い溶存水素濃度(DH,0.9～1.5ppm)、低い酸化還元電位(ORP,-300mV以下)、pH6.6～7.4の高濃度溶存水素水を用いた。ガン細胞は播種後1、3、5時間で培地交換し、5日間のクローン増殖を行い、再構成した「基底膜」への浸潤を45～90分間行わせた。

[結果と考察]

(1) ヒト舌ガン細胞HSC-4は高濃度溶存水素水で調製した培地では、通常純水の培地よりも、細胞コロニー形成が21～22%抑制され、ヒト繊維肉腫細胞HT1080では41%抑制された。

(2) 高濃度溶存水素水を口腔内に10～20秒含んでも溶

存水素は81～96%維持されていたので、口腔ガン予防効果を今後検証していく。
(3) HT1080細胞のガン浸潤は、高濃度溶存水素水の培地では、通常水の培地よりも58～59%に抑制された。
(4) 酸化還元指示薬CDCFH-DAを用いた蛍光解析法によると、HT1080細胞は、高濃度溶存水素水の培地では、浸潤の引き金である細胞内の活性酸素が抑制されていた。
(5) 電子スピン共鳴法によると、高濃度溶存水素水はヒドロキシルラジカルを37%に抑制し、HPLC法によると通常純水では3～9時間で激減するビタミンCを27時間後でも72%を維持し、抗酸化作用が実証された。

この報告を受けて、早くも「次代の機能水」「大ブレークの予感」との期待と評価が高まっている。最近、機能水製造機器企業の数社が公正取引委員会から排除命令を受けるなど、機能水への評価はやや低迷気味であるが、この「10倍水素水」によって、再度、機能水が活況を呈するかも知れない。

◇

本書は1999年にウォーターサイエンス研究会より発行された『機能水の科学と利用技術』(8章42論文)を底本として再構成(3章37論文)し、新装・新訂のうえ表題を『機能水実用ハンドブック』とした。また、各論文のタイトルをより内容に即す表示とした。さらには読みやすくするため文中の漢字をひらき、句読点および改行を増やし、強調すべき箇所に「 」を設け、図版を新規作成して見やすくした。なお、所属・肩書きは初版発行当時のままとした。

◇

「水」を科学することは「土」「火」「風」「空」と同様、まさに地球・自然・生命・人間・医学・社会を科学することである。ここに示された数々の知見と提案、エビデンスと直感が、これからの地球文明の在り方を科学的に再構築し、最適化し、人類生存への地平を拓く資料となれば幸甚である。

2006年５月

ウォーターサイエンス研究会代表　江川芳信
人間と歴史社代表　佐々木久夫

序章

機能水研究への期待

二木　鋭雄

東京大学先端科学技術研究センター

はじめに

ひと昔前、「石油が水より安い国があるそうだ」と言われたことがあった。これは水は当然安価なものだ、と受けとられていたことを示している。今日、日本でもガソリンより高い水が普通のこととなっている。さらに、より高度な機能をもつ水に興味がもたれている。活性水、機能水、アルカリ水、酸性水、磁化水、オゾン水、抗酸化水、などなど、多種の水が身の回りにある。

一方、飲料水、廃水の水処理、超純水製造など、水に含まれているものを除去することも、もちろん水にとって重要な課題である。我々、生命科学分野の研究をする者にとって、実験室で鉄を含まない水を得ることは、今も大変な難題である。生命体にとって、またそれを構成する細胞にとっても、水は最も多くて重要な分子である。水は余りにも身近なものであるが、まだ不明のことも多い、これからの可能性を秘めたものであり、これからの発展が楽しみなものである。

1.　水の構造と性質

水に関する研究の歴史は長い。多数の先達によるすぐれた研究成果により、多くのことが明らかとなった。応用化学の分野でも水をうまく利用している。たとえば、有機化合物の酸素酸化反応によるハイドロパーオキサイドの合成において、アルカリ性の水を用いる二相系反応により収率を高め、かつ安全性の向上をはかるということが実用化されている。

しかし、この単純な、分子量わずか18という小分子である水の物理化学的性質、特徴がすべて明らかになった訳でもない。クラスター水というものの詳細もまだ不明である。何よりも、多種の機能水と言われているものの機能の発現メカニズムが明らかであるのはむしろ稀で、その多くはよく理解されていないというのが現状である。水を本当に上手く使うためには、これら基本的なことを明らかにすることが欠かせない。これからの課題と言えよう。

2.　機能水の機能とメカニズム

先にも述べたように、近年種々の機能、効能を唱えた機能水が世に出されている。特に、造水促進センターの機能水調査、機能水振興財団や機能水研究所の設立もあり、官民協同で調査、開発が進められ、広い分野で興味が持たれている。個々の機能水の詳細について、本書の各章で述べられているが、ここでは、その二、三について簡単にふれてみたい。

いわゆる機能水とは、(1)ある特定の物理的、化学的処理をした水、(2)ある特定の物質を添加した水、および(3)ある特定の物質を除去した水である。その中で現在最もよく利用されているのは「電解水」であろう。これは水に食塩を添加し、隔膜を介して電気分解し、陰極、陽極から電解アルカリイオン水、酸性イオン水を得る。 特にpH2.0～3.5のものを強酸性水、pH11.0～12.2のものを強アルカリ水と言うこともある。これらにそれぞれ種々の機能、効能が言われている。

陽極から得られる酸性水には塩素分子、次亜塩素酸HOClが含まれており、これらが殺菌能を発現すると考えられる。こうして電解酸性水は医療従事者、患者の清潔保持、医療器具の消毒、洗浄、環境浄化などに利用されている。次亜塩素酸による殺菌は、生体内での好中球など白血球による食作用と同じである。

これに対して電解アルカリイオン水の作用機序は明らかでない。アルカリイオン水には、胸やけ、胃部不快感、腹部膨満感、下痢、便秘などの腹部症状の改善に有効である(国立大蔵病院、北洞ら)とか、動物を用いた実験的胃粘膜傷害に対してアルカリイオン水の軽減効果を認めた結果(京都府立医大、吉川ら)が報告されている。また、ラットの胃粘膜上皮培養細胞に対する活性酸素種の酸化的傷害に対しても、アルカリイオン水に防御効果を示すことが認められている(京都府立医大、内藤ら)。

さらに、アルカリイオン水に、スーパーオキサイド、過酸化水素を消去し、スーパーオキサイドディスムターゼ(SOD)活性、カタラーゼ活性があること、そして活性酸素による核酸DNAの傷害を防ぐ効果もあると報告されている(九州大学、白畑ら)。しかし、何がどのようにしてこれらの効果を示すのか、そのメカニズムは分かっていない。

酸素は両刃の剣である。活性酸素種も同様である。スーパーオキサイドは酸化傷害を起こすと同時に、殺菌などにも使える。アニリンを酸化重合して得られる水に不溶の有機導電性粉末であるポリアニリンを水中に加えると、溶存酸素を還元してスーパーオキサイドを発生することが見出された(横浜桐蔭大学、森田ら)。このポリアニリンを用いると、排水中の雑菌を殺すこと、水の表面張力を低下し、種子の発芽を速める効果があることが認められている。酸化されたポリアニリンは還元により再生され、連続運転が可能なところも特長の一つである。

水は通常いくつかの分子が水素結合の力などにより集合体を形成している。ところが、このような水に磁場をかけると、水分子の集合体の小さいクラスター水と呼ばれるものになるという。クラスターの大きさは^{17}O－NMR(核磁気共鳴)などを用いて測定する。このように会合体のサイズの小さい水は、脂肪酸やトリグリセリドなどの油脂に対する分散性が優れ、また均一なエマルジョンを形成すること、アミラーゼ、セルラーゼ、トリプシン、リパーゼなどの加水分解酵素活性を上げるなどの効果が報告されている(筑波大、向高ら)。しかし、どの程度の大きさのクラスター水が生成するのか、どのような効果を示すのか、それらの再現性、定量性についてはさらに実験を追加して確認する必要がある。

水を高温、高圧で処理して得られる超臨界水は、有機物を速やかに溶解し、分解する性質をもつことが認められ、これを利用して実用化が進められている。

3.　水と生体

21世紀では生命科学が最重要課題の一つとなることは間違いない。生体と水との関わりは深い。また、近年活性酸素種、活性窒素種の生体における作用に関する科学が飛躍的に発展し、注目されている。すなわち、スーパーオキサイド、過酸化水素、一重項酸素、次亜塩素酸、一酸化窒素などの反応、作用である。

すでに上述したように、これらは生体にとってプラス、マイナス両方の作用を起こし得る。1998年のノーベル生理、医学賞は、一酸化窒素の血圧調節作用に関する1980年代の3人のアメリカ人の研究業績に対するものであったが、1990年代に入って、一酸化窒素がさらにより広汎な生理作用をすることが見出され、現在最も注目されているものの一つである(Science誌の選んだ1993年のMolecular of the Yearである！)。一酸化窒素とスーパーオキサイドが速やかに反応して生成するペルオキシナイトライト$ONOO^-$およびそのプロトン化されたONOOHの作用も興味深い。

上に述べたように、これら活性酸素種、活性窒素種を含む水の利用は今後の発展が期待される。

まず第一にこれら活性酸素種、活性窒素種は本質的に生体にとって毒となり得る。ということはこれらを殺菌、消毒に用い得るということである。これらによる細胞死のメカニズムの詳細が明らかになれば、さらにその用途が広がるとも期待される。特にこれら活性種の生成速度、発生量を上手くコントロールすることができれば可能性はさらに大きくなる。

細胞死には合目的的なものもある。これはアポトーシス(apoptosis)と呼ばれるもので、“apo 離れて”と“ptosis 落ちる”が加わったもので、秋になって葉が落ちる、という木にとって合目的的な細胞死からできた言葉である。この他、指の形成、カエルの変態(オタマジャクシのシッポが落ちる)も、われわれがよく知っている現象である。スーパーオキサイド、過酸化水素、一酸化窒素などがこのアポトーシスを誘導することができることが明らかになりつつある。これをコントロールして起こすことができれば、その意義は極めて大きい。「死ぬ」ことを忘れた細胞である癌細胞に、「死ぬ」という信号を与えることができれば、素晴らしい癌治療につながると期待される。先にも述べたように、いかにしてこれら活性種の生成量をコントロールするかが課題であろう。

これに類するものとして、オゾンを溶解させたオゾン水がある。特にヨーロッパにおいて、歯科、外科領域で消毒、殺菌にすでに広く実用化されているが、これも機能水の一つと言えよう。食品分野への応用も伸びると思われる。

このように、活性酸素種、活性窒素種は生体にとって毒であるが、一方、生体というものは極めて上手くできており、これの刺激に対しては対応する機能を有している。すなわち、酸化ストレスを受けると、それに対して生体は防御機能を高めて、これに適応しようとするのである。すなわち、酸化ストレスを受けたという信号を受けると、抗酸化酵素を産生し、必要な場にそれを遊走させる。あるいは、その場での抗酸化物の濃度を高める。このように高度な機能をホルミシス効果という。

実験的には、低線量の放射線を動物に照射することにより、その動物は抗酸化力を高めることが認められている。言い換えると、ある適度なストレスをかけることにより、ポテンシャルが上昇するということである。そのメカニズム、原因は不明であるが、活性酸素種の投与、接触により動植物の成長が促進されることがあるというのも、これに関連することかもしれない。農業、養殖漁業などへの応用も将来夢ではない。

4.　これから

水は分かっているようで、実体がつかみにくいところも多い。特に機能水と呼ばれているものは分かりにくい。しかし，上にも述べたように、また本書の各章で詳細に解説されているように、すでに多くの分野で機能水が実際に応用され、それ以上に今後の量的または質的な発展が期待されている。その正しい発展のためには、その効果の定量的確認、再現性も重要であるが、それと同時に、すでに繰り返し述べたように、その発現メカニズム、機序を、分子レベル、反応レベルで明らかにすることがどうしても必要である。これがなければ、長期的な発展、拡大は望めない。これはまた、理学、工学、農学、医学など広い分野にまたがる、文字通り学際的、境界領域の課題であり、その意味からも、今後、基盤の異なる研究者、技術者が協同して取り組むことの必要性が大きい。本書がその一つの土台となり、機能水が健全に、より広い領域に発展することが期待される。

機能水実用ハンドブック

Contents

執筆者一覧

二木鋭雄　東京大学先端科学技術研究センター長教授
大瀧仁志　立命館大学理工学部化学科教授
片岡洋右　法政大学工学部物質化学科教授
江原勝夫　東京工業大学工学部高分子工学科教官
東谷 公　京都大学大学院工学研究科教授
押谷 潤　岡山大学工学部精密応用化学科助手
石川光男　国際基督教大学教養学部理学科教授
西本右子　神奈川大学理学部化学科助手
須貝新太郎　創価大学工学部生物工学科教授
池口雅道　創価大学工学部生物工学科助教授
清水昭夫　創価大学工学部生物工学科講師
佐野　洋　農林水産省食品総合研究所食品物性研究室長
大河内正一　法政大学工学部物質化学科教授
高橋　晋　八戸工業大学大学院機械システム工学専攻
小嶋高良　八戸工業大学機械工学科助教授
高橋燦吉　八戸工業大学大学院機械システム工学専攻主任教授
中西　弘　大阪工業大学工学部土木工学科教授
佐々木　健　広島電機大学大学院工学研究科物質工学専攻教授
土井豊彦　森永乳業株式会社装置開発研究所主任研究員
香田　忍　名古屋大学大学院工学研究科物質制御工学専攻助教授
野村浩康　名古屋大学大学院工学研究科物質制御工学専攻
小川俊雄　高知大学名誉教授
八藤　眞　ＦＬＩ食と生活情報センター長
石島麻美子　神戸大学医学部付属病院麻酔科
加川弘之　旭硝子エンジニアリング株式会社機能商品部主任技師
内藤茂三　愛知県食品工業技術センター応用技術部主任研究員
田代博一　国立大蔵病院消化器科医師
北洞哲治　国立大蔵病院消化器科医長
藤山佳秀　滋賀医科大学第二内科助教授
馬場忠雄　滋賀医科大学第二内科教授
糸川嘉則　京都大学名誉教授
白畑實隆　九州大学大学院生物資源環境科学研究科教授
大久保　憲　ＮＴＴ東海総合病院外科部長
藤田紘一郎　東京医科歯科大学医学部医動物学教授
八巻良和　東京大学農学部付属農場二宮果樹園助教授
松岡孝尚　高知大学農学部暖地農学科教授
小島孝之　佐賀大学農学部生物生産学科教授
河野　弘　高知県立高知農業高等学校教諭
趙　宗來　韓国電解水研究院長
石川勝美　高知大学農学部暖地農学科教授
米安　實　広島文教女子大学短期大学部食物栄養学科教授
西村喜之　神鋼プラント建設株式会社技術部技術開発室長
鈴木雅史　秋田大学工学資源学部電気電子工学科助教授
吉村　昇　秋田大学工学資源学部電気電子工学科学部長教授
永井達夫　株式会社日本製鋼所新規事業推進部課長
山中弘次　オルガノ株式会社総合研究所プラント開発部課長代理
井戸勝富　株式会社電子物性総合研究所長
早川英雄　株式会社環境還元研究所長
山口敏男　福岡大学理学部化学科教授

（順不同）

Chapter 1

機能水の構造とメカニズム

高温・高圧下における水の構造と物性
−分子モデル・分極モデル導入の必要性−

大瀧 仁志
立命館大学理工学部

1. 序 論

水は古くから奇妙な性質をもつ物質として科学者の興味ある研究対象となってきた。さらに近年は溶液化学のもっとも基本的研究課題としてのみならず、生命の起源と活動に深く関わりのある物質として、イオンやさまざまな分子との相互作用について多くの研究が行われてきている。赤外・ラマン分光法などの古典的研究手段やNMR(核磁気共鳴)およびX線・中性子回折法などのように1960年代以降に急速に発展した実験方法により、多くの実験事実が蓄積されてきた。

さらに、分子の形状や分子間相互作用をモデル化してコンピュータの助けを借りて実施する分子動力学計算法は水分子間相互作用と分子配列ならびにその動的挙動について微視的なレベルで多くの示唆を与えてきた。

その結果、これまでは曖昧模糊としていた水の構造や物性に関して、相当程度にまで明らかな情報が提供されるまでになった。

しかし、まだまだ解決されていない問題点は多い。とくに分子動力学シミュレーション法は発展してきて水の研究に有効な手段とみなされると、多くの研究者が一斉に取り組むといった現象がみられるが、水素結合の本質が正しい手法で導入されていないこと、分子モデルが単純過ぎることなどから、観測領域を常温常圧領域から高温高圧、特に超臨界状態にまで温度、圧力の条件を拡大して行くと、常温常圧の水に対しては有効であったモデルがしばしば高温高圧状態での実験値に合わなくなることがある。とくに分子の解離が仮定されていない現状のモデルでは水のAutoprotolysis Constant(イオン積)に対してはまったく矛盾すると思われる結果を与えているように見える。このような問題を解決するためには、水分子に対するさらに精密なモデルを考慮しなければならないであろう。

これらの現状について、現時点で理解されている水の構造と物性に関する解説をおこない、さらに高温高圧領域における水の構造と物性について現在得られている二、三の知見について述べるとともに、解決されていない問題点を指摘し、今後の研究の発展に対する示唆としたい。

2. 水の分子構造

水の分子構造、とくに電子構造(電子分布)についていまでも多くの研究者が誤った理解をしていることを知って驚くことがある。水分子の構造が四面体的電子分布(**図1a**)をとっていると考えている研究者はかなり多い。

さすがに水の専門家はそうではあるまいが、水について古い教科書で教えたりしている大学教師や水を取り扱っている技術者にはいまだに**図1a**で示され

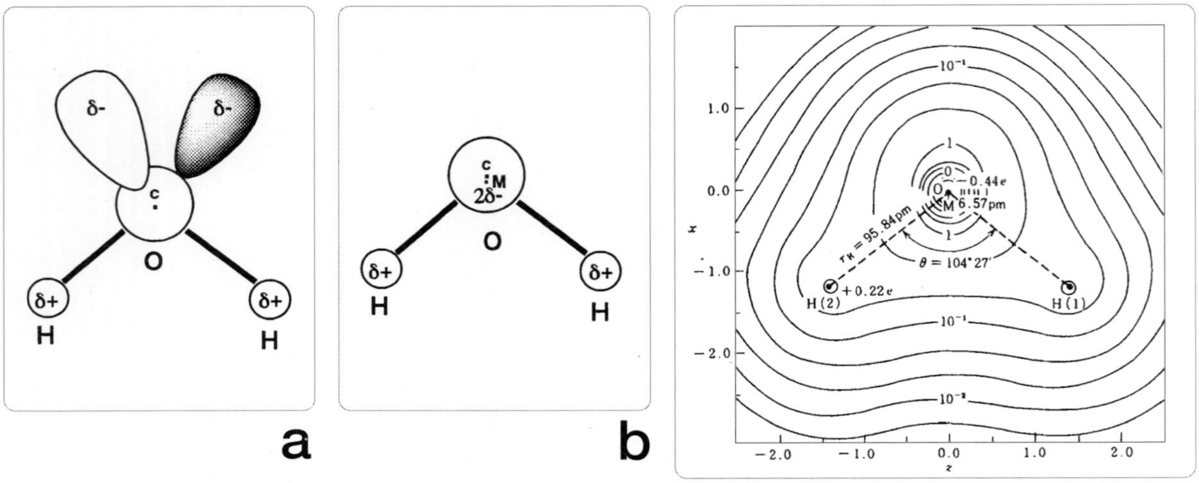

図1
a: 4点モデル。c は分子の中心。
b: 3点モデル。c は分子の中心、Mは負電荷の中心。
c: 水分子中の電子密度分布（単位は電子/a_0^3。a_0はボーア半径）[1)]

る構造を水分子が持っていると思っている者が少なくない。

今日の研究結果では、水分子は四面体的電子分布をしているのではなく、負の電荷の中心はほとんど酸素原子の中心近くにあり、むしろいくらか中心より水素原子の側に片寄っていると理解されている（**図1b**）。このようなモデルを従来の四面体的4点モデルに対して3点モデルと呼んでいる。4点モデルは氷における水分子の四面体的配列とメタン等に見られるsp^3混成軌道の概念を水分子の電子状態に適用したものであるが、必ずしも明白な理論的根拠があったものとは思えない（基底状態で$1s^2\ 2s^2\ 2p^4$電子配置をとっている水分子の酸素原子が水素原子と結合する際に特に励起状態を経ずに水素原子の電子を取り込んでsp^3混成軌道を形成して$1s^2\ 2s^2\ 2p^6$電子配列をとることができるということについての明確な説明がなされていない）。

一方3点モデルは精密な分子軌道法を適用して分子内の電子密度分布を計算した結果から得られたもので（**図1c**）[1)]、前者に対してはるかに信頼性が高い。

3.　常温、常圧下における水の性質

水の種々の特性は例えば次のように列記される。すなわち、

1）氷が融解して水になると体積が約10%程度小さくなる。
2）常圧下で水の温度が上昇すると、水の体積は温度とともに減少し、約3.98℃で最小となり、さらに温度が上昇すると今度は体積が増加する。
3）このような密度が最大になる温度（Temperature of Maximum Density ; TMD）は圧力が高くなると次第に低温度側に移り、2000気圧程度になるともはや観測されなくなる。
4）氷における水分子の配位数は $n = 4.0$ であるが、常温常圧の水では $n = 4.4$ となっている。
5）水のイオン積 K_W は 1気圧 25℃では 1.00×10^{-14} $mol^2\ dm^{-6}$ であるが、一定密度の条件下で温度、圧力を上げると K_W の値は増加する。

6) 水の誘電率は温度が上昇すると減少する。
7) 多くの非極性分子は水にはほとんど溶けない。

これらの水の特性は水分子の構造とその配列(液体構造)から説明されなければならない。これまでの研究によれば、これらの特性は定性的には次のように明かにされている。すなわち、

1) 水分子は氷の中で水素結合を通して正四面体的に配列し、かつすき間の多い構造をとっている。温度が上昇すると水素結合の一部が歪んだり切断されたりして、結合が弱まり、一部の水分子に配列が正四面体的構造からずれて、すき間の中に入り込むようになる。その結果、水分子と水素結合している水分子の数は減るが、一方ではすき間に入り込んだ水素結合をしていない水分子の数が増加し、平均約 4.4 個程度の水分子が1個の水分子の最近傍に存在することになる。そのために水の密度は氷の密度に比べて約10% 程度大きくなる。
2) 水の温度が上昇するとこのように水素結合が切れた水分子の数が増加するため、最近傍に存在する水分子の数が増加し、水の密度が増加する。
3) しかし、さらに温度が上昇すると、熱運動のために水分子間距離が増大し(すなわち膨張がおこり)、水の体積が増加する。
4) 圧力が増加すると水分子間のすき間がつぶされて小さくなり、水素結合の切れた水分子が入り込む場所が減少し、そのためにTMDが次第に低温度側にうつり、高い圧力下ではTMDが観測されなくなる。したがって、圧力の影響で水素結合を歪ませる効果を生ずる。
5) 水素結合により比較的規則正しく配列していた水分子は温度の上昇とともに水素結合が歪んだり切断されたりして、乱れた分子配列をとるようになる。その結果、水の誘電率が小さくなる。
6) 水分子は比較的大きな双極子モーメント、電子供与性および電子受容性を持っているため、イオンとは主として静電的相互作用を通じて結合しやすく、イオン性結晶を溶解しやすい。しかし、分子量が小さい(分子中の電子の数がすくない)ため、van der Waals 相互作用は小さい。その結果、静電的相互作用が小さく、分子間相互作用が主として van der Waals 力に基づいているような分子性結晶、非極性液体あるいは気体分子は水分子との相互作用が小さく、溶解しにくい。

これらの水の性質や構造は分子動力学シミュレーション法や溶液X線回折法あるいは中性子回折法などによりさらに定量的に研究されている。

しかし、このような水の特性も温度や圧力が著しく大きくなった超臨界状態下では大きく変化し、常温常圧下の水とは非常に異なった性質を示すようになる。

4. 高温・高圧、超界状態下の水の構造と物性

水に限らず、多くの物質は温度を高めると体積は増加する。一方、圧力を上げると物質は圧縮される。そうであれば、もし温度と圧力をともに上昇させると物質の構造や状態はどのように変化するであろうか。このような単純な疑問に対して一般的に回答することは容易ではない。固体の物質はこのような状況変化に対しては「変態」という形で対応するが、決まった形態をもっていない液体ではどうなるであろうか。とくに水ではどのような温度、圧力効果をうけるのであろうか。

温度、圧力を高めてゆくと、水では373.92℃(647.067 K)、22.05 MPaで臨界点に到達する。この温度、圧力で、水と水蒸気の区別がなくなり、液体と気体の境界面であったメニスカスが消滅し1相になってしまう。このときの水の密度は0.322778 g cm^{-3}で、通常の水の密度の約1/3程度ほどである。

一方、温度、圧力の一方のみが臨界点以上である状態を亜臨界状態と定義した[2, 3]。臨界点以上の温

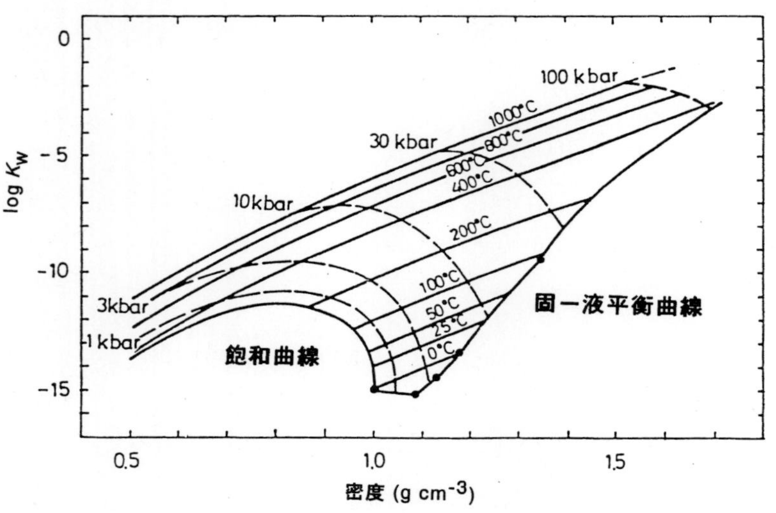

図2　種々の温度、圧力における水のイオン積

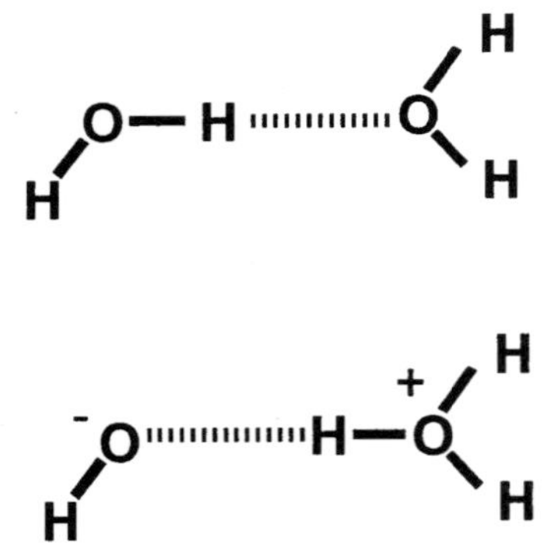

図3

度、圧力の領域を超臨界領域と呼ぶ。

超臨界領域における水の性質は通常の水とかなり異なっている。すなわち、

1）イオンや極性の物質の溶解性は急激に低下する。
2）一方、非極性の有機分子などは超臨界水に溶けやすくなる。
3）水の誘電率は低下する。しかし前の2点のような超臨界点をはさんで急激な変化はみられない。
4）水の粘性は減少する。
5）イオンに対する水和能力が低下する。
6）臨界点付近の低密度領域では水のイオン積は比較的小さいが、密度一定で温度、圧力を高めると水のイオン積が増大し、高密度の超臨界状態ではその値はかなり大きくなる（例えば1,000℃、100,000気圧では $K_W = 10^{-3}$ mol^2 dm^{-6} 程度にもなる）（**図2**）。

これらの諸性質の変化は水分子間相互作用並びに水分子内の原子間相互作用の変化に帰せられる。

水は水素結合により分子間に比較的強い相互作用をもっているが、水素結合の程度は O－H…O 結合が一直線に並んでいるほど強い。圧力が高められると氷に類似したすき間の多い部分構造をもつ水は圧縮されるが、そのために水素結合は歪み、O－H…O結合は直線的な配列から次第に曲がった構造になる。氷ではO－H…O結合の水素原子はO…Oを結ぶ直線から約2°程度ずれているが、常温、常圧の水では平均すると水素原子はO…Oを結ぶ直線から約28.7°もずれていると算定されている。高圧の領域ではこの平均変差はさらに大きくなると考えられる。このようなことが超臨界水では水素結合が存在しないという考えの一つの出発点となっているようである。また、温度が高くなれば熱運動の増加とともにO－H…O結合は弱められ、水素結合はこわされる傾向になる。すなわち、水分子間水素結合は温度、圧力が高くなると切断されてゆくことになる。それでは超臨界状態では水分子間水素結合はもはや存在しないのだろうか。

水分子内のO－H結合は共有結合なので、温度や圧力が高まってもそう簡単にはこわれない。しかし、水では水素結合を通して水素原子が移動し、OH^-イオンとH_3O^+イオンに電荷分離を起こすことができる（**図3**）。このような電荷分離は孤立した分子では極めて起こりにくいが、水素イオンを受け取るもう一つ

表1　高温高圧領域における水の構造パラメータ[4)]

温度／℃	圧力／MPa	密度／g cm^{-3}	第1ピーク r_{I} / pm	第1ピーク n_{I}	第2ピーク r_{II} / pm	第2ピーク n_{II}	$n_{\mathrm{I}}+n_{\mathrm{II}}$
27	0.1	1.0	287	3.1	341	1.3	4.4
143	52.9	0.95	291	2.8	341	1.8	4.6
168	98.1	0.95	290	2.8	340	1.9	4.7
196	47.8	0.9	287	2.5	342	2.4	4.9
225	98.1	0.9	290	2.4	342	2.4	4.8
250	5.0	0.8	287	2.1	339	2.2	4.3
284	51.6	0.8	289	2.1	344	2.1	4.2
319	98.1	0.8	287	2.1	343	2.4	4.5
337	36.5	0.7	293	1.8	348	1.9	3.7
364	67.7	0.7	293	1.7	343	2.0	3.7
376	80.4	0.7	292	1.6	342	2.3	3.9

の水分子が近傍に存在する場合には十分に可能な現象である。

水素結合のネットワークが広い範囲に及んでいるような常温常圧の水では電荷分離は水素結合を通じてかなり遠方までおよぶことが可能であるが、ネットワークが大きくなく、むしろ比較的小さなクラスター程度の水分子集合体であれば、電荷分離は狭い領域に限定されるであろう。

高温高圧領域の水の平均構造についてはまだあまり多くの研究がなされていないが、最近では溶液X線回折による構造解析研究がいくつか報告されている。そのほかラマン分光法やNMR法などによる研究も行われている。興味のある方は文献2および3ならびにその中に引用されている諸文献を参照されたい。

山中ら[4)]の研究によれば、水の動径分布関数の第1ピークは温度、圧力が高くなると減少し、一方、第2ピークは大きくなることが示された(**図4**)。第1ピークは287～293 pm 付近にあらわれるので、これは水素結合をしている水分子の酸素－酸素原子間距離に対応するものと考えられる。

一方、第2ピークは常温でも観測され、339～343 pm 付近にあらわれる。このピークは水構造のすき間等に入り込んでいる水素結合をしていない水分子で

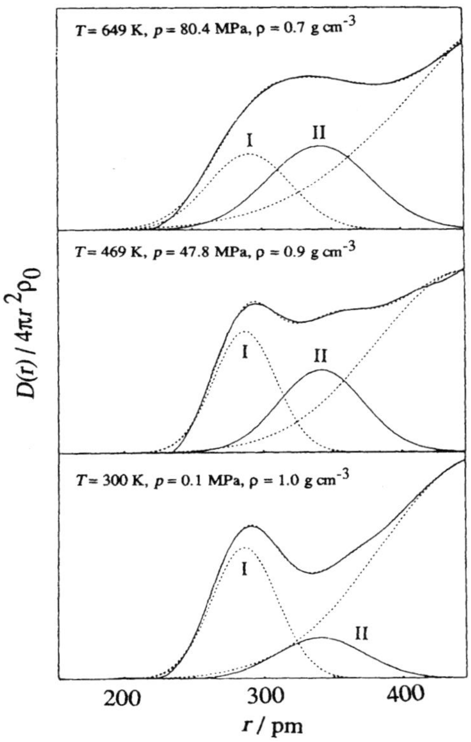

図4
いくつかの温度、圧力における水の動径分布関数
$D(r) / 4\pi r^2 \rho_0$
実線は測定値、点線は計算値である。

Ⅰは水素結合している水分子間、Ⅱは水素結合していない水分子間相互作用をあらわす[4)]。

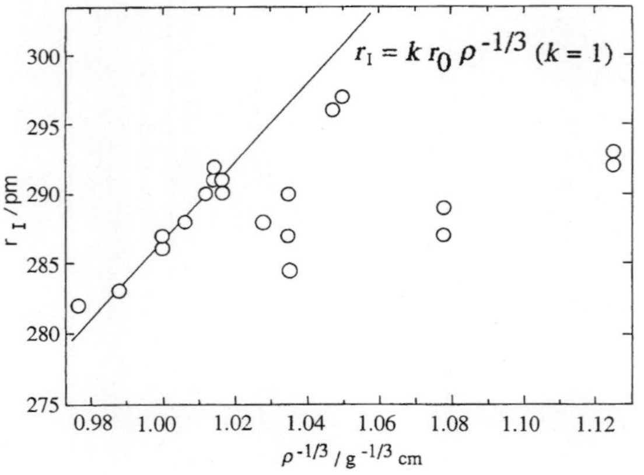

図5　密度ρの−1/3 乗に対してプロットした最近接水分子間距離 r_I

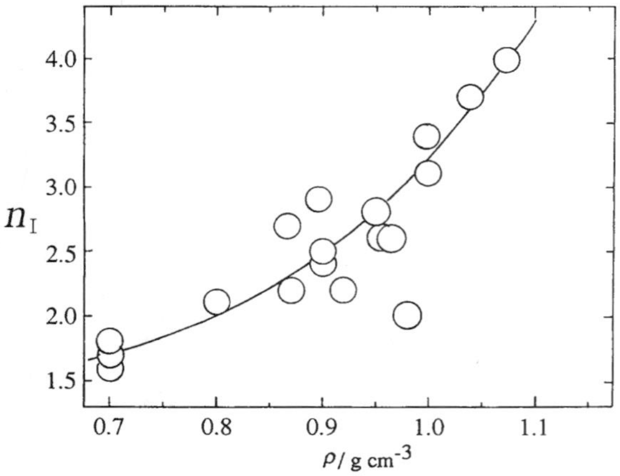

図6　密度ρと最近傍水分子数 n_Iとの関係

あると考えられている。第1ピークに対応する水の配位数(n_I)と第2ピークに対応する配位数(n_{II})の和は低密度領域ではやや小さくなるものの、温度、圧力によらずほぼ一定であることが示された(**表1**)。言い替えれば、1.0 ～ 0.7 g cm^{-3} 程度の中程度密度領域では、水素結合している水分子数と水素結合はしていないが近傍に存在している水の数の和はほぼ一定であるという結果がえられている。

水素結合をしている水分子間相互作用に注目し、これまでいろいろな研究者によって測定された水分子間距離(r_I)を密度の－1/3 乗に対してプロットしたのが**図5**である[5]。さまざまな温度、圧力の条件下で測定された分子間距離は温度や圧力には関係なく、密度のみの関数で表わされるようにみられる。すなわち、高温、高圧の水の構造を考察する場合には温度や圧力(互いに独立な物理量)による水の物性は密度の関数として集約されてしまうようであり、このような領域では密度がもっとも重要な尺度となると考えられる。

密度の1/3 乗は均一に分子が分散している場合の平均分子間距離と相関がある量である。この図から明かなように、密度が0.95～1.06 g cm^{-3}($\rho^{-1/3}$=1.02～0.98 g$^{-1/3}$ cm)程度の比較的高密度領域では水素結合をしている水分子間距離は、密度が減少するにつれて単純に増加し、それは液体中の分子の平均距離の増加に比例している($r_I = kr_0\ \rho^{-1/3}$ の直線に乗っている。ここでr_0はρ=1.00 g cm^{-3}のときの水分子間距離に相当する値であり、kは比例定数である。ここではk=1とされる)。すなわち、水の密度の減少は分子間距離の増加にほぼ比例している。しかし、分子間距離の変動はたかだか3%程度である。

一方、中密度領域(ρ <0.95 g cm^{-3}以下)では水の密度が減少しても、最近傍水分子間距離はほとんど変らず、およそ(290±5)pm にとどまっている(実験の困難さのために測定値のばらつきはやや大きい)。密度が 0.7 g cm^{-3}($\rho^{-1/3}$ = 1.12 g$^{-1/3}$ cm)程度になってもなおr_I = ～290pmとなっているのは、あきらかにこのような中・低密度、高温、高圧の領域でも水素結合的分子間相互作用が存在していることを示唆している。

一方、水素結合をしている最近傍水分子数は密度が減少するにつれてなめらかに小さくなる(**図6**)[5]。すなわち温度、圧力にともなう水の密度の変化は主として最近傍水分子数の減少によるものであり、水素結合している水分子の数は密度が減少するにつれて常温常圧下の値n_{I} =4.4から1.7程度（ρ =0.7g cm^{-3}）にまで小さくなる。臨界点付近（ρ =0.32g cm^{-3} 程度）ではこの値はさらに小さくなると予想されるが、まだ測定された結果は報告されていない。

これらの結果から次のような結論が導かれる。

すなわち、

1）密度が 0.7 g cm^{-3} 程度の低密度の水においてもまだ相当程度の水素結合が残っている。

　どの程度水素結合が残されているかは単純には結論づけられないが、もしいま配位数 n_{I} = 4.0の水の場合に水素結合が100 % 存在し、n_{I} の変化が水素結合の平均数の減少とみなすならば、ρ = 0.7 g cm^{-3} の水の場合（n_{I} = 1.7）に残されている水素結合の割合は1.7/4.0 = 0.424（約40 %）となる（しかしこの考察はやや単純すぎる）。

2）密度の比較的高い状態では水素結合していない水分子はまだ中心の水分子の近傍に存在しているが（n_{II} = ～2）、低密度になればこれらの水分子は相全体に分散してゆき、単分子ないしは2～3分子程度のごく小さい集合体となって超臨界流体の大部分を構成する粒子となるであろう。

このような分子レベルでの考察は平均的構造を議論するX線回折法などの結果からはなかなか明確には結論づけられない。さらに分子レベルでの考察が必要になる。その一つの手段は分子動力学シミュレーション法である。

5.　分子動力学シミュレーション法による超臨界水の構造に関する一考察

近年電子計算機の発達とともに、計算機シミュレーションによるさまざまな研究が活発に行われている。かなり実験が困難な超臨界水の構造や水分子の動的挙動等に関する考察については分子動力学シミュレーションは有効な研究手段の一つである。

分子動力学シミュレーション法では、水分子のモデルを設定しさらに水分子間相互作用に関するポテンシャル関数を決めなければならない。水素結合を計算機シミュレーション法に適用できるような形で正しく記述することは容易ではなく、まだ十分合理的な計算法が確立されているわけではない。通常は水分子に適当な電荷を仮定し、それらの電荷間の静電的相互作用を適当な代数関数であらわし、それぞれの電荷間の相互作用（2体相互作用）の和をもって全体の相互作用と見なすのが普通の手法である。水分子内の電荷分布は測定された水分子の特性、例えば双極子モーメントなどを勘案して決められる。

この場合には数分子程度の水の集合体に対して分子軌道計算を行い、妥当と思われる原子間ポテンシャルを設定する。今日では昔のような4点モデル（**図1a**）は用いられず、3点モデル（**図1b**）あるいは原子間の振動をも考慮した柔軟な分子モデル（flexible model）が適用される。

今日まで分子動力学シミュレーション法を用いて研究された水分子モデルは多数あるが、その 2～3 の例を**表2**にまとめた。

この結果によれば、常温、常圧の水に対して比較的成功を収めている TIP4Pタイプのモデルは臨界圧力（p_C）をうまく再現することができなかった。

一方、SPCEモデルは比較的水の臨界温度、臨界圧力ならびに臨界密度を再現している。このような結果からみればSPCE モデルがもっとも適当なモデルのように見える。

しかし一方、水のイオン積について考察しようとすると、これらの水分子モデルは大きな矛盾に突き当たる。勿論ここで取り上げられたモデルでは O－H 結合は完全にrigidであり、O－H 結合が解離することは考慮されていない。またもし考慮したとしても、水分子の解離の程度は甚だ小さく（水分子5×10^{8}個あたり1個の水分子が解離する程度）、今日の分子動力学シミュレーション法で処理できる問題ではない。

表2　分子動力学シミュレーション法により超臨界水に対して用いられた分子モデルと
それにより計算された臨界温度 t_c 、臨界密度 ρ_c および臨界圧力 p_c [a]

モデル	q / e	r / nm	s / nm	θ / °	t_c / ℃	ρ_c / g cm^{-3}	p_c / MPa
孤立分子	0.22	0.09584	0.00657	104.52	374[b]	0.3228[b]	22.05[b]
MCY	0.7175	0.09572	0.02677	104.52	-	-	-
TIP4P	0.52	0.08572	0.0015	104.52	294	-	0.52
SPC	0.41	0.1	0	109.28	314	0.27	-
SPCE	0.4238	0.1	0	109.28	379	0.326	18.9

a: q は各点における電荷（e 単位）、r は O−H 間距離、s は水分子の負電荷の中心と酸素原子の中心との距離、θ は H−O−H 結合角。 b: バルクの水に対する実験値。

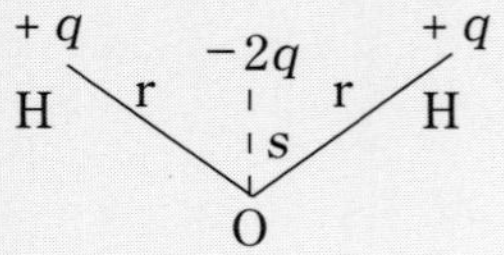

しかしそれにしても、高温・高圧領域においてはKw の値がかなり大きくなることから、比較的高密度の水分子は OH^- イオンと H_3O^+ イオンに解離しやすくなっていることが期待される。すなわち、高温高圧で比較的高密度の水のなかでは水分子はかなり分極していなければならないのであろう。

一方、臨界点の諸物性を比較的よく再現したと思われるSPCE分子モデルは、それよりも再現性が悪かったTIP4Pモデルよりもはるかに分極が小さくなっている。

この問題については今後さらに検討が進められて行くことであろうが、もし超臨界高・中密度領域の水に対して次のような構造を考慮すれば理解できるのではないかと考えられる。すなわち、

1) 高・中密度領域では水はバルクの状態に比べてかなり小さな分子集合体からなっている（n_I の値が小さい）。この集合体の中では水素結合により結ばれている水分子が存在する（密度によらず r = (290±5) pm でほぼ一定）。
2) 水素結合の数は温度、圧力によって変化するが、密度が小さくなるとかなり小さくなり、1分子あたり 1～2 個の水素結合が存在する程度になる（n_I =1.7 程度）。
3) 水素結合における共有結合性は温度、圧力が高くなると減少するが、H－O 結合が弱まって電荷分離が起こりやすくなり、 $H-O^- \cdots HOH_2^+$ 静電的相互作用が増加するであろう。
4) 水素結合していない水分子はほぼ単分子程度（気体状）の分散状態になり、空間の大部分を埋めているであろう。これらの分子はほぼ孤立分子としての諸性質を持っているであろう。
5) したがって、分極している水分子（全体としてその数は温度、圧力が高くなると少なくなるが、電荷分離の程度は増加すると考えられる）に対する孤立分子（温度、圧力が高くなると水素結合が切れるので、その数は増加するであろう）の割合は次第に増加するであろう。そのため、もしすべての分子を1種類のモデルで記述しようとするときには、水分子の平均の分極の程度はかえって小さくなってしまうであろう。

このような問題を解決しようとするためには、これまでのような**“固定された一種類の分子モデル”**で

はなく、数種類の分子が同時に考慮できる**“複数種類の分子モデルの導入”**、あるいはさらに洗練されたモデルとしては水分子が相互作用の程度により分極の度合をかえることができる**“分極モデル”**の導入が必須のものとなってくる。このようなモデルは計算に時間がかかり、理論的にも困難が多いのでまだほとんど試みられてはいないが、計算機の進歩とともに少しずつ行われるようになってきたようである。

6.　結　語

常温、常圧領域では多くの研究がなされている水についても、高温、高圧領域に及ぶとその研究例は著しく少なくなる。また基本的な物性値もあまり多くは報告されていない。水分子のモデルについても、われわれはよく分かっているように思えたが、その知識を高温、高圧の領域まで拡張すると、従来の知識やモデルをうまく適用できない場合があらわれ、これまで提案されてきたモデルの不十分さが浮き彫りにされる。

このような問題は今後さまざまな研究により解決されてゆくべきであるが、その道は険しく、まだまだ遠いように見える。水のように身近にありながら複雑な物質を正しく理解することは21世紀に持ち越された問題ということができる。今後の研究に大いに期待したいものである。

参考文献

1) C. W. Kern and M. Karplus, “The Water Molecule” in “Water - A Comprehensive Treatise”, Vol. I, Ed. F. Franks, Plenum, New York (1972)
2) M. Nakahara, T. Yamaguchi, and H. Ohtaki, “The Structure of Water and Aqueous Electrolyte Solutions under Extreme Conditions” in “Recent Research Developments in Physical Chemistry” (Managing Ed., S.G. Pandalai), Vol. 1, pp 17-49, Transworld Research Network, Trivandrum, India (1997)
3) H. Ohtaki, T. Radnai, and T. Yamaguchi, Chem. Soc. Rev., 41 (1997) およびその中の文献.
4) K. Yamanaka, T. Yamaguchi, and H. Wakita, J. Chem. Phys., 101, 9830 (1994) およびその中の文献.
5) T. Radnai and H. Ohtaki, Mol. Phys., 87, 103 (1996) および Ref. 3.

水の平均的構造と動的構造

−分子動力学シミュレーションからみた水の液体構造−

片岡 洋右
法政大学工学部

1.　はじめに

液体の水は水分子から構成されるが、他の分子性の液体と比べ特異な液体構造を持っていることが、熱力学量や輸送係数、さらにX線や中性子の回折実験などから判明している。しかし、これらの巨視的観測では分子レベルの構造を3次元的に捉えるのは困難である。さらに構造の動的な面の観測はますます難しくなる。

そこでこれらの実験手段を補うものとして、モンテカルロ法や分子動力学法の計算機シミュレーションが用いられるようになってきた。本稿では主に分子動力学シミュレーションで水の構造とその動的性質がどのように理解されるかを述べる。シミュレーションはモデルに基づき、計算時間の制約のため、その結論が実際の系といかに対応するかは慎重に判断する必要がある。

そこで、まずはモデルを簡単に説明したのち、ここで採用したモデルによるシミュレーションで水の熱力学量と輸送係数の異常性が再現されることを示す。そのうえで、分子動力学シミュレーションで得られた水の液体構造を解説する。

2.　水のモデルと分子動力学法

2.1　モデル

分子動力学シミュレーションでは分子間の相互作用エネルギーが分子の相対的な配置にいかに依存するかを最初に仮定する。いわゆるモデルの設定である。同時に分子の運動をどの範囲まで調べるかも決める。水の構造や物性はおもに水素結合と呼ばれる分子間の相互作用で決まるので、ここでは水分子を変形しない分子、いわゆる剛体として扱う。

分子間相互作用はCarravettaとClementiが[1)]非経験的な量子化学計算から決め、**図1**の関数型で表したものを使用する。ここで最初の項から第3項までは2個の水素原子の上に置いたプラスの部分電荷qと、角HOHの2等分線上にあるマイナスの電荷−2qのあいだの静電気的なエネルギーである。第4項以降の指数関数を含む項は原子間の反発エネルギーを表している。

この相互作用エネルギーは通常考えられている水素結合距離・配向において約6kcal/molの深さの谷を持つ。このエネルギーは熱エネルギーに換算すると3000Kに相当し、水素結合の強さが室温300Kとくらべいかに強いかが良く分かる。このモデルは2体相互作用とよばれ、2分子間の相互作用の和で全系の相互作用エネルギーが得られると仮定している。

図1
ペアポテンシャルの式と
そのための
サイト間距離の定義

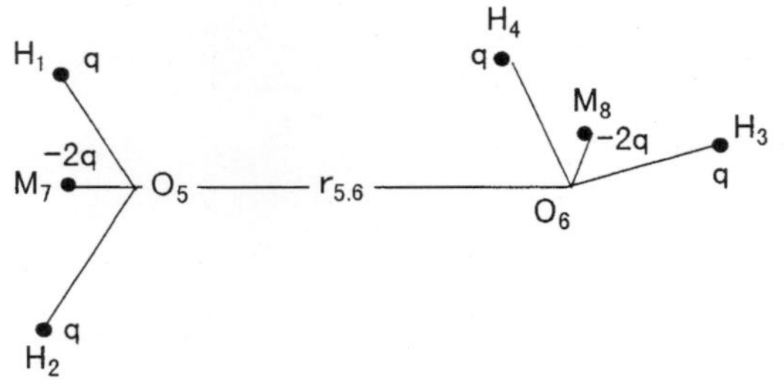

$$\varepsilon = q^2\left(\frac{1}{\gamma_{13}} + \frac{1}{\gamma_{14}} + \frac{1}{\gamma_{23}} + \frac{1}{\gamma_{24}}\right) + \frac{4q^2}{\gamma_{78}} - 2q^2\left(\frac{1}{\gamma_{18}} + \frac{1}{\gamma_{28}} + \frac{1}{\gamma_{37}} + \frac{1}{\gamma_{47}}\right) + a_1 \exp(-b_1 \gamma_{56})$$

$$+ a_2[\exp(-b_2 \gamma_{13}) + \exp(-b_2 \gamma_{14}) + \exp(-b_2 \gamma_{23}) + \exp(-b_2 \gamma_{24})]$$

$$+ a_3[\exp(-b_3 \gamma_{16}) + \exp(-b_3 \gamma_{26}) + \exp(-b_3 \gamma_{35}) + \exp(-b_3 \gamma_{45})]$$

$$- a_4[\exp(-b_4 \gamma_{16}) + \exp(-b_4 \gamma_{26}) + \exp(-b_4 \gamma_{35}) + \exp(-b_4 \gamma_{45})]$$

2.2 分子動力学法

シミュレーションの方法は簡単に述べ、詳細は文献[2]に譲る。液体のような複雑な系におけるいわゆる熱平均を統計力学的に計算するのは容易ではない。そこで分子動力学法ではこれを長時間平均で代用する。系が熱平衡状態であって、シミュレーション時間内に系の代表的な分子配置が出現するときはこの置き換えは正しい。平衡状態が達成されているかどうかと、平均に使った時間が充分長いかどうかは、得られた平均値の収束性から判定する。

具体的には立方体の基本セル内に216分子を配置し、分子運動は古典力学の運動方程式を数値的に解く。分子数は少ないが周期境界条件を仮定するので多くの巨視的性質を安定的に計算可能である。

3. 熱力学量

以上の方法で水の持つ各種の異常な熱力学量を再現できるかをまず調べた[3]。これには多くの幅広い状態点でのシミュレーションから、ポテンシャルエネルギーの平均値と圧力の平均値を計算し、これを温度Tと体積Vを独立変数とする状態方程式としてまとめた。状態方程式から気・液臨界点を決め巨視的観測結果を比較したのが**表1**である。今回の計算では実験値を参考にしてきめたパラメータは一つも含んでいないので、この意味で計算値は実験値と良く合っていると言える。室温での熱力学量の比較は**表2**に示した。

膨脹係数α、等温圧縮率κ_T、定圧熱容量Cp、内部エネルギーに対する相互作用の寄与U^e、エントロピーにたいする相互作用の寄与S^eは、概ね計算値と実験値は合っている。しかし圧力Pだけは合っていない。これは今回のモデルでは液体の水の体積は15%程度大きく出す欠点が有るためである。しかし体積はこの因子分スケールすれば、実験値と計算値の対応関係は良好である。水の熱力学量の異常性の代表例は、常圧下での密度最大温度の存在、等温圧縮率と定圧熱容量における温度の関数として見たときの最小点の存在などがあるがこれらは皆、ここで得られた状態方程式から得られる。液体の水の熱容量は通常の液体と比べ大きな値が得られるが(**表2**)これは、水素結合が一部壊れると大きなエネルギー変化が生ずるためである。また、液体の水は氷よりも密

表1　気・液臨界点[3)]

	Calc.	obs.
Tc/K	603	647
$Vc/cm^3 \cdot mol^{-1}$	62	59
Pc/MPa	28	22

表2　T=298K、V=18.1 cm^3/molでの熱力学量[3)]

熱力学量	Calc.	obs.
$\alpha/10^{-4}K^{-1}$	4.2	2.6
$K_T/10^{-10}Pa^{-1}$	4.3	4.5
Cp/R	9.3	9.1
$U^e/kJ \cdot mol^{-1}$	−39	−41
S^e/R	−7.6	−7.0
P/MPa	2×10^2	0.1

度が高いことも顕著な異常性であるが、こうした関係も同じ計算から得られた[3)]。以上述べたようにCarravetta－Clementiモデルは水の熱力学量を半定量的に再現することが分かった。

4.　輸送係数

分子動力学シミュレーションからは分子の運動の軌跡が得られる。これを解析すれば、自己拡散係数D・ずり粘性係数η_S・体積粘性係数η_B・熱伝導率λなどの輸送係数を計算できる。**表3**にCarravetta－Clementiモデルを使ったこれらの輸送係数の計算結果を実験値と比較した[4)]。水の輸送係数の異常性としては、常圧付近での自己拡散係数Dが室温以下では加圧によってむしろ増加することが挙げられる。また粘性係数ηは低温においては、加圧によって一定範囲で減少することが有名である。こうした減少は低温・低圧下の水における構造が加圧によって一部壊

表3　輸送係数[4)]

Model	MCY	CC	obs.
N	216	216	
$D/10^{-9}m^2s^{-1}$	2.4±0.3	3.9±0.3	2.85
$\eta_S/10^{-3}kg \cdot m^{-1}s^{-1}$	0.6±0.1	0.5±0.1	0.9
$\eta_B/10^{-3}kg \cdot m^{-1}s^{-1}$	1.1±0.4	0.9±0.4	i.2
$\lambda/w\ m^{-1}K^{-1}$	1.3±0.3	1.1±0.3	0.59
T/K	295±1	298±1	298
$V/10^{-6}m^3mol^{-1}$	18	18	18.050

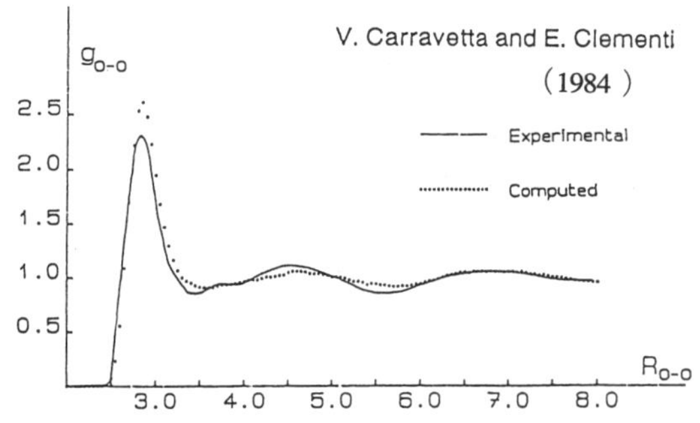

図2　低温低密度の液体の水の動径分布関数[1)]

されることと関係している。

こうした現象は、分子動力学シミュレーションで少なくとも定性的に再現された。熱力学量と比べ、輸送係数の計算はより丁寧な平均のための長い分子動力学シミュレーションが必要となる[4)]。

5.　水の平均的構造

5.1　動径分布関数

いよいよ水の構造を分子レベルで調べることとする。一つの水分子からみて距離がｒからｒ+drにある分子の個数の平均値を調べる。この個数を周囲に完全にランダムに分子が配置したときの個数で割ると動径分布関数g(r)が得られる。この関数はX線や中性子の回折実験などと比較できる。

今回採用したCarravetta－Clementiポテンシャルでは室温においてこれらの実験と合う動径分布関数

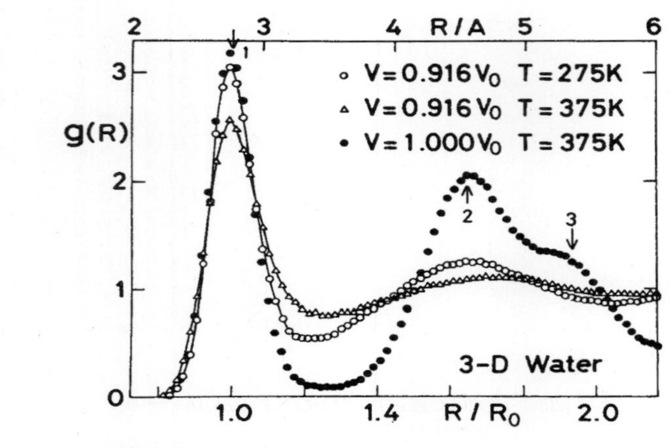

図3　高温度の氷と水の動径分布関数の比較[5)]

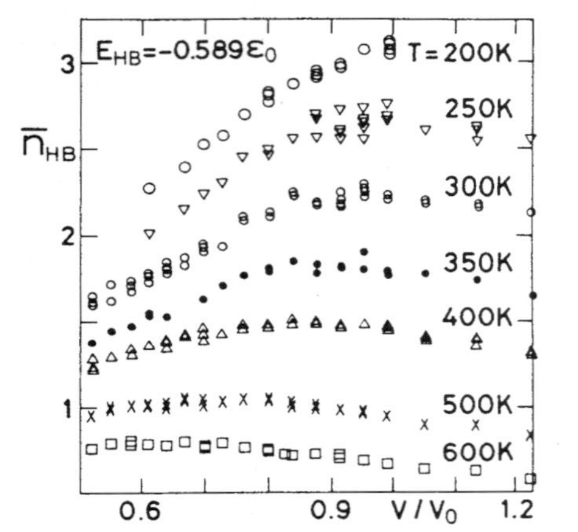

図4　水素結合数[5)]

が得られることは知られている[1)]（**図2参照**）。この関数の第1極小点の距離までに配位している分子の個数は約4.4個である。この個数は通常の液体の場合の10個程度と比べ非常に小さいことが特徴である。球状分子の最密充填構造では配位数が12であることから球形と近似できるような分子からなる液体では、配位数は10程度になる。シミュレーションで氷を過熱すると、平衡状態ではないが高温度の氷を得ることが出来る。こうして得られた高温度の氷の動径分布関数と、低温低密度の液体の動径分布関数を**図3**で比較した。この計算では3次元水模型を用い、シミュレーションの方法はモンテカルロ法である[5)]。さらに高密度の液体とも比較している。

まず、第1ピークはほとんどが水素結合している第1配位圏の分子に対応する。液体の構造を特徴づける第2ピークを見よう。黒丸の氷の第2ピークが液体の第2ピークと対応していることが分かる。この意味で氷に存在していた水素結合による構造は第2ピークの距離程度では多く残っていることが分かる。

5.2　水素結合数

動径分布関数から求められる配位数が4に近いことは、水分子が持ちうる最大の水素結合数は4であることに密接に関係している。実際氷の場合はこの数はちょうど4である。酸素原子から見ると水素原子の方向に2本、そして酸素の孤立電子対の方向に2本水素結合することが出来る。水分子に配位していても相互作用エネルギーが充分低くないと水素結合しているとは言いがたい。そこで最も強い水素結合したときポテンシャルエネルギーの値を$-\varepsilon_0$とし、この値と比べ、代数的に$-0.589\varepsilon_0$以下の相互作用している分子ペアを水素結合していると定義することにしよう。3次元水模型によるシミュレーション結果を**図4**に示す[5)]。

この図から、400K以下の温度では低密度領域から高密度領域までにおいて水分子から出ている水素結合の本数は1.4本以上である。このときは、水素結合で結ばれた分子集団の大きさはほとんど分子の総数に近いことが知られている。こうした解析から、400K以下の温度では水素結合によるネットワークは液体全体を覆っていると理解される[5)]。

6.　動的構造

6.1　水素結合による構造の寿命

そこで、水素結合による構造の寿命を知る必要が生じる。しかし、個々の水素結合の寿命は0.03ps程度の値となり極めて短い。これは、室温のような比較的低い温度においては水分子が局所的な平衡点の近傍で回転的振動運動をしており、この運動のためペアエネルギーは高い周波数で振動して、エネルギーが高い状態から低い状態を行き来しているためである。

以下ではCarravetta－Clementiポテンシャルを仮定し、64分子系を立方体的周期境界条件のもとで時間刻み0.5fsで50psに亘りエネルギー一定のMD計算を行ったデータを解析した結果を示す。

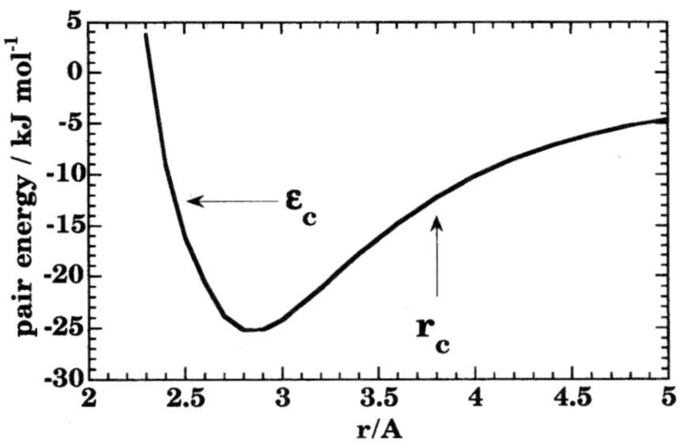

図5　配向で最適化されたペアエネルギーの距離依存性

6.2　振動的運動で平均された構造

そうした激しい運動は、分子全体の並進運動や大きな回転運動などと比べ時間のスケールが違うので、0.4psにわたって時間平均して、振動的運動で平均された構造を得た。以下の解析にはこの平均化された構造を用いる。カウツマンはこうして平均された構造をV構造と呼んでいる[6)]。

6.3　協同的な運動の単位

水素結合で結ばれた数10個の分子は協同的に平均的には同じような方向へ変位することが分子動力学シミュレーションで観察される。こうした動きが見やすい例は、2次元水模型の場合である。このモデルは2次元のため分子レベルの構造が直接的に見やすい。基本セル内の全ての分子の変位をプロットすると、数10個の分子は動きが少ないいわば固体的な部分が観察された。またこの部分の水素結合を調べると、これらは互いに水素結合で結ばれていることが分かった。この単位以外の部分では分子の変位はランダムで大きい[7)]。この模型における協同的な運動の単位は変位の相関関数から数10個と見積もられた[8)]。その方法を以下に述べる。

ある時刻において水素結合したペアについてその後の時間経過にともないそれぞれ両端の分子の変位に相関がどれだけ持続するかを調べた。分子の配向の相関も同じように調べた。この方法で水素結合距離の2倍までは運動に相関があり、相関時間は20ps程度であるとの結論を得た。ただこうした運動の単位は固定的なものではないと見られる。なぜなら、純液体である水においては、水素結合して安定化している部分が分子の回転運動を通して、他の部分へ容易に伝搬できるからである。最初の状態とエネルギーが等しい他の構造へは容易に移り変わることが出来るのである。

6.4　水素結合状態の判定条件

通常はペアエネルギーが一定値より低いペアは水素結合していると判定する。しかし、この判定では掴みにくい状況があるので新しい判定条件を持ち込む。ペアエネルギーは距離と配向に依存する。ここで採用するCarravetta－Clementiポテンシャルを分子間距離 rを与えて配向を最適化してペアエネルギーを最小化すると**図5**が得られる。ペアエネルギーが $-0.5\varepsilon_0$ より低くなるためには、分子間距離 r が r_c = 3.8Å 以下でなければならないことが分かる。

この距離条件 $r<r_c$ を満たすものをさらに中心分子からみた配位の方向とペアエネルギーで分類し、配位数を示したのが**図6**である。

全体でペアエネルギーが $u_{ij}<-0.5\varepsilon_0$ を満たす安定な配位をしている分子数は3.62であり、エネルギー的に不安定な配位をしている個数は1.75、配位数の総和は5.37となる（この個数は動径分布関数の第1極

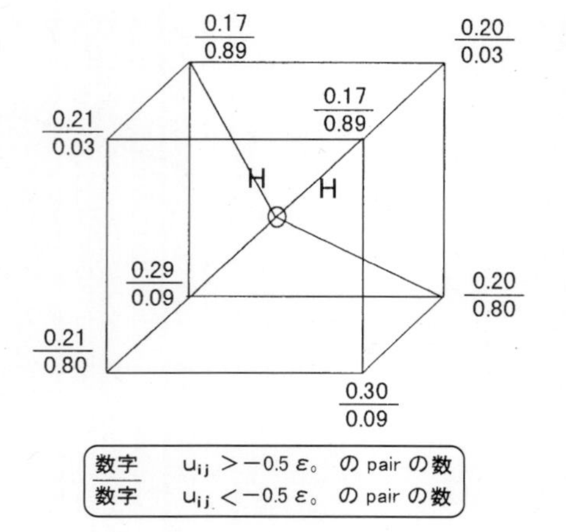

図6　$r<r_c$ の配位分子のペアエネルギーで分類した配位数

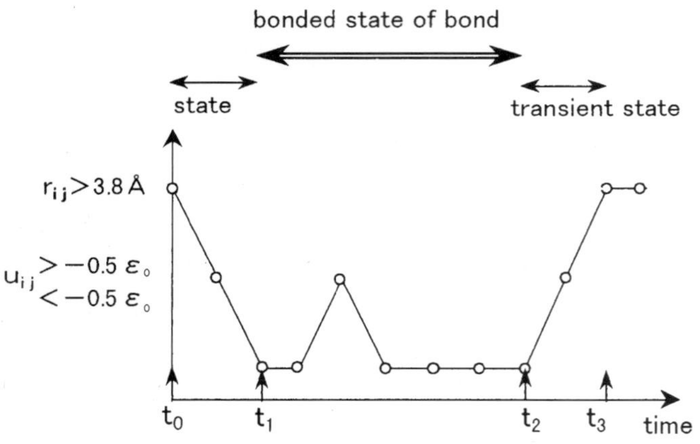

図7　水素結合状態の分類

小点までに配位している個数よりは判定距離が違うため同じではない)。中心水分子から見て、水素原子の方向と孤立電子対の方向に配位している個数の総和は4.13で、非結合方向の配位数は1.24である。

そこでまず各分子ペアについて分子間距離をモニターする。さらに、**図7**のように分子間距離が水素結合するのに充分なだけ近づいてから、ペアエネルギーの履歴を解析する。このペアが距離条件を満たした後、最初にエネルギー条件を満たすまで(図の t_0 からt_1まで)を結合形成の遷移状態と言う。

次にこのペアが最後にエネルギー条件を満たさなくなり、次いで距離条件を満たさなくなるまで(図のt_2からt_3まで)を結合分解の遷移状態と呼ぶ。二つの遷移状態間では距離条件は満たしているがエネルギー条件は必ずしも満たしているとは限らない。

このようにして、途中で多少エネルギーが高くなってもじきに再度エネルギーが低くなる状況が続いている間は(図のt_1からt_2まで)、結合持続状態と分類する。この定義は次の節で使われる。

6.5　水素結合相手が不変な状態

水素結合のネットワークに取り囲まれた水分子は拡散係数が小さいわけではない。むしろ通常の液体

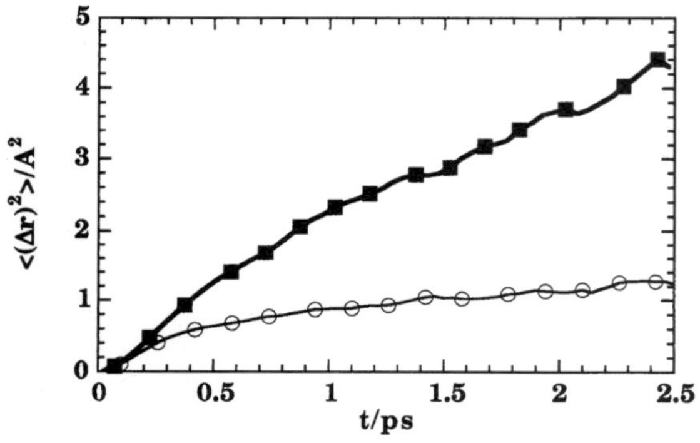

図8　分子の水素結合状態で分類した平均2乗変位

と同じくらいの大きさを持っており、活発に拡散運動をしていることが分かる。

では、水分子はどのような状態において並進運動するのであろうか？　これを調べたところ、水分子にとって水素結合の相手が不変か、変化しつつあるかが重要であることが分かった。水素結合相手が変わりつつある状態とは前の節で述べた結合の遷移状態にある結合を1本以上持つ分子の状態である。逆に分子の水素結合の相手が不変な状態とは、遷移状態にある結合を1本も持たない分子の状態である。

図8に水素結合相手が不変な状態(白丸印)と変化しつつある状態(黒四角印)にわけて分子の平均2乗変位を時間に対してプロットした。この図から水素結合相手が不変な状態(白丸印)では、柔らかな固体における拡散と似た挙動をすることが分かる。また水素結合相手が変化しつつある状態(黒四角印)では、液体的な分子運動をしていることが分かる。

このように水素結合する相手を交換するときに水分子は通常の液体的に並進運動する。

参考文献

1) V. Carravetta and E. Clementi, J. Chem. Phys., 81, 2646 (1984).
2) 片岡洋右、"分子動力学法とモンテカルロ法"、(講談社、1994)
3) Y. Kataoka, J. Chem. Phys., 87, 589-598 (1987).
4) Y. Kataoka, Bull. Chem. Soc. Jpn. , 62, 1421-1431 (1989).
5) Y. Kataoka, H. Hamada, S. Nose, and T. Yamamoto, J.Chem. Phys., 77, 5699-5709 (1982).
6) カウズマン、アイゼンバーグ著、関、松尾訳、"水の構造と物性"、(みすず書房、1975).
7) 片岡洋右、"計算物理学"、pp.212-220 (培風館、1991).
8) Y. Kataoka, Bull. Chem. Soc. Jpn., 57, 1522-1527 (1984).

交流電場を利用した新しい水溶液分析

江原 勝夫
東京工業大学工学部

1. はじめに

人体には70%ほどの水が含まれていることから、水が人間の健康状態に重要な生理的な役割を果たしていることがうかがわれる。

以前、貝原益軒は、いい水を飲んでいる人の性格はいい人格の持ち主と言っていたそうだが、いい水は健康な生理作用を促すことを示唆したものと思われる。

では、いい水とは一体どんな水なのか、どんな構造を持っていて、その構造の違いによってどんな生理作用や物理化学的作用があるのか、またどのような水処理をすれば、その構造を変えることができるかと言った点については、色々と論じられているが、今日に至っても明らかにされていないと言ってよい。

水溶液は外部環境の変化によって色々な特性を持つことは確かなようだが、その応用面だけが独り走りしたまま、それを立証する因果関係は明確にされていないことが多い。例えば、水に磁場や電場を与えた時の効果、遠赤外線を照射したときの効果、超音波を照射した時の効果、高圧放電処理の効果など、また最近では水に気を入れた気功水など、科学的に信じ難いものも多く見受けられる。

水は複雑と言う代名詞に使われるほど複雑な液体であり、分析法の確立しているNMR（核磁気共鳴）や赤外線吸収スペクトル、その他多くの高精度の分析機器を用いても、上記問題点の解決に至っていないのが現状である。

これを明らかにするためには、溶液分析用の新しい分析機器の出現以外、水に対する科学や応用の進展はあり得ないと思われる。

この報文では、このような背景から新しい視点に立った溶液物性をとらえる分析機器を試作、その装置を用いて種々測定した結果、水溶液に対する新しい知見が得られたので報告する。

2. 測定原理

本装置は液体を構成する分子または溶質・溶媒から成る分子集団全体の振動のしやすさを、外部から交流電場を印加して振動させ、もっとも振動しやすい周波数下で発生する共振ピークの形状を分析することにより溶液の持つ特性を分析する装置である。**図1**はセンサの構成図である。

絶縁管1の外側に検出用のコイル2と、一定の距離に励起用の電極3を設ける。このセンサ構成で電極に高周波を加えると、絶縁管中の溶液4が、電場によって強制的に振動しその振動のエネルギー変化が、コイルに誘導される。その誘導電圧は、ある特定の周波数で共振し、その共振のプロフィールはその溶液

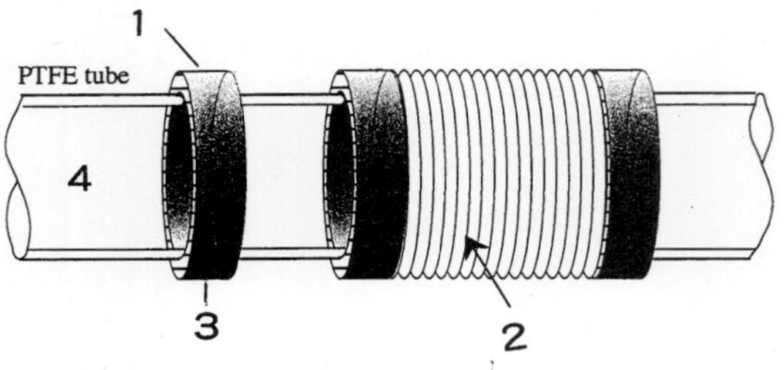

図1　センサの構成図

1. 溶液用絶縁管試料容器
2. 検出用コイル
3. 高周波印加用電極
4. 溶液試料

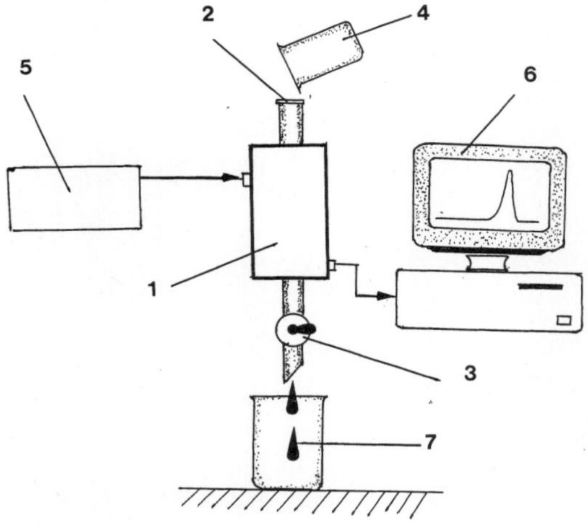

図2　測定のブロックダイヤグラム図

測定は流動下でも可能であるが、
ここでは静的測定の一例を示した。

1. センサ内蔵のシールドケース
2. 溶液用絶縁管試料容器
3. 試料を封入したり排出したりするコック
4. 溶液を管の中に入れるビーカー
5. 発振器
6. 共振ピークの解析ソフト内蔵のパソコン

の物性に左右される。**図2**は測定システムのブロックダイヤグラムである。

3.　実測例と解析法

3.1　水とエタノールの実測例

図3は純水とエタノールの測定例である。誘電率の違いが明確に共振周波数の変化として検出されている。

また、分子の振動のしやすさを決める共振ピークの幅(Q－値)を次式で定義し、その値が大きいほど、共振ピークは鋭くなり、溶液分子は振動しやすいことを意味する。**図4**にその算出法を示した。

$$Q = f_O / (f_H - f_L) = f_O / \triangle f \quad \cdots\cdots\cdots\cdots\cdots\cdots (1)$$

ここで、f_Lは共振ピークの最大電圧値から3dB低下した低周波側の周波数、f_Hは高周波側の周波数で、f_Oは共振ピークの最大値での共振周波数である。

実測された両者のQ－値を比較すると純水の45.2に対しエタノールは40.1となり、純水の方が共振ピークは鋭く、エタノールより分子振動がしやすいことが示唆される。この物理的解釈は、水分子同士がお互いに水素結合のネットワーク構造を形成し、大小さまざまなクラスターの集合体とみなされ、振動しにくいように考えられるが、水分子の分子量は18で、エタノールの分子量よりはるかに小さいため、外部からの強制振動がよりしやすい動きやすい状態にあると言える。

エタノール分子の水素結合力は水より小さく、従って分子振動がしやすいことが考えられるが、実測結果は水分子の方が水素結合力が強いにもかかわらず振動しやすいのは、分子が小さいために、立体障害が少ないためと解釈される。

3.2　電解質水溶液の測定

図5は純水中に食塩を添加し、濃度とともに共振ピークがどのように変化するかを測定したもので、

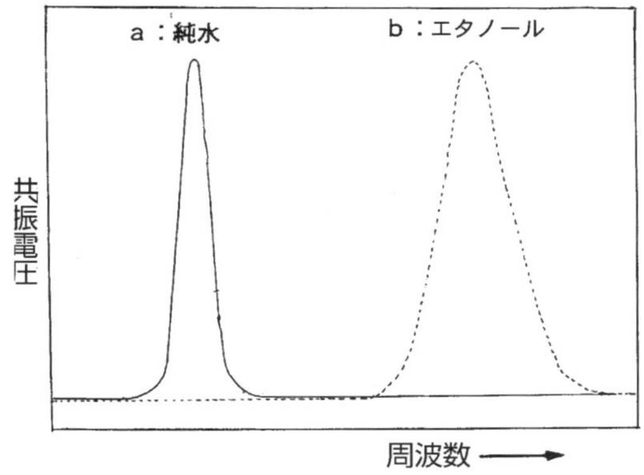

図3　純水とエタノールの実測例

純水よりエタノールの方が誘電率は低い。
従って、エタノールの共振周波数は純水より高いところに生じる。

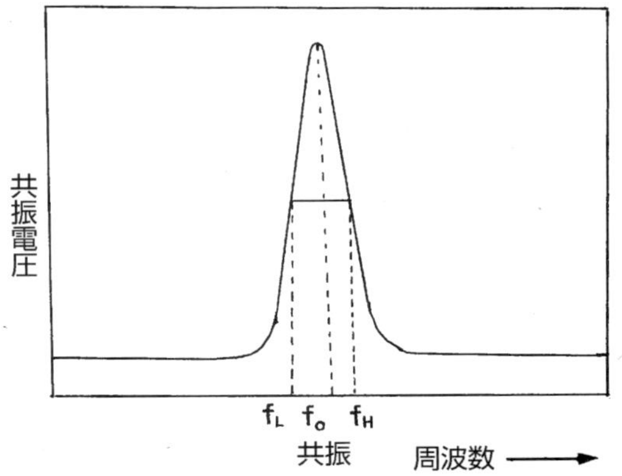

図4　共振ピークの鋭さを表すパラメーターをQとすると、$Q=f_0/(f_H-f_L)$で表現され、Q－値が大きいほど、分子振動はしやすいことを意味する。

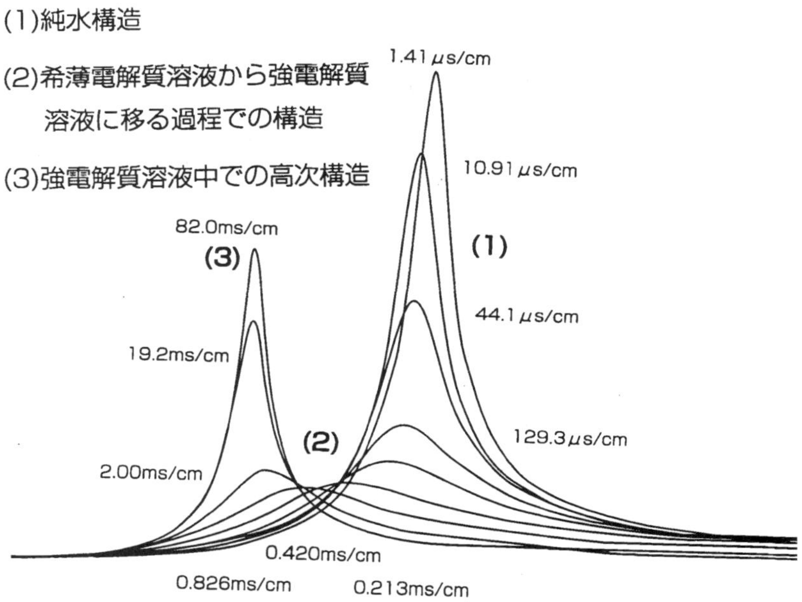

図5　電解質溶液の共振ピークの変化

NaCl濃度1.41μs/cmにNaClを添加していくと、純水構造(1)から水和圏が広がり(2)、強電解質溶液になるにつれてイオンのつくる高次構造(3)へ転移していく様子が、この共振特性からわかる。
＊^{17}ONMRからは、この(3)の構造は解析されていない。

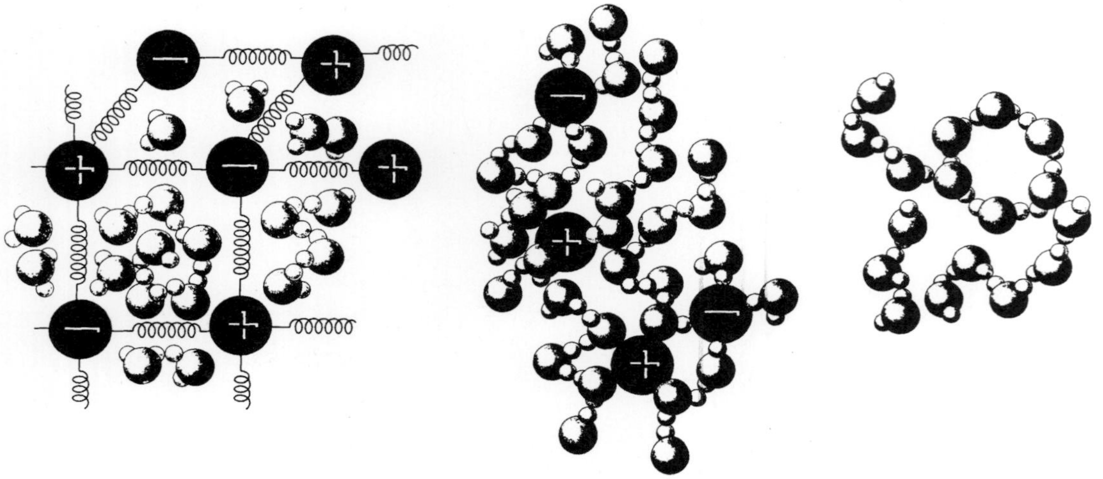

(3)強電解質溶液の三次元的構造発生（イオン結晶的構造）　(2)水和圏の形成・拡大　(1)純水

図6　電解質の濃度変化に伴う溶液構造のモデル

希薄濃度領域では共振電圧が徐々に減少していくが、ある濃度からは共振周波数が低周波側へ移行すると同時に、共振電圧は濃度とともに逆に増加していく。

この現象を電気的等価回路で説明すると、溶液中のイオン濃度の変化により希薄濃度領域では、並列共振系による共振ピークが発生し、高濃度領域では直列共振系が電解質溶液中で形成されるためである。

共振ピークが低く、ブロードな濃度領域では、分子同士の振動による摩擦が、最も顕著に現われるところで、いわゆる誘電加熱の理論があてはまり、Q−値は最も低くなる。この領域では外部から与えた電磁波のエネルギーが、溶液分子の振動に費やされ、分子間の摩擦エネルギーに変換され、エネルギーの損失がもっとも大きい。この損失エネルギーを表すパラメーター($\tan\delta$)は、次式で与えられる。

$$\tan\delta = \frac{2\sigma}{f\cdot\varepsilon} \quad \cdots\cdots(2)$$

ここで、σは溶液の電気伝導度、εは誘電率、fは加えた電磁波の周波数である。後述するが、この濃度領域は、流動食品の設計や、味覚刺激濃度の評価、熟成評価等に関係し、極めて興味ある溶液構造を呈していると思われる。

しかし、この濃度よりもっと高濃度になるにつれて、今度は共振ピークは鋭くなり、またピークの高さも増加する。これは高濃度になるにつれ、液体構成分子はイオン濃度とともに動きやすくなることを意味している。

本装置においては、誘電率が高くなるにつれて、共振周波数は低周波側へ移行することから、高濃度領域では、誘電率が高くなると同時に分子振動もしやすくなっていくことがわかる。

以上のような電解質溶液の共振の挙動は、ここでは詳しく述べないが、電気的等価回路で説明される。実際に溶液構造はどのようになっているかを**図6**に示した。

図の中で(1)は純水の水の状態を示したもので、(2)は電解質を微量添加した時に生じる水分子と陰、陽イオンの水和の状態を示したものである。

このように微量ずつ電解質を添加していくと、水和圏が広がり水の双極子に、ある程度の規則性が現れていく。

つまり水和圏の広がりが水分子全体としての動きが束縛されて、外部電場に追従できなくなっていく。

水和圏の広がりがやがて飽和状態に近づくと、(3)に示したように、陰、陽イオンが規則的に配列した、いわば液体でありながらイオン結晶のような、3次元の高次構造が発生すると考えられる。

この状態はイオン同士が一定の結合力で結ばれているので、水和圏でのイオンの動きよりも振動しやすい状態にある。

これは(2)の状態の分子振動は、非調和振動であるのに対し、(3)の状態は調和振動に近い状態にあり、したがって外部電場によって容易に動きやすいことを示唆している。

4.　類似した分析機器と本装置との違い

溶液の分子振動を捉える方法として、分子が特定の光、特に赤外線に対して吸収帯を持つことから、赤外線吸収スペクトルによる分析法がある。この方法は、特定した分子振動が、周囲の分子に束縛され、動きにくくなるに連れて、吸収される赤外線の波長に幅が生じ、吸収帯がブロードになる。解析法は、ブロードライン核磁気共鳴法(NMR)と同じで、共に分子振動のしやすさについての知見が得られる。

近年、水の分析が盛んになり、^{17}Oが同位体の中で磁気モーメントを持つことから、NMRがよく用いられ、水のクラスターサイズの評価をする上で、一般化されている。しかし、^{17}Oは通常の水の中に、0.63%しか存在しないため、極めて高い感度での測定が必要である。

図7は、純水の中にNaClを添加した場合のNMRと、本分析装置での測定を比較したデータである。NMRでは、NaCl濃度とともに、半値幅は単調に減少し、分子振動が束縛されていくことが示されているが、ここで試作された新しい分析装置では、**図5**で示されたように、ある濃度領域から、分子の水和による束縛状態から、イオンを格子とする規則的配列により、動きやすい状態へと転移していくことがわかる。つまり、NMRでは、水和圏の形成までの分子振動しか測定できないのに対し、本装置では、イオンの作る高次構造の形成状態が、みごとに観測されていることが分かる。

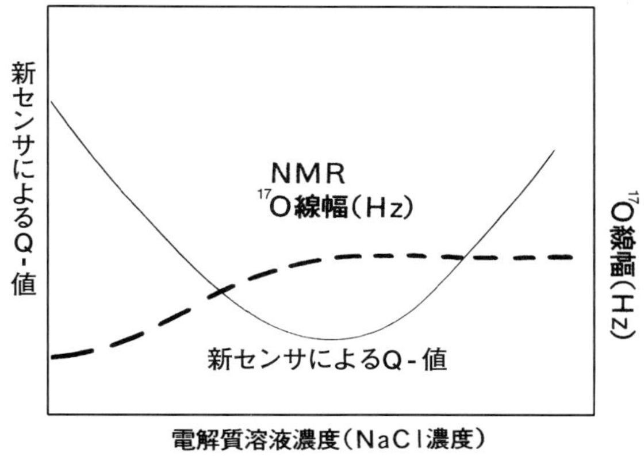

図7　新しい溶液分析装置と^{17}O－NMRによる電解質溶液の比較

これは、NMRはプロトンの共鳴を観測しているのに対し、本分析装置では、溶液を構成しているすべての分子の平均された振動の全体像をとらえていることに起因している。これまで、希薄溶液については、色々な実験もされ、デバイヒュッケルの理論もあるが、高濃度の電解質溶液については、実験もとぼしく、また理論もない状態であったが、この一連の実験とその解析から、高濃度領域での溶液構造がどのようなものかが分子振動の全体像から、明確になったものと思われる。

図8　新しい溶液分析装置による
アルコール飲料の熟成の違い

(A)42%アルコール水溶液
(B)長期貯蔵の焼酎
（アルコール濃度42%）
熟成されて水分子とアルコール分子が平衡状態になるにつれて、分子はお互いに振動しにくくなり、従ってQ一値は低下するものと解釈される。

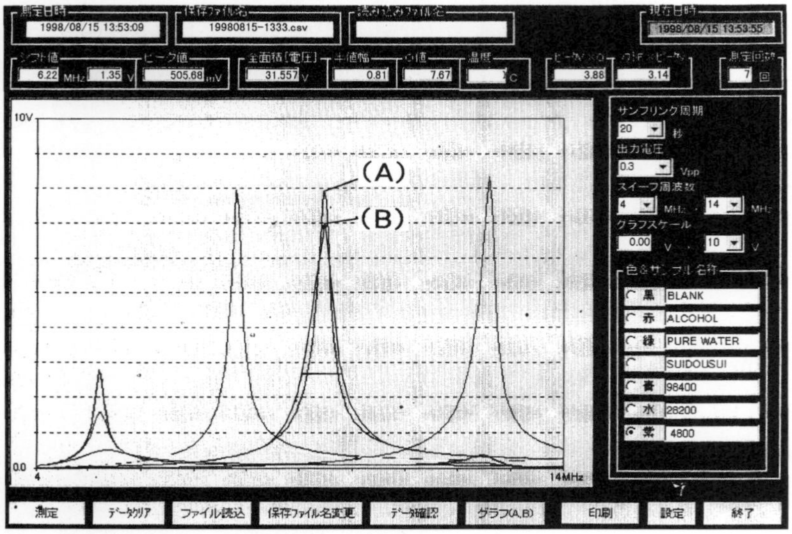

5.　本分析装置の応用例

以上、この分析装置の基本となる実測例とその解釈の概要について述べてきたが、ここではそれを基に、本装置の応用について検討してみる。

5.1　アルコール飲料への適用

この装置の特徴は分子振動のしやすさを評価することにあることから、アルコール飲料の熟成度を知る方法について考察してみた。**図8**は、アルコール濃度42%の水溶液(A)と、長期貯蔵（かめ仕込み木桶蒸留）の焼酎(B)の実用例である。

Q－値を比較すると、(B)は(A)よりも増加し、分子全体が緻密化され、安定した溶液状態（平衡状態）にあることがわかる。共振ピーク値が少々低いのは、貯蔵中に微量なイオンが生成したことを意味している。

5.2　食塩水の味覚刺激濃度の測定

純水にNaClを添加していくと、**図5**に示される濃度特性が得られる。この共振特性中、最もピークの低いブロードな領域濃度は0.35%で、これより高濃度から、味覚刺激がはじまることが、経験的に知られている。このことは、水分子とイオンの作る水和圏が広がり、三次元的な高次構造を形成しはじめ、それにつれて、官能刺激がはじまるものと思われるが、この構造がなぜ味覚細胞を刺激するか、そのメカニズムは不明である。

以上の結果を基に、共振ピークがブロードでかつ、ピークの最も低い領域を考察すると、

(1)粘性が高い
(2)混合状態が良い
(3)各分子同士が動きにくい

等の状態にあることがわかる。

したがって、味覚によい成分を混入しながらこの領域に調合濃度を合わせれば、官能的にみて、最も美味な飲料水の設計に役立つものと思われる。

6.　まとめ

溶液分子の振動のしやすさを、外部から電場を作用させることによって評価できる、新しい分析装置を試作、種々の溶液について測定した結果、次のことが明らかにされてきた。

(1) 純水中に電解質を添加し、濃度を増していくと、水和圏が広がり、陰、陽イオンを骨格とした三次元高次構造が出現する。
(2) このイオンの作る高次構造は、外部電場に追従しやすく振動しやすい構造体になっている。
(3) 共振ピークのQ－値、および共振周波数、共振電圧の変化を解析することにより、溶液分子の振動のしやすさ、緻密度を評価することができ、種々の飲料水の熟成に対しての知見が得られると思われる。
(4) 共振ピークが最も低く、半値幅が広い領域濃度は、
   1. 溶質同士、溶質と溶媒間の結合力が高い
   2. 分子同士が互いになじんでいるバランスのとれた状態にある
   3. 平衡状態にある
   4. 濃度一定で、時間経過とともに、ブロードになっていく場合は、溶液中で化学反応を起こし、新たな成分が発生していくことを意味する。これは、熟成構造または、酸化劣化による新たな成分の出現と解釈される等、応用面では、極めて重要となる領域である。
(5) 現在、NMRによる水の構造や熟成の研究が盛んに行われているが、本装置は、マクロな分子集団の振動のしやすさを求める点、NMRと同等の情報が得られると同時に、NMRでは検知できない電解質溶液の高次構造の発生をも解析できる。今後、この新しい溶液分析装置を用い、前述した水の物理·化学的処理による、水の構造変化を詳細に追求していくとともに、アルコール飲料の熟成評価、ならびに味覚との関連性を調べ、この装置の適応分野を探索していきたいと思う。

参考文献

1) DIELECTRICS：by J.C.ANDERSON REINHOLD PUBLISHING CORP.
2) 江原勝夫：Analysis and Research Vol.16 No.7 299 (1978)
3) 江原勝夫：計装 Vol.34、No.9 42 (1991)

水溶液に対する磁場効果

東谷 公、押谷 潤

京都大学大学院工学研究科 、岡山大学工学部

1. はじめに

水溶液への磁場効果については様々な研究が行われている。永久磁石で実現可能な比較的微弱な磁場でも、ボイラのスケール生成や金属腐食が抑制されたり、コンクリートの固化速度が速くなったり、粘度や電気伝導度などの水溶液の諸物性が影響を受けたり、飲料水が美味になるなど、多数の興味深い報告がなされており[1-8]、配管内のスケールや腐食の防止に効果があるとした磁気水処理装置が出回っている。磁場によるマウス体内の白血球の減少や生育の遅れ、ハエの死亡確率の増加など、磁場の生体への影響についても多くの検討が行われている[9-12]。しかし、磁場効果の存在そのものを否定する報告が数多くあり[13-16]、実験系が複雑であるために効果の定量性と再現性には問題があると考えられている。対象が磁性体でなく、かつ磁場強度が低いにも関わらず磁場効果が検知されること、メモリー効果が存在することなど、これらの磁場効果は従来の電磁気学などでは容易に説明できない現象であり、『神秘的』なものとして考えられている。

我々はこれまでに、コロイド分散系や原子間力顕微鏡(AFM)、蛍光プローブを用いて、単純かつ精密に制御された実験系において水溶液系への磁場効果を検討するとともに、変動磁場と静磁場での水溶液への効果の違い、多孔質粒子へのイオン吸着速度や多孔質膜中のイオン透過速度への磁場影響など[17-25]について検討している。

以下では、これらの結果の概要を紹介する。

2. コロイド粒子の安定性への磁場の影響[17,18]

コロイド溶液としてポリスチレンラテックス(PSL)粒子、シリカ粒子(直径：5nm～1μm)分散系を用いている。コロイド溶液、電解質溶液それぞれに磁場照射し、磁場照射後に両液を混合し、凝集速度はストップドフロー小角光散乱法、粒子のゼータ電位は電気泳動法、粒子の拡散係数は光子相関法でそれぞれ測定している。

磁場効果の尺度として正規化された急速凝集領域の凝集速度定数(K_{Rm}/K_{RO})、並びにゼータ電位(ζ_m/ζ_O)を用い、これらの磁束密度(B)依存性を検討したのが**図1**である。1からのズレが磁場効果の程度を表す。各比の値とも0.3T以上では一定値となり、磁場照射により凝集速度が最大15%程度、ゼータ電位が最大8%程度小さくなることが分かる。

磁場照射時間についても検討したが、照射時間10分以上で(K_{Rm}/K_{RO})、(ζ_m/ζ_O)ともに一定値となる結果を得ている。

ゼータ電位と凝集速度の測定は全く異なる測定系であるにも関わらず良く似た傾向を示すことは、ゼータ電位と凝集速度の磁場効果が同じ要因から発

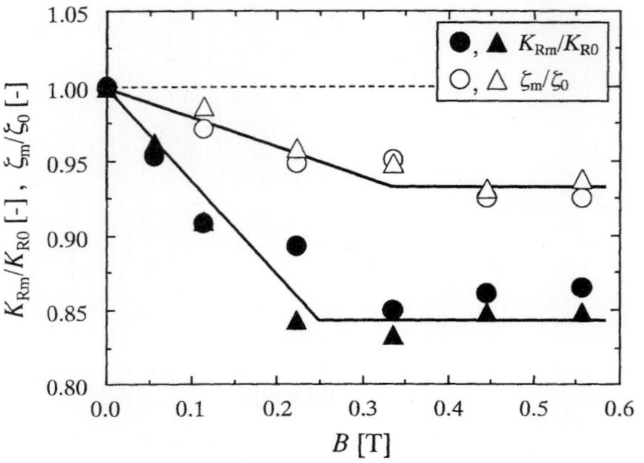

図1　PSL粒子の(K_{Rm}／K_{R0})と(ζ_m／ζ_0)の磁束密度依存性

●2.0M KCl水溶液、粒径38nm
▲0.1M $CaCl_2$水溶液、粒径38nm
○10^{-4}M KCl水溶液、粒径954nm
△10^{-6}M $CaCl_2$水溶液、粒径954nm
磁場照射時間10分

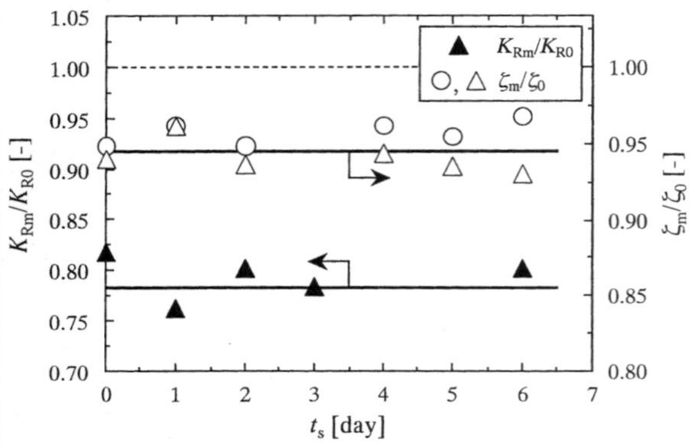

図2　PSL粒子の(K_{Rm}／K_{R0})と(ζ_m／ζ_0)のメモリー効果

▲0.1M $CaCl_2$水溶液、粒径38nm
○10^{-4}M KCl水溶液、粒径954nm
△10^{-6}M $CaCl_2$水溶液、粒径954nm
磁束密度0.45T
磁場照射時間10分

していることを示唆している。この他に、磁場照射により粒子の拡散計数が2～3%小さくなることを見出している。**図2**は磁場照射後、溶液を所定時間(t_S)放置してから測定した結果で、少なくとも6日間は磁場効果が持続することが分かる。なぜこのような『メモリー効果』が存在するかは不明であるが、配管に磁気水処理装置を装着する場合、1ヵ所に取り付ければ下流側全域に磁場効果を及ぼすことを示唆しており興味深い。

これらの実験効果より、**図3**に模式的に示すように、磁場照射は粒子表面の吸着水、イオン、水和イオンの構造に影響を及ぼすと推論される。仮に、磁場照射により吸着層が厚くなると、滑り面が外側に移動するためにゼータ電位が低下し、より厚い吸着層の抵抗のために凝集速度が低減し、拡散係数が小さくなると理解できる。

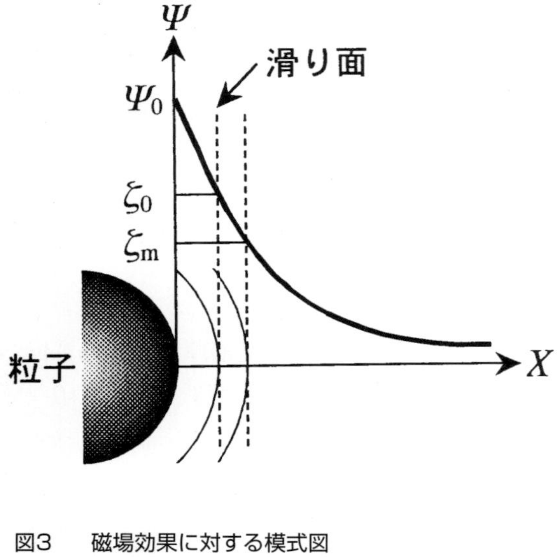

図3　磁場効果に対する模式図

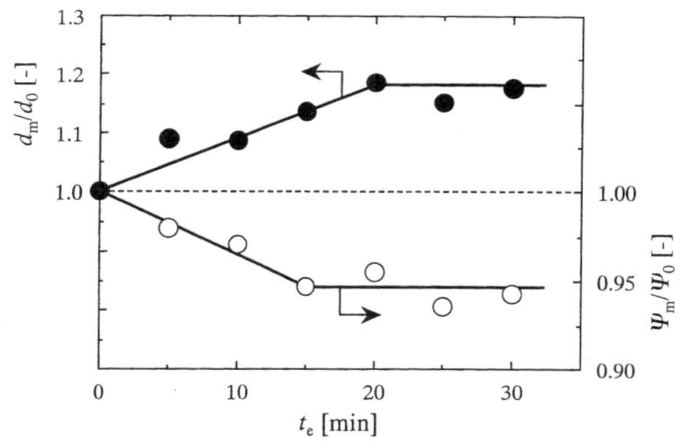

図4　(d_m/d_0)と(ψ_m/ψ_0)の
磁場照射時間依存性

10^{-4}M KCl水溶液
磁束密度0.42T

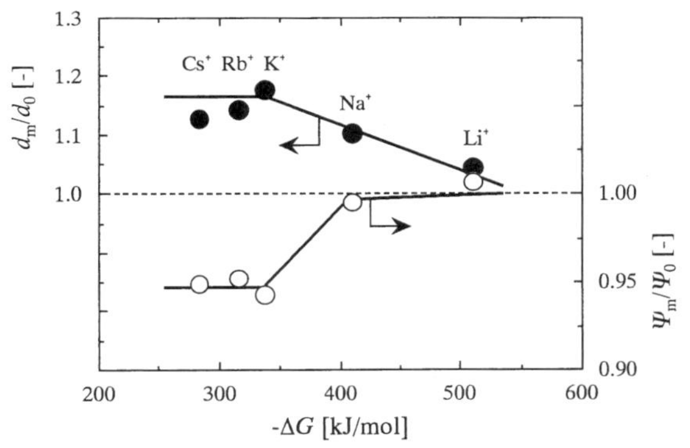

図5　(d_m/d_0)と(ψ_m/ψ_0)の
アルカリ金属イオンの
水和ギブスエネルギー依存性

水溶液濃度10^{-4}M
磁束密度0.42T
磁場照射時間30分

3.　固液界面への磁場効果のAFMによる検討[19, 20]

上記のように、磁場効果は磁場照射による固液界面吸着層の構造変化によると考えてきたが、粒子のゼータ電位や凝集速度などマクロな実験系で得られた結果からの推論であり、より深い理解にはミクロな系での検討が必要となる。そこで、水溶液中の界面相互作用力の*in-situ*測定が分子オーダーで可能なAFMを用いて、固液界面吸着層厚さと表面電位への磁場の影響を検討した。磁場照射した1×10^{-4}MのKCl水溶液をAFMセルに注入し、AFM探針－雲母間の測定から吸着層厚さを、シリカ粒子（直径：4μm）－雲母間の測定から表面電位を求め、磁場無照射時の値と比較した。

図4は正規化された吸着層厚さ(d_m/d_0)と表面電位(Ψ_m/Ψ_0)の磁場照射時間（te）依存性を表している。照射時間15分以上で(d_m/d_0)、(Ψ_m/Ψ_0)ともに一定値となり、吸着層厚さが約15%増加、表面電位が約5%低下することが分かる。これらの結果はコロイド粒子の安定性への磁場効果と良く似た傾向を示し、磁場照射による固液界面吸着層厚さの増加がゼータ電位や凝集速度の低下を引き起こすというマクロな実験結果を分子オーダーにおいて直接検証したものとなった。

表面電位低下については**図3**と同様に考えられ、磁場照射による吸着層厚さの増加が粒子と雲母表面の接近をより困難にするために、表面電位も低下すると理解できる。この結果は、マクロな実験系で得られたゼータ電位低下をミクロ系における直接測定により示したものとなった。

図5は磁場効果とイオンの種類の関係を検討した結果で、用いたアルカリ金属イオンの水和ギブスエネルギー（$-\Delta G$）に対して結果をプロットしている。水和エネルギーの小さなCs^+、Rb^+、K^+では磁場効果がみられるが、水和エネルギーの大きなNa^+、特にLi^+では効果がほとんどみられない。同様の結果が、多孔質粒子へのイオン吸着速度や多孔質膜中のイオン透

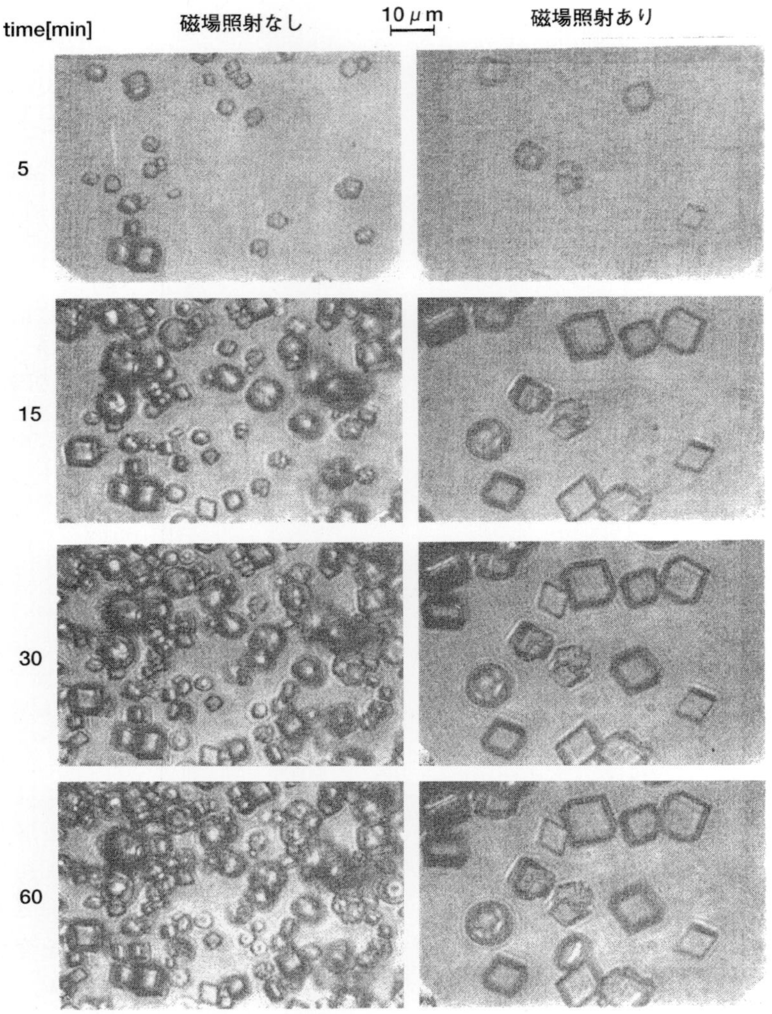

図6　セル底面に沈着した$CaCO_3$結晶の顕微鏡写真
（磁束密度0.45T、磁場照射時間10分）

過速度への磁場効果においてもみられている[24-25]。

効果のみられたイオンは構造破壊イオンに分類され、イオン周囲の水分子の運動性はバルク水よりも大きく、水和水構造が不安定で負の水和として知られている[26,27]。磁場照射によりその不安定な水和水構造が安定化し、水和イオン径が大きくなるために、それらのイオンにより形成される吸着層が厚くなると考えられる。

一方、効果のみられなかったイオンは構造形成イオンと呼ばれ、もともと強い水和水構造を形成しており、磁場照射の影響を受けにくいと思われる。

4.　磁場の炭酸カルシウム析出への影響[21]

磁場照射が固体表面の吸着分子層に影響を及ぼす

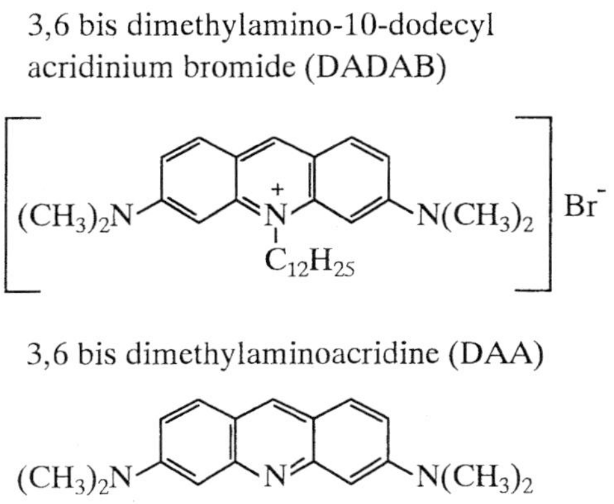

図7　蛍光プローブの構造式

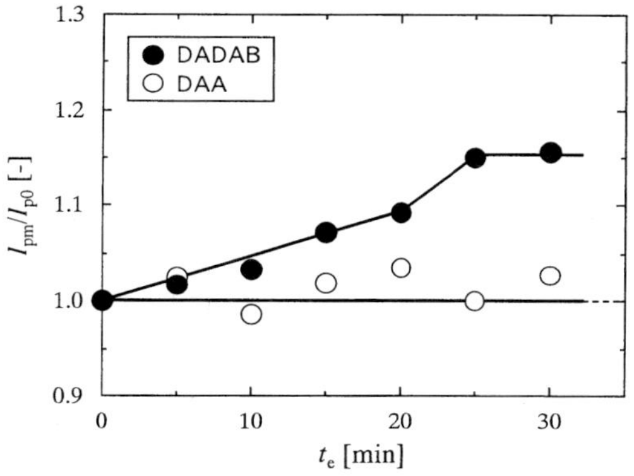

図8
DADABとDAAの（I_{pm}／I_{pO}）の磁場照射時間依存性

DADAB濃度4.80×10^{-9}M
DAA濃度2.28×10^{-8}M
磁束密度0.42T

とすると、粒径の小さい粒子、例えば結晶核などへは大きく影響すると考えられる。そこで、配管内のスケールの主要因である炭酸カルシウム結晶の析出過程への磁場効果を検討した。8×10^{-3}Mの$CaCl_2$とNa_2CO_3水溶液それぞれに磁場照射し、磁場照射後に両液を混合して、$CaCO_3$結晶を析出させた。析出粒子量の尺度としての最大吸光度は分光光度計で測定し、セル底面に沈降した結晶は倒立型顕微鏡で観察し、結晶構造はX線回折法により検討した。

最大吸光度の磁束密度依存性を検討すると、**図1**と整合する結果が得られた。すなわち、正規化された最大吸光度は$B \geqq 0.3$Tで一定となり、最大20%の最大吸光度の低減をもたらした。最大吸光度の磁場照射時間依存性も上述のコロイド分散系の安定性への磁場効果とAFM測定により得られた固液界面吸着層および表面電位への磁場効果と良く似た傾向を示した。

図6は、沈降結晶の経時変化を倒立型顕微鏡により観察したものである。磁場照射により結晶の析出個数が抑制され、結晶サイズも大きくなることが分かる。さらに、磁束密度と共に針状結晶の現れる確率が高くなり、その結晶は通常のカルサイト結晶とは異なるアラゴナイト結晶であることがX線回折により明らかとなっている。

5.　蛍光プローブ水溶液の蛍光強度への磁場の影響[22)]

蛍光プローブは近傍の溶媒分子の変化に敏感に反応し、蛍光強度や蛍光波長を変化させる性質を持っている。そこで磁場照射並びに磁場無照射の蛍光プローブ水溶液の蛍光強度を比較し、プローブ近傍の水への磁場効果を検討した。

図7に用いたプローブの構造式を示す。ベンゼン環からなる部分は同じで、疎水鎖の有無のみが異なる。

図8は、各プローブでの正規化された蛍光強度（I_{pm}/I_{pO}）の磁場照射時間（t_e）依存性を表している。疎水鎖を持たないDAAでは磁場の効果はみられないが、疎水鎖を持つDADABでは照射時間20分以上で蛍光強度が15%程度大きくなることが分かる。疎水鎖の有無、あるいはその長さのみが異なる他のプローブの組についても同様な結果が得られている。

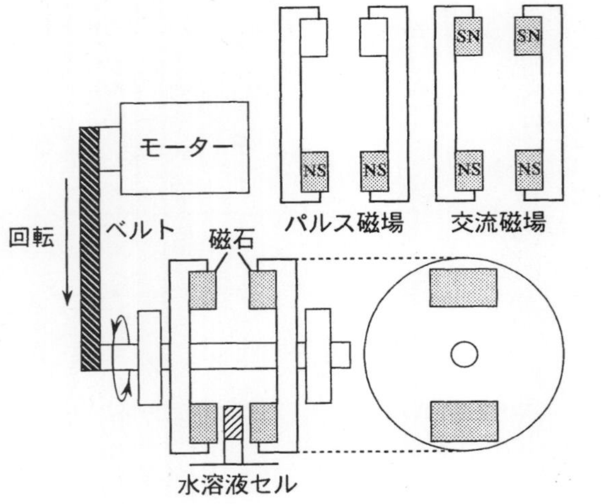

図9　変動磁場発生装置の概略図

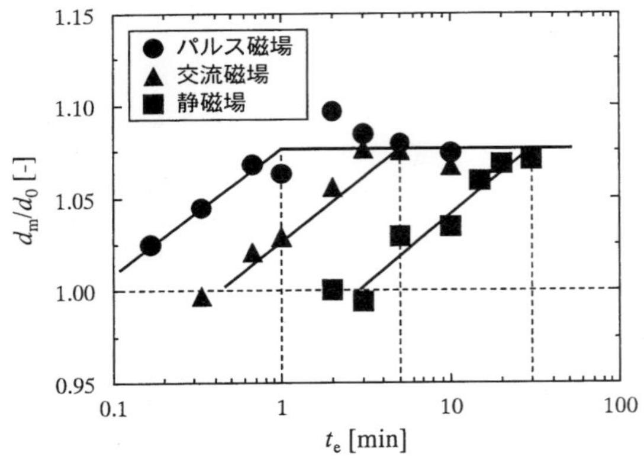

図10
各磁場照射法での(d_m／d_0)の磁場照射時間依存性

10^{-4}M KCl水溶液
磁束密度0.40T
変動磁場周波数30Hz

以上の結果、磁場照射が疎水鎖近傍の水の構造に変化を起こすものと考えられる。

6.　変動磁場と静磁場での磁場効果の違い[23)]

これまでに述べてきた磁場効果は静磁場によるものである。ここでは変動磁場(パルス磁場と交流磁場)による磁場効果を検討し、それらの効果と静磁場での効果の違いについて紹介する。

水溶液へのパルス磁場と交流磁場の照射は、**図9**に示すように、永久磁石を固定した2枚の純鉄の円盤をN極とS極が向き合うように平行に並べ、直流モーターによりその円盤を回転させることにより行った。静磁場の照射は円盤を回転させずに行った。磁場効果の評価にはAFM測定による固液界面吸着層の厚さを用いた。

図10は各照射法で照射時間を変化させた結果で、実際に水溶液に磁場が作用する実照射時間(t_e)に対して結果をプロットしている。磁場効果が一定となる照射時間は、パルス磁場では約1分で静磁場の約30分の1、交流磁場で約5分で静磁場の約6分の1となることが分かる。同様な結果が微粒子のゼータ電位や炭酸カルシウム結晶析出時の最大吸光度においてもみられている。

これらの結果は、変動磁場では静磁場よりも極めて短時間で最大の磁場効果が得られることを表している。さらには、変動磁場での効果は静磁場での効果よりも長時間の持続性を持つことが明らかとなっている。これらの違いの要因は容易に理解できないが、変動磁場により作り出される大きな磁束密度勾配が関与していると推察される。

7.　おわりに

我々の一連の研究にみられた磁場効果は、実験系が全く異なるにもかかわらず、上記以外にも溶液中のアルコール濃度や溶液温度の変化など、様々な実験条件以下において整合性があり、これまでに神秘的な現象として考えられてきた『水溶液への磁場効果』に対して再現性の良い実験系とデータを提供することに成功し、実験を始めた当初には疑問であった磁場効果の存在を確信するに至った。

また、ミクロな分子オーダーでの検討により、イオン水和水構造や疎水性水和水構造、固体表面吸着水構造の磁場照射による安定化というこれまでは謎に包まれていたメカニズムが明らかになったものと思われる。ところが、水がどのように構造変化を起こすのか、あるいはなぜ磁場効果が長時間持続するのかなど、依然として説明の困難な部分が残されており、今後はそれらの解明と工学分野への応用が重要な課題となる。

参考文献

1) Dushkin, S.S.and Ievstratov,V.N., “Magnetic Water Treatment in Chemical Undertaking. ” Khimiya, Moscow (1986)

2) Yamaoka, K., Sugimoto, S., Kimura, T., Akiyama, R. and Kobayashi, R., J.Jpn.Goetherm. Energy Assoc., 25, 31 (1988)

3) Chiba,A.,Kawazu,K.,Nakano,O.,Tamura,T.,Yoshihara,S. and Sato.E.,Corros.Sci., 36, 539 (1994)

4) Ghabashy,M.E.,Sedahmed,G.H.andMansour,I.A.S.,Br. Corros.J.,17,36 (1982)

5) Nakashima,K.and Yamamoto,H.,J.Toyota Nay.Tech.Coll., 20,67 (1987)

6) Lielmezs,J.and Alemam,H.,Thermochim.Acta.18,315 (1977)

7) Ayrapetyan,S.N.,Grigorian,K.V.,Avanesian,A.S.and Stamboltsian.K.V.,Bioelectrio-magnetics,15,133 (1994)

8) Klassen,V.I.,Zhilenko,G.V.,Berger,G.S.,I.V.,Lapatukhin, Erygin,D.D.and Klyuchnikov,N.G.,Dokl.Akad.Nauk. SSSR.,183,1123 (1968)

9) Barnothy,J.M.,Barnothy,M.F.and Boszormeny-Nagy,I., Nature,177,577 (1956)

10) Koana,T., Ikehara,M., and Nakagawa,M., Bioelectrochem. Bioenerg. 36, 95 (1995)

11) 志賀、宮本、上野、“磁場の生体への影響” てらぺいあ (1991)

12) 高橋、“磁気と生物” 学会出版センター (1984)

13) Viswat,E.,Hermans,L.J.F.and Beenakker,J.J. M.,Phys. Fluids, 25, 1794 (1982)

14) Mirumyants,S.O.,Vandyukov,E.A.and Tukhvatullin, R.S.,Russ.J.Phys.Chem.,46,124 (1972)

15) Gonet,B.,Bioelectromagnetics,6,169 (1985)

16) Kirgintsev,A.N.and Sokolov,V,M.,Russ.J.Phys.Chem., 40,1107 (1966)

17) Higashitani,K.,Okuhara,K.and Hatade,S.,J.Colloid Interface Sci.152,125 (1992)

18) Higashitani,K.,Iseri,H.,Okuhara,K.,Kage,A.,and Hatade, S.,J.Colloid Interface Sci.172,383 (1995)

19) Higashitani,K.,Oshitani,J.,Trans.IChemE 75-B,115 (1997)

20) Higashitani,K.,and Oshitani,J.,J.Colloid Interface Sci., 204,363 (1998)

21) Higashitani,K.,Kage,A.,Katamura,S.,Imai,K., and Hatade, S.,J.Colloid Interface Sci.156,90 (1993)

22) Higashitani,K.,Oshitani,J.,and Ohmura,N.,Colloids Surf. A.109,167 (1996)

23) Oshitani,J.,Uehara,R.and K.Higashitani,J.Colloid Interface Sci.,209,374 (1999)

24) Oshitani,J.,Yamada,D.,Miyahara,M.and Higashitani, K.,J.Colloid Interface Sci. (accepted)

25) Oshitani,J.,Ohmura,N.and Higashitani.K.,J.Chem.Eng. Japan., (submitted)

26) 大瀧、“溶液の化学” 大日本図書 (1987)

27) Frank,H.S.and Wen,Y.W.,Disc.Faraday Soc.24,133 (1957)

磁気処理水の物性変化のメカニズム

―蒸発速度からみた磁気処理水の物理的特性―

石川 光男
国際基督教大学教養学部

1. はじめに

磁気処理水の応用的な効果については、種々の分野で研究が進められているが、大きく分類すると工業的応用と生理的応用に分けられる。工業的応用については磁束密度が100～6000ガウス、生理的応用については100～800ガウスが一般的である。これらの数値は、多くの場合、磁石の表面における磁束密度であり、実際に水に作用している磁束密度は表面磁束密度よりずっと小さいと考えられる。

磁場は大きく分けると定常磁場と変動磁場があり、さらに変動磁場にも交流磁場や回転磁場などの種類があるため、磁場の種類は多様である。このような磁場の性質や磁場の強さの違いが物性に及ぼす影響については、系統的研究がないため不明である。

磁気処理の方法に関しては、磁界中で水を移動させる方法が一般的である。日本で一般に「磁気処理水」と呼ばれているのは、このような方法によるものが多い。また、応用的な研究が多いため、水道水の磁気処理が一般的である。したがって、工業的応用や生理的応用における磁気処理水は、各種イオンや溶解ガスを含んだ高濃度不純物系であり、水質は一様ではない。

磁気処理水の応用的な研究においては、以上のように多様な実験条件が混在しているので、異なった研究を簡単に比較検討することができない。基礎研究を行うためには、実験条件を整理して、比較検討が可能なデータを集めなければならないが、日本においては、そのような系統的基礎研究はほとんどなされていない。

このような現状をふまえて、磁気処理された純水の物性変化と磁気処理条件との関係を調べるという課題を過去数年間の卒業研究でとりあげてきた。

物理的物性としては、密度、粘性、表面張力、蒸発速度、分離圧などがとりあげられてきたが、蒸発速度の変化がもっとも安定性があり、再現性がよいことが明らかとなった。そこで、純水の蒸発速度を物性変化の指標として、磁気処理条件がどのような影響を及ぼすかを系統的に調べる研究が進められてきたので、得られた実験結果の一部を報告する。磁気処理水の物性変化については、従来の科学的常識では予測し難い側面が多いので、この研究では、仮説の検証を目的とせず、信頼できる基礎データを得ることだけに重点がおかれてきた。

例えば、従来の磁気処理は、磁界中で水を移動させる方法が一般的であるが、この方法は電磁気学的な理論を念頭において組みたてられている。以下の実験では、このような常識を念頭におかず、水を静止させた状態で磁気を作用させた静水磁気処理による蒸発速度の変化も報告されている。静水磁気処理の実験結果は、磁気処理の効果が単一のメカニズムによるものではないことを示唆しており、従来の常識にこだわらない実験の重要性を示唆している。

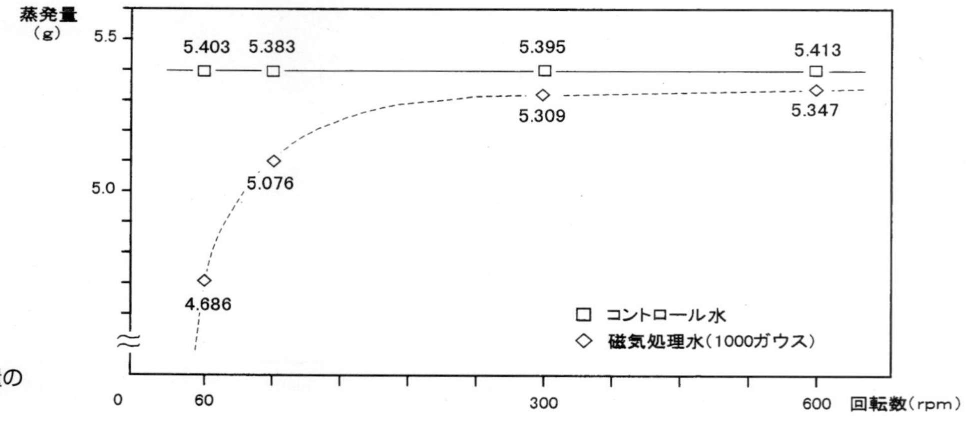

図1
回転数による蒸発量の変化(24h撹拌)

また、従来の研究では、磁石表面の磁束密度が重視されているが、表面から離れた点での磁束密度は急激に減少するので、実際に水に作用する磁束密度がどのくらいの数値になっているかを実測しておかないと比較研究はできない。以下の実験では、実際に水に作用する磁束密度を計測しているが、静水処理では磁束密度が2.0ガウス程度でも蒸発速度の変化が起こることが明らかとなった。

このように弱い磁場でも、観測可能な物性変化が起こるという実験結果も、予想をたてない実験から得られた1つの成果であるように思われる。

2.　実験方法

試料として用いられた水は、蒸留の後イオン交換樹脂を通し、さらにミリポア純水装置(MILLI-Q)を通して得られた純水である。試料10mlを直径9cmのシャーレに入れ、50℃、湿度65%に調整され恒槽内で蒸発が行われた。磁気処理後6時間で蒸発量を精密天秤で測定し、同じ状態で蒸発が行われたコントロール水と比較した。蒸発量は20個のシャーレの平均値を用いた。

磁気処理には、表面磁束密度1000ガウスの磁石と3700ガウスの2種類の磁石が用いられた。実際に水に作用する磁束密度は、前者では90ガウス以下、後者では300ガウス以下である。磁気処理は室温で行われた。

撹拌処理にはテフロン製の撹拌棒が用いられ、コントロール水も同じ条件で撹拌が行われた。

3.　実験結果

3.1　撹拌磁気処理による蒸発速度の変化

図1は、回転数を変えて24時間磁気処理を行った場合の蒸発量の変化である。磁気処理水の蒸発速度はコントロール水よりも小さくなるが、回転数に依存し、回転数が増加するに従って、コントロール水との差は小さくなる。以下の実験では、変化の大きい60rpmで撹拌を行っている。磁気処理には1000ガウスの磁石を用いているので、実際に水に作用している磁束密度は90ガウス以下と考えられる。

図2は、コントロール水の蒸発速度を基準値(100)とした場合の相対的な蒸発量の変化と、撹拌磁気処理時間との関係を示している。図からわかるように、蒸発量の変化は磁気処理時間によらず一定で、約13%蒸発量が小さくなっている。

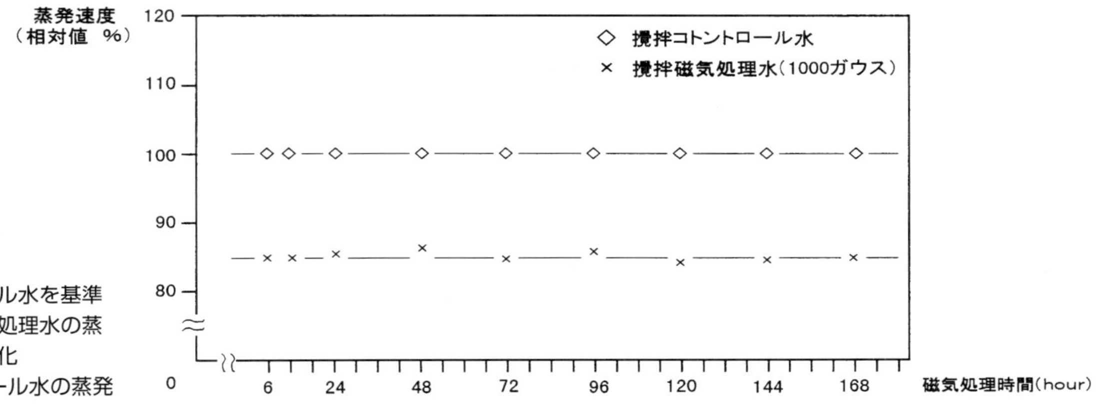

図2
コントロール水を基準とした磁気処理水の蒸発速度の変化
（コントロール水の蒸発速度を100とした）

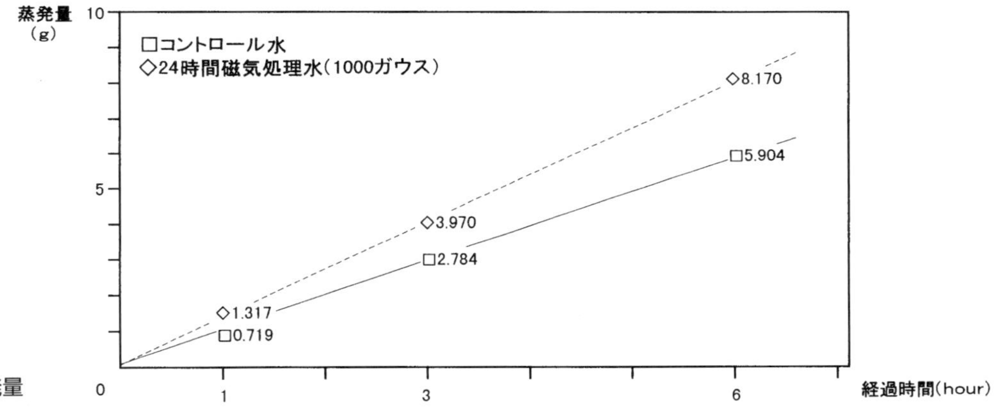

図3
経過時間による蒸発量の変化（50℃）

3.2　静水処理による蒸発速度の変化

図3は、静水状態で24時間磁気処理を行った磁気処理水の蒸発量と経過時間の関係である。磁気処理水、コントロール水ともに蒸発量は経過時間に比例し、蒸発速度はそれぞれ一定であることが分かるが、磁気処理水の蒸発速度はコントロール水よりも大きく、流動水処理の場合とは逆の傾向となっている。

静水処理の磁気処理時間と蒸発速度の関係を調べた結果が、**図4**に示してある。興味深いのは、72時間の磁気処理時間を境として、蒸発速度の増減が逆転していることである。蒸発速度の増加は、処理時間30時間付近で最大となり、72時間以上の処理時間では次第に一定値に近づく。私の知る限り、このような現象は報告されていない。この実験では1000ガウスの磁石を用いているので、前述の攪拌処理と同じ磁場が作用しており、水に作用している磁束密度は90ガウス以下である。

比較のために、前述の攪拌処理の結果を同じグラフに×印で示してあるが、72時間以上の静水処理の蒸発速度は、攪拌処理の場合と同じ値に近づくこと

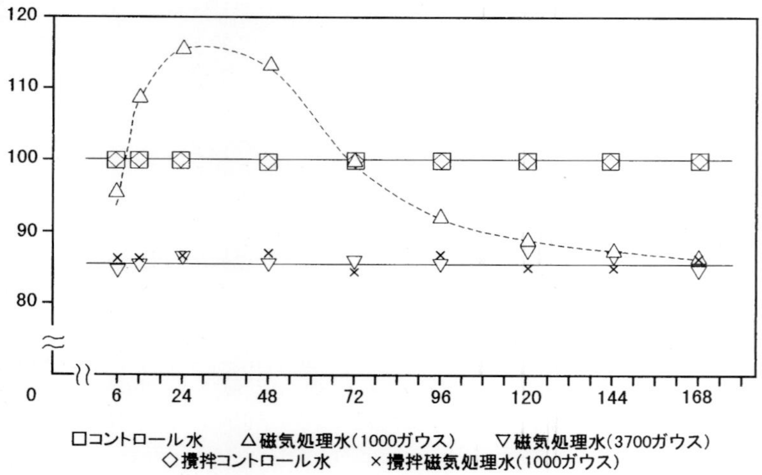

図4
コントロール水を基準とした磁気処理水の蒸発速度の変化
(コントロール水の蒸発速度を100とした)

が分かる。

3700ガウスの磁石を用いて、静水処理の時間依存性を調べた結果も、**図4**に▽印で示されている。この場合には、蒸発速度の増加は認められず、処理時間に依存せずに一定量の減少を示している。しかも、この場合の蒸発速度は、1000ガウスの磁石による攪拌処理と同じ値となり、さらに1000ガウスの磁石による長時間静水処理が近づく値と一致している。

これらのデータから、蒸発速度の増加は、磁束密度が90ガウス以下の比較的弱い磁場の下で、10時間から70時間程度の静水処理を行った場合にみられる特異な現象であることが分かる。このような弱い磁場による静水処理の場合には、蒸発速度の増加をもたらすメカニズムと、蒸発速度の減少をもたらすメカニズムが共存しており、静水処理時間が小さい場合には前者が顕著に現れ、処理時間の増加と共に後者が顕著に現れてくるという可能性が考えられる。しかし、数百ガウス程度に磁場が強くなったり、磁場が弱くても、水が流動している場合には蒸発速度の減少をもたらすメカニズムだけが顕著に現れると考えられる。

3.3 磁場の強さの影響

蒸発速度の増加が、どの位の磁場の強さの領域で起きるかを調べるために、前記の実験よりも磁場の均一性の高い装置を試作し、24時間静水処理の場合の蒸発速度の変化と磁束密度の関係を調べた。その結果を**図5**に示してあるが、蒸発速度の増加は磁束密度の限られた領域でのみ起こることが分かった。グラフの横軸は特殊なスケールで書かれているが、横軸の1は53ガウスの磁束密度に対応している。この値を用いて換算すると、蒸発速度の増加が起きるのは、48ガウスから85ガウス程度の弱い平均磁束密度の領域に限られることになる。これらの値は磁束密度の平均値なので、2〜3倍の変動幅をみこまなければならない。

したがって、静水処理で蒸発速度の増加が起きるのは、数10ガウスから200ガウス程度の磁束密度の範囲と推定される。**図5**のデータは、磁束密度の平均値が20〜30ガウス程度のごく弱い磁場では蒸発速度が約5%減少することを示しており、弱い磁場による静水処理では影響が単純ではないことを示唆している。

攪拌磁気処理の場合の磁束密度依存性を**図6**に示してあるが、静水処理に比べると影響は比較的単純

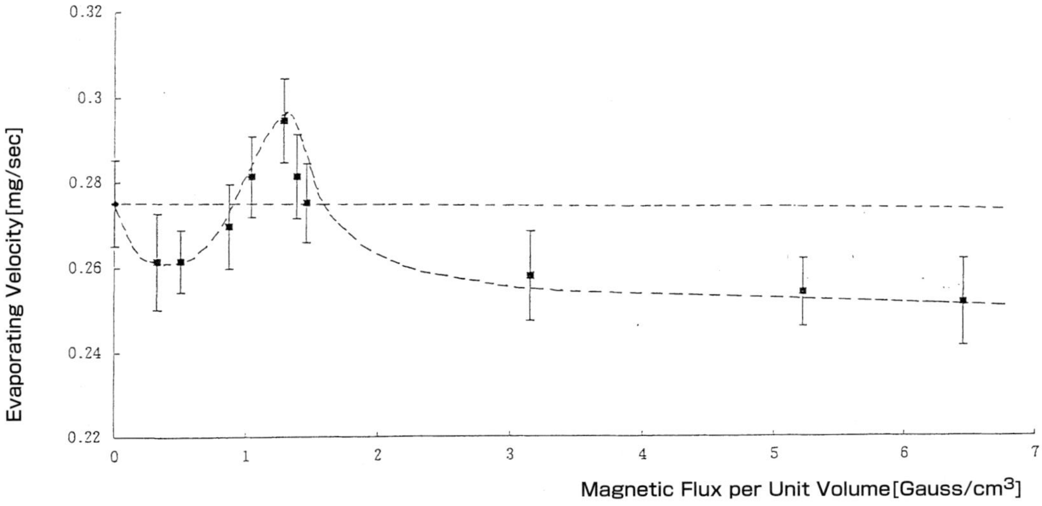

図5　蒸発速度の磁束密度依存性（静水磁気処理24時間）

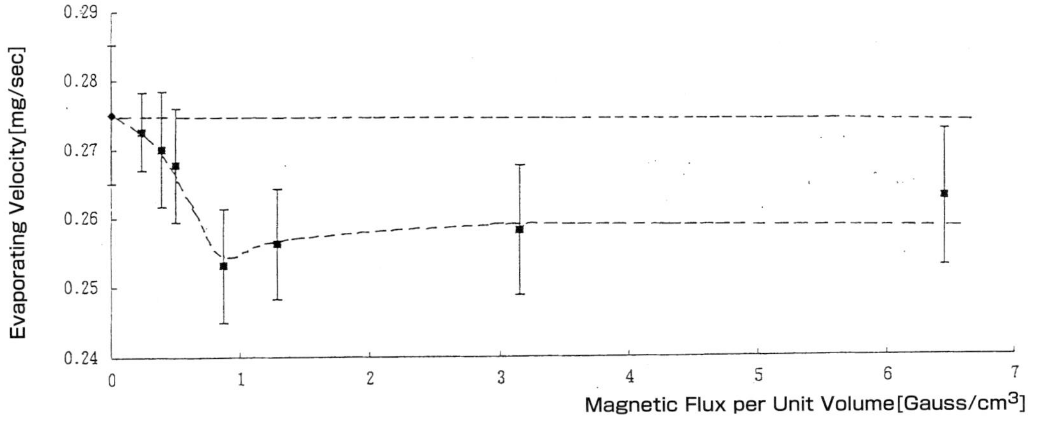

図6　蒸発速度の磁束密度依存性（撹拌磁気処理、60rpm）

で、およそ50ガウス以上の磁束密度では、蒸発速度の減少はほぼ一定である。

3.4　溶存酸素の影響

酸素は常磁性体であるから、水中の溶存酸素は磁場の影響を受けやすい。そこで、溶存酸素が磁気処理にどのような影響を及ぼすかを調べた。**表1**は、煮沸によって水中の溶存酸素がどの程度減少するかを

表1　煮沸による溶存酸素の減少

Length of pre-treatment [hrs]	Amount of dissolved oxygen [ml/1,000ml of water (%)]
0	6.43(100)
1	4.12(64)
2	3.73(58)

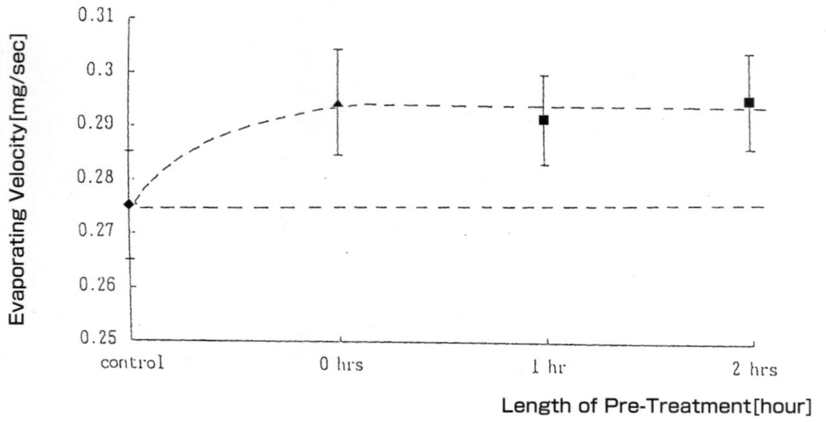

図7　煮沸時間に伴う蒸発速度変化（静水磁気処理24時間、60ガウス）

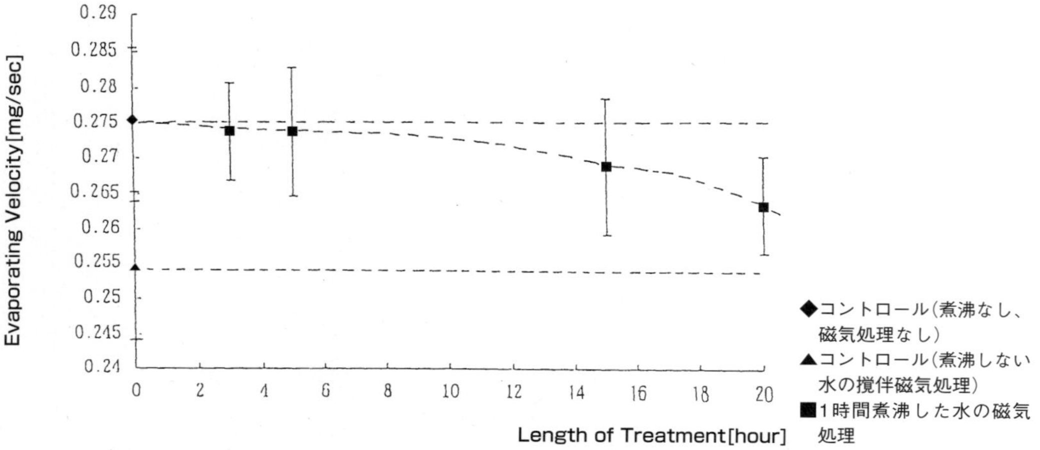

図8　煮沸した水の攪拌時間に伴う蒸発速度変化（1時間煮沸、70ガウス）

示している。溶存酸素の量はウィンケルの方法によって測定された。この実験の結果、溶存酸素は1時間の煮沸によって36%、2時間の煮沸によって42%減少した。

静水処理において、溶存酸素がどのような影響を与えるかを調べた結果が、**図7**に示されている。図から分かるように、1時間煮沸した水と2時間煮沸した水、および煮沸しない水を24時間静水磁気処理をした場合、いずれも同じ蒸発速度を示している。これとは対照的に、攪拌磁気処理において、溶存酸素は顕著な影響を及ぼす。**図8**に示すように、煮沸された水は、攪拌磁気処理に対して、最初は蒸発速度の減少はみられないが、攪拌時間の増加と共に次第に変化が大きくなり、煮沸をしなかった水の攪拌磁気処理の値に近づいていくようにみえる。

これらの結果は静水磁気処理における蒸発速度の増加と、攪拌磁気処理における蒸発速度の減少は全く異なるメカニズムによって起こることを示唆して

表2　攪拌磁気処理時間に伴う溶存酸素の増加（1時間煮沸後）

Length of stirring [hour]	Amount of dissolved oxygen [ml/1,000ml of water, (%)]	Relative increase of dissolved oxygen [%]
0	2.04(32)	……
3	2.55(40)	25
5	2.84(44)	39
15	3.47(54)	70

いる。

煮沸された水は、攪拌磁気処理の初期において、蒸発速度の変化がほとんどみられないという事実は、攪拌磁気処理においては酸素が重要な役割を果たしていることを示唆している。攪拌時間とともに蒸発速度の変化が大きくなるのは、攪拌時間とともに溶存酸素の量が増加するためと推察される。攪拌時間に伴う溶存酸素の増加を調べた結果を**表2**に示してあるが、1時間煮沸された水の溶存酸素は5時間の攪拌で39%増加し、15時間の攪拌で70%増加する。この結果は、攪拌磁気処理による蒸発量の変化が溶存酸素の量に依存するという推察を支持する。24時間の静水処理においても、溶存酸素の量は徐々に増えるはずであるが、攪拌処理に比べると溶存酸素の増加はゆるやかであると考えられるので、**図7**の結果から、溶存酸素は静水処理に対して大きな影響を与えないと考えてもよさそうである。

4.　おわりに

以上の実験データから得られる結論は以下の通りである。

(1) 溶存酸素のある状態での純水の攪拌磁気処理によって、蒸発速度が減少する。

(2) 溶存酸素の少ない状態での攪拌磁気処理の場合には、蒸発速度の変化はほとんどみられない。

(3) 攪拌の回転速度が大きくなると、蒸発速度の変化は少なくなる。

(4) 攪拌磁気処理においては、数10ガウス以上の磁束密度で、蒸発速度が顕著に減少する。

(5) 静水磁気処理の場合、磁場の強さの一定の領域、および処理時間が一定の領域でのみ蒸発速度の増加がみられる。蒸発速度の増加が見られる磁束密度は、数10ガウスから200ガウス程度、処理時間は10時間から70時間程度である。

(6) 静水磁気処理における蒸発速度の増加には、溶存酸素はほとんど関与していないと推定される。

分離圧は、生物の生存と関わりの深い重要な物性であるが、分離圧も磁気処理の影響を比較的鋭敏に反映する。まだ詳細なデータは得られていないが、蒸発速度の変化とある程度の対応があるようである。

ここに報告されたデータは、本学卒業生の小野栄太郎君、及び廣末佳子さんの卒業論文から引用したものである。

機能水の分析方法と問題点

西本 右子
神奈川大学理学部

1.　はじめに

ある種の水(水溶液)に何らかの処理を施すことで、ある機能をもたせた水を“機能水”と呼ぶことが多い。処理としては電場、磁場、超音波、圧力、光や音をあてる、膜を通す、鉱物やセラミックなどと接触させる、脱気する、ガスを吹き込む、ミネラルなどを添加する、などが考えられよう。これらの水は純水であることはまれで、ほとんどの場合何らかの物質を溶かしこんでいる。

そのため、はじめに、原水について調査した上で、水中に含まれる物質の種類と量を把握した上で処理による効果を評価することが重要となる。分析・計測法としても、水中に含まれる物質の定性・定量に関する方法と、水溶液全体の状態分析に分けて考える必要があろう。以下、各手法ごとに“機能水”に適用した場合における問題点を考えていくことにする。

2.　水中に含まれる物質の分析

水中に含まれる物質の定性・定量には、一般の水質試験法が参考となることが多い。例えばJISの工業用水試験方法〔JISK0101(1991)〕、工場排水試験方法〔JISK0102(1993)〕、日本水道協会の上水試験方法、日本下水道協会の下水試験方法などの公定分析法である。また各種の水質分析に関する文献や便覧も多い。これらの手法を応用する際に注意する点は、分析対象とする“機能水”に関する情報をできる限り収集することである。純水に近い、含有成分の少ない水なのか、多種の成分を多量に含有する水なのかによって測定方法や注意事項も異なってくるからである。さらに、採用する測定法の原理を理解することも重要である。特に多種の成分を多量に含有する水の場合は、pHが測定域から大きくはずれていたり、妨害成分が含まれていたりするために実際とは大きく異なる測定値を示すことがある。

最近は、各種の簡易型水質検査セットやキット、試験紙も市販されているが、測定原理が明確に示されていないものもあるので使用する際に注意が必要である。重要な測定項目に関しては、複数の試験法で確認することが望ましい。

一方、純水に近い含有成分の少ない試料では、測定の定量下限やコンタミに注意する。**表1**に参考となる公定試験法および文献の例を示した。

“機能水”には、溶存ガスなどのように処理された後の経時変化が大きい成分も含まれることが多い。サンプリングから測定までの時間や保存容器にも注意が必要である。いずれの場合も、同一条件で原水も測定すること。原水の水温や溶存ガスによって処理後の“機能水”の物性が異なることも多い。

表1　参考となる水質試験方法および文献の例

標準試験法	JIS K0101（工業用水試験方法）（1991） JIS K0102（工場排水試験方法）（1993） 日本水道協会編：上水試験方法（1993） APHA-AWWA-WPCF: Standard Methods for the Examination of Water and Wastewater,18th Ed.（1992）
参考書	半谷高久、小倉紀雄："水質調査法"、第3版、（1995）（丸善） 三宅康雄、北野　泰："新水質化学分析法"、（1992）（地人書館） 日本環境管理学会編："新水道水質基準ガイドブック"、（1994）（丸善） 日本分析化学会北海道支部編："水の分析"、第4版、（1994）（化学同人） 日本分析化学会北海道支部編："環境の化学分析"、（1998）（三共出版）
文献 review	P.Mcarthy, R.W.Klusman, S.W.Cowling and J.A.Rice, Anal. Chem., 67, 525R（1995） R.E.Clement and P.W.Yang, Anal. Chem., 69, 251R（1997）

3.　水溶液全体の状態分析

3.1　一般的な考え方

水溶液全体の状態分析には、簡便な手引き書はないのが現状であろう。ある一つの手法だけで、すべての機能水を評価することはできない。各種の物理化学的手法を用い、総合的に評価する必要がある。基本的には、"機能水"中に含まれる物質の分析を行った上で、処理前後の試料水を比較する必要があろう。用いられる手法としては、測定や解析に専門的知識と経験を要求されるものが多い。

また、測定温度などの実験条件によってデータが影響を受けることが一般的である。各種の物理化学の教科書の"液体"に関する部分、溶液化学の専門書、実際に測定に用いようとする手法の参考書などを参考にするとよい。

また Felix Franks ed.,"Water", vol.1～vol.7,(Prenum Press)は、水および水溶液についてのほとんどすべてを網羅しているといっても差し支えないので、必要に応じて参照するのに便利であろう。

3.2　分析の実際

実際に水溶液の構造と物性を考えていく上で、役に立つと思われる実験技術ごとに注意事項、問題点などを以下に示していくことにする。各実験技術には得られる情報に関してタイムスケールがそれぞれ異なる。**図1**[1]には氷と水の構造に関して、各実験技術から得られる情報のタイムスケールを示した。

X線回折法では拡散的に平均化された構造についての知見が得られる。観測される散乱X線は、ほとんどが水中の酸素原子によるものである。通常は動径分布関数を中心分子からの距離 r に対してプロットして、近接分子の位置、近距離秩序の保たれている範囲を知る。歴史のある方法であるので文献も多く、最近のコンピュータ技術の進歩でさらに一般的になってきているが、得られる情報は、数Å程度の極めて近距離に限られる。また氷の測定では、溶液によっては冷却過程の影響（冷却速度・温度）で形成さ

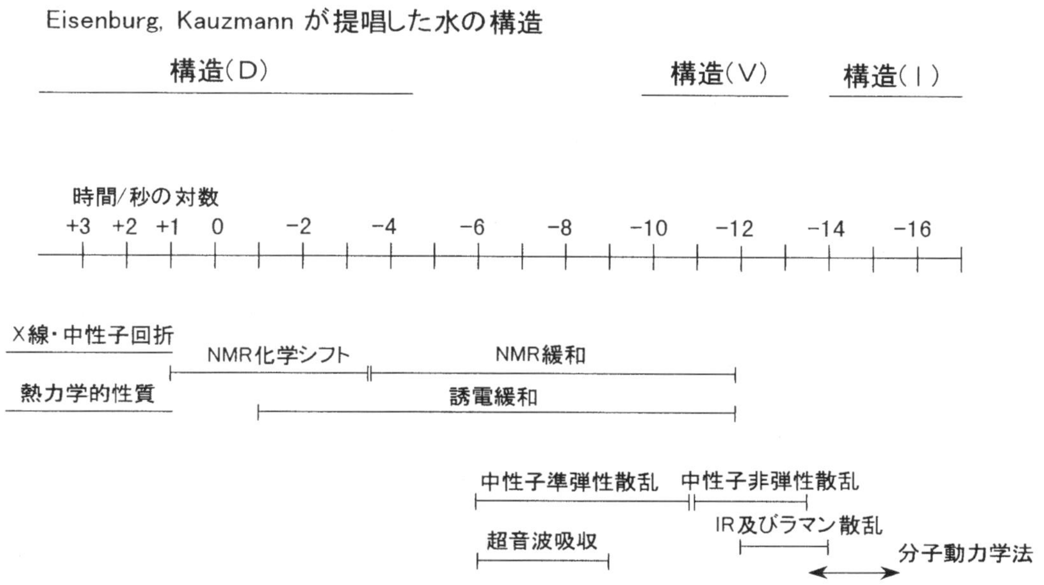

図1　各種測定手法によって得られる情報のタイムスケールと水の構造

構造(D)：拡散によって平均化された構造
構造(V)：振動によって平均化された構造
構造(I)：瞬間的構造

れる水の状態が異なることがある。

中性子回折(構造を調べる)と散乱(動的性質を調べる)は近年特に発展してきた手法である。中性子回折法によれば水素原子(D)の位置に関する情報も得られる。前述のX線回折が電子雲をみているのに対して、中性子回折では核をみているのであるから、互いに補足しあうものといえる。また、中性子準弾性・非弾性散乱測定には軽水(H_2O)が用いられる。これらの点で有望な方法であるが装置が大がかりとなり、どこでも行えるわけではない。

NMRスペクトルは、磁気モーメントを有する核種を測定対象とする。化学シフトと自己拡散係数、核磁気緩和による方法がある。例えば水の^{1}Hの化学シフトは温度の上昇とともに高磁場にシフトする。水素結合に関与している^{1}Hと関与していない^{1}Hでは化学シフトが異なる、など一見“機能水”の評価に有用とも思われるが、実際のスペクトルでは水素結合に関与している^{1}Hとしていない^{1}Hの交換により平均化された1本のシグナルとなる。また、水分子の回転の相関時間から、注目している核の回転運動を知ることができる。しかし実際の測定では、影響の大きい溶存酸素や常磁性物質を取り除いた状態で、軽水(H_2O)ではなく重水(D_2O)を用いて行われることがほとんどである。“機能水”への適用はこれらの点で注意が必要となる。“機能水”から含有する銅イオンなどの常磁性物質を取り除き、脱気してしまえば機能を示さなくなることも考えられ、さらに重水系で“機能水”を調製することは費用の点でも問題があろう。また、D_2Oから調製した場合とH_2Oから調製した場合では性質が異なることも十分考えられる。

赤外線吸収やラマン散乱による振動分光では、水の振動的に平均化された構造に関する知見が得られる。ラマンスペクトルはまだ一般に行われる手法とは言い難く、測定には細心の注意が必要とされるが、水素結合に関与していない水の成分を知ることができるので、水溶液の研究例は多い。水の赤外線吸収スペクトルは一般に強度が大きく、透過法における測定は難しい。最近ではATR法によって行われることもあるが、いずれの場合も測定温度によって信号はシフトし、強度も変化するので注意が必要である。また近赤外線吸収スペクトルは、赤外領域より吸収強度が低いため透過法で測定でき、一定温度での測定も行いやすい。しかし、基本振動の倍音や結合音の吸収であるので、解析が複雑になる。

熱力学的性質としては、密度、等温圧縮率、熱膨張係数、熱伝導率、比熱、静的誘電率の温度依存性などがある。これらの手法は単一な塩の水溶液について用いられ、解析されるのがほとんどである。機能水への適用は解析面で難しいといえよう。

誘電緩和測定は、外部電場を取り去った後、試料のマクロな分極が減衰する速さを測定するものである。超音波吸収の測定により生ずる変形は、体積変化とずりの両方によるが、水の超音波の吸収は主として体積粘性による。測定は一般にパルス法によって行われる。両手法とも測定温度を一定にして行う。

最近ではコンピュータの進歩と低価格化で、計算機を用いた研究も多い。また現在のところ水溶液の瞬間的構造を調べるには、分子動力学シミュレーション以外にないようである[2)]。また分子レベルでの水の理解には有用な方法である。発展のめざましい分野であるので、常に最新の情報を入手することが重要である。“機能水”への適用では“モデル”の設定が困難ではなかろうか。

4　おわりに

以上、機能水の物性分析・計測上の問題点について、水中に含まれる物質の分析と水溶液全体の状態分析に分けて個々に示してきた。“機能水”は多くの場合、純粋な“水”ではなく、様々な物質を含有している“水溶液”であること、ある特定の処理を受けていることが多く、調製されてからの時間により物性が変化する可能性が大きいこと――の2点を常に念頭に置いておくことが、分析・計測する上でも重要となろう。

また、各種の測定法の適用に当たっては、その原理と限界を知って行うことも大切である。いずれも言うはやすいが、分析する者にとって決してやさしいことではない。物性分析・計測の目的を明確にした上で、適切な手法を選択し、目的に応じたタイミングで分析を行うことが、“機能水”の評価には特に必要といえよう。

引用文献

1) 鈴木啓三：“水および水溶液”、p66 (1982), (共立出版)
2) 山口敏男：“水の再発見”、中根 滋、久保田昌治編、p55, (1994), (光琳)

参考文献

本文中に示した以外に例えば

1) 荒川 弘：“水・水溶液系の構造と物性” (1989), (北海道大学図書刊行会)
2) 荒川 弘：“4℃の謎　水の本質を探る” (1991), (北海道大学図書刊行会)
3) 上平 恒、逢坂 昭：生体系の水” (1989), (講談社サイエンティフィク)
4) 上平　恒：“水の分子工学” (1998), (講談社サイエンティフィク)
5) 日本分光学会第32回夏期セミナー講演要旨集“水の機能を探る分光学” (1996)
6) 鈴木啓三：“水の話・十話” (1997), (化学同人)
7) 荒田洋二：“水の書” (1998), (共立出版)
8) 高橋 裕　他編：“水の百科事典” (1997), (丸善)

水とタンパク質の相互作用のメカニズム
―疎水クラスターによるタンパク質の構造及び機能の調節―

須貝 新太郎、池口 雅道、清水 昭夫
創価大学工学部、創価大学工学部、創価大学工学部

1.　はじめに

水が誘起する合成両親媒性高分子およびタンパク質の形態と機能に関して筆者の興味ある分野を先に“水の科学講演集1995”で紹介した。疎水基と親水基を併有する合成高分子の水中での挙動はタンパク質など生体高分子の生体内での構造、機能のモデルとして、現在でも高分子化学の分野では精力的に研究が進められていて、その結果の一部は筆者により最近まとめられているので[1)]参照されたい。ここではタンパク質およびタンパク質構成断片が水との相互作用でいかに特異的に振る舞うかを最近の研究発展を中心に述べ、水が作り出す特異的構造から出現するタンパク質の機能を紹介する。

2.　タンパク質の周りの水

水溶液中でタンパク質の周囲の水の特性化は、タンパク質が水といかに相互作用をし、その結果、いかに特異な構造が誘起されるかを理解する基礎として重要である。これには^{17}Oなどの核磁気共鳴(NMR)、特にその緩和過程の測定も重要であるが、マイクロ波域の誘電緩和測定が注目される。それによるとメガヘルツ域に強く束縛された水による分散、ギガヘルツ域には弱い束縛水による分散が観測され、これから両束縛水量の割合や全束縛水量が導出されているが、前者は極性基との相互作用、後者はより自由なものと一般に考えられるが、疎水基の周囲の水和(疎水水和)殻中の水は必ずしもその一方のみに属するとは言えないようである[2)]。

近接した疎水水和している非極性基は水中では構造水の層を介して相互作用する。この疎水相互作用がタンパク質の構造を誘導する重要な因子である。最近は中性子回折からタンパク質の周りの水の挙動がより具体的に解明され出したが、前記の疎水水和殻の構造解明には至っていない。

しかし、天然タンパク質中の疎水性アミノ酸への水和水の存在がこれらの方法でより明確に確認されている。ただし、中性子やX線解析で見いだされる水の位置は長時間の平均で、いわゆる時間揺らぎの情報が欠如していることは注意せねばならない。結晶中の埋もれた水ですら大きな側鎖の運動に連れてタンパク質中での水素結合の型を変えながら移動することが示されている[3)]。

タンパク質中の疎水性アミノ酸は水中変性状では疎水水和しているが、タンパク質が天然構造に折りたたまれる時その水が放され、疎水基同士が接触する疎水コアが安定することは、メタンなど低分子の水中でのクラスターの協同的安定化の理論からも要請されている[4)]。

これらの理論から推定されるクラスターの大きさはタンパク質の疎水コアの大きさをよく予言する。

しかし、タンパク質の周りの水の状態については

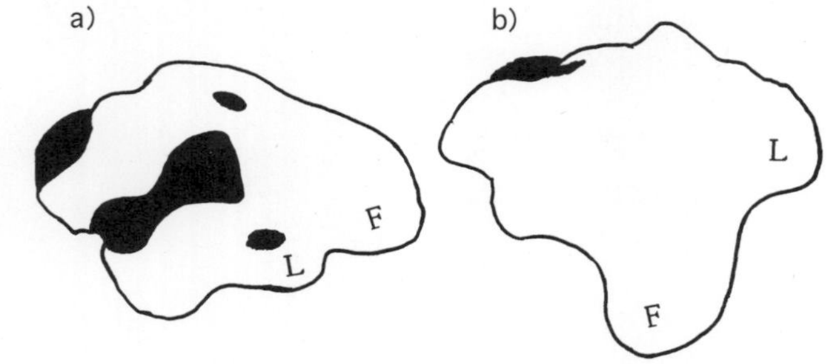

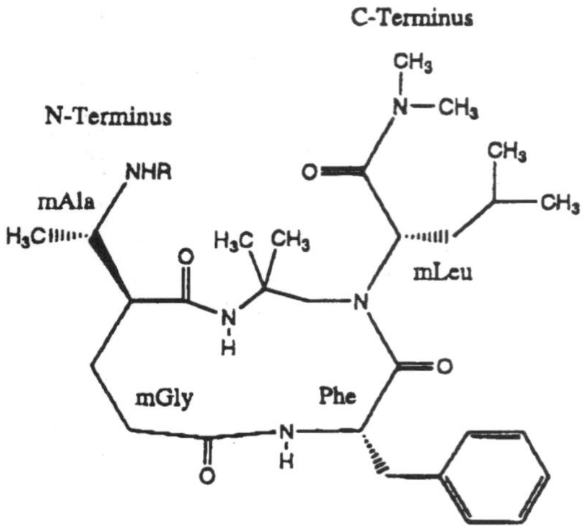

1. R=Tyr
2. R=H

図1　示されたペプチドの溶液中の表面構造の模式図[13]
（黒部は親水部、他は疎水部）
溶媒は　a)水　b)クロロホルム

水中ではF(Phe)、L(Leu)の側鎖が接近しコンパクト構造を形成。これは水中での疎水クラスター存在の証明

その結晶中の精密な中性子あるいはX線解析のデータが重要である。その中の非極性原子の周りに3〜7Åに水が存在していて、孤立している、あるいはお互いに水素結合で結ばれている水よりタンパク質中の他の極性基と水素結合している水が多く（75%程度）、温度依存パラメーターからみると後者は固定度が大きく、この運動性からみた二種の水は前述の水中の緩和データと矛盾しない。

さらに結晶中では非極性原子（アラニン(A)のβ－炭素、バリン(V)のγ－炭素、環状疎水性アミノ酸の環状構成炭素など）の周りで水の分布は均一ではなく、水が局所クラスターを形成している。この分布はアミノ酸がα－ヘリックスなどを形成すると変化する。そのことはタンパク質の二次構造も疎水相互作用と相関する可能性を意味する。

かかる立脚点からタンパク質のヘリックス構造の存在位置、その並びを予言する“疎水クラスター解析”が発展しているが[6-10] β－構造の予言にはあまり有効ではない（ただこの方法は極く限られたアミノ酸配列間のクラスター解析なので、遠距離クラスターの討議はできない）。

また、イオンがその結合サイトに結合するとその付近の水クラスターの動きが抑えられ内部に埋め込まれることも考えられる[11]。

ごく最近、統計力学的手法を使ってタンパク質中あるいは表面での水クラスターの位置が相同タンパク質では保存されていることが示され、また一般のタンパク質でその位置を推定する試みがなされている[12]。

疎水性アミノ酸が水中に露出しているときは非水中といかに変わった形態にあるかを示した仕事としてLee等のペプチド化合物（Y－G－G－F－L）（Y：チロシン、G：グリシン、F：フェニールアラニン、L：ロイシン）が連結部分で繋がれ環状になり、さらに一部修飾されたもの（化学構造式は**図1**参照）の水、クロロホルム中の形態の比較[13]には興味がある。NMRのROESYのクロスピークから構造を計算すると、**図1**に示すように水中では親水部はできるだけ水と水素結合し、しかしF－L等疎水部の側鎖先端はコンパクト疎水表面を形成するが、クロロホルム中ではそのようなコンパクト構造は観測されなかった。

とにかく水はタンパク質中の非極性原子から4Å程度離れてその原子の周りでも不均一に分布し、タンパク質は構造水の層に覆われているが、親水性基の分布など周りの環境で構造水層の厚さは変わる。そしてタンパク質中の疎水性基の間には一般に疎水相互作用が起こり、タンパク質内部には疎水性コアが、また表面でも疎水性クラスターが生成できる。それが二次構造決定ばかりではなく、三次構造のあり方を通してその機能にも十分影響する。

3. 水によるタンパク質中の疎水残基クラスター形成

タンパク質が天然構造を形成している時はコンパクトなので、当然、非極性基間疎水相互作用が誘起されていると考えられ、内部が疎水的であることが古くから示されていた。

一方、タンパク質が変性すると内部の規則構造と疎水性は消失し、無規則コイル化すると考えられていたが、最近の優れた方法、例えばNMRの化学シフト、残基間相互作用に関係する核オーバーハウザー効果(NOE)の観測などから、変性状態でも疎水基が集まりクラスターを形成している場所があると多糖分解酵素リゾチーム(LZ)の熱変性状態[14]、架橋還元変性牛トリプシン阻害剤での詳細な研究[15]などで指摘された。

これらの場合、芳香環アミノ酸がクラスター形成に関与していることが多いのは芳香環アミノ酸の特性によるのか、NMR等で検出されやすいためなのか明らかではない。タンパク質が生合成された後変性状態でのクラスター構造が核になり、天然疎水構造に巻戻る(folding)と推測されるが、変性状態での疎水クラスターと天然状態の疎水基相互作用はLZ等では無関係との報告もある。

タンパク質が変性状態から巻戻る過程で、二次構造は天然状、三次構造は変性状、そしてコンパクトな構造〔モルテングロビュール(MG)状〕が素早く生成する検証に我々のα－ラクトアルブミン(乳糖合成酵素、LA)のCD測定などが貢献したことは先の報告にも述べた。その後、種々のタンパク質でMG特性の多様性が指摘され、構造レベルではβ－ラクトグロブリンの巻戻り中間体で非天然ヘリックス構造が生成するとのトピックスの指摘があるが[16]、これについては問題は今後に持ち越されていると我々は考えている。

最近の巻戻り中間体の特性化では水素交換、NMR、遺伝子変異体作製などの方法が古いCD、蛍光測定などに併用されている。ジヒドロ葉酸還元酵素(GHFR)の中間体のコンパクト化では疎水クラスターによるコア生成が迅速に起こり、天然で埋もれているトリプトファン(W)が関係している[17]。ただ、前述のようにMG状はタンパク質により多様で、同系列のものでもそのMG状は微妙に変わる。

このよい研究例は進化同族体LZ、LAと我々が初めてその重要性を指摘したこれらの進化中間体Ca－結合LZ(馬、鳩、犬などのLZ)のMG状の比較である[18]。これらは天然状態では類似の構造を示し、二つのドメイン(α、β)からなり、二次構造としては4つのα－ヘリックス(A、B、C、D)がα－ドメインに、β－構造がβ－ドメインにある。またすべて同族体はMG状になりそれが巻戻りの中間体であるが、しかしその安定性に著しい差があり、MG－LAは酸側、あるいはアルカリ側で存在できるのに鶏LZのMG状態は平衡法では捕獲できない。

また、MG－LAでは種によらずB－ヘリックスは存在していると考えられる。石川は^{15}N－LA(牛)のNMRスペクトルからNHとα－CHの化学シフトを決定した。**図2**にはその天然状態での ^{1}H－^{15}N HSQCスペクトルを示す。その中にはB、C－ヘリックス部(23－34、86－98)の共鳴の一部〔W26、V27、C(システン)28、F31、T(トレオニン)86、D(アスパラギン酸)87、D88、I(イソロイシン)89、M(メチオニン)90、C91、V92、K(リシン)93、K94、I95、L96、D97、K98〕が見られる。これらのα－CHのシフトか

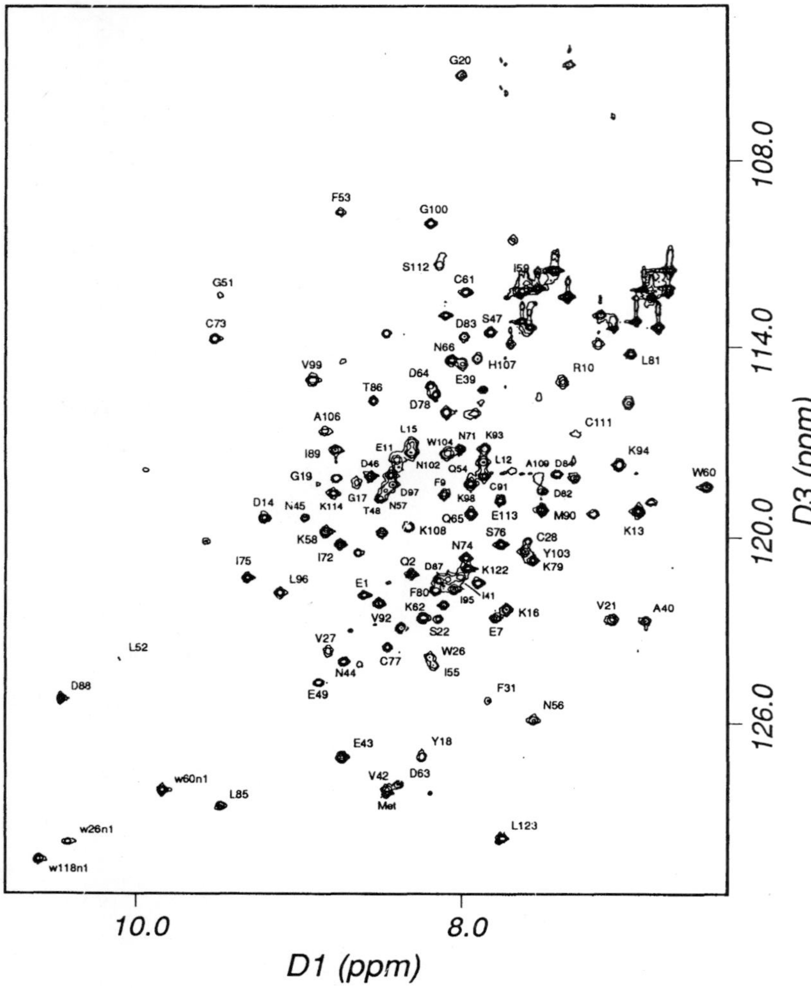

図2　牛LAの天然状態での ¹H-¹⁵N HSQCスペクトル

D1（¹Hの化学シフト、標準はTSP）
D3（¹⁵Nの化学シフト、indirect reference法による）
各ピークには残基名、番号がつけられている

らはこれがヘリックス状態にあることが示唆された。

一方、MG状態でのH－D交換のNMRで求めた保護度はこの領域で高く、MG状態でB、－Cヘリックスが残っていて折れたたみのコアである可能性が指摘される（**図3**）[19]。我々はモルモット、ヒト、牛、山羊のLAのB－ヘリックス断片を作り、それがアルコール〔トリフロロエタノール（TFE）〕―水中で、二次構造を形成する様子と各LAのMG状態の安定性との相関からB－ヘリックスがMG中で重要な存在であることを示した[20]。

C－ヘリックスの存在は種に依存している。最近Ca－LZ（馬のLZ）も酸側でMG状態にあることが確認され、その中の二次構造の保護度からB－ヘリックスは残っているが、C－ヘリックス、β－構造はほとんど消失していることが示された[21]。特筆すべきは、この場合天然の三次構造に対するA、B－両ヘリックス間の接触が保存されていて、これから馬LZはLAより天然状態に近いMG状態にあり疎水クラスターが存在していることになる。MG－LAの疎水基はかなり表面に露出しているので、この状態は会合性が強く、疎水色素を吸着する。

MG状態でも三次構造性疎水クラスターが見いだされた代表例はLAである。このタンパク質は天然状態

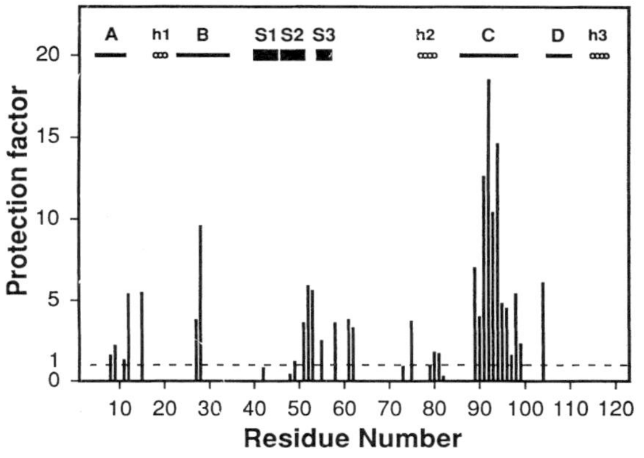

図3　牛LAのMG状態での水素交換保護度
B(V27、C28)、C(Ⅰ89-K98)ヘリックスは残留と考えられる。図上部のA、B、C、D、S、hはそれぞれA、B、C、D－ヘリックス、β－型、3_{10}－ヘリックスの天然状態での位置を示す。

ではNMR、水素交換などから二種の疎水クラスターが指摘されている。最初に1985年、W60－Y103－W104－Ⅰ95が相互作用する疎水ボックスが提案された[22)]。その後、我々も含めていくつかのグループが疎水クラスターを示し、特にDobsonらはF31－H32－Y36－W118(クラスターⅠ、H；ヒスチジン)、W26－F53－W60－Y103－W104(クラスターⅡ)の存在を牛LAで示し、ヒトではその中のW26が、モルモットではW60が欠損しているクラスターを提案している[23)]。クラスターⅡは先の疎水ボックスに対応する。これらのクラスターは乳糖合成機能部にある。牛LGも天然状態では疎水クラスターがあり、それが脂肪酸の結合など機能に関係している。

一方、各種LAのMG状態ではNMRのピーク同定も簡単ではないが、DobsonらはY103－W104－H107からなる非天然疎水クラスターを示した[24)]。これはMG状中間体が水により非天然の特異な三次構造を作っている指摘で重要である。さらにヒトLAの101－110の断片のTFE(95%)—水中の形態では1、3－7の6ヶの側鎖が疎水クラスターを形成していることも見いだしてLAのMG状クラスターの位置の妥当性を示した[25)]。一方、牛LGは酸変性体がpH2で確認された[26)]との報告もあるが、それは疑問視されている。また、馬LGは中性pHでも会合がなく、かつ酸変性MG状態が我々により捕獲された[27)]。その中性および酸性でのNMRでのクラスター構造の研究が目下進行中で結果が注目されている。

4.　タンパク質の疎水クラスターと機能

タンパク質での疎水クラスターの機能としてチトクロームc中のヘムポケットを構成しているL－クラスター(L9、68、85、94、98)による電子受容体への電子移動活性が知られている[28)]。その変異体のなかでL84C、L84F、L84Mは全体の構造も電子移動能も天然のものと変わらないが、L94S(S：セリン)ではL98の形態も変化し電子移動活性も減少した。これらの変異体はクラスターの近傍にのみ影響し屈曲性を変え、これがある場合に機能に反映したことになる。

内部コアの疎水性と機能の関係はミブ癌原遺伝子生産物(myb protooncogene product)のDNA結合能にも見られる[29)]。この中には50ヶ程度のアミノ酸からなるペプチドの3ヶの繰り返しがあり、Wが各1ヶ保存されている。これを親水基あるいは疎水性の少ないAに置換するとDNA結合能が減り、他の疎水性アミノ酸に置き換えるとその活性は保存される。構造解析からは3ヶのWは内部に埋もれていて、W－クラスターを形成してると考えられる。かかるクラスターはある種のDNA－結合タンパク質ファミリーに特有なものであるらしい。最近注目されている狂牛病はタンパク質プリオンの内部コアの周りでクラスターを形成し、4つのヘリックス間の相互作用を起こしている疎水性アミノ酸に関係して誘起される構造変化が原因するものである[30)]。

神経中のタンパク質Na－チャンネルのα－サブユニットには4ドメインがあり、その中の二つの間の結合部Ⅰ1488－F1489－M1490が機能に重要であると考えられている。これらのアミノ酸を除いたり極性、

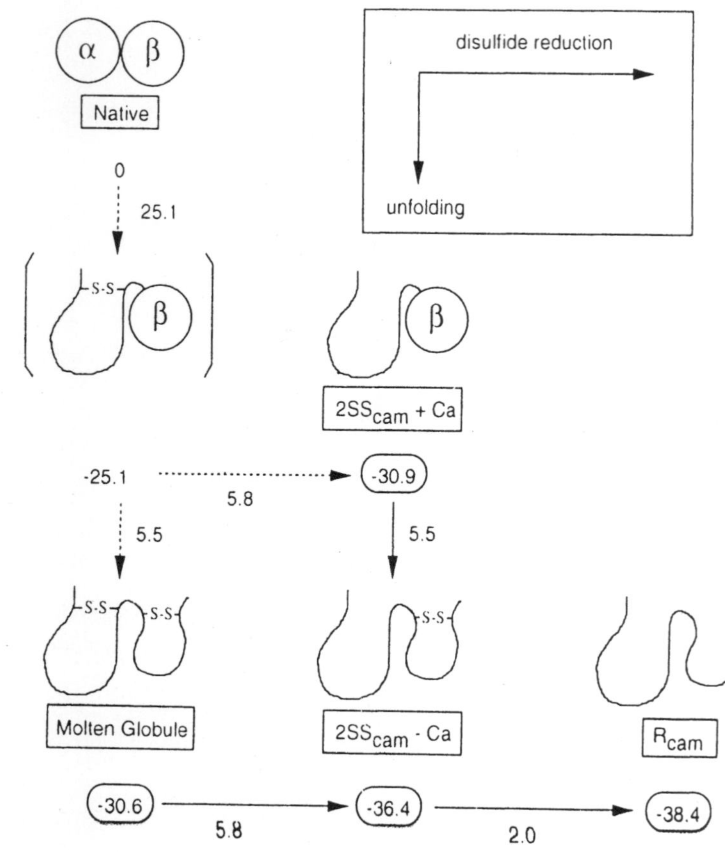

図4
牛LAとGroELとの結合研究に用いた各種S－S還元体[34)]

左側は4S－Sあるいは3S－S体、中間は2S－S体、右側は完全還元体、丸に囲まれたドメインは折れ畳んだもの、それ以外は構造が壊れたもの、楕円で囲まれた数値は結合の自由エネルギー

下、右の状態ほど疎水性が強くGroELとの結合大

非極性アミノ酸で置き換えて活動電位下のNa回路の非活性化を観測すると特にF1489が大切で、またこの3ヶからなる疎水クラスターが非活性化状態を安定化する引き金になると結論されている[31)]。イソギンチャクからの神経毒がNa－チャンネルの機能阻害を引き起こすが、毒素受容サイトは疎水性L18であるとの断定も注目される[32)]。

前述の牛のLAは糖転移酵素ガラクトシールトランスフェラーゼ(GT)と会合して糖転移機能を変え乳糖合成に至るが、LZと構造が相同なのでLZの基質結合部に対応する割れ目を持ち、その面に疎水クラスターⅠが存在する。この部のアミノ酸変異で活性変化があるが[33)]、その結果W118、Q(グルタミン)117がGTとの結合に、またF31、H32が基質グルコースとの結合を支配していると推測される。両者の結合サイトが近接していることは重要である。変異体によるとクラスターⅡは活性より構造形成に関するようである。LAが折れ畳むとき、クラスターⅡを含む疎水コアが形成され、表面が疎水的なMG状が形成される。生体内ではMG状態の会合を抑制するためMG状分子を捕獲するシャペロン(大腸菌ではGroEなど)があり、これが折れ畳みを促進させる。初期の研究ではCaを除いたアポLA(MG状態)はかならずしもGroEに結合しないと言われたが、我々は牛LAの種々の疎水度のS－S酸化体(**図4**)を用いてGroELとの結合を定量化し、タンパク質のMG状疎水性がシャペロンとの結合を促し、疎水性がさらに強い酸化体では結合もより強くなることを示した[34)]。先に示されたアポ形あるいは1ヶのS－S還元体(3S－S体)は疎水性が弱く、観測にはかからない程度の弱い結合はある。

分子量の大きな酵素でもいくつかのドメインに、例えば機能部と調節部に別れていてその間の相互作用を担っている疎水クラスターの働きが重要であることが多い[35)]。タンパク質ドメイン間のアミノ酸はタンパク質内部に作られた局所表面に存在していることになるが、タンパク質の表面に露出している疎水クラスターも興味ある機能を示す。

インドのある種の植物から採取された小さなタンパク質gurmarinは35ヶのアミノ酸からなり、分子内に3ヶのS－S架橋を有している甘味抑制タンパク質である。その中で4ヶの環状アミノ酸Y13、14、W28、29の側鎖は分子外を向いていて、L9、I 11、P(プロリン)12と疎水クラスターを形成している。このクラスターが受容タンパク質との相互作用の場所で、これらのアミノ酸をグリシンに置換すると甘味機能が消失する[36)]。

ヒト脳中のCa－結合タンパク質S－100bはCaの結合で表面が疎水化し、標的タンパク質と相互作用する[37)]。Caの結合をNMRや遺伝子変異で調べると、F14、70、73の中のいずれかあるいは全てが表面に露出した疎水性タンパク質が生成し、自己会合で二量体になる。疎水溶媒TFEにより露出していた疎水アミノ酸は内部に戻り単量体が安定化するので、F14、73、88を含む疎水クラスターが標的タンパク質と相互作用するのであろう。

かかる表面の疎水性の一般的性質を考察するため、9ヶの酵素、7ヶの抗体の断片、ホルモン、レチノール結合タンパク質のアポ状態とリガンド結合状態のX線構造解析結果と表面の疎水クラスターの疎水強度の相関が検討された[38)]。これによると多くの場合、リガンドは標的タンパク質表面の疎水強度最大の位置に結合している。これは表面の疎水クラスターは他疎水物質の認識にも有効に働いていることを意味する。また内部疎水クラスターは立体構造の生成の核であり、大まかな構造の決定因子であるが、表面のクラスターは三次構造や微妙な構造の調節に関与していることになる。いずれにしてもタンパク質の構造と機能は疎水クラスターにより調節されていて、それは水が作り出すものである。

内容の一部に貴重な御教示をいただいた当学科安藤、後藤両教授にお礼申しあげます。

参考文献

1) S.Sugai:Polimeric Materials Encyclopedia (Ed.J.C.Salamone) CRC press,1996 pp.3123-3134
2) M.Suzuki and Y.Fukuzumi:Biophysics 38 (1998) S111
3) M.Prevost:Folding and Design 3 (1998) 345-351
4) J.A.Rank and D.Baker:Protein Sci .6 (1997) 347-354
5) J.Walshow and J.M.Goodfellow:J.Mol.Biol.231 (1993) 392-414
6) B.Henrissat et al:Biochem J.225 (1988) 901-905
7) E.Raimbaud et al.:Int.J.Biol.Macromol.11 (1989) 217-225
8) L.Lemesie-Varloot et al.:Biochimie 72 (1990) 555-574
9) S.Woodcock et al.:Protein Engineering 5 (1992) 629-635
10) I.Callebaut et al.:FEBS Letters 342 (1994) 242-248
11) E.R.Guinto and E.De Cera:Biochemistry 35 (1996) 8800-8804
12) P.C.Sanschagrin and L.A.Kuhn:Protein Sci. 7 (1998) 2054-2064
13) M.S.Lee et al.:FEBS Letters.359 (1995) 113-118
14) P.A.Evans et al.:Proteins 9 (1991) 248-266
15) K.J.Lumb and P.S.Kim:J.Mol.Biol..236 (1994) 412-420
16) K.Kuwajima et al.:J.Mol.Biol.264 (1996) 806-822
17) E.P.Gavery et al.:Proteins 6 (1989) 259-266
18) S.Sugai:Trend in Polymer Science 3 (1993) 201-222
19) 石川直樹：創価大工学専攻修士論文 (1997)
20) A.Shimidu et al.:Biophysics 38 (1998) S178
21) L.A.Morozova et al.:Nature Struc.Biol.2 (1995) 871-875
22) K.Koga and L.J.Berliner:Biochemistry 24 (1985) 7257-7262
23) A.T.Alexandrescu et al.:Eur.J.Biochem.210 (1992) 699-709
24) A.T.Alexandrescu et al.:Biochemistry 32 (1993) 1707-1718
25) L.J.Smith et al.:Structure 2 (1994) 703-712
26) L.Ragona et al.:Folding and Design 2 (1997) 281-290

27) M.Ikeguchi et al.:Proteins 27 (1997) 567-575
28) T.P.Lo et al.:Protein Sci.4 (1995) 198-208
29) C.Kanei-Ishii et al.:J.Biom.Chem.265 (1990) 19990-19995
30) Z.Huang et al.:Proc.Natl.Acad.Sci.,USA 91 (1994) 71139-7143
31) J.W.West et al.:Proc.Natl.Acad.USA 89 (1992) 10910-10914
32) L.Belinda et al.:J.Biol.chem.271 (1996) 9422-9428
33) J.A.Grobler et al.:J.Biol.Chem.269 (1994) 5106-5114
34) A.Shimidu et al.:J.Biochem 124 (1998) 319-325
35) C.De Staercke et al.:J.Mol.Biol.246 (1995) 132-143
36) M.Ota et al.:Biopolymers 45 (1998) 231-238
37) S.P.Smith et al.:Biochemistry 35 (1996) 8805-8814
38) LYoung et al.:Protein Sci. 3 (1994) 717-729

機能水の特性評価方法

—機能水の物理化学的な特性評価と人工膜界面における挙動—

佐野 洋

農林水産省食品総合研究所

1. はじめに

我々人間の生体中には体重の60～70%もの水が含まれており、生物が生命を維持し成長するために必要な生体内のいろいろな反応や物質の移動も細胞中の水を媒質にして行われている。

また、日常我々は水そのものを飲んだり、食べている食品の大部分は水である。食品の調理にも水は欠かせない。食品中の水は媒体としての働きのほかに、食品の微妙な味覚や硬さや軟らかさに関連したテクスチャーや保存性を左右するなど食品の品質保持と密接な関係にある。保存食には乾燥食品、冷凍食品など数多くあるが、いずれも食品中の水を制御して微生物の生育を防止し、鮮度の保存を高めている。

食品中の水は自由水と結合水とに分けられる。純水の状態にあるのと同じ性質をもつ水は自由水とよばれる。

一方、電解質、蛋白質、糖質などの溶質分子と強く相互作用して溶質分子表面に束縛された状態にある水は結合水とよばれる。特に強く束縛された結合水は凍結しにくいので不凍水と呼ばれ、普通の水とは異なる性質を示す。食品を凍結する際には、まず自由水が凍結し、次いで結合の弱い水から順に結合水が凍結していく。不凍水が多い構造ほど食品の凍結耐性は高い。食品組織のなかには、狭い隙間が多数あるが、この隙間のなかに存在する水は凍りにくい状態にある。

水についての研究は今世紀初頭から多くの物理学者、化学者によって行われてきている。昔は水あるいは水溶液中において、水の構造解析、金属イオンのまわりの水の構造形成、蛋白質等のまわりの水構造形成能、特に、疎水性のまわりの水和現象などの多くの研究が行われた。正の水和ばかりでなく、逆に水の活量を高める負の水和の概念が生まれたのもこのころである。生体膜を介して、イオンの透過ばかりでなく、同時に水和水の移動がおこり、膨潤現象が認められ、白内障の原因究明が行われたのもこのころである。

その後、コンピューター技術の進歩にともなって、水研究も著しく進展した。水分子の構造形成、水分子の分子レベルでの動きなどが分子軌道法計算より可視化されて、多くの華々しい結果が報告されもした。

当時は、あまりの美しい体系化のために、水について研究するものはないのではないかと思ったのは著者ばかりではないだろう。しかし、最近では微弱エネルギーを水に付与することによって、水が機能化するため、水自身の改質が可能であるという意見が出てきた。幾つかの処理水が農産物の生育を向上させたり、食品製造において好結果をもたらしたと言う多くの事例が紹介されている。

しかし、これらの処理の作用機構はほとんど解明されていないのが現状である。また、水自体にどのような影響を及ぼしているのかなどの多くの問題についても解明されていないのが現状である。また機能化の程度を定量的に評価する時の再現性が乏しいのが現状である。

一つには、画一化した実験手法、評価手法の導入が遅れているためではないかと考えられる。実験条件を厳密にコントロールすることによって管理し、機能水の物理化学的特性を画一化することが必要である。再現性を再度厳密に検討することによって、機能水の特性についての研究が今後進めば、目的に応じて水の機能を設計する新しい技術が生まれる可能性が高い。

現在、機能水を作成する方法としては、水に微弱エネルギーを与える方法がとられている。微弱エネルギーとしては磁場処理法(磁気処理水、磁化水など)、電場処理法(電子水、電場水など)、超音波処理法(超音波処理水、共鳴磁場水など)、電気分解処理法(強酸性水、強アルカリ水など)、ミネラル処理法(電気石処理水、π－ウォーターなど)などのほか、セラミック処理法による水や遠赤外線処理法による水などさまざまな処理水が報告されている。

2.　機能水の分光法による特性評価法

次に、これらの機能水の特性を評価することがまず必要である。水分子に何らかのエネルギーが加わることによって、水分子の構造自体がこれらの外部エネルギーによって変形し、純水の場合の構造とは異なった構造をしているのか、あるいは、外部エネルギーを吸収して、ある種の励起エネルギー状態にあるような形態をしているのか、などについて純水を標準にして、比較検討することが必要である。そのためには、わずかの物理化学的特性の差異をできるだけ鋭敏に観測できる武器が必要になる。

最も普遍的には機能水のpHや酸化還元電位などが変化することが知られている。また、溶存酸素濃度や表面張力なども低下することが知られている。また、粘度低下などが観察されている。

水分子のクラスターサイズの問題については、水をどのように測定しているかによって、すなわち、水を研究する手法に依存する。水分子は微視的には結合したり、離れたりしていることが予想され、その速度はピコ秒という極めて速いものであるが、ある時間継続した構造をとっているものと仮定されている。すなわち、ある平衡位置のまわりで振動しながら配向をくり返している。

このような水分子の集合体は、測定法の時間スケールに依存するため、測定法によって見ている構造が異なることによる。最も速い瞬間的構造の情報はＩ構造といわれ、分子動力学法でのみ見える状態である。

赤外や近赤外分光法、ラマン散乱法、非弾性散乱法、誘電緩和法などではそれよりも遅い水素結合による分子間振動による変位が時間的に平均化された構造(V構造といわれる)の情報が得られる。

示差熱分析(DSC)、粘度、表面張力などの熱力学的測定等のように、水分子の拡散時間よりも長い時間スケールを必要とする測定では、時間平均化された構造(D構造といわれる)の情報が得られる。

機能水の評価がまちまちであるのは、1つには、機能および効果を左右する正しい物性の測定が十分でないためである。機能化に用いる水道水も水源の違いによって微妙に性質が異なるし、機能水の製造方法によっても異なる。機能化された機能水もエネルギー的には不安定な形で存在するために、機能性のある構造なり、機能化されたエネルギーが経時的にもとの水の状態にもどる性質をもっている。

すなわち、上述した微視的な水分子構造はもとより、巨視的な水分子状態も刻々変化しているためである。そのため、構造変化の大きい初期状態で、立ち上げに長時間を要し、ある程度変化が起こってから開始するものと、機能化直後直ちに測定を開始するものでは測定開始直後の結果に時間のずれが生じる。また、データ取り込みに要する測定時間が長いものと短いものでは測定時間だけ平均化されたデータとなるため、データの質が異なる。

このような場合には、同じ測定法でも個人差がでるし、結果の再現性も当然悪くなる。いずれにしても、再現性のあるデータを得るには、実験条件、装置の条件などに細心の注意を払い、できるだけ画一化した結果を出すことも、逆に言えば、機能水自体を解明するカギとなるわけである。

3. 表面張力測定による機能水の特性評価法

まず我々が行っている表面張力法による検討結果について述べる。この方法は機能水評価法としては、比較的測定が容易であって、しかもかなり鋭敏に観測できる方法の一つである。ただ、大気中のちりの粒子によって水の表面が汚れないように注意を払ったときにのみ、非常に信頼性の高い表面張力の測定が行えることを忘れてはならない。また、機能化に用いる水道水も水質が一定になるように注意深く管理する必要がある。

液体の表面に存在する分子と内部に存在する分子に働く力を考えよう。液体内部の分子は、隣りあっている分子によって前後左右および上下の方向に引っ張られている。液体表面の分子は前後左右と下の方に引っ張られているだけである。すなわち、表面の分子には下向きの力が余分に働くことになる。この表面の過剰の自由エネルギーを単位面積当たりに換算したものが表面張力である。

それでは、表面張力はどのように測定するのか。たとえば、毛管上昇法では、多孔質の物質中に水が上昇するのと同じように、毛細管を水中に直立させると水は管中を上昇するため、毛細管を上昇した液柱の高さ、毛管の半径、液体の密度より表面張力が求まるが、精密な測定を行う場合には補正が必要である。

滴重法は管の下端から静かに滴下する液滴の重量を測定して表面張力を求めるものである。実際には液滴は複雑な形態をとって落下することが多く、理論的取り扱いは複雑である。

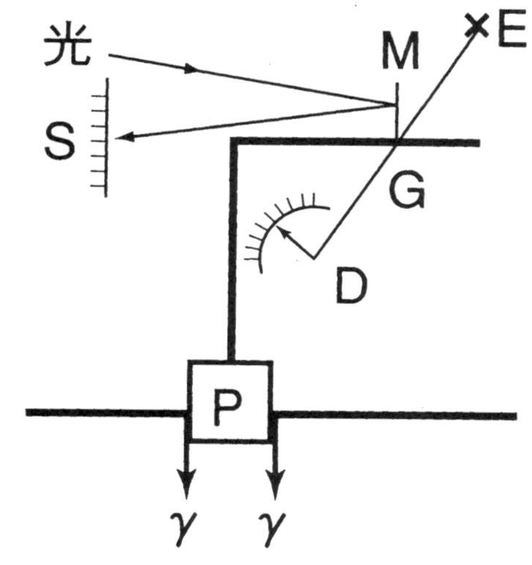

図1　表面張力計の原理図

輪環法はドノイの張力計を用いて、白金のリングを液面から引き離すに要する力をねじりばかりで測定するものであるが、精密な測定には補正が必要である。

これに反して、ガラスまたは白金の板(ウイルヘルミー板と呼ばれる垂直板)を液面に垂直につり下げて、これに働く力をねじりばかりで測定するウイルヘルミーのつり板法がある。この方法は表面張力が急速に変わるような系に対しても良い結果を与えることが知られている。この垂直板は顕微鏡用カバーグラスの大きさのものが適している。

図1に表面張力を測定する表面張力計の原理を示した。空気と水との界面に垂直型のプレートPを置くような表面張力計は、特にウイルヘルミー型と呼ばれる。

図1のように、ガラス板(石英板)または白金板などからつくられた薄板Pの下端を水面に垂直に浸す。機能水中に含まれる機能化した水の界面活性物質が空気と水の界面に吸着するため、表面張力が低下し、

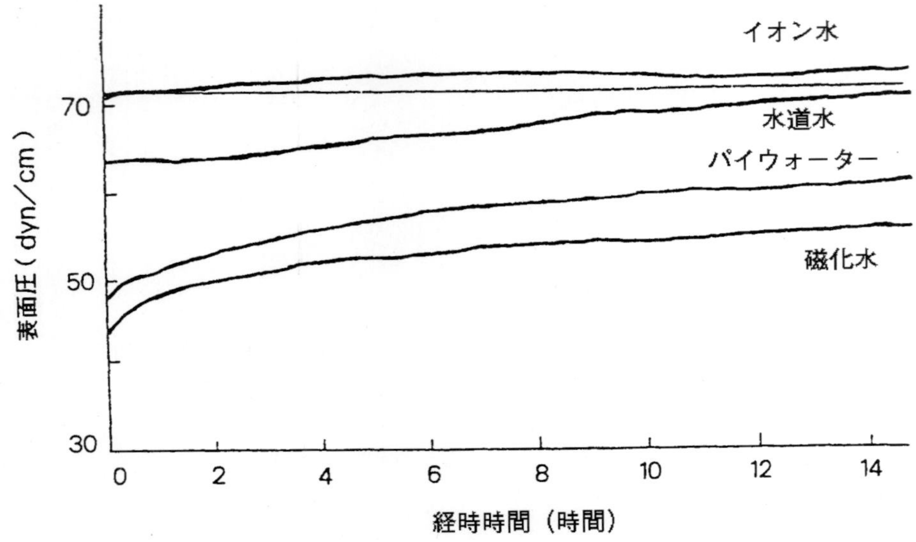

図2　種々の機能水の表面張力の経時変化

そのためつり板Pが下方にひかれる。この力をねじりばかりGによって測定して表面張力を求めようとするものである。表面張力の変化によって、つり板に働く力が変化すれば、ねじりばかりに固定した鏡Mに当たって反射した光の像が尺度Sの上を移動するので、この移動を読みとればよい。この場合には、つり板に働く浮力の変化を考慮に入れる必要がある。

初め蒸留水を用いて水面に垂直にウイルヘルミー型のガラス板を浸けて、ねじり針金の読みをとる。これは測定温度に依存するが、約72dyn／cm位である。一般に、温度が上昇すると表面張力は減少するが、温度係数は負で、温度が1度上昇すると10－2から10－4程度である。

次に種々の機能水を用いて同様の手順で測定する。実験条件をできるだけ画一化して作成した機能水を、作成後直ちに表面張力計の測定容器に一定量移し、機械に設置する。死時間は約30秒ぐらいである。その後直ちに連続的に、表面張力の経時変化を記録する。

実験用の蒸留水は保存する容器から界面活性物質が流出するためか、表面張力がかなり小さな値を示した。純水測定用の高精度の電伝導度測定では超純水ではあるが、非常に鋭敏な表面張力計では微量に混在する界面物質のために影響を受けるためである。実験用の蒸留水を活性炭処理することにより混在する界面活性物質を除去した蒸留水の表面張力は正常な超純水の値を示した。また、蒸留水を再蒸留した後ミリポアフィルターで濾過した水も正常な超純水の値を示した。したがって、以下の実験ではこの超純水を標準液として供試した。

機能水の表面張力の経時変化は、**図1**に示したごとく、磁化水(正確には磁場処理水と言うべき)については初めの2－3時間では表面張力の値が大きく変化することがわかる。その後は、図に示したごとく緩慢な変化を示した。特に初めの0－60分の間では表面張力の値が大きく変化した。

パイウォーターでは初期の表面張力の値は磁化水よりも界面活性能が小さいが、経時変化は磁化水同様、かなり緩慢な変化を示した。約2日位でほぼ純水と同様の値を示し、活性がほぼ2日で消失することがわかった。

アルカリイオン水では、蒸留水の場合とほぼ同じく、あまり大きな変化を示さなかった。水道水も、注意深く管理しているためか、意外ときれいな水であることがわかった。

機能水の表面張力が純水の表面張力と異なるのは、主として機能水の機能化の過程で生じた表面張力活性化能を持つ分子、いわゆる機能化した水の界面への吸着現象によるものと考えられる。この吸着現象の問題はギブスによって熱力学的に取り扱われており、ギブスの吸着式が広く用いられる。機能水の中に存在し、機能化の過程で生じた機能水の界面活性物質の濃度が多くなるにつれて表面張力は低下するので、界面での吸着量は正であり、吸着溶質は水溶液の表面に集まってきている。

水分子は水分子としての化学的状態を変えることなく、複数個が水素結合してクラスターと呼ばれる集合構造を作っている。水が磁場を通過するときには、ファラデーの法則により水の流れと磁力線の方向に直角方向に起電力が発生する。この起電力によって水に電解現象が発生し、水素結合を破壊する。水素結合の破壊は分子中の原子間距離とH－O－Hの角度になんらかの変化を生じさせ、ヒドロキシルイオンを生じさせる。この分子は小さな陰イオン界面活性物質のような形をしており、水中では相手のカチオンがないため不安定で、内部の水から遠ざかろうとする疎水基の機能を有する。

すなわち、この分子は界面活性作用を有するために水の界面に単分子膜を形成するため、はじめの状態では表面張力は小さな値を示す。生じたヒドロキシルイオンは、電気中性の法則に反した存在であるため、不安定な活性状態にあるため、その安定性は当然経時変化することになり、**図1**に示した挙動を取ることになる。実験的、理論的に求められたヒドロキシルイオンの界面活性作用は親水親油平衡を表すHLB値は8－10程度である。

このように、初めの段階では、物性が刻々変化しているために、データの再現性を云々するときには経過時間を考慮することが必要であることがわかる。また、これらの実験の積み重ねを通じて、現在測定している実験系の状態、すなわち機能化されている機能水の割合を画一化することも可能となる。同時に、機能化された水の割合を経時変化させないような保存条件なり、保存容器の開発が将来可能となれば、おのずと機能水についての上述した各種物理化学的な特性評価の画一化した解明が可能となるため、機能水の実体解明が可能となるであろう。

4.　人工膜界面における機能水の挙動

次に、人工膜界面における機能水の挙動についての我々の研究結果について紹介しよう。生体膜は生体を多くの部位に区切って、各器官がそれぞれ独自の機能を発揮できるようにしている。生体膜の機能は生体が生命を維持していく上で欠くべからざるものである。生体膜は多種多様であり、部位によってもその構造も機能も全く異なる。したがって、生体膜界面に起こっている現象の共通した概念を解明しようとするならば、その複雑な構造の構成要素である単位膜に目を向けることが必要である。

そのため、生体膜についての多くの研究者が人工再構成膜や生体モデル膜の研究に強い関心を示すようになっている。生きた細胞膜は主成分は脂質からなり、膜表面には浸透圧や分子認識に寄与する糖質や蛋白質が存在する。これらの細胞膜は、まわりに共存する種々の電解質や細胞外液及び水によって取り囲まれて安定化されている。

このように、生体膜の主体は脂質2分子膜であるので、人工2分子膜を用いたモデル実験も生体膜界面反応を理解する上で重要なものである。さらに、人工膜リポソームは生体細胞膜とよく似た機能特性をもつことが多くの実験から知られている。

図3は人工膜リポソームの模式図である。人工膜リ

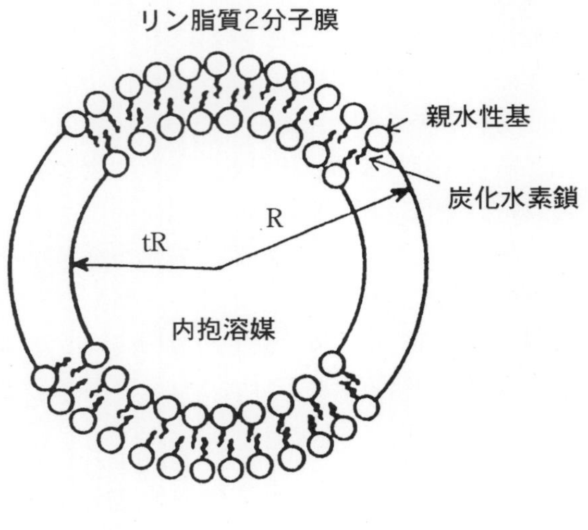

図3　単層人工膜リポソームの模式図

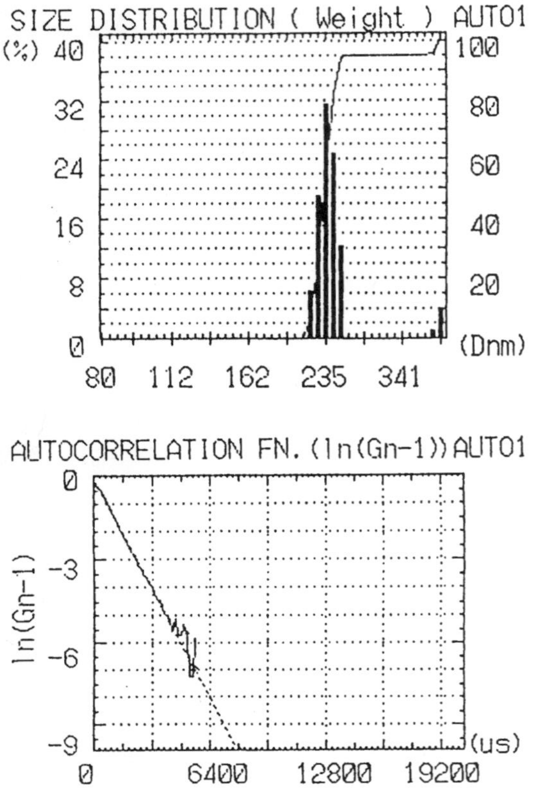

図4　準弾性光散乱法による
人工膜リポソームの時間相関関数

ポソームの大きさ、粒径分布および構造特性について光散乱手法を用いて検討した。その結果、**図3**に示したような構造のリポソームで、この大きさは今まで報告されている値から考えると単層膜構造をとっていることがわかった。

また、未処理の通常の水緩衝液を用いた試料について準弾性光散乱法により散乱光強度の時間相関関数を求めると、**図4**に示した相関関数の初期勾配から人工膜の拡散係数の値が求まる。拡散係数の値からストークスの式を用いると人工膜の直径を求めることができる。人工膜の直径の粒度分布は単一の分布曲線を示し、その分布幅も比較的小さいことがわかった。

多重層構造のリポソームでは、膜界面での機能水の挙動が一番外側の膜層でのみ起こり、それより内側の膜層では変化も小さいために、どの膜層について機能水が影響を及ぼすかによって物性が異なり、結論を誤ることになる。今回作成した単層膜構造では機能水が直接膜層部分に侵入したり、膜成分の疎水性部分の水和状態を変えたり、膜表面の水構造を変えたりして膜層に影響を及ぼしたときには、直接リポソームの粒径が変化したり、脂質分子の分子配向性が変化することにより、物理化学的特性が大きく変化することになる。そのため、物理化学測定結果は直接リポソームの特性変化として対応することになる。したがって、このような単層構造のリポソームを作成する条件設定が非常に重要となる。

以下の実験ではこのような単層構造をもつリポソームを用いた。

今までで一番機能特性の高かった磁化水を用いて、人工膜界面における磁化水の反応特性について検討した。あらかじめ用意した緩衝液組成（リポソーム原液と同じ種類、同じ緩衝液濃度、同じイオン強度のもの）の粉末容器に、作成直後の磁化水を直ちに

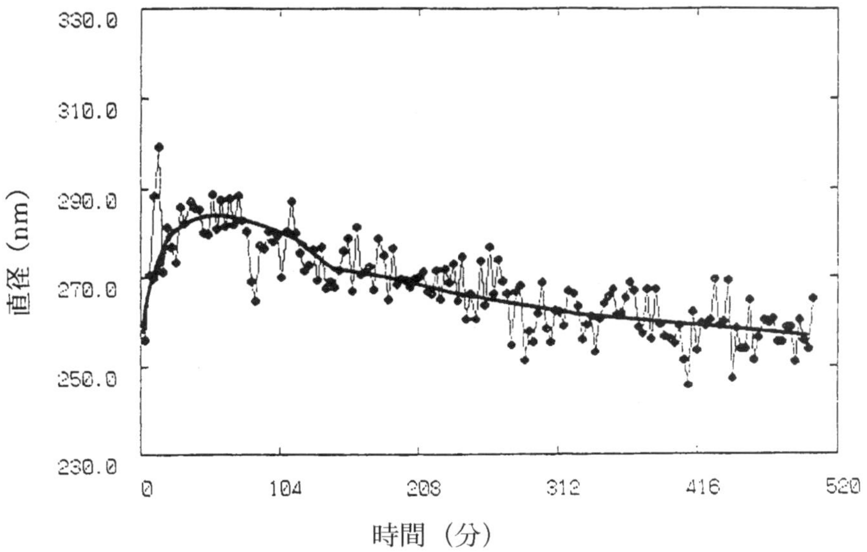

図5　磁化水を用いたときの人工膜リポソームの粒径の経時変化

混合・溶解し、そこに人工膜リポソーム原液のごく少量を添加混合したものを試料として供試した。

その後直ちに、上述した準弾性光散乱装置に試料を設置した後、経時的に準弾性光散乱測定法により粒径を測定する。時間相関関数は、各時間でいずれも良い直線性を示した。直線の勾配から各時間における人工膜リポソームの外径の経時変化を求めることができる。

その結果、**図5**に示したように、表面張力法で機能特性が大きく認められる反応初期では粒径は増大するが、機能水の特性が失われるにつれて粒径はもとの値に漸近していくことが観察された。人工膜の脂質膜層に界面活性な機能水の一部が混合膜を形成するように侵入するためか、あるいは膜の界面に吸着している水和層の部分の水構造を変化させるために脂質分子の回転運動が促進されたためか、粒径は増大した。機能水の機能化の程度が減少するにつれて機能水は通常の水に戻るために、脂質分子の炭化水素鎖の疎水結合のために再び元の状態に戻るためと考えられる。

いずれにしても、表面張力の挙動と人工膜界面での挙動が良く一致したことは、機能水を画一化して管理したためと考えられる。

5.　今後の問題点

種々の機能水の活性について、物理化学的手法を用いて機能水の特性を評価した例について紹介した。

その結果、両者で良く一致する結果が得られた。今まで機能水の評価がまちまちであったのは、一つには機能および効果を左右する正しい物性の測定が十分でないためである。機能化に用いる水道水も水源の違いによって微妙に性質が異なっているし、機能水の製造方法によっても異なる。

今回の研究結果にみられるように、変化の大きい初期状態で立ち上げに長時間を要し、ある程度変化が起こってから開始するものと、機能化直後直ちに測定を開始するものとでは測定開始直後の結果に時間のずれが生じる。このような場合には、同じ測定法でも個人差が出るし、結果の再現性も当然悪くなる。

いずれにしても、再現性のあるデータを得るには実験条件、装置の条件などに細心の注意を払い、できるだけ画一化した結果を出すことも、逆に言えば、機能水の実体を解明するカギとなるわけである。

また、これらの実験の積み重ねを通じて、現在測定している実験系の状態、すなわち機能化されている機能水の割合を画一化することも可能となる。同時に、機能化された水の割合を経時変化させないような保存条件なり、保存容器の開発が将来可能となれば、自ずと機能水についての上述した各種の物理化学的な特性評価の画一化した解明が可能となるため、機能水の実体解明が可能となるであろう。

参考文献

1) 久保哲次郎、固体物理、24 (1989) 1055-1060.
2) 佐野 洋、ぶんせき、10 (1994) 830-833.
3) 佐野 洋、バイオサイエンスとインダストリー、52 (1994) 33-35.
4) 佐野 洋、日本食品低温保存学会誌、20 (1994) 47-53.
5) 佐野 洋、New Food Industry、38 (1996) 33-45.
6) 佐野 洋、食糧、36 (1997) 63-83.
7) 佐野 洋、食品工業　40 (1997) 58-64.
8) 佐野 洋、フレッシュフードシステム　26 (1997) 11-13.
9) 佐野 洋、食品と容器、39 (1998) 140-147.
10) 佐野 洋、膜、23 (1998) 2-7.

エージング指標による水の評価

大河内 正一
法政大学工学部

1. はじめに

近年、“おいしい水”、“健康によい水”、さらには“機能水”等と水が大きなブームとなっている。しかし、これまで種々の効果、効能をうたった水が登場し、話題となった水もあるが、いずれも感覚的、体験談的で科学的根拠に乏しいのが実状である。

そこで重要なのが、水の評価法である。評価法としては、溶解成分および溶液構造の二つの観点がある。前者では、1950年代の小林の研究[1]、すなわちアルカリ度が低く、硫酸イオン濃度が高い河川水質程、そこに暮らす人々の脳卒中死亡率も高くなるという研究成果である。この研究に端を発し、欧米でも水質と病気との関係が検討[2]され、アルカリ度および硬度が低い水を摂取している人々程、心臓病等の循環器疾患による死亡率が高い結果が示された。

近年では、橋本ら[3]が水の溶解成分のミネラルバランスの解析から、おいしい水指標OIならびに健康によい水指標KIを提案している。このように水の溶解成分が味覚はもとより、健康にも大いに関係していることは明らかである。しかし、水と健康の関係では、今日の飽食の時代的背景を考えると、水からミネラル摂取を考慮するより、食事の偏りが大きな問題となろう。

一方、溶液構造では、水のクラスターの観点がある。特に、松下ら[4,5]の^{17}O-NMR半値幅指標によるクラスター説が有名である。すなわち、半値幅が小さい水はクラスターが小さく、それゆえ健康に良く、おいしい水であるとの提案である。

しかし、この提案は^{17}O-NMR半値幅が水分子の回転運動およびプロトンの交換速度から説明でき、それゆえ半値幅はpHにより変化し、クラスターの大小を表すものではないとの我々の論文[6,7]で否定される結果となった。しかし、今日の水ブームのきっかけをつくった松下の貢献は多大である。

また、誘電緩和測定から、おいしい水はクラスターが均一であるとの真下の提案がある。しかし、この提案も、超純水製造プロセスにおける水の純度の増加にともない誘電緩和時間の分布が狭くなり、超純水ではDebyeの緩和で説明できる我々の結果[8]から疑問となった。

そこで、我々はこれまでと全く異なった、新たな視点からの水評価法について提案する。このアイデアは温泉水の研究[9]から生まれたものである。すなわち、温泉水は湧出直後の不安定水溶液より時間経過にともない安定水溶液に変化していく。この変化はエージング(老化)現象として知られている。そこで、この変化を定量的に評価するため、我々はORP(酸化還元電位)-pHの関係が有効であることを提案した。この関係が、さらにこれまでの水に適用でき、新たな水の評価法として有効であることを明らかにした。

そこで、本編ではこれまでの水クラスターによる水評価法としての問題点を明らかにすると同時に、新たなORP-pHに基づいた水の評価法について解説する。

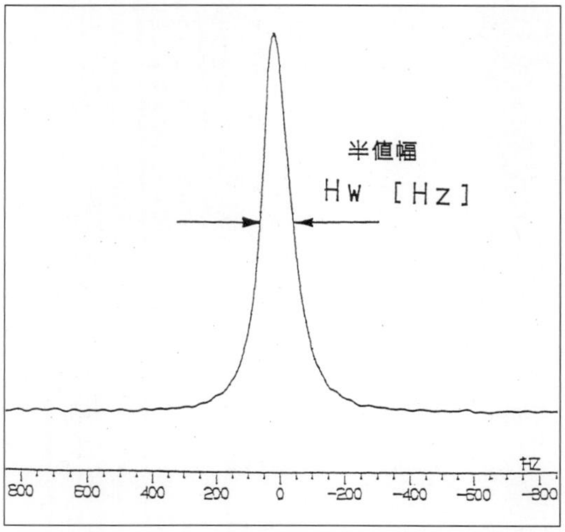

図1　水の^{17}O-NMRスペクトル

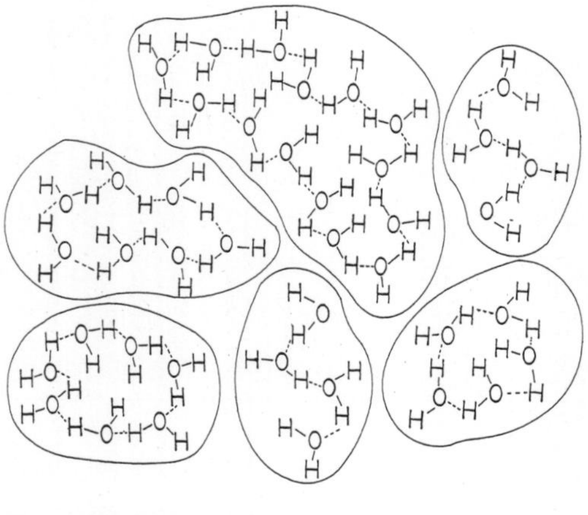

図2　水のクラスター

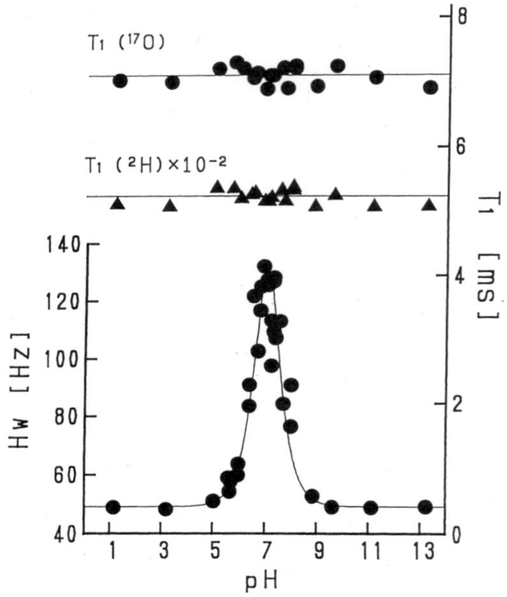

図3　水の半値幅HwとpHの関係

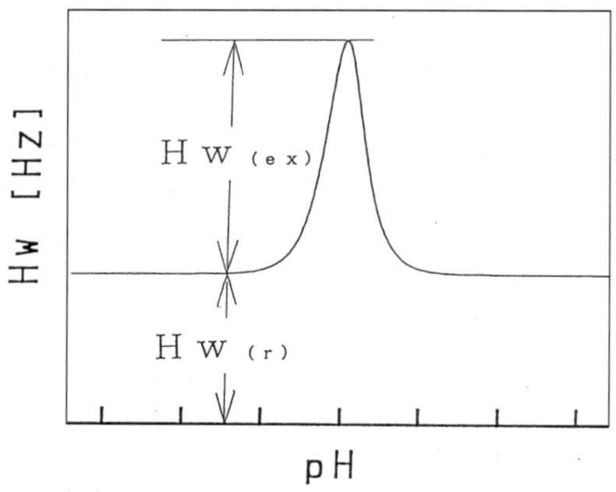

図4　半値幅Hw－pHの模式図

2.　^{17}O-NMR半値幅指標による水評価法（クラスターの大小）

松下[4,5]は**図1**に 示す水の^{17}O-NMRスペクトルの半値幅Hw（スペクトルの高さの半分の幅）が狭い程、**図2**に示す水のクラスターが小さくなり、水がおいしく、健康によいと提案した。しかし、水の半値幅HwとpHの関係は**図3**に示すように、酸性、アルカリ性では半値幅Hwは約50Hzでほぼ一定のものが、中性で急激に大きくなり最大で約130Hzにもなる。なお、**図3**の●印は実験値、曲線は後に述べる計算値をそれぞれ示す。それゆえ、半値幅HwがpHに大きく関係していることが分かる。これは半値幅Hwが**図4**に模式的に示す水の回転運動[12,13]が寄与する半値幅Hw(r)

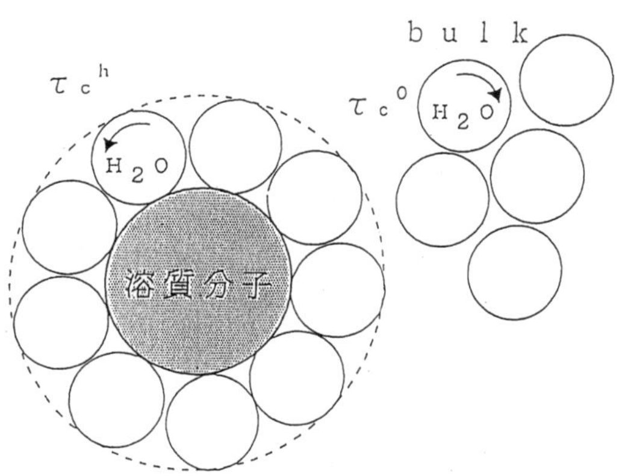

図5　水分子の回転運動（τcは回転相関時間）

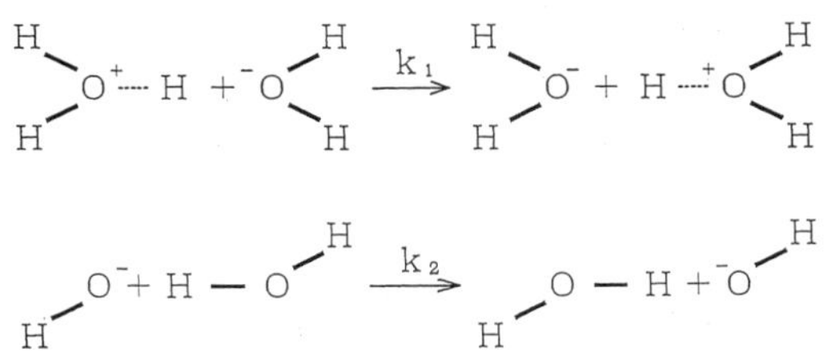

図6　水のプロトン交換

と、水のプロトン交換速度[14, 15]が寄与する半値幅Hw(ex)の和として、(1)式で表されることによる[6, 7]。

$$Hw = Hw(ex) + Hw(r) \quad \cdots\cdots\cdots\cdots \quad (1)$$
$$Hw(ex) = 4\pi J^2 \tau_{(ex)}$$
$$Hw(r) = 1/\pi T_1$$

ここで、Jはカップリング定数、T_1はスピン－格子緩和時間で**図5**に示す水の回転運動の関数、τ(ex)は**図6**に示すプロトン交換時間で、それぞれの速度定数、k_1、k_2、およびpHと(2)式の関係にある。

$$\tau_{(ex)} = 1/\{2k_1[H^+]/3 + k_2Kw/[H^+]\} \qquad (2)$$

ここで、Kwは水のイオン積。

したがって、**図3**の実線で示す水のHw-pH曲線は、(1)式に基づき解析した(3)式で与えられる。

$$Hw = 8.66(6.20 \times 10^{5-pH} + 4.50 \times 10^{pH-9})^{-1} \qquad (3)$$

表1　浄・整水器の各種機能

- ○　活性炭
- ○　中空糸膜
- ○　磁気
- ○　遠赤外線セラミックス
- ○　電解
- ○　オゾン
- ○　その他

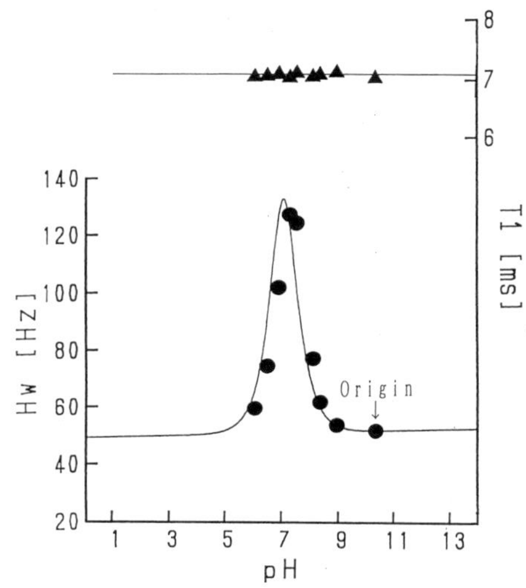

図7　アルカリイオン水に炭酸ガスを吹き込んだときのORP－pHの変化

国内外の各種ミネラル水（約1500ppmの高い硬度を有するフランス産コントレックスも含む）および**表1**に示す磁気、電解、セラミックス等の各種機能を取り付けた浄・整水器通水水道水についても、半値幅Hwは(3)式で表すことができる。特に、電解型整水器のアルカリイオン水では半値幅Hwが小さく、クラスターの小さい水ができるとして大いに喧伝されたが、すべて(3)式により計算できる結果となった。

図7には、アルカリイオン水（図中のOrigin）に炭酸

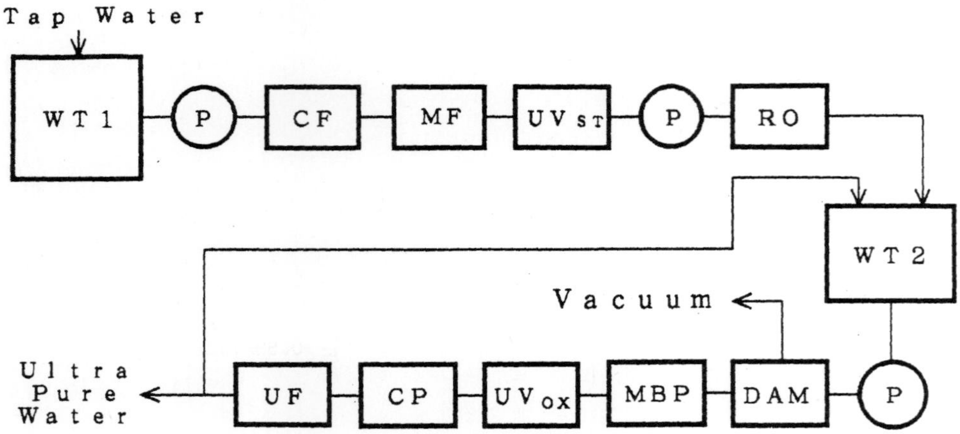

WT1 and WT2 : water tank, P : pump, CF : activated carbon filtration,
MF : microni . filtration, UVst : UV sterilization,
RO : reverse osmosis filtration, DAM :degasifier,
MBP : mixed-bed polisher (ion exchange), UVox : UV oxidation,
CP : cartridge polisher (ion exchange), UF : ultra filtration

図8　超純水製造システム

ガスを吹き込み、pHを変化させる実験を行った結果を示す。アルカリイオン水のpHは酸性側にシフトしていくが、半値幅Hwは中性付近で急激に大きくなり、酸性側では再び小さくなった。半値幅HwとpHの軌跡は(3)式に沿って変化した。

このことからも、アルカリイオン水は半値幅が小さいからと言って、クラスターが小さくなっている証明にならないのは明らかであろう。

また、溶解成分を多く含む濃厚電解質水溶液についても、その半値幅Hwは、(3)式よりはるかに複雑であるが、**図5**および**6**に示す水の回転運動およびプロトンの交換速度から決定できる。詳細については、我々の論文[6,7]を参照して下さい。

したがって、水の半値幅は松下が提案した水のクラスターの大小を表すものではなく、pHに影響受け変化するもので、水の回転運動とプロトンの交換速度の総合情報を表すものである。

3.　誘電緩和による水の評価法（クラスターの分布）

我々は超純水製造装置を用い、各種水処理を通じて水の純度が高くなるにつれて、水がどのように変化するのかを追究[8]した。追究方法として、以下の6項目を測定した。

電気抵抗R、電気電導度κ、密度ρ、
溶存酸素濃度DO、
誘電緩和時間τ_0およびスピン—格子緩和時間T_1なお、誘電緩和時間τ_0は観測周波数0.2～20Ghzのベクトルネットワークアナライザーを用い、スピン—格子緩和時間T_1は^{17}O-NMRにより測定した。

超純水製造装置は**図8**に示す4メガビットDRAM対

表2　水道水の水質

[mg/dm³]		[mg/dm³]	
Ca^{2+}	16.6	Cl^{-}	11.7
Mg^{2+}	4.1	SO_4^{2-}	20.0
Na^{+}	5.1	NO_3^{-}	5.5
K^{+}	0.2		
hardness*	58.4		

* as $CaCO_3$

表3　超純水の水質

resistivity	[MΩ・cm]	＞18.0
particles（＞0.1 μm）	[cm^{-3}]	＜5
bacteria	[cfu/cm^3]	＜0.005
TOC	[μg/dm^3]	＜10～20
silica	[μg/dm^3]	＜1～3
Na	[μg/dm^3]	＜0.1
Fe	[μg/dm^3]	＜0.1
Zn	[μg/dm^3]	＜0.1
Cu	[μg/dm^3]	＜0.1
Cl	[μg/dm^3]	＜0.1
DO	[μg/dm^3]	＜20～50

応のシステムである。すなわち、超純水は**表2**に示す水質の水道水を活性炭ろ過（CF）、精密ろ過（MF）、紫外線殺菌（UV_{ST}）、逆浸透ろ過（RO）、真空脱気（DAM）、イオン交換樹脂（MBP）、紫外線による酸化分解（UV_{OX}）、イオン交換樹脂（CP）および限外ろ過（UF）を通じて処理することで、**表3**の水質を有する超純水を製造した。その各処理過程で、水がどのように変化するかを追究した。**図9**にそれらの結果を示す。温度はいずれも25℃での結果である。

図から明らかなように、18メガオーム以上の電気抵抗を有する超純水が製造されていることが確認できる。密度では、水道水と超純水の間で小数点3桁目

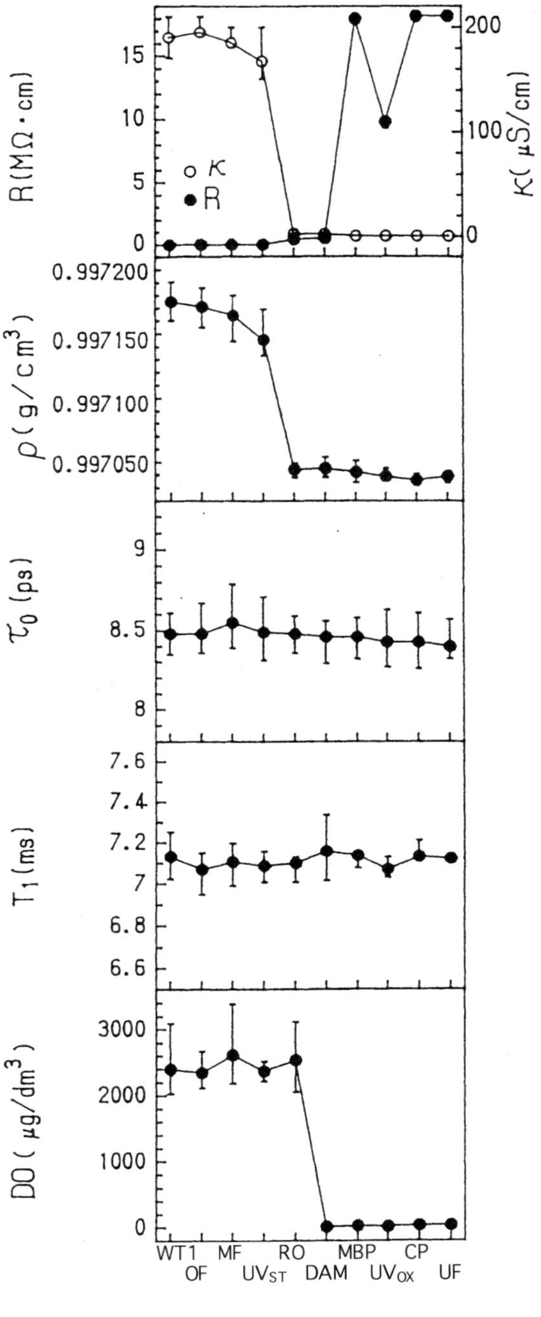

図9　超純水製造プロセスにおける水の物理化学的性質の変化

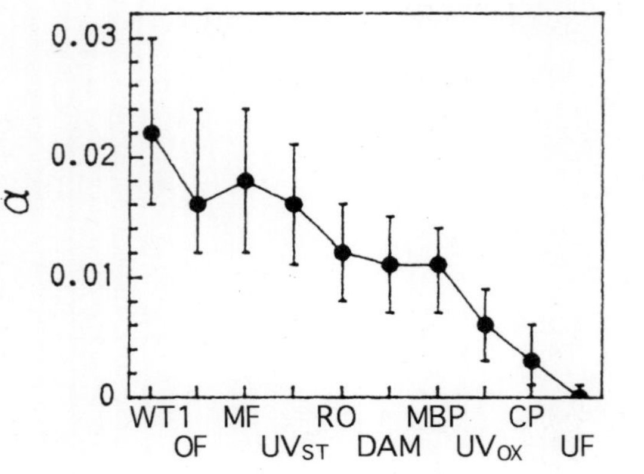

図10　超純水製造プロセスにおけるαの変化

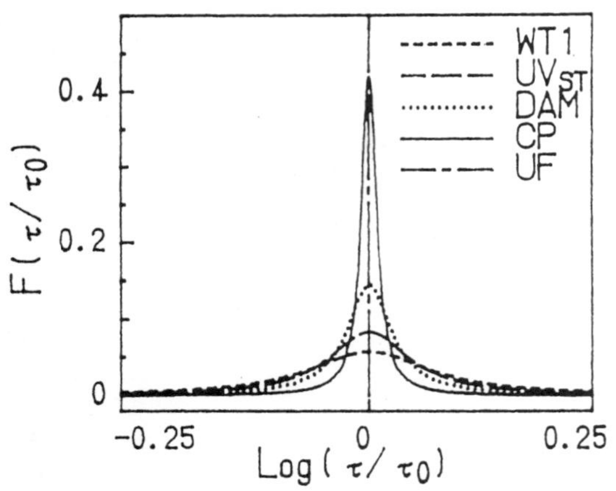

図11　緩和時間の分布

が変化する程度であった。

一方、誘電緩和時間およびスピン―格子緩和時間は水道水と超純水間で殆ど変化が見られなかった。すなわち、水分子の平均的な運動は**図8**に示す処理を行っても変化がないことを意味している。しかし、緩和時間の分布を詳細に検討した結果、誘電率ε^*を表すHavriak-Negami式〔(4)式〕[16]の緩和時間の対称分布パラメーターαは、**図10**に示すように水の純度が高くなるにつれて減少した。

$$\varepsilon^* = \varepsilon' - i\varepsilon'' = \varepsilon_\infty + (\varepsilon_0 - \varepsilon_\infty)/[1 + (i\omega\tau_0)^{1-\alpha}]^\beta \quad \cdots\cdots (4)$$

ここで、ε'およびε''はエネルギーの分散と吸収特性に関係した誘電率、ε_0およびε_∞は低周波数および高周波数での誘電率、ωは角周波数、βは誘電緩和時間の非対称分布パラメーター。

対称分布パラメーターαは、誘電緩和時間比の頻度F(τ/τ_0)が(5)式で与えられることから、それらの分布は**図11**に示すように表すことができる。

$$F(\tau/\tau_0) = \sin\alpha\pi / [2\pi\{\cosh(1-\alpha) - \cos\alpha\pi\}] \quad \cdots\cdots (5)$$

すなわち、水の純度が上がるにつれて、緩和時間の分布は狭くなり、超純水ではα=0、β=1の緩和時間の分布を持たないDebye型となった。それゆえ、超純水は全くの均一性を保つ結果を示した。

すなわち、緩和の分布をクラスターの観点から検討すると、水の溶解成分が除かれるにしたがい、水のクラスターの分布が均一性を増すことを意味する。したがって、真下は水の誘電緩和測定から、水のおいしさの条件に水のクラスターの均一性を提案したが、超純水はおいしいはずもなく、それゆえ真下の提案に疑問が生ずる。

4.　ORP－pHによる新たな水の評価法の提案

4.1　水の平衡ORP

酸化還元電位(ORP[V])は(6)式に示すNernstの式で表される。

$$ORP = ORP^0 + (RT/nF)\ln[Ox]/[Red] \qquad (6)$$

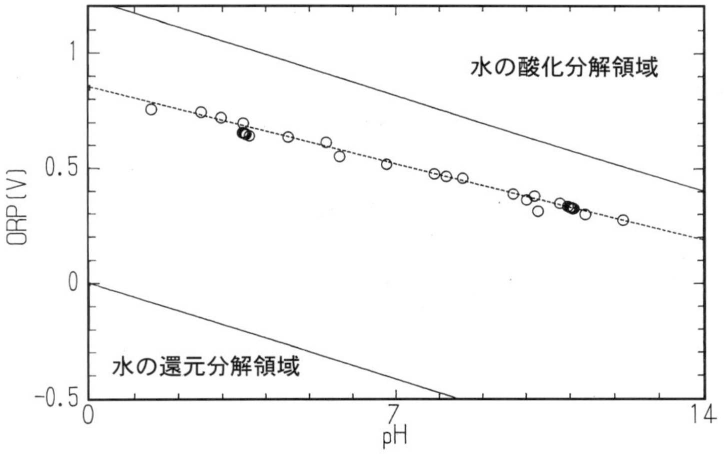

図12　水の平衡ORPとpHの関係

ここで、 ORP^0は標準酸化還元電位[V]、[Ox]は酸化剤濃度、[Red]は還元剤濃度、nは酸化還元反応に関与する電子数、Fはファラデー定数、Rは気体定数およびTは絶対温度。

水の場合、(7)および(9)式の反応より、それぞれ(8)および(10)式に示すORPとpHの関係が得られる(25℃)。

$$O_2 + 4H^+ + 4e \leftrightarrows 2H_2O \quad \cdots\cdots (7)$$

$$ORP_{O2} = 1.23 - 0.059pH \quad \cdots\cdots (8)$$

$$2H^+ + 2e \leftrightarrows H_2 \quad \cdots\cdots (9)$$

$$ORP_{H2} = -0.059pH \quad \cdots\cdots (10)$$

なお、(8)式の1.23の値は溶存酸素と溶解平衡にある場合は1.17の値をとる。水に各種溶解成分が含まれる場合、一般的に溶解平衡における溶存酸素量は減少する。それゆえ、厳密には(8)式の1.23の値は1.17～1.23の範囲の値となる。しかし、ここでは大きな違いとならないことから、1.23の値を採用する。

図12に(8)および(10)式の関係を示す。すなわち、(8)式より高いORP領域では水は酸化分解され、(10)式より低いORP領域では還元分解される。それゆえ、通常大気環境下の水はこれら両直線に囲まれた範囲に存在する。

また、**図12**には精製水を大気と十分接触させた後、pHを変化させてORPを測定した結果(○印)を示す。酸として塩酸、硫酸、およびアルカリとして水酸化ナトリウム、水酸化カリウムを用いて、それぞれの酸およびアルカリの組み合わせを変えてpH調整した。測定温度は25℃である。**図12**から明らかなように、実験値は破線で示すORPとpHの一次の良好な直線関係〔(11)式〕で、整理[9)]することができた。

$$ORP = 0.84 - 0.047pH \quad \cdots\cdots (11)$$

(11)式の傾きは、(8)および(10)式の傾き0.059より約2割程小さい値を示したが、ここで得られたORPとpHの関係は、通常大気環境下での水の平衡ORP値に対応すると考えられる。それゆえ、(11)式で示す平衡ORPより高い場合が酸化系、低い場合が還元系となり、何もしない両系の状態では時間経過により、平衡系の状態に移行する。

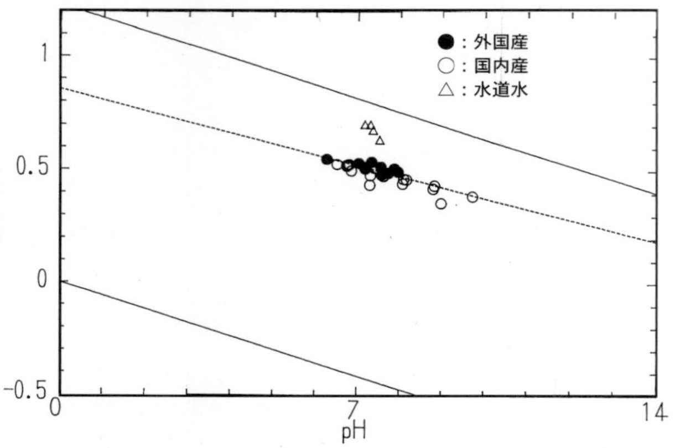

図13　ミネラル水のORP-pHの関係

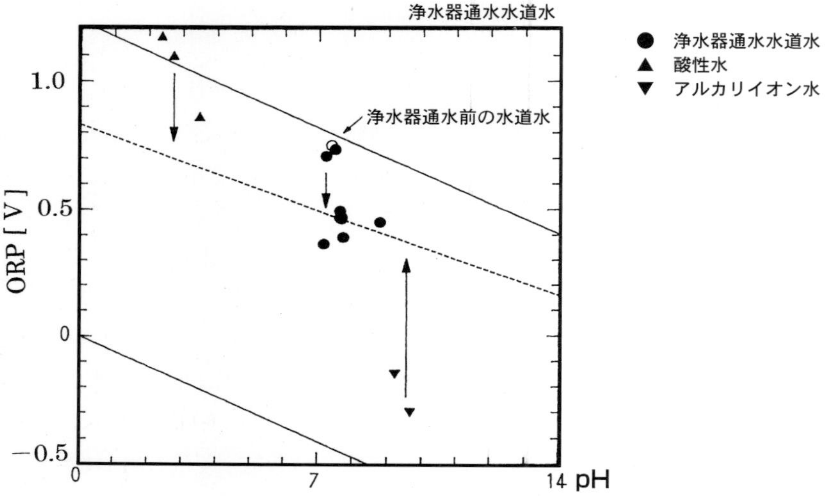

図14　清涼飲料水および浄・整水器通水水道水のORP－pHの関係

4.2　各種水のORP－pHの関係

図13に、市販の国内外ミネラル水31種を開栓直後に測定した結果を示す。図から明らかなように、硬度範囲が1～1500ppmのいずれのミネラル水も(11)式の直線上にのる結果を示した。ミネラル水を酸、アルカリで強制的にpH変動させて測定した結果も(11)式に沿って変化した。それゆえ、市販のミネラル水はpHが異なっていても、酸化還元電位は平衡系にあることが分った。また、図中に東京で水源の異なる地域で得られた水道水(△印)は、残留塩素によりORPが平衡ORP値より高い値を示し、酸化系にあった。しかし、時間の経過とともに残留塩素が減少し、水道水のORPは平衡ORP値に近づく結果を示した。

また、**表1**に示す機能を有する浄・整水器に、通水した水道水の結果を**図14**に示す。活性炭のない浄・整水器では、残留塩素によりORPは高いままであったが、活性炭を有するものでは、残留塩素が除去さ

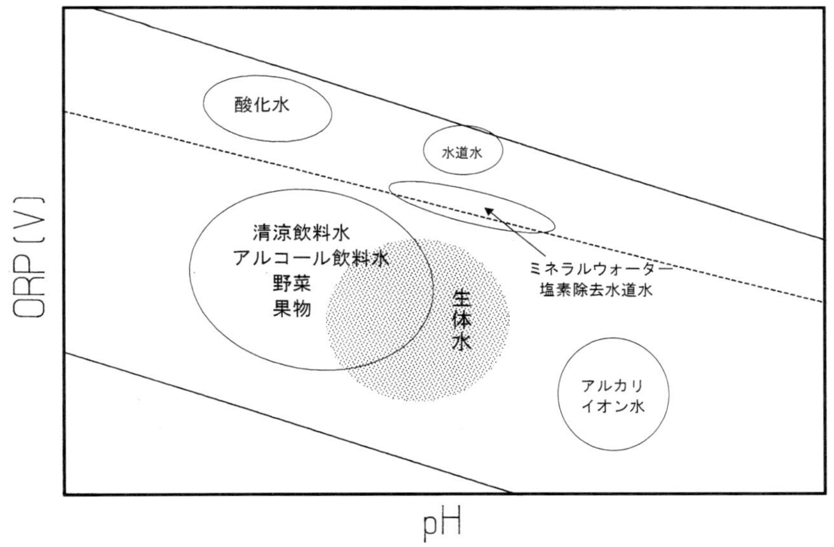

図15　各種水のORP－pHの関係

れ、水道水のORPは低下し、平衡ORPに近づいた。電解機能を有する浄・整水器のアルカリイオン水では、**図14**からも明らかなように、pHが高くORPは低い還元系、一方酸化水ではpHが低くORPが高い酸化系を示した。アルカリイオン水および酸化水ともに、時間経過により平衡系にシフトした。

また、市販清涼飲料水ではすべて酸性で、酸化防止剤添加の影響も考えられるがすべて還元系であった。しかし、各種果物および野菜をミキサーでジュースにした直後のものでは、清涼飲料水と同様すべて酸性で、還元系であった。これらは時間経過により、いずれも平衡系にシフトした。

4.3　生体系の水

生体の水について、人間の血漿、汗、尿、唾液等ではpHは弱酸性から弱アルカリ性の範囲に分布しているが、ORPはすべて(11)式の平衡ORPより低い還元系であった。腸内は還元系にあることが指摘されているが、我々の結果では皮膚も還元系であった。これら生体の水についての具体的データは、現在執筆中の論文に掲載予定である。

以上の結果から、水はORP－pHの関係により一般的に**図15**に示すように分類できる。特に、生体に関係する水は、果物、野菜等の植物も含めて、pHは酸性から弱アルカリ性に分布しているが、すべて平衡ORPより低い還元系である。

さらに、これらの水は時間の経過にともない平衡ORPに近づく。この平衡系と実際の系におけるORPとの差(後に述べるエージング指標AI)は、置かれている状況で生体が有しているエネルギーと考えられる。すなわち、還元系にあるということは、生の証しのエネルギーとして捉えることもでき、老化にともないエネルギーを放出し、酸化されてエントロピーが最大の平衡系(死)に近づく。それゆえ、**図15**に示すORP－pH関係における平衡ORPとの相対的位置関係は、水の有しているエネルギーを表すことから、水の新たな評価法として有効と思われる。速度論については、今後検討を進めて行きたい。

一方、**図15**から明らかなように生体に関係する水は、アルカリ系が殆どない。それゆえ、今後飲料水、食品関係等の生体に摂取される水の特性として、pHは酸性から弱アルカリ性で、ORPは還元系の

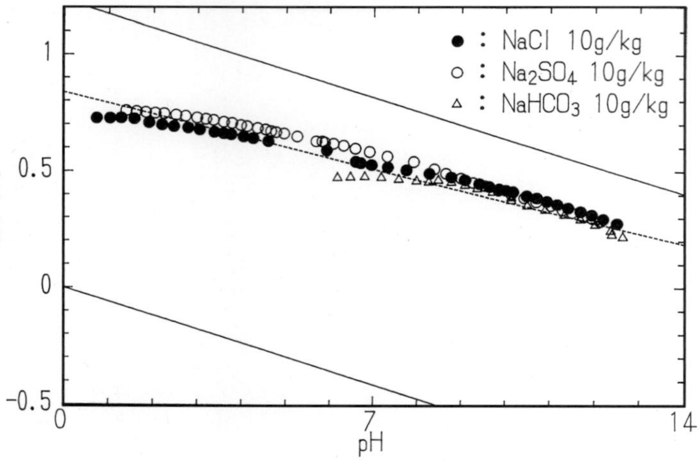

図16　温泉水主要溶解成分のORP－pHの関係

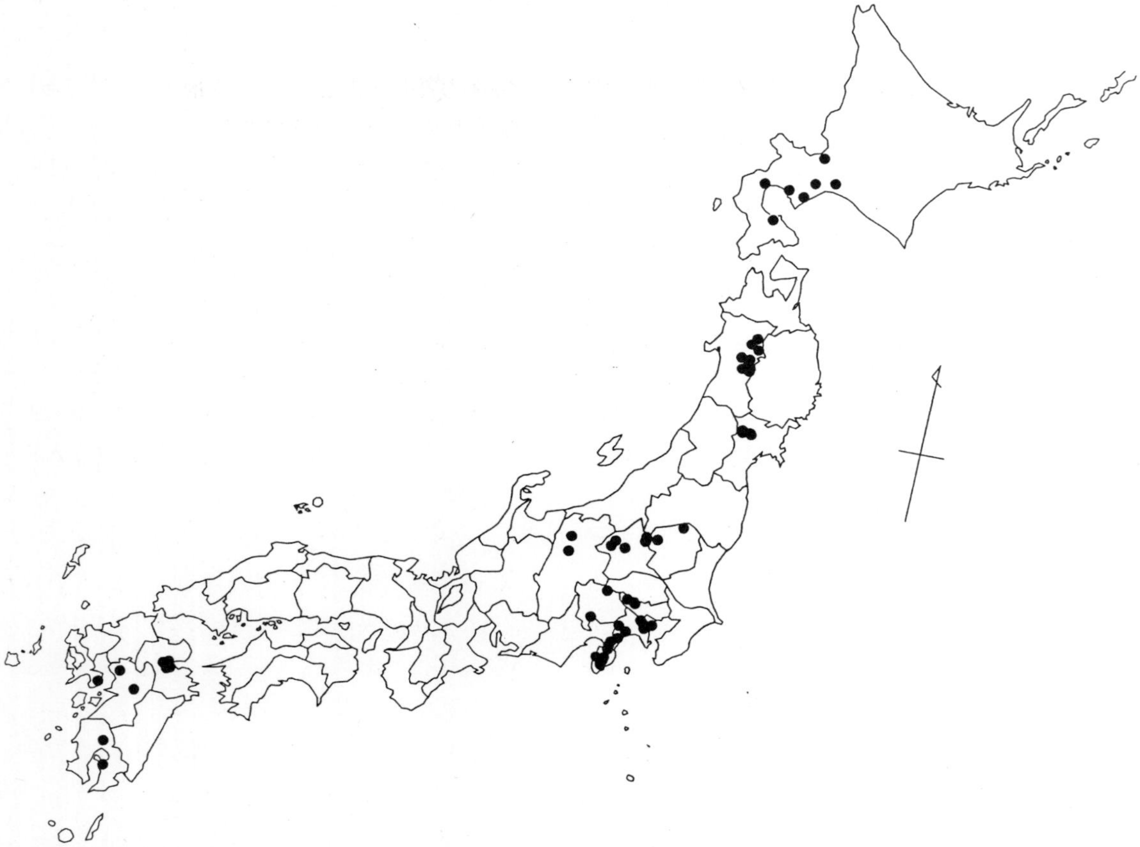

図17　温泉源泉のサンプル採取場所

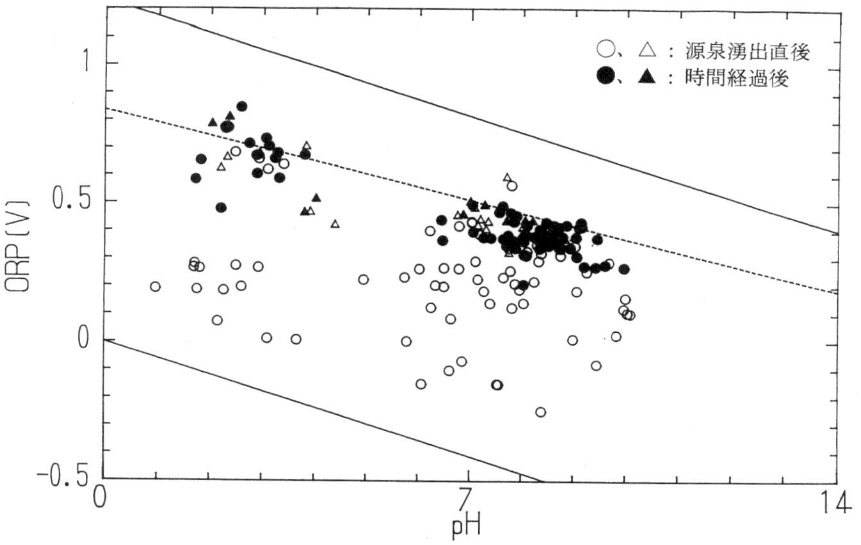

図18　温泉源泉の採取直後と時間経過後のORP－pHの関係

水が、今後の新しい水として提案できる。

4.4　温泉水[9)]

温泉水は湧出後、温度、気圧等の物理化学的条件の変化および化学反応等を通じて、成分の揮散、沈殿および化学種の変化が生じ安定した水溶液系に変わる。この湧出時の不安定水溶液系から安定水溶液系への変化は、温泉水のエージング（老化）として知られている。古賀[10)]は不安定から安定水溶液系に変化する際のエネルギーが人体に作用し、温泉の効能となることを指摘している。それ故、エージングにより安定水溶液になればその効能は失われるとしている。

そこで、温泉水のエージング現象を、上記したORP－pH関係により定量化することを試みた。

図16は、温泉水の主要成分である塩化ナトリウム、硫酸ナトリウムおよび炭酸水素ナトリウム水溶液のpHを変化させたときの結果を示す。炭酸水素ナトリウムについては、酸性側で二酸化炭素を放出して分解し、炭酸水素ナトリウムとしては溶液中に存在できない。濃度はいずれも10g/kg（10^4 ppm）の等張泉に対応する高濃度であるが、いずれの水溶液も(11)式でほぼ集約できる結果を示した。その他の濃度についても(11)式で同様に説明できた。これらのことから、温泉水の平衡ORP値についても、精製水で求めた(11)式を基準に検討する。

図17は、測定した88の温泉源泉の場所を示す。それらの温泉源泉の泉質は以下の通りで、温泉法で規定されている泉質をすべてを含んでいる。カッコ内の数字はサンプル数を示す。

単純泉(17)、二酸化炭素泉(2)、炭酸水素塩泉(9)、
塩化物泉(15)、硫酸塩泉(13)、含鉄泉(6)、
硫黄泉(21)、酸性泉(1)、放射能泉(4)。

ORPおよびpHを、現地で温泉源泉を採取直後および約1週間放置後に測定した。

図18に、それらの結果を示す。図から明らかなように、温泉水のpHは酸性からアルカリ性まで広く分布しているが、源泉湧出直後のORP（○、△印）はいずれも平衡ORPより低いことが分かる。しかし、1週間放置後のORP（●、▲印）はいずれもORPが高くなり平衡ORP値に近づく結果を示した。このことは、温泉源泉が湧出後の不安定水溶液から、時間の経過

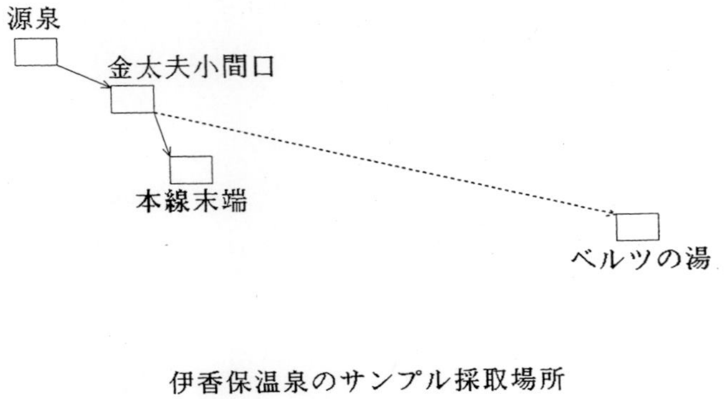

図19　伊香保温泉（群馬県）の温泉給湯配管システム

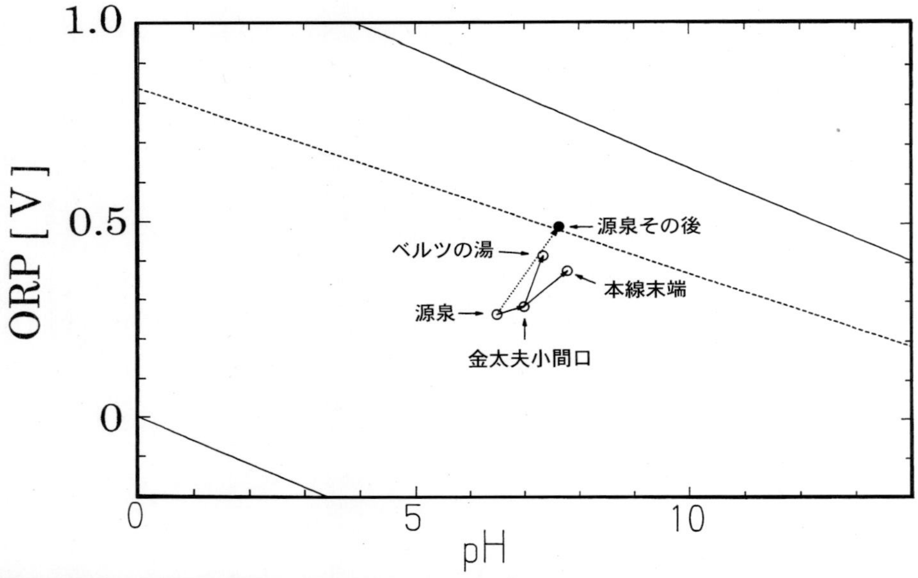

図20　伊香保温泉（群馬県）の温泉給湯配管システムにおけるORP－pHの関係

とともにそのORPが安定水溶液系の平衡ORPにシフトすることを意味する。

これらの結果から、平衡ORP値との比較により温泉水の総合的なエージング評価が可能と考えられる。なお、△印はもともと平衡ORPに近い値を示しているが、これは源泉湧出後、比較的時間経過した源泉の貯槽より採取したサンプルである。また、図中のデータは予め求めたORPと温度の関係を用い、いずれも25℃に温度補正した値である。

以上の結果から、温泉水のエージングの指標（AI：Aging index）を平衡ORP（ORPeq）と測定ORPとの差AI（Δ）、またはAI（Δ）を平衡ORP（ORPeq）と源泉ORP（ORP_0）との差の割合AI（%）として、(12)および(13)式でそれぞれ定義することができる。

$$AI(\Delta) = ORP_{eq} - ORP \qquad \cdots\cdots\cdots\cdots \quad (12)$$

表4　伊香保温泉(群馬県)の給湯配管システムにおける温泉水のエージング指標AI

サンプル採取場所	AI(Δ)[V]	AI(%)
源泉	0.27	100
金太夫小間口	0.23	83.9
本線末端(階段街下)	0.10	36.1
ベルツの湯	0.08	29.0

$$AI(\%) = (ORP_{eq} - ORP)/(ORP_{eq} - ORP_0) \times 100 \quad (13)$$

そこで、エージング指標AIを用いて温泉源泉の給湯配管距離におよぼすORPの変化を、伊香保温泉(群馬県)で調査した。

図19に伊香保温泉における給湯配管とサンプリング場所の関係[11]を示す。温泉の給湯本線は各源泉を集合した総合湯より温泉街の高低差を利用して、温泉水をほぼ1km以内にある温泉街に自然流下させている。各旅館は本線から分湯のための"こま口"より温泉の権利分(持ち分)にしたがって引湯されている。サンプリング場所は総合湯(源泉)、および総合湯より約800m先の石段街上部付近の金太夫小間口、小間口より200m以内にある石段街下の本線末端、さらに金太夫小間口より約1.3km先に分湯しているベルツの湯である。総合湯とベルツの湯の高低差は約150mである。

図20にそれらのORPとpHの変化を示す。総合湯の温泉水を十分に大気と接触させると平衡ORP(●印)に達することが分かる。

一方、総合湯より、自然流下した温泉水は流下距離にしたがってORPが増加する結果が得られた。本線末端でのORPは、金太夫小間口より分湯された流下距離のはるかに長いベルツの湯と比較して、その増加割合が大きい。これは階段上部より階段下へ温泉水が空気を巻き込んで激しく流下するためと思われる。

表4に、これらの結果をエージング指標として示す。それゆえ、エージング指標AIにより、温泉水の評価および給湯配管システムの診断が可能となる。このエージング指標は温泉水だけでなく、各種水の評価法としても有効である。

5.　まとめ

水の評価法について、水のクラスター大きさが分かるとした^{17}O－NMR半値幅法およびクラスターの均一性が有効とする誘電緩和法の問題点を解説したと同時に、新たな水の評価法としてのORP－pHに基づくエージング指標AIの有効性を生体に関係する水、温泉水、さらには各種水を用いて検証し、提案した。さらに、今後の新たな水として、酸性から弱アルカリ性で還元系の水が各種用途に展開されることを期待している。

参考文献

1) 小林純 (1971) 水の健康診断、60pp.、岩波新書、東京.
2) Winton, E.F. and McCabe, L.J. (1970) Studies relating to water mineralization and health, J. AWWA, 62, 26-30.
3) 橋本奨 (1989)　健康な飲料水とおいしい水の水質評価とその応用に関する研究、空気調和・衛生工学、63, 463-468.
4) 松下和弘 (1990)　NMR分光法による水の状態解析、90年代の食品加工技術、シーエムシー、東京.
5) 松下和弘 (1992)　おいしい水と健康によい水、水環境学会誌、15, 98-102.
6) 大河内正一、石原義正、荒井強、上平恒 (1993)　NMR分光法による水評価について、水環境学会誌、16, 409-415.
7) 大河内正一、石原義正、上平恒 (1994)　^{17}O-NMR分光法による電解質水溶液および浄・整水器通水水道水の水評価について、水環境学会誌、17, 517-526.
8) Okouchi, S., Yamanaka, K., Ishihara, Y., Yanaka, T. and

Uedaira, H.（1994）Relationship between water qualities and treatments in the ultra pure water production system, Water Science and Technology, 30, 273-241.

9） 大河内正一、水野博、草深耕太、石原義正、甘露寺泰男（1998） 温泉水のエージング指標としての酸化還元電位、温泉科学会誌、48, 29-35.

10）日本温泉気候物理医学会編（1990）温泉医学、69-73, 日本温泉気候物理医学会、東京.

11）小暮敬（1989）温泉科学39, 5-13.

12）Okouchi, S., Moto, T., Ishihara, Y., Numajiri, H. and Uedaira, H.（1996）Hydration of amines, diamines, polyamines and amides studied by NMR, J. Chem. Soc. Faraday Trans., 92, 1853-1857.

13）Ishihara, Y., Okouchi, S. and Uedaira, H.（1997）Dynamics of hydration of alcohols and diols in aqueous solutions, J. Chem. Soc. Faraday Trans., 93, 3337-3342.

14）大河内正一、石原義正、稲葉慎、上平恒（1995）蒸留酒におけるプロトン交換速度の熟成による変化、農芸化学会誌、69, 679-683.

15）Okouchi, S. Ishihara, Y., Ikeda, S. and Uedaira, H.（1999）Progressive increase in minimum proton exchange rate with maturation of liquors, Food Chemistry,（印刷中）.

16）Havriliak, S. and Negami, S.（1967）A complex plane representation of dielectric and mechanical relaxation processes in some polymers, Polymer, 8, 161-220.

水の構造設計

—^{17}O-NMR化学シフト法による水の液体構造の遷移の研究—

高橋 晋、小嶋 高良、高橋 燦吉

八戸工業大学大学院機械システム工学 、八戸工業大学機械工学科 、八戸工業大学大学院機械システム工学

1.　　はじめに

現代社会で水は極めて広範囲かつ多様に利用されているが、それらは殆ど水の豊かな賦存量や比熱、密度の大きさ等、水の物理的性質を利用するものである。これを水利用の第1ステージとすれば、原子力発電の発達や半導体の超高集積化は極限レベルにまで純度を高めた水を産業の基盤材料として利用するもので、水利用の第2ステージと云える。しかし、第2ステージといえども、微小懸濁物のシリコンウエハー表面への沈着・付着、溶存塩類のドライアップ等の物理的ハザードとそれらが因となって二次的に発生する化学的ハザードの防止ならびに水の高純度化による溶解性の向上に止まっている。

地球環境保全等グローバルな課題は、例えば半導体製造ではフロンに代替し得る高い洗浄性を持つ水を、省エネルギーの観点からは流動摩擦損失が小さく流動動力の少ない水を、また動植物の成長促進に生理活性の高い水を求める等、水の密度、粘性係数等の物理化学的物性値を変えることさへ必要な第3ステージに進むことを求めている。

第3ステージは水の液体構造を制御し、その物理化学的諸物性を目的に合わせて設計する段階で、これが可能となれば、水そのものが自然の水とは異なるから、熱伝達性、塩類溶解性および生理活性の向上、流体摩擦損失の低減、低沸点化等により無限の新たな工業的利用と効果が期待できる。

このような観点からこれまでの水の研究を概述すれば、以下のようにミクロな視点で捉えた物理学的な液体構造の研究とその研究方法論が主であったといえる。

①イオン－水分子間相互作用を軸とした水溶液の構造と平衡論、速度過程論的研究
②溶解性向上を目的とした、理論純水に近付く方法の開発
③不純物、溶存ガスを除去した水での分光分析器測定とデータ解析による液体構造論

工業的利用では、水は常にある程度の不純物や溶存ガスを含むので、使用状態に極力近い状態にある水の液体構造を研究し、その構造を設計・評価できる理論と分析技術が必要である。つまり、H_2Oとしての水の構造を論ずるのではなく、分子集合体である液体としての水の構造を検討する必要がある。

コンピュータの進歩によって、各種分光分析器の高性能・高分解能化が飛躍的に進み、それを用いた水分子の挙動や液体構造の解明が盛んに行われている。NMRもFTM化と超電導磁石技術の導入によって、^{17}O核を天然存在比（0.037%）のままで測定可能となり、自然状態の水の情報が得られるようになった。特に、^{17}Oを測定核種とする場合のスペクトルには、^{1}Hを測定核種とする場合に比べ、分裂が殆ど見られずスムーズである。

また、後述のように^{17}O核から得られる化学シフトは溶存不純物に殆ど影響されずEisenbeng-Kauzman[15]が提唱するD構造、すなわち分子配向や移動について平均化した液体構造の検討には適すると考えられる。以下、水の液体構造の研究過程を振り返り、その流れを把握するとともに、水の液体構造研究への^{17}O－NMR化学シフト法適用の一試行を記述する。

2.　水の構造モデル

1890年代は水の液体構造論が出始めた特徴的な期間である。すなわち、

1891年：Vernon, H.H.V.[1]は水の最大密度(TMD)を説明するために、水は液体でありながらも結晶構造を持っているとする会合体の考えを導入。

1892年：Rontgen, W.K.[2]は水は氷の構造を保つ分子集団と一般の液体同様の挙動を示す分子集団があり、両者は平衡状態にあるとした混合モデル(Mixture Model)を提唱。

1910～20年代は水素結合の認知で特徴付けられる期間である。すなわち、

1920年：Latimer-Rodebush[3]は水の誘電率が大きいのは水素結合よって長い重合体になるためであるとした。

1923年：Debye-Huckel[4]によって水の液体構造に水素結合の寄与が取り入れられる。

1930年代はX線回折分析法による水の液体構造解析が進展した期間として特徴付けられる。

1933年：Bernal-Fowler[5]は結晶の解析手段であるX線回折法を無秩序性を含む凝縮系へ拡大した。氷と水のX線強度曲線の比較・検討から、水は不規則4配位構造であるとし、連続体モデル(Continuum Model)を提起。

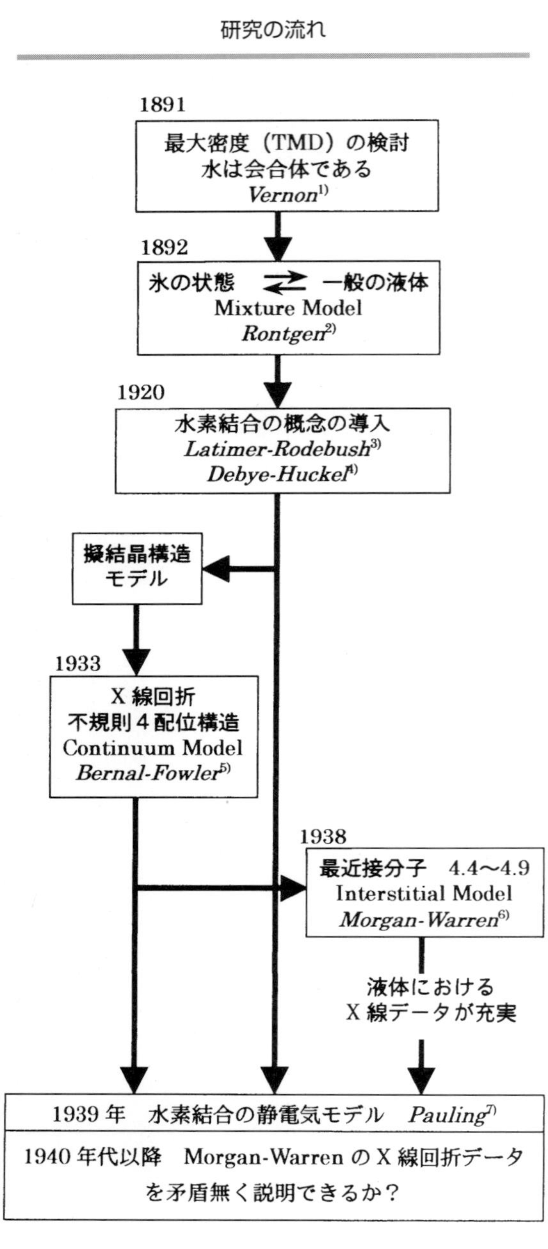

1938年：Morgan-Warren[6]は水のX線回折から散乱

強度曲線、動径分布曲線の温度依存性を測定。水の最近接分子数が4.4～4.9であるとし、Bernal-Fowlerの4配位を支持しながらも、0.4～0.9の偏差から水の構造はBroken down ice structureであるとして嵌入モデル（Interstitial Model）を提起。

これ以降、水の構造モデルはMorgan-WarrenのX線回折の結果を矛盾無く説明できることが第一条件となる。

1939年：L. Pauling[7]は水素結合の静電気モデルを提起し、水における水素結合O－H…Oは、O－H結合間の電子が電気陰性度の大きい酸素原子側へ引き寄せられたため、電気的に陽性となったプロトンに隣接する酸素の孤立電子対が引きつけられて形成されるとした。

3.　水の構造モデルの発展

1940年代は水分子の動的緩和時間の測定が盛んに行われ、水の液体構造モデルの研究が進んだ。

1948年：Hall, L[9]は水の過剰な超音波吸収は、混合モデルにおける2つの分子集団間の平衡が乱れ、新しい平衡状態に達するまでの緩和過程で起こる。2つの分子集団間の遷移はある活性化状態を経るものとしてEyring, H[8]の速度過程論を適用することにより、その緩和時間は $\tau = 1/(k_1 + k_2)$ として求められるとした。

1951年：Pople, J.A[10]は水分子間の水素結合は切断されるのではなく、Bent Hydrogen Bondであるとした。X線回折の結果には良い対応を示すが、水の誘電緩和時間の分布が狭いという実験結果の説明が困難である。

1952年：Coulson[11]は水素結合の電荷移動モデルを提

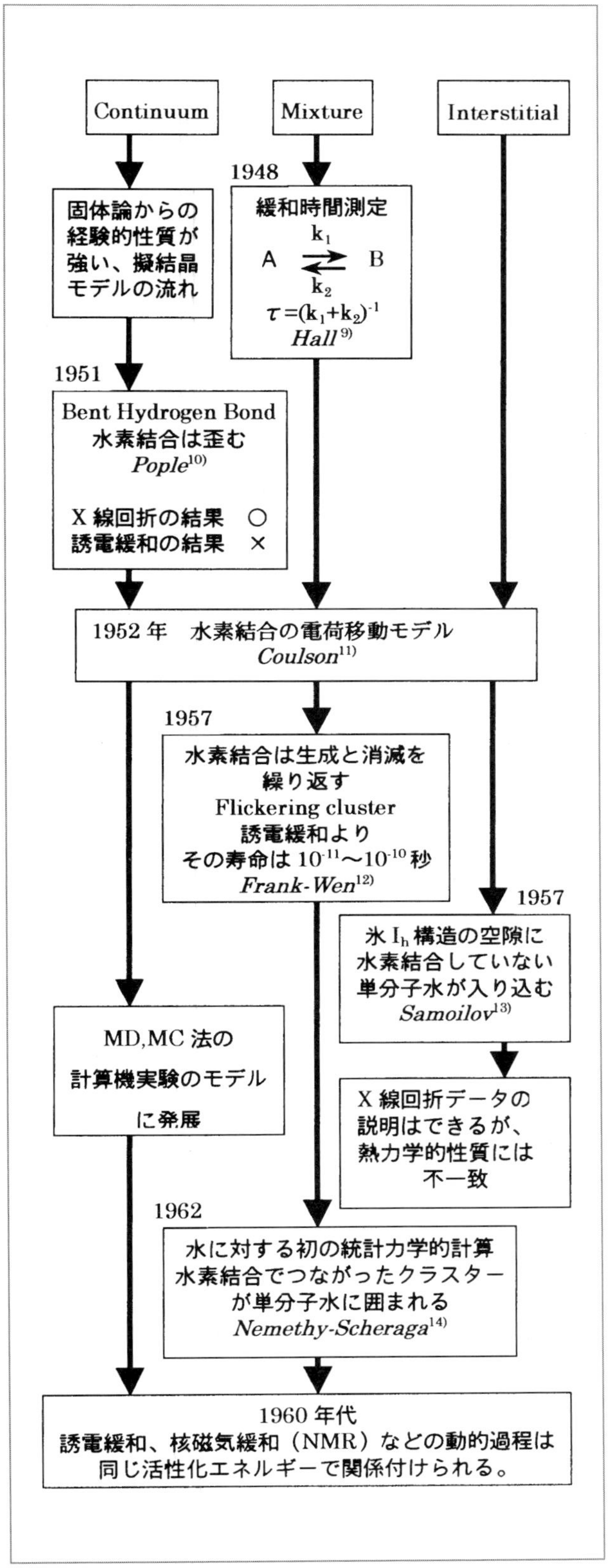

Continuum
Mixture
Interstitial
1948
固体論からの経験的性質が強い、擬結晶モデルの流れ
緩和時間測定
k1
A B
k2
τ=(k1+k2)-1
Hall 9)
1951
Bent Hydrogen Bond
水素結合は歪む
Pople10)
X線回折の結果　○
誘電緩和の結果　×
1952年　水素結合の電荷移動モデル
Coulson11)
1957
水素結合は生成と消滅を繰り返す
Flickering cluster
誘電緩和より
その寿命は10-11～10-10秒
Frank-Wen12)
1957
氷Ih構造の空隙に水素結合していない単分子水が入り込む
Samoilov13)
MD,MC法の
計算機実験のモデル
に発展
X線回折データの説明はできるが、熱力学的性質には不一致
1962
水に対する初の統計力学的計算
水素結合でつながったクラスターが単分子水に囲まれる
Nemethy-Scheraga14)
1960年代
誘電緩和、核磁気緩和（NMR）などの動的過程は同じ活性化エネルギーで関係付けられる。

表 1. 液体構造モデルの比較

モデル	熱力学的性質に対する説明	分光分析結果に対する説明
混　合	可。但し、構造因子の適切な選定要	困難
嵌　入	困難	X線回折結果の説明性は良い
連続体	困難	X線回折結果の説明性は良い

起し、水素結合は静電気的相互作用のほかに、電荷移動力としても作用するとした。

1957年：Frank-Wen[12]はFlickering cluster modelを提起し、水の水素結合形成が液体中で「協同現象的」に起こるので、クラスター構造が短時間で生成・消滅を繰り返すとした。
誘電緩和時間よりクラスターの寿命は10^{-11}〜10^{-10}秒（並進振動100〜1000回程度）であるとした。その後、諸緩和現象の研究の進展により1960年代中期には、クラスターの寿命は298K前後で10^{-12}秒（並進振動数回〜10回程度）であるとされた。

1957年：Samoilov[13]はMorgan-Warrenの動径分布関数の計算結果より得られた3.5Å付近のピークは、氷I_h構造の融解により生じた水単分子が結晶構造の空隙に入り込んだものであるとした。

1962年：Nemethy-Scherage[14]はFrank & WenのFlickering cluster modelの考え方に立って、水の液体構造についての統計力学的理論を構築した。それによって、クラスターの中には水素結合数が1〜4まで水分子があり、全部で5種の状態の水分子が存在する。

4.　液体構造モデルの課題と分光分析

1960年代初頭までに、水の液体構造理論と構造モデルがほぼ出揃った。混合、嵌入および連続体の各モデルには、**表1**に示すように、それぞれ一長一短がある。

混合モデルは水の密度、比熱、エンタルピー等の熱力学的物性を良く説明出来るが、それには水素結合の数や結合力の強さおよびクラスターの大きさ等の構造因子を適切に選定する必要がある。一方、各種分光分析の結果を説明するには困難がある。

混合モデルの一種でもある嵌入モデルは、Morgan-WarrenのX線回折の結果は説明出来るが、水の熱力学的物性とは一致しない。

連続体モデルもX線回折の結果は説明できるが、誘電緩和時間の説明が困難である。また、直線的水素結合の歪みにより水素結合力が減少する機構が不明確である。

これらを考慮すると、水単分子の構造と液体構造（クラスター）を考慮して、水素結合の機構を考察する必要がある。

1960年代に入り、コンピュータの飛躍的な進歩が液体の分子運動のシュミレーションを可能とした。MD（分子動力学）法・MC（モンテカルロ）法の発達により、実験では得られない速度自己相関関数等の液体構造の動的性質ならびに理想状態・極限状態における水の物性に関する知見を得ることが出来るようになった。しかし、あくまでもシュミレーションであり実験に代わるものではない。

コンピュータの進歩によって、高性能・高分解能化した各種分光分析装置を駆使して水分子の挙動や液体構造の解明が行われている。

1968年にEisenbeng-Kauzman[15]は、研究に用いる手法や装置の観測時間tによって議論される液体構造を次の3種に分類すべきことを提案した。

I構造：各瞬間構造 $t < \tau_V$（計算機実験）
V構造：振動について平均化した構造 $\tau_V < t < \tau_D$
（緩和時間測定、IR）
D構造：分子配向、移動を平均化した構造 $\tau_D < t$
（X線回折、NMR化学シフト）

ここで、τ_V：氷 I_h 結晶格子点周りの水分子の振動時間（≒2×10^{-13}sec）
τ_D：回転、並進運動の緩和時間（≒10^{-5}sec）

1970年代に入り、中性子回折、赤外線、ラマンおよびNMR等の分光分析法を用い、測定法の観測時間を考慮した液体構造の研究が行われた。1981年にBassez, M.P., J. Lee, G. W. Robinson[16]は、水の粘度、自己拡散係数、誘電緩和時間および^{17}O－NMRのスピン格子緩和時間等の動的過程を比較し、測定対象の性質によらず、各活性化エンタルピー$\Delta H(T)$はほぼ等しく、その温度依存性は240～390Kで1つの式で示されるとした。

5. NMRの発展

1946年：Bloch[17]とPurcell[18]を代表とする両グループがNMRによる液体中のプロトン測定に関する論文をほぼ同時に発表して以来、NMRによる水の液体構造に関する研究が盛んに行われるようになった。

1948年：Bloembergen, Purcell, Pound[19]はNMRの量子力学的理論を提出。

1950年：Hahn[20]は外部磁場の不均一性の影響なしにT_2を求められるスピンエコー法を発表。これは、自己拡散係数の測定に利用される。また、Dickinson[21]、Proctor-Yu[22]によって化学シフトが発表される。その翌年、Gutowsky[24]によりスピン－スピン結合の定性化が行われた。化学シフトは、Ramsey[23]、Saika-Slichter[25]により定性的理論が確立されたが、その定

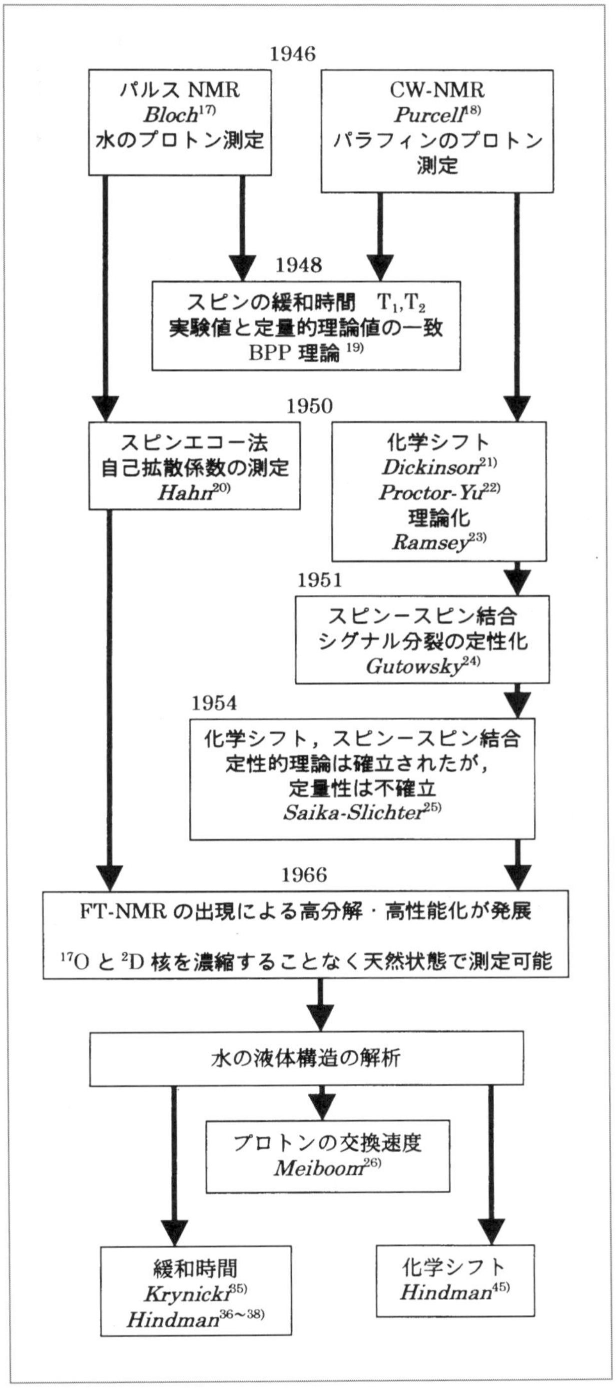

量化は今なお継続されている。

他の分光分析法と同様、NMRにも1966年にフーリエ変換法が導入され、分析法の高分解・高性能化は溶液研究を飛躍的に発展させた。特に生体高分子へのNMR応用は医療分野における利用拡大と水の液体構造解析の重要性を改めて認識させた。

水の組成から、その液体構造は水素、重水素と酸素を測定核種に検討できる。当初は天然存在比99.985%の^{1}Hが主核種であり、天然存在比0.037%の^{17}O核の使用には濃縮(enrich)を要した。1966年にフーリエ変換が導入されて以降、装置の高分解・高性能化によって^{17}O核を天然存在比のままで測定可能となり、自然状態の水の情報が得られるようになった。水のNMRスペクトルは^{1}H、^{17}Oともに単純な一曲線であり、そこには分子の運動状態を反映する半値幅(緩和時間T_1、T_2)、化学構造や化学的環境にもとづく磁場環境の違いを反映する化学シフトの情報が含まれている。

しかし、スペクトルの解釈を巡っては、現在なお、統一見解は得られていない。水に関するNMRの報告は、大別してプロトンの交換速度、緩和時間測定、化学シフトの3つに分けられる。次にそれぞれの歴史的流れと水の構造解析の可能性を考える。

6.　水の液体構造解析への応用

6.1　プロトンの交換速度の測定

1961年：Meiboom[26]は水中でのH^+とOH^-イオンの異常な動きは、図中の式(1)におけるプロトン交換速度で説明できるとした。プロトンの交換速度はNMRの半値幅から得られる。^{17}O－NMRの半値幅はpHに依存しており、プロトンの交換速度はプロトンと^{17}Oのカップリングの影響として説明できる。

一般の水溶液では$T_1 \fallingdotseq T_2$が成り立つ。しかし、純水にNaOH、HClを加えてpH調整した時、中性付近ではプロトンの交換速度が遅くなり半値幅は最大値を示し、その交換時間τ_{ex}は次式で表される。

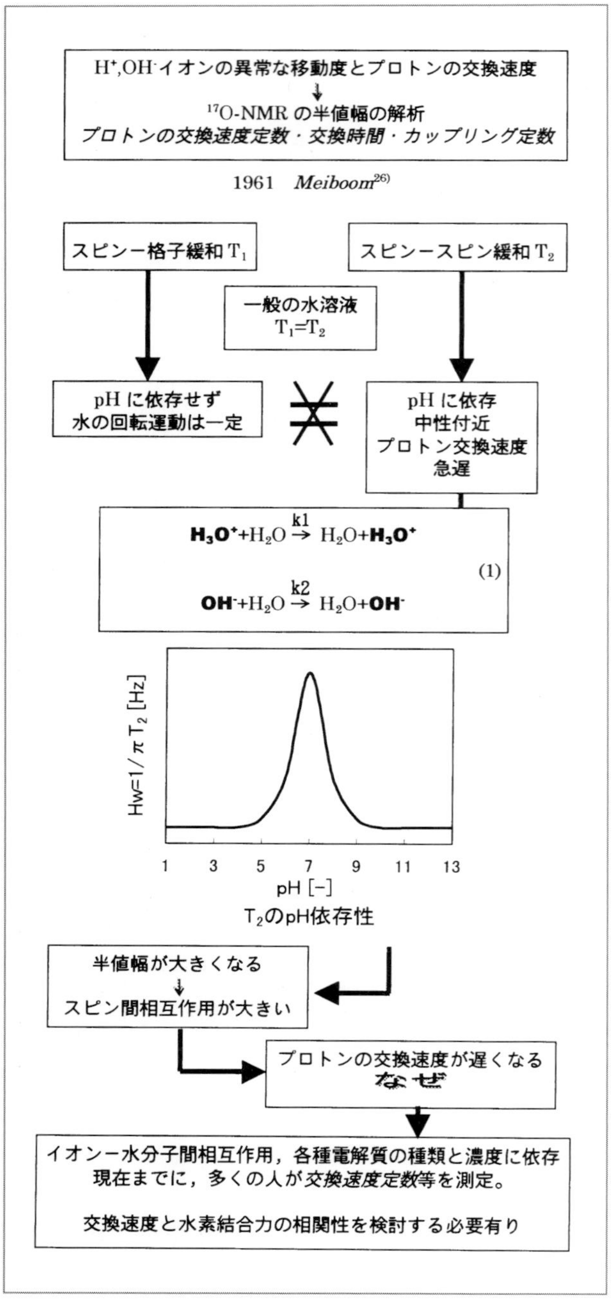

$$\tau_{ex} = \frac{2}{3} k_1 [H^+] + k_2 \frac{k_W}{[H^+]}$$

水溶液でのプロトンの交換速度はイオン－水分子間相互作用に影響される。つまり、各種電解質濃

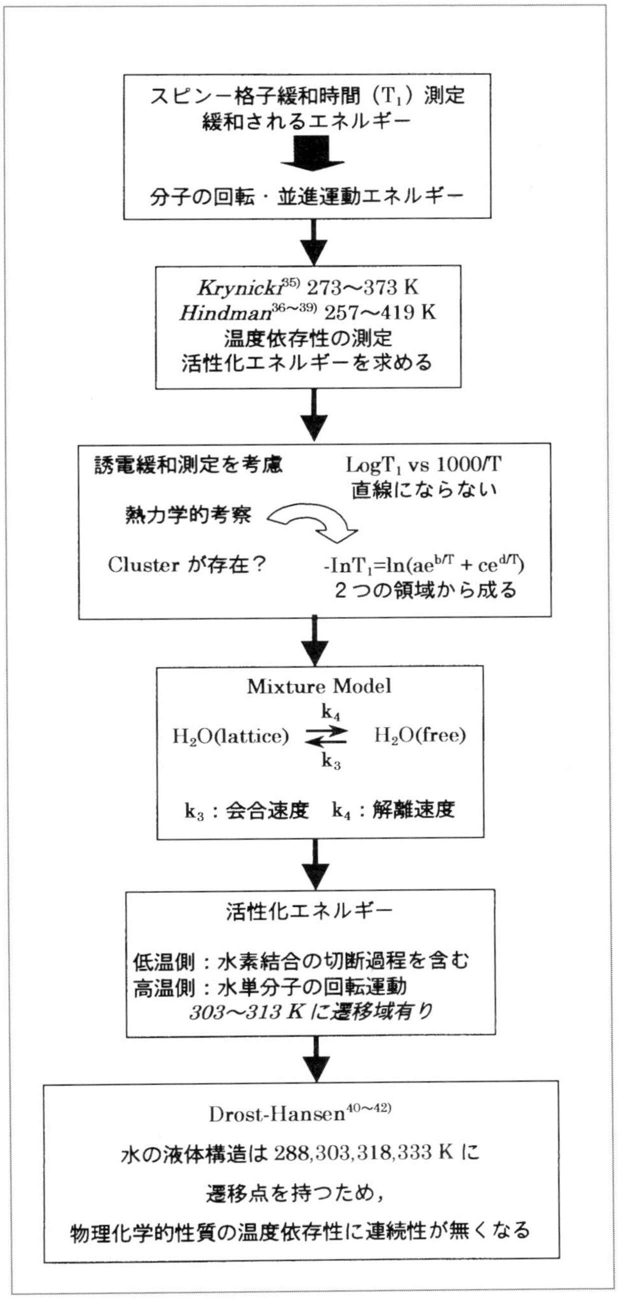
スピン－格子緩和時間（T1）測定
緩和されるエネルギー
分子の回転・並進運動エネルギー
Krynicki35) 273〜373 K
Hindman36〜39) 257〜419 K
温度依存性の測定
活性化エネルギーを求める
誘電緩和測定を考慮
LogT1 vs 1000/T
直線にならない
熱力学的考察
Cluster が存在？
-lnT1=ln(ae^(b/T) + ce^(d/T))
２つの領域から成る
Mixture Model
H2O(lattice) k4 k3 H2O(free)
k3：会合速度　k4：解離速度
活性化エネルギー
低温側：水素結合の切断過程を含む
高温側：水単分子の回転運動
303〜313 K に遷移域有り
Drost-Hansen40〜42)
水の液体構造は 288,303,318,333 K に
遷移点を持つため，
物理化学的性質の温度依存性に連続性が無くなる

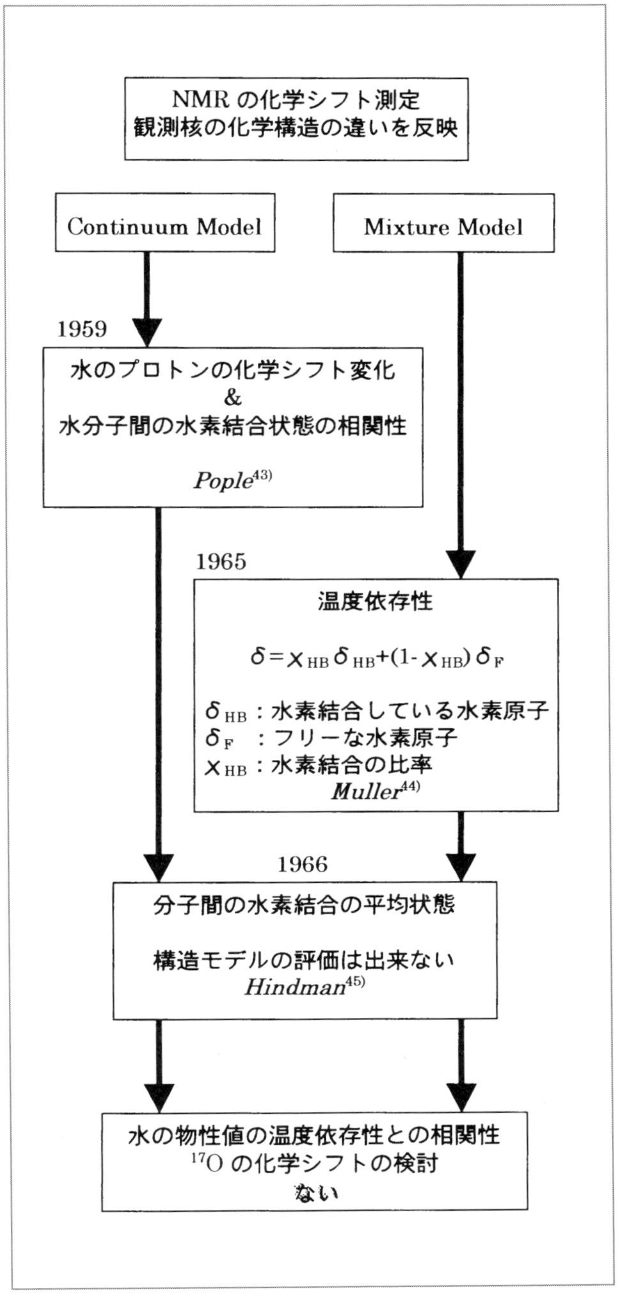
NMR の化学シフト測定
観測核の化学構造の違いを反映
Continuum Model
Mixture Model
1959
水のプロトンの化学シフト変化
&
水分子間の水素結合状態の相関性
Pople43)
1965
温度依存性
δ＝χHB δHB+(1-χHB) δF
δHB：水素結合している水素原子
δF：フリーな水素原子
χHB：水素結合の比率
Muller44)
1966
分子間の水素結合の平均状態
構造モデルの評価は出来ない
Hindman45)
水の物性値の温度依存性との相関性
17O の化学シフトの検討
ない

度、pH（厳密には、$[H^+]$と$[OH^-]$の濃度比）に依存するので、電解質水溶液での水分子の動的構造解析に有効的である。その後、現在に至るまで、水溶液中のプロトンの交換速度定数k_1、k_2と^1Hと^{17}Oのカップリング定数の測定[27〜34]が多数行われている。

しかし、水溶液の場合と異なり、水の液体構造とpHの相関性においてはその温度依存性が重要である。水は温度を変えても常に$[H^+]$と$[OH^-]$は１：１で増減する。つまり、純水では pH=7 以外でも中性には変わりない。今後、水の液体構造の検討に当たっては、pHの温度依存性、プロトン交換速度および両者を考慮する水素結合モデルを考える必要がある。

6.2 緩和時間測定

スピン－格子緩和時間T_1は、核スピン系のエネルギーが分子系の熱エネルギーに変換される過程、つまり高エネルギー準位の核スピンが緩和されて低エネルギー準位に遷移する時間である。失われるエネルギーは格子系の並進・回転運動エネルギーとなり、分子運動や存在環境を反映する。

Krynicki[35]は273～373 KでプロトンのT$_1$を5 K間隔で測定した。その後、Hindman[36～39]らは^{1}H、^{2}H、^{17}OのT$_1$を256～418 Kの広範囲にわたって測定した。3種の核とも緩和時間T$_1$は、logT$_1$対1000/Tのプロットにおいて直線にならない。約303～313Kを遷移域として、活性化エネルギーを高温側と低温側の2つの領域で求めている。誘電緩和測定の結果を考慮して、熱力学的考察を行い水の分子集合体としてのクラスターの存在[36]を支持している。

高温側は水単分子の回転運動のエネルギーであり、低温側は水素結合が切断される過程を含んだエネルギーであるとし、水の緩和時間の温度依存性を、混合モデルを適用して説明している。

この報告で、水の液体構造が遷移する領域が303～313K付近に存在することを示唆している点は注目すべきである。これ以前にもDrost-Hansen[40～42]は、水の液体構造は288、303、318、333Kに遷移点を持ち、各遷移温度を境に物理化学的性質の温度依存性に連続性が無くなるとしている。

しかし、この見解は実験的に未だ確認されていない。よって、分光分析法等を駆使してこれを実証できれば、水の液体構造の研究を一歩前進できるものと期待される。

6.3 化学シフト

化学シフトは観測核の化学構造や化学的環境に基づく磁場環境の違いを反映する。

1959年：連続体モデルの提唱者であるPople[43]は、水のプロトンの化学シフトが低磁場側へシフトするのは、水素結合により水素原子周りの電子密度が変化するためであるとした。つまり、$O_X-H\cdots O_Y$において水素結合側の酸素原子O_YにHが引き寄せられて、H核周りの電子密度が減少する。そのため電子による遮蔽効果が減少して、化学シフトは低磁場にシフトすると説明した。

1965年：Muller[44]は水の^{1}H－NMR化学シフトの温度依存性を測定した。その結果、水の化学シフトは水素結合しているプロトンの化学シフトをσ_{HB}、してないものをσ_Fとすると全体の化学シフトは、

$$\sigma = \chi_{HB}\sigma_{HB} + (1-\chi_{HB})\sigma_F$$

で表されると仮定した。この混合モデルより10atm、453 Kの水蒸気の化学シフトを基準とした時、水の化学シフトの温度依存性は

$$\sigma = -4.58 + 9.5\times10^{-3}\,T$$

で表されるとした。

1966年：Hindman[45]はプロトンの化学シフトを、273 Kを基準に測定した。その結果をもとに混合、連続体の両モデルについて化学シフトと水素結合状態の相関性を考察した。

その結果、水の化学シフトは分子間の水素結合の平均状態を表しており、化学シフトによる液体の動的構造評価は出来ないとした。しかし、V構造を表す緩和時間T$_1$で、活性化エネルギーが303～313Kを遷移域とし2つの領域で求められていることから、D構造を表す化学シフトにも液体構造の変化が何らかの形で反映されているはずである。

このように、水の化学シフトの温度依存性は、プロトンの化学シフトについては検討されているが、^{17}O核を測定核種とする検討はなされていない。なお、^{17}O核の化学シフトについて検討する際には、過去の液体構造の研究で検討された例の少ない水の密

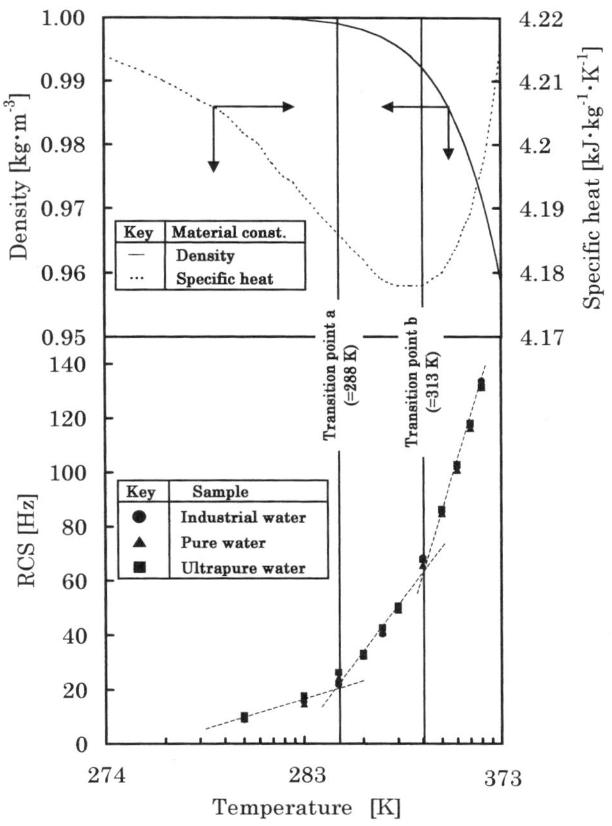

図1　化学シフトの温度依存性

度、比熱等物性値の温度依存性との相関性を考慮する必要がある。

7. 水の液体構造研究への^{17}O－NMR化学シフト法適用の一試行

半導体製造用プラントから採取した工業用水、一次純水および超純水について測定した化学シフトの温度依存性と水の熱力学的物性値である密度、比熱の温度依存性とを対比して**図1**に示す。縦軸のRCSは温度273Kの水の化学シフトを基準にこれと対象温度における化学シフトの差、すなわち相対化学シフトである。**表2**に各供試水の水質を示す。

溶存塩類濃度によらず化学シフトは一本の線で表され、化学シフトへの溶存塩類濃度の影響は認められない。また、**図1**は測定用ガラス管に試料水を所定量入れ、加熱沸騰させている状態で管上端を溶封した脱酸素処理水についての測定結果であるが、ガラス管に試料水を入れてゴム栓で密封した非脱酸素処理水、すなわち自然状態の水についての測定結果との差は試料NMR装置の分解能の範囲内で一致し、溶存酸素の影響は認められない。この点も^{17}O－NMR化学シフト法の大きな特長といえる。

温度上昇にともない化学シフトは高磁場側にシフトし、その温度勾配は288、313Kを境に3つの範囲に分かれる。これら温度は密度、比熱の遷移温度a、bと一致し、両遷移温度を境に^{17}O核周りの磁場環境は

表2　供試水の水質

Sample	pH [-]	Conductivity [μS·cm^{-1}]	Na^+ [ppm]	K^+ [ppm]	NH_4^+ [ppm]	Ca^{2+} [ppm]	Mg^{2+} [ppm]	NO_3^- [ppm]	SO_4^{2-} [ppm]	Cl^- [ppm]
Industrial water	7.042	167	17.26	2.27	0	6.64	4.37	0.04	8.375	24.41
Pure water	5.265	1.609	Below the limits of measurement							
Ultrapure water	5.285	< 1								

大きく変化するから、水の液体構造が変化することを示す。すなわち、Hindman[34~37]らによる緩和時間T_1での活性化エネルギーの遷移温度域、Drost-Hansen[38~40]が提唱した水の液体構造の遷移温度を的確に表している。よって、液体構造を273K≦T≦288K、288K＜T≦313K、313K＜Tの3つの領域に分けて検討できる。

^{17}O－NMR化学シフト法は、Drost-Hansenによって提唱されながらもまだ実験的に確認されていない水の液体構造の遷移温度と物性値の遷移温度の相関を明らかにする可能性を持つと期待できる。また、分子配向や移動に関して平均化したD構造を表す化学シフトを観測するに当たり、^{17}O－NMRスペクトルは非常に有効手段として可能性も大きい。

8.　まとめ

水の液体構造は未だに明確でなく、それに関する統一的見解はないといえる。これまでは、水の液体構造の研究はイオン－水分子間相互作用の視点からのもので、水単分子の動的構造に関するものが主であった。あくまでも水溶液論であり、その基である水そのものに関する液体論ではないといえる。第3ステージの水利用を考える時、もっと分子論的視点から水の液体構造を検討する必要がある。しかも、水の液体構造の設計に当たっては、工業的利用の促進を図る視点も加味し、溶存ガス・塩類濃度を含む自然な状態の水の液体構造について検討すべきで、それらに影響されず水の液体構造の遷移を捉え得る^{17}O－NMR化学シフト法は、その際、有効な手段となる可能性を持つ。

また、水の液体構造設計では、分子間力である水素結合の制御が鍵となる。温度上昇にともなう水素結合力の減少とプロトン濃度の増加は既知であり、両者の関係が水素結合メカニズムと液体構造を解明する重要な手掛かりになると考えられる。

これまで、不変とされてきた溶媒としての水の液体構造および物性値を制御出来れば、今後の工業的技術の発展に大きく貢献できる。

参考文献

1) Vernon, H. H. V.; Phil. Mag., 31, 387 (1891)
2) Rontgen, W.K.; Ann. Phys., 45, 91 (1892)
3) Latimer, W.M., W. H. Rodebush.; J. Am. Chem. Soc., 42, 1419 (1920)
4) Debye, P., E. Huckel.; Z. Phys. Chem., 24, 185 (1923)
5) Bernal, J. D., R. H. Fowler.; J. Chem. Phys., 1, 515 (1933)
6) Morgan, J., B. E. Warren.; J. Chem. Phys., 6, 666 (1938)
7) L, Pauling.; "The Nature of the chemical bond"., Cornell Univ. Press, Ithaca, N.Y (1939)
8) Eyring, H., S, Glasstone, K.J.Laidler.; "The Theory of Rate Process" (1941)
9) Hall, L.; Phy. Rev., 73, 775 (1948)
10) Pople, J. A.; Proc. Roy. Soc. London., A 205, 163 (1951)
11) Coulson, C. A.; Valence, Oxford-Clarendon Press (1952)
12) Frank, H. S., W. Y. Wen.; Disc, Faraday Soc., 24, 133 (1957)

13) Samoilov, O. Ya.; イオンの水和（上平恒訳），地人書館（1967）
14) Nemethy, G., Scheraga, H. A.; J. Chem. Phys ., 36, 3382（1962）
15) Eisenbeng, D., W. Kauzman.; "The Structure and Properties of Water", Oxford（1969）
16) Bassez, M. P., J. Lee, G. W. Robinson : J. Phys. Chem., 91, 5819（1981）
17) Bloch, F., Hansen, W. W., Packard, M.,: Phys. Rev., 69, 127（1946）
18) Purcell, E. M., Torrey, H. C., Pound, R. V., : Phys. Rev., 69, 37（1946）
19) Bloembergen, N., Purcell, E. M., Pound, R. V., :Phys. Rev., 73, 679（1948）
20) Hahn, E. L., :Phys. Rev., 80, 580（1950）
21) Dickinson, W. C.; Phys. Rev., 77, 736（1950）
22) Proctor, W. C., F. C. Yu.; Phys. Rev., 77, 717（1950）
23) Ramsey, N. F.; Phys. Rev., 78, 669（1950）
24) Gutowsky., H. S., D. W. McCall.; Phys. Rev., 84, 589（1951）
25) Saika, A., C. P. Slichter.; J. Chem. Phys., 22, 26（1954）
26) Meiboom, S.; J.Chem.Phys. 34, 2, 375（1961）
27) Loewenstein, A., A. Szoke.; J. Am. Chem. Soc., 84, 1151（1962）
28) Meiboom, S., Z. Luz.; J. Am. Chem. Soc., 86, 4768（1964）
29) Glick, R. E., K. C. Tewari.; J. Chem. Phys., 43, 2555（1965）
30) Rabideau, S. W., Hecht, H. G.; J. Chem. Phys., 47, 544（1967）
31) Hall, B., G. Karlstrom.; J. Chem. Soc., Faraday Trans, 2, 79, 1031（1983）
32) Diratsapglu, J., S. Hauber., H. G. Hertz and K. J. Miller.; Z. Phys. Chem. Neue Folge.,168, 13（1990）
33) Okouchi, S., Y. Ishihara., T. Arai., H. Uedaira.; mizukankyogakaishi, 17, 8, 517（1994 ）
34) Okouchi, S., Y. Ishihara., H. Uedaira.; mizukankyogakaishi, 17, 8, 517（1994 ）
35) Krynicki, K.; Physica, 32, 167（1966）
36) Hindman, J. C., A. Svirmickas., M. Wood.; J. Chem. Phys., 59, 1517（1973）
37) Hindman, J. C., A. Svirmickas.; J. Chem. Phys., 77, 2478（1973）
38) Hindman, J. C.; J. Chem. Phys., 60, 4488（1974）
39) Lamb, W. J., D. R. Brown., J. Jonas.; J. Chem. Phys., 85, 3883（1981）
40) Drost-Hansen, W.; Ann. N. Y. Acad. Sci., 125, 471（1965）
41) Drost-Hansen, W.; Ind. Eng. Chem., 61, 10（1969）
42) Drost-Hansen, W.; Symposia of the Society for Experimental Biology., 26, 61（1972）
43) Pople, J. A., W. G. Schneider.; "High Resolution Nuclear Magnetic Resonance"., McGraw-Hill, New York（1959）
44) Muller, N.; J. Chem. Phys., 43, 2555（1965）
45) Hindman, J. C.; J. Chem. Phys., 44, 4582（1966）
46) 鈴木啓三；"水および水溶液"，共立全書（1980）
47) 上平恒；"水の分子工学"，講談社（1998）
48) 荒川泓；"水・水溶液の構造と物性"，北海道大学図書刊行会（1989）
49) 上平恒，逢坂昭；"生体系の水"，講談社（1989）
50) 大瀧仁志；"溶液の化学"，大日本図書（1987）

おいしい水、健康によい水の評価基準と4つの供給法

中西 弘
大阪工業大学工学部

1. おいしい水、健康によい水とは

ダム湖、河川水、あるいは地下水等の汚染により、安全な飲料水の供給が脅かされている。一方、おいしい水や健康によい飲み水を求める市民の希望は次第に高くなってきている。ここにおいて、おいしい水、健康によい水とは何か、その評価と供給方法について述べてみる。

ところで、**おいしい水**とは、文字どおり飲んでおいしく感じる水である。「おいしい水」とは感覚的要素であるので、水質的条件と飲む側の生理的条件によっておいしい水の尺度は決まるのである。厚生省では、水道によるおいしい水の供給をめざして、おいしい水研究会を設置しておいしい水の要件を決めた。(昭和60年4月)

また、直接に飲んでおいしい水ばかりではなく、水割りとしておいしい水、おいしい酒ができる水とか、料理においしい水、お茶やコーヒーにおいしい水といった食品原料水としてのおいしい水もある。

健康によい水とは、生命の維持に必要な水の本来の機能の他に、飲んで健康に害のある成分を含んでいない水であることだけではない。即ち、安全な水であるということに加えて、飲んで健康に良くなるとか、長生きするとかいった健康増進の要素を含めた飲み水でなければならない。なお、おいしい水と健康によい水とは必ずしも成分的に一致しない面もある。

2. おいしい水、健康によい水の基準と評価

水をおいしくする要素として、従来から水に含まれている化学成分や水温に由来するものが取り上げられてきた。しかし真下や松下らによって、水分子集団の大きさも水のおいしさに関係することが言われている。

2.1 化学成分からみたおいしい水の基準

水をおいしくする成分とは、適度の蒸発残留物、硬度、遊離炭酸を含むことである。さらに水温も重要な要素であり、冷たい水がおいしく感じられる。

一方、水の味を悪くする成分を含まないことも、おいしい水の重要な要件であり、過マンガン酸カリウム消費量(有機物)、臭気度、残留塩素などは水の味を悪くする例である。

なかでも臭気は特に重要であり、50%の人は感知限界濃度(OTC)が10～30ng(10^{-9}g)/l程度の微量であることと臭気による苦情が最も多いことから、臭気の問題がおいしい水に対する最大の障害となっている。

表1は、我々も関与した厚生省のおいしい水研究会がまとめたおいしい水の要件である。この数値は既によく知られたものであるが、やはり最も重用されている「おいしい水」の基準である。

表1　おいしい水の基準
（1985年　厚生省おいしい水研究会）

蒸発残留物	30～200mg/l
硬度	10～100mg/l
遊離炭酸	3～30mg/l
過マンガン酸カリ消費量	3mg/l以下
臭気	3度以下
残留塩素	0.4mg/l以下
水温	20℃以下

また**表2**は、厚生省によって示された水道水の快適水質項目とその目標値である。

水温はおいしい水の重要な要件であり、水温が体温に近い程、水はまずく感じ、体温よりも20～30℃高いか低いとき、水はおいしく感じるのである。特に夏場にあって水温が10℃以下の冷たい水がおいしく感じる。水温が低いときには、臭気の発生も少なくなるので、特においしく感じる。

水に溶けた各成分と味について大八木は次のように述べている。

Ca　：少量で水の味を良くする。やわらかい味。
Mg　：渋味や苦味の原因、水をまずくする。
Na、K：適量で水の味をひきしめる。多すぎると塩味、微量ではいがらっぽい。
CO_2　：清涼感を与える。
SO_4　：Caの量を減らして味を良くする。

これ等に示した水の味は単独の無機塩を含んでいる場合であるが、複数の無機塩類を含んでいる場合にはまた異なった微妙な味となる。同一イオンでも共存イオンの存在によって味覚限界が異なることを理解しておかなければならない。

一般に総溶解性物質（TDS）と水の味について密接な関係があるが、特にカルシウムイオンと味との相関が高い。日本の水はカルシウム成分が低く、本来おいしい水である。

表2　飲料水の快適水質項目目標値
（厚生省　1989年）

	項目名	目標値
1	マンガン	0.01mg/l以下
2	アルミニウム	0.2mg/l以下
3	残留塩素	1mg/l程度
4	2-メチルイソボルネオール	粉末活性炭処理: 0.00002mg/l以下 粒状活性炭等恒久施設: 0.00001mg/l以下
5	ジェオスミン	粉末活性炭処理: 0.00002mg/l以下 粒状活性炭等恒久施設: 0.00001mg/l以下
6	臭気強度（TON）	3以下
7	遊離炭酸	20mg/l以下
8	有機物等（過マンガン酸カリウム消費量）	3mg/l以下
9	カルシウム、マグネシウム等（硬度）	10mg/l以上 100mg/l以下
10	蒸発残留物	30mg/l以上 200mg/l以下
11	濁度	給水栓で1度以下 送配水施設入り口で 0.1度以下
12	ランゲリア指数（腐食性）	－1程度以上とし 極力0に近づける
13	pH値	7.5程度

南、橋本らは、主に水の味に関係すると考えられる主要なミネラル成分、Ca、Mg、K、Cl、SO_4、SiO_2の中から水の味にプラスする成分とマイナスに影響する成分を抽出し、次式のような［おいしい水指標］を提案した。

$$\text{おいしい水指標（濃度mg/l）} = \frac{Ca + K + SiO_2}{Mg + SO_4} \geqq 2.0$$

官能試験の結果から、おいしい水指標 ≧2.0 を満たす水がおいしい水としている。

一般に示されている水の味に対する無機塩の限界値や基準値は、塩素などの一部を除いて、わが国の一般的な水質の無機塩類の含有量よりも遥かに高い濃度であり、現在論じられているおいしい水の基準値はもっと低い濃度の範囲である。従ってわが国におけるおいしい水の論議は、無機塩類の量を云々するよりも、有機汚濁や富栄養化に伴う臭気問題など、人為的な水質汚濁に関係する水の味の悪化の問題がより重要な課題である。

水の臭気は最も水の味を悪くする成分の一つである。これには、フェノール類やシクロヘキシルアミンのような水道水の消毒に使われる塩素と反応して極く微量(ppb,μg/lのオーダー)でも強い臭気を出す有機化学薬品の混入、石油系油分の混入と水源の富栄養化に伴う繁殖による臭気の発生とがある。このうち、かび類や藻類等の微生物の作用による臭気の発生は、富栄養化した水源の広域におよび、特に大きな問題となっている。

藻類の臭い、いわゆる藻臭は、生臭いものでフルフラール、ヘキサナール、ヘプタナール、吉草酸等が主成分であり、比較的に浄水処理で除去されやすい。かび臭は通常の浄水処理では除去されにくく問題である。これには藍藻類のホルミジュム、アナベナや放線菌によってつくられるジオスミン、ジメチルイソボルネオールやカンファー等のテルペン類がその原因物質である。これらの除去には活性炭やオゾン等の処理が必要である。

お茶、紅茶やコーヒーをおいしく飲む水も、まずは「おいしい水」の基準に合格していることが必要である。硬度の低い軟水(硬度50mg/l以下)で、臭気、鉄分、特に消毒の塩素の含まないことが要求されている。お茶をおいしく飲むには、水道水の塩素を除くためにまず煮沸する。お湯の温度を上級煎茶では70℃、中級煎茶では80～90℃、番茶、ほうじ茶や玄米茶ではできるだけ熱い湯がよいとされている(林栄一)。コーヒーにおいても同様であるが、一沸後の湯を直ちに使うとか、沸騰後しばらくして湯が静まった状態(95～96℃)でコーヒーを入れるのがよいとされている(柄沢)。

一方、酒造りには酵母の発酵に適した無機栄養塩類を多く含む硬度の高い水がよく、おいしい水とは整合しない。古来から灘の酒の原料水となっている六甲山系の宮水ではカルシウム、カリやリン成分を多く含み、適度のクロールイオンも含み、鉄分が少ない。特にリンが他の地方の酒造水に比べて10倍以上も多く含んでいる。

2.2 水の分子集団から見たおいしい水

真下や松下らは、水のおいしさを水の分子集団の大きさから、次のように説明している。

水分子は通常5個から6個以上の分子が塊になっているが、水にマイクロ波を当てることにより、水分子の電気的な偏りによりこの塊が回転する。この回転の程度の測定から水分子の結合の程度を知ることが出来るとしている。急激に変化するマイクロ波を水に照射した場合の反射波のばらつきから、おいしいと言われている水は、このばらつきが少なく、水の塊の大きさが整っている(真下)。

水の分子は水素結合により三次元の会合体をつくり、約10^{-12}秒という短い寿命で会合と破壊を繰り返しているが、その動的な構造を酸素原子核の磁気共鳴分光法(O－NMR)により測定し、得られたO－NMR信号の線幅(ヘルツHz)から水分子集団の動きの速さが測定できる。その結果、動きが速いほど、水分子の集団が小さいと考えられる。

純度の高い水程、水の分子集団は大きく、カルシウムなどの金属イオンを多く含む水ではこれらのイオンにより水分子同士の水素結合は切断されて水分子集団が小さくなる。

一般においしい水といわれている天然の湧き水やミネラル水では、水道水に比較して水の分子集団が小さいという結果が得られた。水分子集団が小さいと舌の味細胞に水がすっぽりと入り、おいしく感じられるのではないか(松下)。

わが国における飲料水水質基準値(平成4年12月21日水道法改正)

	項　目	単　位	飲料水水質基準
菌類	一般細菌	個/ml	100以下
	大腸菌群	--	検出されないこと
無機物質重金属	カドミウム	mg/L	0.01以下
	水銀	mg/L	0.0005以下
	セレン	mg/L	0.01以下
	鉛	mg/L	0.05以下
	ヒ素	mg/L	0.01以下
	六価クロム	mg/L	0.05以下
	シアン	mg/L	0.01以下
	硝酸性窒素および亜硝酸性窒素	mg/L	10以下
	フッ素	mg/L	0.8以下
一般有機化学物質	四塩化炭素	mg/L	0.02以下
	1,2-ジクロロエタン	mg/L	0.004以下
	1,1-ジクロロエチレン	mg/L	0.02以下
	ジクロロメタン	mg/L	0.02以下
	シス-1,2ジクロロエタン	mg/L	0.04以下
	テトラクロロエチレン	mg/L	0.01以下
	1,1,2-トリクロロエタン	mg/L	0.006以下
	トリクロロエチレン	mg/L	0.03以下
	ベンゼン	mg/L	0.01以下
消毒副生成物	クロロホルム	mg/L	0.06以下
	ジブロモクロロメタン	mg/L	0.1以下
	ブロモジクロロメタン	mg/L	0.03以下
	ブロモホルム	mg/L	0.09以下
	総トリハロメタン	mg/L	0.1以下
農薬	1,3-ジクロロプロペン	mg/L	0.002以下
	シマジン(CAT)	mg/L	0.003以下
	チウラム(チラム)	mg/L	0.006以下
	チオベンカルブ	mg/L	0.02以下
一般性状	亜鉛	mg/L	1.0以下
	鉄	mg/L	0.3以下
	銅	mg/L	1.0以下
	ナトリウム	mg/L	200以下
	マンガン	mg/L	0.05以下
	塩素イオン	mg/L	200以下
	カルシウム、マグネシウム等(硬度)	mg/L	300以下
	蒸発残留物	mg/L	500以下
泡	陰イオン界面活性剤	mg/L	0.2以下
臭い	1,1,1-トリクロロエタン	mg/L	0.3以下
	フェノール類	mg/L	0.005以下
基礎的性状	有機物量(過マンガン酸カリウム消費量)	mg/L	10以下
	pH値(測定時水温)	--	5.8-8.6
	味	--	異常でないこと
	臭気	--	異常でないこと
	色度	度	5以下
	濁度	度	2以下

表3.　飲料水の水質基準
(厚生省　1989年)

水道法の改訂により旧基準26項目に新たに20項目が追加され46項目となっている。改訂に伴い、鉛、ヒ素、マンガン、陰イオン界面活性剤については基準値が強化された。

2.3　健康によい水の基準

健康によい水とは、“水”の本来のもつ生理的役割に加えて、健康にマイナスになる物質を含まないこと、逆に健康にプラスする物質が必要量含まれていることと定義されよう。

これまでの飲料水の水質基準は安全基準であり、健康にマイナスになる物質を許容量以下に抑えることに終始してきた。**表3**はこの飲料水の水質基準である。またWHOの飲料水ガイドラインを**表4**に示す。

表4　WHOの飲料水ガイドライン

項　目	化学式	CAS No.	ガイドライン
[無機物質]			
アンチモン	Sb	7440-36-0	0.005mg/L
ヒ素	As	7440-38-2	0.01mg/L
バリウム	Ba	7440-39-3	0.7mg/L
ホウ素	B	7440-42-8	0.3mg/L
カドミウム	Cd	7440-43-9	0.003mg/L
クロム	Cr	7440-47-3	0.05mg/L
銅	Cu	7440-50-8	1.5mg/L
シアン化物	--	57-12-5	0.07mg/L
フッ化物	--	---	1.5mg/L
鉛	Pb	7439-92-1	0.01mg/L
マンガン	Mn	7439-96-5	0.5mg/L
水銀	Hg	7439-97-6	0.001mg/L
モリブデン	Mo	7439-98-7	0.07mg/L
ニッケル	Ni	7440-02-0	0.02mg/L
硝酸塩（as NO_3）	--	---	50mg/L
亜硝酸塩（as NO_2）	--	---	3mg/L
セレン	Se	7782-49-2	0.01mg/L
[塩素化アルカン類]			
四塩化炭素	CCl_4	56-23-5	2 μg/L
ジクロロメタン	CH_2Cl_2	75-09-2	20 μg/L
1,2-ジクロロエタン	$C_2H_4Cl_2$	107-06-2	30 μg/L
1,1,1-トリクロロエタン	$C_2H_3Cl_3$	71-55-6	2,000 μg/L
[塩素化エテン類]			
塩化ビニル	C_2H_3Cl	75-01-4	5 μg/L
1,1-ジクロロエチレン	$C_2H_2Cl_2$	75-35-4	30 μg/L
1,2-ジクロロエチレン	$C_2H_2Cl_2$	540-59-2	50 μg/L
1,2-ジクロロエチレン（シス）	$C_2H_2Cl_2$	186-59-2	--
トリクロロエチレン（トランス）	$C_2H_2Cl_2$	156-60-5	--
トリクロロエチレン	C_2HCl_3	79-01-6	70 μg/L
テトラクロロエチレン	C_2Cl_4	127-18-4	40 μg/L
[芳香族炭化水素]			
ベンゼン	C_6H_6	71-43-2	10 μg/L
トルエン	C_7H_8	108-88-3	700 μg/L
キシレン	C_8H_{10}	1330-20-7	500 μg/L
m-キシレン	C_8H_{10}	108-38-3	--
o-キシレン	C_8H_{10}	95-47-6	--
p-キシレン	C_8H_{10}	106-42-3	--
エチルベンゼン	C_8H_{10}	100-41-4	300 μg/L
スチレン	C_8H_8	100-42-5	20 μg/L
ベンゾ(a)ピレン	$C_{20}H_{12}$	50-32-8	0.7 μg/L
[塩素化ベンゼン]			
モノクロロベンゼン	C_6H_5Cl	108-90-7	300 μg/L
1,2-ジクロロベンゼン	$C_6H_4Cl_2$	95-50-1	1,000 μg/L
1,4-ジクロロベンゼン	$C_6H_4Cl_2$	106-46-7	300 μg/L
トリクロロベンゼン（TOTAL）	$C_6H_3Cl_3$	--	20 μg/L
1,2,3-トリクロロベンゼン	$C_6H_3Cl_3$	87-61-6	--
1,2,4-トリクロロベンゼン	$C_6H_3Cl_3$	120-82-1	--
1,3,5-トリクロロベンゼン	$C_6H_3Cl_3$	108-70-3	--

一方、健康にプラスする物質が必要量含まれているということは、人が摂取する健康物質が、食物、飲料水および呼吸を通して人体に取り込まれているので、その競合関係において必要量を設定することが考えられる。

ここにおいて、食物としての蛋白質、脂肪、炭水化物、あるいは生理活性物質としてのビタミン類や医薬品等は何も飲料水から摂取する必要がないから、飲料水から摂取する問題は、各地域の飲料水の水質と癌、脳卒中、心臓病等の疾病による死亡率との関係を追究した疫学統計の知見を基にするのが現時点における手掛かりとなろう。水と健康との問題は、人の一生を通じてその影響が顕在化されるかどうかという長期的な問題であり、結局は短命とか長命とかいった寿命の長短を指標として評価できよう。

また、現在ではほとんどすべての人が飲料水として水道水を利用しているので、水道水が健康によい水であるかどうかということの影響は極めて大きい。

これまでに報告されてきた水と健康との関係については、脳卒中、高血圧、腎臓病、心臓病、胃癌等の成人病との関係において論じられている。

飲料水のpHと長寿との関係を調査した小林、石原、松村等の研究を総合すれば、pHが酸性側(6.8以下)にある地域では短命の傾向にあり、逆にアルカリ性に傾くところでは長寿の傾向にあることが知られている。

Caは人体(体重70kg)中に1,160g程度含まれ、骨の構成成分、酵素の活性化、細胞外陽イオンとして重要な働きをしている。またCaの目標摂取量は、各国により一人一日500～800mg、わが国では600mgとされている(生体内金属元素、日本栄養食糧学会)。わが国の国民栄養調査によるとCaの摂取量はせいぜい380mg程度である。従って不足するCaを飲料水から補う意味から飲料水中のCaの量の多いことが重要である。このことは、Caが主成分とみられる硬度成分と成人病の死亡率とが、多くの事例において逆相関にあるという事実と関係のあることを示唆している。

表5 脳卒中死亡率の最低値を示す飲料水の水質特性
(橋本、南による。単位はmg/l)

成分		成分比	
pH	7.1	23Ca	
Ca	11.2	−20Na	120
Na	2.2	Ca/K	9.6
Mg	6.9	Na/K	5.9
K	1.2	Mg/Ca	0.19

Mgは人体(体重70kg)中に25g程度含まれ、酵素の活性化、細胞外陽イオンとして重要な働きをしている。Mgの目標摂取量は、各国により一人一日250～350mg、わが国では300mgとされている。(生体内金属元素、日本栄養食糧学会)。Mgの不足は心筋梗塞や狭心症の原因となり、高血圧や痴呆症などにも関係しているといわれている(糸川、赤星)。またCaとMgの均衡関係が重要となっている。

Naは、体内の浸透圧の調整に大きな役割を有しているが、不足するよりもむしろ過剰な摂取量が問題になっている。ケイ酸(SiO_2)も脳卒中の死亡率との順相関がみられ、過剰摂取量が問題になる物質である。

Ca、Mg、Na等のミネラルの均衡関係では、小林、石原、野瀬、上野、橋本、南等の研究があるが、SO_4/CO_3、Ca/K、Mg/Ca、Ca/Na等の関係が注目されている。

橋本、南は脳卒中死亡率が最低値を示す兵庫県の河川水の水質成分から、健康によい水の水質を**表5**のようにまとめている。**表5**は原著をmg/lに換算したものである。このうち、Kは比較的水中に少ないために代表値として採用しにくいのでCaとNaに注目して次の式を健康によい水の目安に採用している。

$$23Ca - 20Na \geqq 120$$

すなわち、$Ca - 0.87Na \geqq 5.2$

表6　生活用水(水道水)の用途別需要量と要望水質

用　途	一人一日当たり水量L		要　望　水　質
生活用水	396		飲料水の水質基準
(昭和58年平均)		代表値	
家庭用水	85～245	(200)	飲料水の水質基準
飲料水	2.0～2.0	(1,5)	おいしい水、健康によい水
炊事	11～43	(35.5)	飲料水の水質基準
洗面・手洗い	5～20	(15)	飲料水の水質基準を原則とするが、有毒物質および鉄、マンガン、亜鉛を除く有害物質について厳密に基準を適用しない。
風呂	20～45	(40)	
洗濯	21～70	(60)	濁度、色度、鉄、マンガン、pH、硬度、蒸発残留物以外は特に厳密に基準を適用しない。
水洗便所	20～40	(30)	清澄であり、特に多量の異常な物質を含まない限り基準を設けない。
掃除、その他	7～25	(18)	

(単位mg/l)

また、上野は珪酸(SiO_2)含有量について、6.3mg/l(Siとして)程度が最も死亡率が低いとしている。

水中に存在する発熱物質も水の健康に関係する。この発熱物質は水を注射液として使用する場合に体内で発熱するので問題になるものであるが、グラム陰性の菌体内毒素(Endotoxin)によるものが最も発熱性を示す。その他に概して高分子物質に発熱性を示すものがある。発熱物質をなくするためには、微生物の繁殖を抑えることと逆浸透膜による分離が有効な手段である。

体調を整え、病気を予防するための機能性飲料の仲間に飲料水が使われている。食物繊維や鉄やカルシウムなどの健康に必要な有効成分を効率よく摂取できるようにしたものであり、体液よりも浸透圧の低いハイポトニック液を加え体への水分の吸収を速くする機能を備えているものもその一例である。しかし、自然水の本来の成分以上に種々の添加物を加えるとそれは、飲料水ではなく、飲食物や食品の範疇に入ってしまうので、その境界を明確にしておく必要がある。

その他、電解処理水の医療への応用とか癌や老化現象と水とのかかわり合いとか、水と健康にかかわる話題は多いが、これらは飲料水と直接には関係がない。

3.　考えられる供給方法

おいしい水、健康によい水を供給する方法には4つの方法が考えられる。第一は、現行の水道水として供給する方法(一元水道)である。第二は、新たに飲料専用水道を設置して供給する方法(二元水道)である。第三は現行の水道の給水栓の末端に浄水器を設置する方法(二段処理水道、変形二元水道A)である。第四は、ミネラルウォーターのように容器ボトルによって供給する方法(変形二元水道B)である。それぞれの方法の特徴と課題等について述べてみる。

3.1　現在の水道において供給する(一元給水)

現在の水道は安全な飲料水を供給する施設として建設され、今日ではすべて生活用水が飲料水の水質を保証する水道水で賄われている。**表6**は、水道水として供給されている生活用水の需要の内訳とそれぞれの要望水質である。

すなわち、水道用水の一人一日の平均給水量は390l程度であり、そのうち家庭用水は85～245 l(平均200l)

表7　飲料専用水、二元給水モデル

	飲料専用水道	準水道
用途	飲料水および炊事用水	飲料、炊事以外（洗濯、風呂、水洗便所、散水など）
水質基準	現在の飲料水の基準より高度な基準、おいしい水、健康によい水、理想飲料水の基準	現在の水道に準じた水質
浄化方法	現在の浄化方法に加えて、さらに高度浄化（酸化、吸着、イオン交換、無機有用塩類添加など）	現在の浄水方法（薬品、沈殿、急速ろ過、塩素滅菌）
管きょ配置	飲料専用水道の専用管を必要とする	準水道の専用管を必要とする

程度である。家庭用水の内訳は、炊事11〜43 l、水洗便所20〜40 lであり、その殆どが洗浄用水として使用されている。おいしい水、健康によい水が要求される飲料水は、炊事用水の中の僅か1.5 l（0.4%）程度にしかすぎない。

おいしい水、健康によい水の供給のために、生活用水のすべてをおいしい水、健康によい水の水質にまでレベルを上げる必要がある。おいしい水研究会の結論のように、わが国の水源の大部分は、本来おいしい水の水質範囲に入っているので、富栄養化対策、特に臭気対策に努力すれば、ほとんどのところでおいしい水の供給は可能であろう。

また、ミネラルバランスを考えて必要とあれば無機塩類の添加や除去を行い、健康によい水を供給することも不可能ではない。しかしながら、富栄養化対策は容易ではなく、塩素消毒にともなうトリハロメタンの形成、塩素消毒の効果のないクリプトスポリジウム（原虫の一種）の出現、微量汚染物質による汚染など水道水源の汚染は厳しい状態にある。

また、給・配水管や受水槽までの給・配水施設内での水質変化も考慮すると良質の水を給水管の末端にまで供給することはかなり困難である。従って、水道水の僅か0.4%の水量にも充たない本来の飲料水のために、種々の技術的かつ経済的な困難を克服して、水道水の全量の水質をそこまでレベルアップしなければならないこのシステムに、おいしい水、健康によい水の供給を頼ることには疑問が残る。

3.2　水道水における飲料専用水道の設置（二元水道）

表7は、飲料水専用水道の設置を考えた二元給水の一例である。この場合、飲料専用水道は、飲料水および炊事（調理）用水を対象にしている。このシステムでは二元配管となるが、このシステムを採用するところは、水源の水質が悪く、おいしい水、健康によい水の水質レベルに達するまでの浄水費用が配管費用の増加を上回る場合である。

我々の試算では二元給水による配管費（給水費、配水費）の増加は一元給水の場合の50%程度の増加であったので、原水費、導水費、浄水費を含めた総費用ではせいぜい30%の増加の程度に留まるであろう。

なお、この場合における準水道においても現行の飲料水の水質基準に近いものを想定しているが、その基準の遵守にあたっては飲料水程の厳密さを要求していない。

3.3　給水栓における浄水器の設置（変形二元水道A）

おいしい水、健康によい水の供給のために、浄水場ならびに給水栓において水質改善装置を設けるも

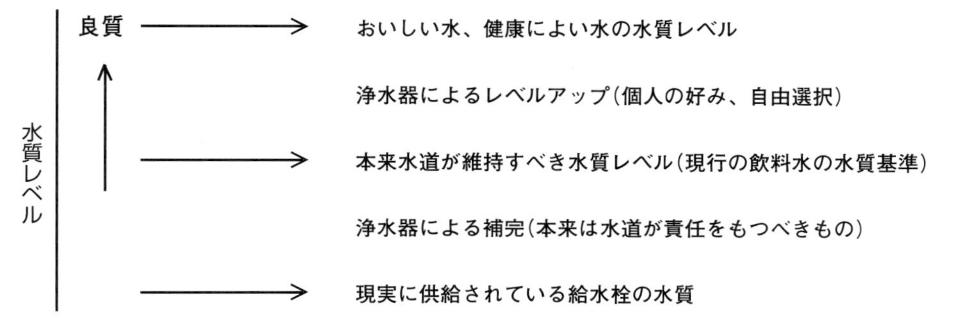

図1　水道における浄水器の役割

のである。

すなわち、システム的には一元給水における二段浄化法（変形二元給水Aと呼ぶことにする）である。これは水道水源の水質悪化に対して浄水場での浄化施設が対処しきれない場合の補完的な手段として、さらにカルシウム等の無機塩類の添加等により、飲料水としての水質レベルより悪化している水質の回復と、さらによりよい水への改善の目的、給水栓に浄水器を設置するものである。

現在、給水栓に設置されている浄水器の数は急激に伸びており、1997年では浄水器を備えた家庭は全国平均で23.8%であり、東京や大阪では36%、集合住宅では40%を越えている。このように給水栓に設置する浄水器は市民権を得てすっかり定着してきたように思われる。

これには、活性炭ろ過に加えて中空糸膜の採用により、浄水性能が向上して溶解性物質や臭気、細菌の除去が確実に期待できるようになったこと、さらにカルシウムの添加や電極作用により水の分子構造を整列化しておいしい水にする機能を備えたものなどハイテク製品が開発されてきたことが多いに寄与している。一般的な浄水器の効果は次のようである。

1）活性炭の効果

(1) 浄水場で加えられた残留塩素の除去
(2) 浄水場で除去できなかった原水中の有機物や臭気成分の除去（プランクトン由来）
(3) 給・配水管や受水槽中で付加された鉄分等の赤水成分の除去

2）中空糸膜の効果

1μmm—1mmの孔径をもつ限外ろ過膜であり、ウィルス、細菌類やコロイド性物質を除去、無菌の飲料水が保証できる。

3）その他の効果

ミネラル成分の添加や弱アルカリ性水の添加、あるいは水分子集団の動的構造の縮小化、整列化。

すなわち浄水器の設置は次の二つの役割を有している。第一は、本来は水道事業体で責任をもたねばならない給水栓の末端までの水質管理の一部を、需要者に肩代わりしてもらうものであると言えよう。しかしこの場合、浄水器の維持管理の不備は、逆に細菌等の汚染を助長する結果となるので、十分に注意する必要がある。

第二は、飲料水の供給という本来の水道水の水質以上に、よりよいおいしい水とか健康によい水に、

表8　飲み水の水質条件

水質ランク	要求レベル	要　求　水　質	供給方法と（条件）
おいしい水 （用途別事項）	求めるべき 高度レベル	直接飲む水 加工飲料の水（コーヒーの水、お茶の水、清涼飲料水の水、水割り等の水等） 料理の水 健康によい水（長命の水）等 （それぞれの用途によって要求される水質は微妙に異なる） 醸造用の水	瓶詰 その他 （高度な目標）
おいしい水 （共通事項）	求めるべき 基本レベル	水温の低い水、適量の硬度成分を含んだ水 有機物汚染のない水 富栄養化していない水	水道事業 （目標事業）
まずい水 （臭い水）	なくすべき レベル	有機物に汚染された水 富栄養化された水 無機物濃度の高い水	水道事業 （改善事項）
安全な水	必須条件 レベル	健康に安全なこと（有害物質、細菌類を含まない） 清澄であること（濁り、色度のないこと）	水道事業 （必須事項）

水質をレベルアップするためのものであり、そのための対応を浄水器に依存するものである。これらの関係を模式的に示すと**図1**のようになる。**表8**は飲み水の水質条件である。

3.4　ボトルウォーターによる供給（変形二元給水B）

配管方式によって、おいしい水、健康によい水の供給が出来ない場合には、瓶詰水やパック詰水による運搬方式の供給が考えられる。この場合、水量的に見て供給は直接の飲料水や水割りの水に限定されよう。価格から見れば水道水の約1000倍の瓶詰の水が売れる理由として次のような原因が考えられる。

(1) 水道の水がまずくなった地域が増えたこと。
(2) トリハロメタンなどの微量の汚染物質の混入が問題となり、水道水の安全性に疑問が投げかけられたこと。
(3) おいしい、健康によい水というPRのもとに自然水を飲もうというムードが生まれてきたこと。
(4) ヨーロッパ流にあやかって、一つの食風俗の高級化志向として、付加価値の高い高値の水を飲む風潮が生じたこと。

国内のミネラルウォーターの消費量は急増し、1997年に800,000m^{3}に達している。これは年間100 l 以上のミネラルウォーターを飲むフランスやイタリアには遥かにおよばないが、これは年間一人当たり6.6 l飲んでいることになる。ミネラルウォーターは普通、原水（わき水）や地下水をそのまま密封詰めしたものであるが、ヨーロッパ産のものは硬水の天然水であり、国内産は大体が軟水をろ過や加熱殺菌したものとなっている。昭和61年5月の厚生省の基準改正でミネラルウォーターの市場参入が容易となった。

図1に示した浄水器の役割と同様に、瓶詰水の役割として挙げられた上記の4つの理由のうち、(1)(2)は水道水の水質レベルの低下を瓶詰水によって補完するものであり、(3)(4)は機能性飲料として、飲料水の高級化志向、食ファッション化の趣向の問題である。

4.　むすび

おいしい水、健康によい水の基準について、おいしい水の目安に関しては大方の合意が得られたと考えられる。健康によい水については、ミネラルのバランスが重要な目安となるが、その基準についてはさらに検討しなければならない課題である。

飲料水の供給に関しては、先ずその安全性の確保が第一要件である。この点に関しては最近の水源事情において不安があり、水道事業としての重要な課題である。

第二はおいしい水の供給であるが、この点に関して水源の富栄養化にともなう臭い水の解消が最も重要である。

第三は健康によい水であるが、ミネラルバランスの調節が今後の課題となる。

おいしい、健康によい水質レベルの水を水道水によって供給することは可能であろう。この場合、良質の水源では現行の一元給水の方式を、水源の悪いところでは二元給水方式が考えられる。しかし、この二元給水方式については現在のところ実現の見込みは立っていない。

給水栓への浄水器の設置は現在市民権を得てきており、水道水の水質の低下を補完することと、おいしい水、健康によい水へのレベルアップを図る装置として位置づけられている。このためにより優れた装置の開発と適性な維持管理の容易さが課題である。

ボトルウォーターも水道水の水質の低下の補完と食生活の高級志向、ファッション化によって市民権を得ている。おいしい水、健康によい水としての瓶詰水の価値についてなお検討を重ねていかねばならない。

主な参考文献

1)　中西弘、浮田正夫：理想飲料水の水質について、(水の高度利用に関する研究) 土木学会衛生工学委員会、1972年3月
2)　中西弘：水の高度利用と高度浄化、表面、12巻6号、1974年
3)　永沢信：飲料水と食品用水、恒星社厚生閣、1967年
4)　橋本奨、南純一：ミネラルバランスからみた飲料水の水質評価に関する研究、大阪大学工学部環境工学研究室、1986年12月
5)　おいしい水研究会：おいしい水について、水道協会雑誌、第608号、1985年5月
6)　糸川嘉則ら：生体内金属元素、日本栄養食糧学会、光生書房、1994年6月
7)　生活環境審議会水道部会：水道水質に関する基準のあり方について、1992年

ファジィ理論とバイオセンサーによる水の評価

佐々木 健
広島電機大学大学院工学研究科

1. はじめに

環境庁選定の名水百選をはじめ、各地で名水ブームが十数年以上続いており、現在でも地域の名水といわれる湧水や井戸水には休日となると水汲みの人々が群がっている。また、多くのペットボトル入りの名水や外国産のミネラル水が、スーパーやコンビニ店に並び、売り上げも多いという。しかし、これらの名水やミネラル水について、水質は様々なものが出廻っているのだが、人々は意外と水質には無頓着で、広告やイメージだけで水を買うケースが多いようである。

一方で、電解水、磁気水、波動水など、いわゆる機能水といわれる水も多く出廻っているが、おいしさとの関係は必ずしも明確とはいえないようである[1,2,3]。

水のおいしさについては、橋本ら[4,5]は水に含まれるミネラルバランスでおいしさを表現しうることを報告している。また、松下[6]は、水の^{17}O－NMRスペクトルから識別される水のクラスターの大小が、おいしさと密接に関係していることを報告しているが、このNMRスペクトルでは水のクラスターの大小は論じられないという反論もあり[7]、未だ明確にはなっていない。

厚生省は名水の水質として、昭和59年に「厚生省おいしい水の要件」(以下「要件」)を発表し、その後、「厚生省おいしい水の水質条件」(以下「条件」)を制定し、この「条件」は平成4年に改正された新水道法の快適項目にも盛り込まれて、現在の我が国の水のおいしさを評価する指標として広く知られている[1,2]。

筆者らも、十数年前より、広島をはじめ全国の名水といわれる湧水、井戸水および沢水の水質分析とききき水(官能検査)を実施してきたが、その過程で、水のおいしさは基本的にはいわゆる「要件」に合致する軟水の水ということで表現しうると認識するに至った[8,10]。

ここでは「要件」で評価するおいしい水の評価方法と、バイオセンサーを用いたおいしい水と日本酒醸造用水の識別について述べる。

2. 名水(おいしい水)の基準

いわゆる名水とは歴史的に由緒や伝説のあるものをいうことが多いが、ここでは水のおいしさを科学的に評価することを主眼として記述する。

名水は人により評価が異なり一定の基準は作りにくいといわれるが、一応の基準が作成されており、現在一般的に用いられている名水(＝おいしい水)の基準を**表1**にまとめて示す。

① に示す「要件」はこの中で最も厳しい基準と思える。②の「条件」は①の「要件」を緩和したものである。例えば硬度は幅をもたせ、有機物(汚れ)は1.5→3.0mg/lと緩くしてある。①の基準に合致する湧水

表1　現在よく使われる名水(おいしい水)の基準

		①厚生省 おいしい水の要件	②厚生省 おいしい水の水質条件	③大阪大学，橋本奨ら* おいしい水のインデックス（OI）	④大阪大学，橋本奨ら* 健康によい水のインデックス（KI）
pH		6.0〜7.5	6.0〜7.5		
臭味		な　し	臭気度3以下		
水温	（℃）	−	20以下		
硬度	（mg／l）	50以下	10〜100	$\frac{Ca+K+SiO_2}{Mg+SO_4}$	Ca−0.87Na
遊離炭酸	（mg／l）	−	3〜30		
有機物		地下水			
（$KMnO_4$消費量）	（mg／l）	1.5以下	3.0以下	≧2.0 $\frac{mg}{mg}$	≧5.2mg
蒸発残査	（mg／l）	50〜200	30〜200		
残留塩素	（mg／l）	−	0.4以下		
鉄	（mg／l）	0.02以下	0.02以下		
塩素イオン	（mg／l）	50以下	−		

*橋本奨ら，水処理技術，19（1），13−28（1988）

は、東京や大阪の大都市圏では最近は得にくくなっていることから、②の基準が現在、広く名水(おいしい水)の基準として用いられている。しかし、広島、四国、九州などでは①の「要件」に合致する湧水は今でも広く分布している。四国、九州に分布する名水百選はその約9割が①の基準に合致する軟水である。また、①の基準に合致すれば多くの人が「おいしいという」という結果も得ている。

③のおいしい水インデックス(O−index)は主にミネラル水を対象にしている[5,6]。つまり、水をおいしくする成分であるCa(カルシウム)、K(カリウム)、SiO_2(ケイ酸)と、水をまずくする成分のMg(マグネシウム)、SO_4(硫酸)の各イオンの比が2以上の時、おいしいと評価するものである。

一方、健康に良い水のインデックス(K−index)は、Caが多くNa(ナトリウム)の少ない水を長年飲用する人には、脳卒中、高血圧、ガン、糖尿病等の成人病が少ないというデータから定められた基準である[4]。O−indexもK−indexも数値が高い水はおいしくて健康に良い水ということになる。

筆者らは全国の水(ペットボトル入り水も含む)の分析とききき水を実施してきたが、その分析項目とききき水の結果の一例を**表2**に示す[11]。

これら82点の水質分析とききき水のデータから、以下、重回帰分析とファジィ推論を適用しておいしさの評価方法の確立を試みた。

3.　重回帰分析によるおいしい水の評価法[11]

表2に示したような分析とききき水のデータを広島地区(n＝47点)と、岡山、京都、富山、東北地区のグループのいわゆる他地区(n＝35点)の2グループに分類した。広島地区には名水といわれる水が多く、かつ地区の人々はおいしいと昔から用いているので、水のおいしさと水質成分の関係を良く表現しうるデータ群と仮にみなした訳である。広島地区と他地区の水質化学成分と、ききき水との単相関係数をまとめたのが**表3**である。

広島地区も他地区も同じような傾向だが、特に広島地区＋他地区でみると、総硬度、有機物、蒸発残留物、鉄、重炭酸イオン、電気伝導度及びCaなどがききき水と高度な相関を示していた。このうち、蒸発

表2　広島地区の水の水質化学分析値ときき水(官能検査)結果の一例

	日本の天然水	黒瀬川	二級ダム	広大川	広水道	絵下山	佐々木井戸	大塚	霊泉寺	相田	高瀬ぜき	毘沙門	天水	出会清水	冠山の水
						Sa	Ido	Yu	Ido	Yu		Yu	Yu	Yu	Ido
①pH	7.31	7.15	7.28	7.30	7.60	6.50	6.20	6.61	6.70	6.80	7.30	7.10	6.71	6.73	7.40
②有機物	0.32	13.9	11.1	6.00	3.48	5.69	0.32	1.74	0.40	1.11	1.74	1.26	0.79	2.79	0
③総硬度	14	56	55	60	70	4	54	25	34	80	23	14	46	74	14
④HCO_3^-	14	35	37	39	39	4	10	26	25	52	24	8	31	44	15
⑤Cl^-	9.3	40.4	22.7	38.9	27.0	7.3	20.7	10.5	11.6	22.0	11.3	12.7	15.5	23.4	9.9
⑥NH_4-N	0	0	0.01	0	0	0	0.01	0	0	0.01	0.01	0	0	0	0
⑦NO_3-N	0.46	1.35	1.34	1.34	1.60	0.30	5.80	0.23	1.30	3.83	0.40	0.30	2.65	6.15	0.22
⑧NO_2-N	0	0.01	0.01	0.01	0	0	0	0.01	0.01	0.04	0.10	0	0.02	0	0
⑨PO_4^{2-}	0	0.32	0.37	0.39	0.09	0.07	0.07	0.21	0.09	0.14	0.10	0.09	0.19	1.25	0.06
⑩Total iron	0.01	0.23	0.13	0.16	0.02	0	0	0.03	0.04	0.02	0.04	0.01	0.02	0.04	0.01
⑪SO_4^{3-}	0.3	1.0	16.3	39.4	9.4	4.4	23.1	0	5.0	10.4	10.0	4.4	16.3	14.0	0.3
⑫SiO_2^{2-}	10.9	2.8	3.2	3.0	3.2	4.8	6.7	27.2	24.4	24.8	11.1	18.0	31.7	21.8	14.0
⑬F^{2-}	0.19	0.20	0.21	0.25	0.17	0.17	0.12	0.06	0.06	0.11	0.10	0.12	0.30	0.08	0.04
⑭Mn^{2+}	0	0	0	0	0	0	0	0	0	0	0.07	0	0	0	0
⑮蒸発残留物	48	98	102	80	92	42	172	78	76	180	60	76	138	168	42
⑯電気伝導度	58	232	211	115	218	33	204	100	119	268	80	74	180	255	45
⑰Cl_2	0	0	0	0	0.40	0	0	0	0	0	0	0	0	0	0
⑱Ca^{2+}	3.84	17.8	18.0	19.2	24.0	0.64	16.2	8.32	10.6	26.7	6.24	4.16	16.2	25.8	3.36
⑲Mg^{2+}	1.07	2.67	2.43	2.92	2.33	0.58	3.26	0.92	1.85	3.40	1.70	0.87	1.41	2.38	1.46
⑳K^+	0.52	3.21	2.78	3.75	2.59	0.42	2.68	1.00	1.23	1.56	1.11	0.51	1.11	4.06	0.44
㉑Na^+	6.40	1.52	1.04	1.30	1.17	4.89	16.95	8.68	8.82	15.88	0.79	7.02	13.97	1.64	3.88
㉒大腸菌群	0	<200	<200	<200	0	0	0	13	0	8	36	4	15	80	0
㉓K−index	−1.73	16.52	17.10	18.07	22.98	−3.61	3.38	0.77	2.89	12.74	5.55	−1.95	4.01	24.33	−0.02
㉔O−index	10.91	6.50	1.28	0.61	2.54	1.68	0.97	10.20	1.73	2.05	10.87	4.31	0.99	3.15	9.97
㉕相乗平均判定法	100	0	0	72	66	85	98	92	96	91	96	100	100	94	100
㉖官能検査															
パネラー A	5	1	1	2	1	3	5	4	5	2	3	5	4	2	5
パネラー B	5	1	1	1	1	3	4	3	4	2	3	4	4	3	5
パネラー C	5	1	1	1	1	2	3	3	4	2	3	4	4	3	5
パネラー D	5	1	1	2	1	2	4	3	4	1	3	4	4	3	5
パネラー E	5	1	1	1	1	2	4	4	5	1	3	5	3	1	5
㉗平均値	5	1	1	1	1	3	4	3	4	2	3	4	4	2	5
㉘Point (0～100)	100	0	0	10	0	35	75	60	85	15	50	85	70	35	100

②～⑯, ⑰～㉑:(mg・l^{-1}), ⑯:(μS・cm^{-1}), ㉒:(ml^{-1}), ㉓, ㉔:橋本ら[3], ㉕佐々木ら[7]
Sa:沢水, Ido:井戸水, Yu:湧水, Mi:ミネラル水, Po:池水または湖水

表3　広島地区および他地区の水の水質化学成分ときき水結果との単相関係数

	広島地区 (n=47)	他地区 (n=35)	広島地区＋他地区 (n=82)
pH	−0.2705	−0.4294**	−0.1630
総硬度（mg・l^{-1}）	−0.4616**	−0.4775**	−0.3469**
有機物（mg・l^{-1}）	−0.6249**	−0.5148**	−0.5711**
蒸発残留物（mg・l^{-1}）	−0.0690	−0.5623**	−0.2860**
Cl^-（mg・l^{-1}）	−0.3683*	−0.1810	−0.2530*
Iron（mg・l^{-1}）	−0.4667**	−0.4070**	−0.4527**
NH_4^+−N（mg・l^{-1}）	−0.0360	−0.0332	−0.0980
NO_3^-−N（mg・l^{-1}）	−0.0150	0.1952	−0.1040
NO_2^-−N（mg・l^{-1}）	−0.1470	−0.0987	−0.1690
PO_2^{3-}（mg・l^{-1}）	−0.3130*	−0.0953	−0.1750
HCO_3^-（mg・l^{-1}）	−0.5682**	−0.6338**	−0.4348**
電気伝導度（μS・cm^{-1}）	−0.3830*	−0.6032**	−0.4040**
SO_4^{2-}（mg・l^{-1}）	−0.2250	−0.3247*	−0.1900
SiO_3^{2-}（mg・l^{-1}）	−0.1900	−0.0406	−0.1850
F^{2-}（mg・l^{-1}）	−0.1540	−02097	−0.1210
Mn^{2+}（mg・l^{-1}）	−0.2470*	−0.1370	−0.2150*
Ca^{2+}（mg・l^{-1}）	−0.4930**	−0.5632**	−0.3550**
Mg^{2+}（mg・l^{-1}）	−0.1490	−0.3357**	−0.1730
K^+（mg・l^{-1}）	−0.2280	−0.2569*	−0.2160
Na^+（mg・l^{-1}）	−0.1110	−0.3548**	−0.2010
O−index[1)]	0.1590	0.1856	0.1750
K−index[1)]	0.524**	−0.2766*	0.5260**
相乗平均判定法[2)]	0.5236**	0.5808**	0.5300**

1）橋本ら[3)]：$(Ca^{2+}+SiO_2+K^+)\cdot(Mg^{2+}+SO_4^{2-})^{-1}$（mg・$mg^{-1}$）
2）佐々木ら[7)]
*：有意，**：高度に有意

残留物とCaは総硬度で表現でき、電気伝導度も総硬度と有機物に対応している。よく見ると、**表1**の①の「要件」に出てくる総硬度、有機物、鉄と②に出てくる重炭酸イオンの4成分で水のおいしさが表現しうる可能性が考えられる。

ここで注意したいのは、負の相関が多いという点である。一般ではミネラルが多い（硬度が高い）とおいしいと思われがちだが、実は逆の結果ということである。冷やしておらず室温（20－25℃）できき水を行っているためこの様な結果となったと思われる。

そこで、これらの4成分を種々組み合わせて重回帰分析を行った[11)]。

これらの結果を**表4**に示すが、広島地区および他地区ともに、有機物、総硬度、重炭酸イオン及び鉄の項目の組合わせで、きき水結果（y）との相関係数0.8218（広島地区）、0.8401（他地区）と、高い相関を示し、F値も十分有意な値を示した。このことは、「要件」の項目を基にして、重炭酸イオンを加えた上記4成分で、水のおいしさがある程度表現しうる可能性を示している。そこで、この重回帰分析の結果にさ

表4　広島地区と他地区の重回帰分析結果

(1) 広島地区データ（$n=47$）

説明変数	重回帰分析結果	
有硬	重回帰式	$y=-6.0314x_1-0.5788x_2+89.5760$
	相関係数	0.7889
	決定係数	0.6224
	F値	74.1609
		$F(2, 44; 0.005)=6.0664$
有硬鉄	重回帰式	$y=-6.2106x_1-0.5852x_2+15.4667x_4+89.8329$
	相関係数	0.7892
	決定係数	0.6229
	F値	74.3147
		$F(3, 43; 0.005)=4.9759$
有硬炭	重回帰式	$y=-5.661721x_1-0.318x_2-0.8425x_3+94.5882$
	相関係数	0.8214
	決定係数	0.6746
	F値	93.3176
		$F(3, 43; 0.005)=4.9759$
有硬炭鉄	重回帰式	$y=-5.8659x_1-0.1384x_2-0.8438x_3+17.6725x_4+94.8894$
	相関係数	0.8218
	決定係数	0.6753
	F値	93.5890
		$F(4, 42; 0.005)=4.3738$

(2) 他地区データ（$n=35$）

説明変数	重回帰分析結果	
有硬	重回帰式	$y=-10.2640x_1-0.1204x_2+77.2544$
	相関係数	0.7046
	決定係数	0.4965
	F値	32.5023
		$F(2, 44; 0.005)=6.0664$
有硬鉄	重回帰式	$y=-8.5058x_1-0.1207x_2-105.8529x_4+77.5011$
	相関係数	0.7126
	決定係数	0.5078
	F値	33.9962
		$F(3, 43; 0.005)=4.9759$
有硬炭	重回帰式	$y=-10.1970x_1+0.0653x_2-0.3635x_3+85.0229$
	相関係数	0.8274
	決定係数	0.6846
	F値	71.6153
		$F(3, 43; 0.005)=4.9759$
有硬炭鉄	重回帰式	$y=-7.7858x_1+0.0703x_2-0.3743x_3-145.0506x_4+85.5912$
	相関係数	0.8401
	決定係数	0.7057
	F値	79.1615
		$F(4, 42; 0.005)=4.3738$

有硬：有機物と総硬度の組み合わせ
有硬鉄：有機物と総硬度と鉄の組み合わせ
有硬炭：有機物と総硬度と重炭酸イオンの組み合わせ
有硬炭鉄：有機物と総硬度と重炭酸イオンと鉄の組み合わせ
x_1：有機物，x_2：総硬度，x_3：重炭酸イオン，x_4：鉄

らに検討を加えるため、ファジィ推論を適用して、おいしさの評価のさらなる検討を行った。

4.　ファジィ推論によるおいしい水の評価[12, 13]

重回帰分析の結果、有機物、総硬度、重炭酸イオン、鉄の4成分が水のおいしさを表現する重要な因子と考えられるので、これらの成分をメンバシップ関数として表現し、さらにきき水結果（百点満点として）とともに、簡略化ファジィ推論を用いて水のおいしさの解析を行った。

この簡略化ファジィ推論の具体的手法は長くなるので原著を参照いただきたいが[12, 13]、用いたファジィルールは

If　$X_1=Ai_1$　and　$X_2=Ai_2$　and　$X_3=Ai_3$
And　$X_4=Ai_4$　Then　$y=Ti$

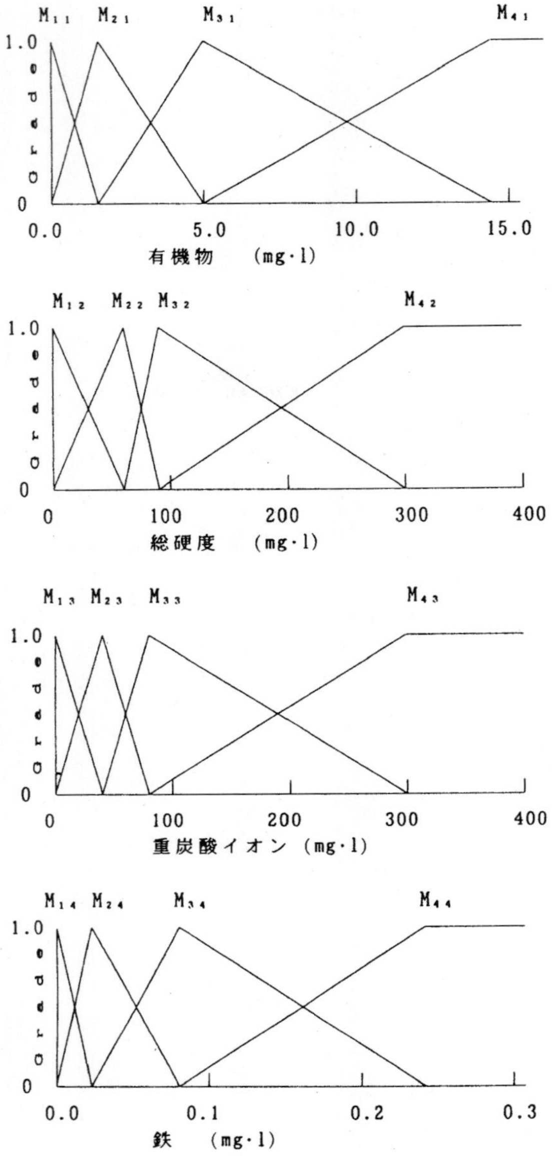

Ti=100,100,93,53,100,95,7,
4,45,66,57,53,24,13,5,
0,0,95,80,49,20,95,80,
40,11,32,24,19,0,0,0,0,
0,27,19,15,0,19,10,6,0,
0,0,0,0,0,0,0,0,0,0,0,
0,0,0,0,0,0,0,0,0,0,0,
0,0,100,100,93,54,100,
95,74,45,66,58,54,24,
13,1,1,0,95,80,49,20,
95,80,40,11,32,24,20,
0,0,0,0,0,28,19,15,0,
19,11,7,0,0,0,0,0,0,0,
0,0,0,0,0,0,0,0,0,0,0,
0,0,0,0,0,0,0,100,100,
94,55,100,79,75,46,67,
59,55,26,14,6,2,0,63,
54,50,21,54,45,41,12,
33,25,21,0,0,0,0,0,29,
0,0,0,0,0,0,0,0,0,0,0,
0,0,0,0,0,0,0,0,0,0,0,
100,100,100,58,100,92,
78,49,70,62,57,28,17,
9,5,0,65,57,53,24,57,
48,44,15,36,28,24,0,0,
0,0,0,32,23,19,0,0,15,
10,0,2,0,0,0,0,0,0,0,
0,0,0,0,0,0,0,0,0,0,0,
0,0,0,0,0

図1
ファジィ推論によるおいしい水の判定に用いる前件部メンバシップ関数と後件部の判定点、Ti(チューニング後の最も良くきき水との相関が得られるもの)

として、X_1は有機物、X_2は総硬度、X_3は重炭酸イオン、X_4は鉄の分析値を表わし、Tiは水のおいしさを示す点数(百点満点)である。iはルールの番号とする。

「If～」部を前件部、「Then～」部を後件部として、前件部は三角形メンバシップ関数で表現した。後件部の点数(Ti)は、きき水の経験から大まかに百点満点の点数を割り当てた数値である。種々チューニングを行った最終的なメンバシップ関数と後件部のTiの数字を**図1**に示す。

このファジィ推論を適用して評価した結果と、前述の重回帰分析による評価とを、それぞれきき水の結果との散布図にまとめて、**図2**(広島地区のデータ〔トレーニングデータ〕)と**図3**(他地区のデータ〔テストデータ〕)として示す。有は有機物、硬は総硬度、炭は重炭酸イオン、鉄は鉄の各項目を示し、種々の

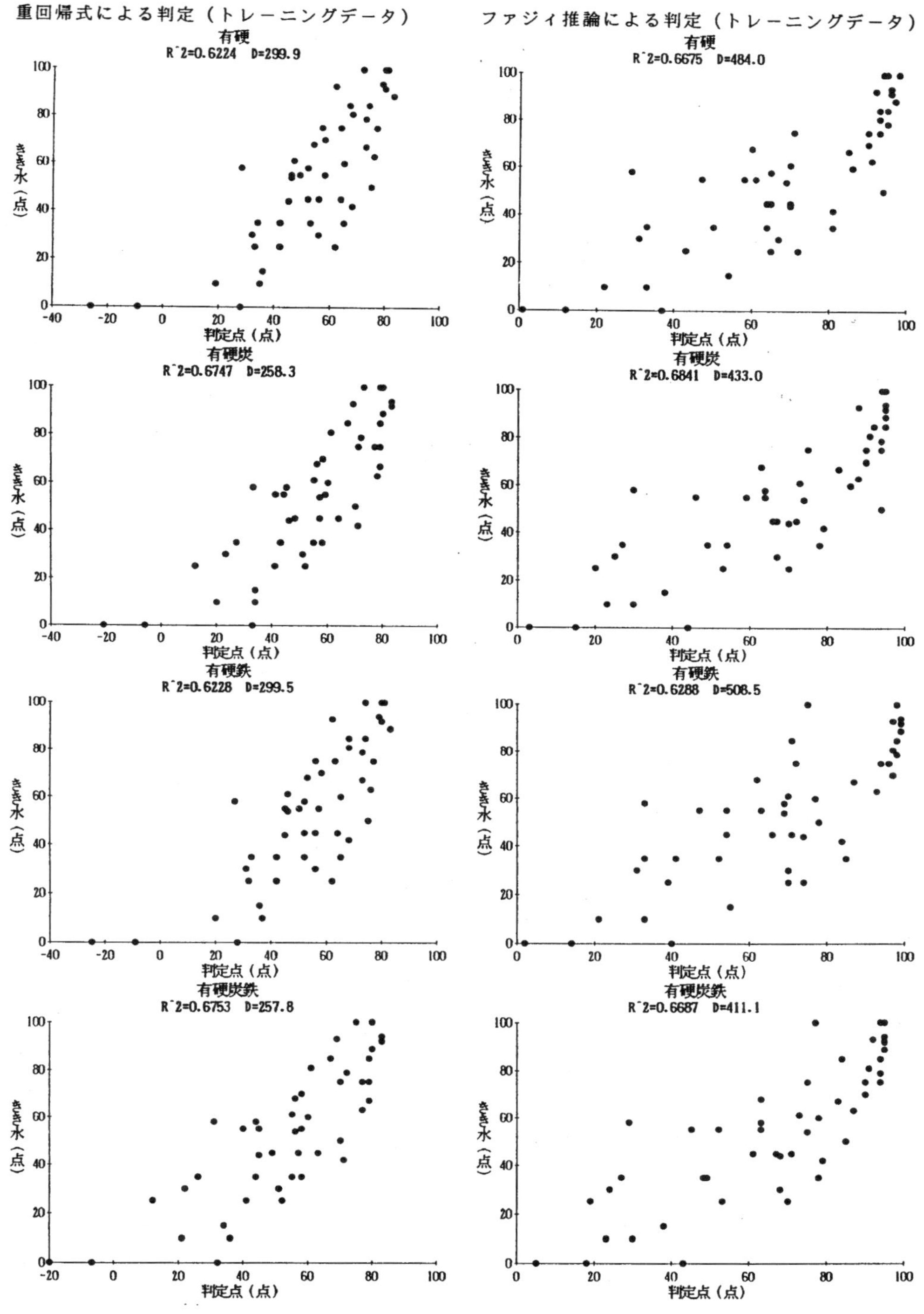

図2　広島地区の水のデータをトレーニングデータとして、重回帰分析とファジィ推論によるきき水との相関関係を検討。
R^2：決定係数、D：推論誤差、有：有機物、硬：総硬度、炭：重炭酸イオン、鉄：鉄

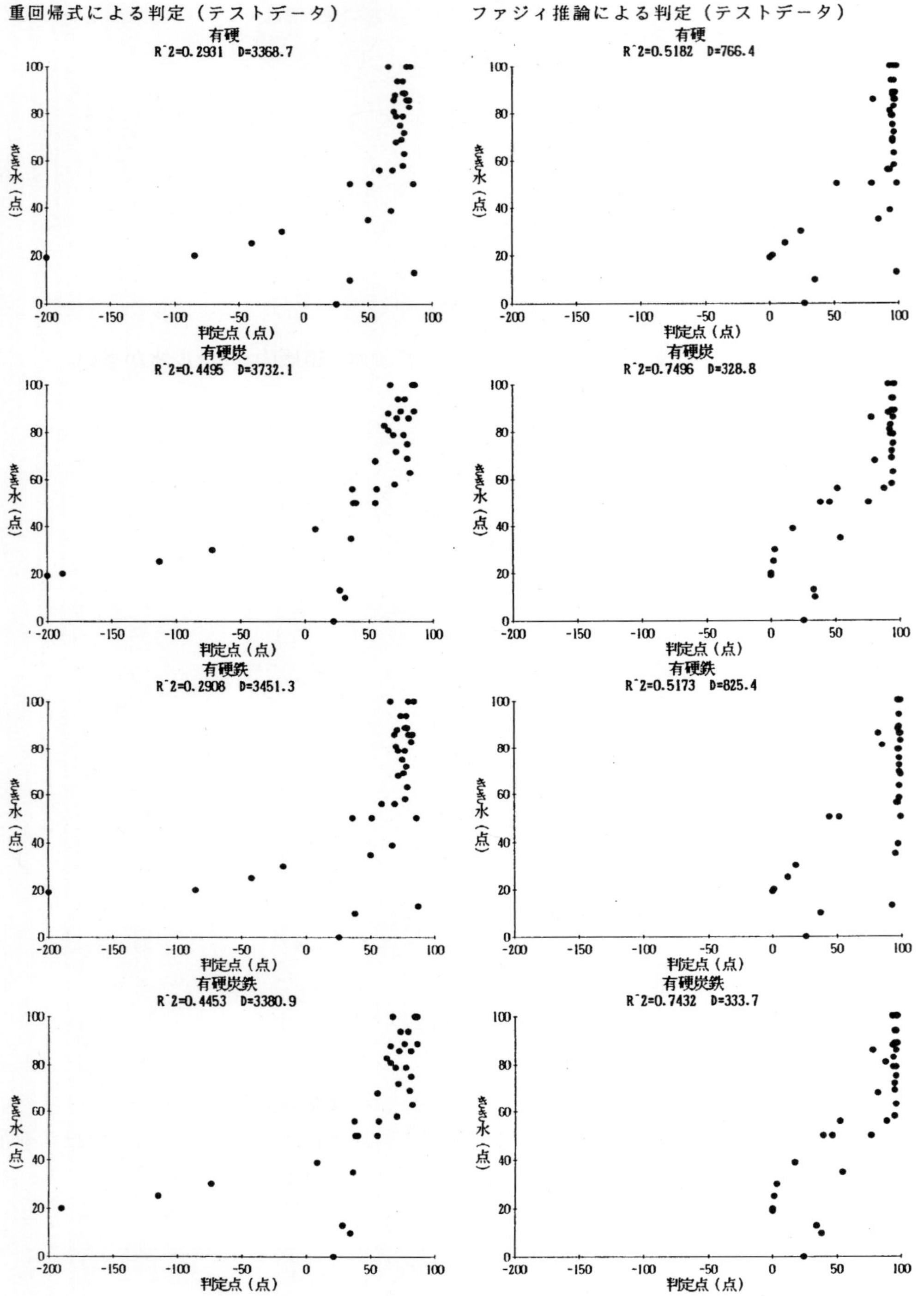

図3　広島地区のデータで整理したルールをそのまま使って、他地区の水のデータ（テストデータ）を用いた時のきき水との相関関係。
記号等は図2と同じ。

表5　水の硬度の表示および分類

ドイツ式度	分類[1]	総硬度式（$CaCO_3$として、mg/l）	分類[2]	備考
1		0−5.0	超軟水	自然水ではまれ。雨水など。
2	軟水	5.1−50.0	軟水	名水が多い（軟水の名水）。
3		50.1−150	中硬度水	酒蔵用水が多い。
4	中等度の			宮水、伏見の酒造用水など。
5	軟水			一部のミネラル水、六甲の
6				おいしい水など。
7	軽度の			
8	硬水	150.1-300	通常硬水	市販のミネラル水が多い。
9				エビアン水など。
10	中等度の			
	硬水			
14				
	硬水	300.1以上	硬水	外国の水に多い。
				日本の水では飲用不適。
20	高度の硬水			

ドイツ硬度＝17.8mg/l（$CaCO_3$）
1）国税庁所定分析法注解による
2）佐々木健：けんみん文化（広島） 9、2-5 （1993）による。

組合わせで比較している。有硬の場合は、有機物、総硬度の2項目の組合わせで、きき水との関係を求めたものである。

図2、**図3**ともファジィ推論適用の方が、重回帰分析に比べ、決定係数(R^2)で表示した相関は高くなっている。ちなみに $\sqrt{R^2}=r$ で r は相関係数を表す。さらに、コンピューターによる評価点ときき水結果とのズレの大小を表す推論誤差、Dもファジィ推論適用の方が小さい値を示している。

このことはファジィ推論適用の方が、水の味のようにあいまいで微妙なものの評価にすぐれているということを示している。

さらに興味あることは、ここでチューニングにより得たファジィルールは広島地区のデータを基に行われたルールで（トレーニングデータ）、この同じルールを用いて他地区のテストデータを評価しても、ほぼ同様の結果が得られたということで、広島でのきき水結果が特別でなく一般的であり、全国でも適用するともいえる可能性はある。

さらに、「要件」という軟水の基準で、これに少々データ処理を加味することで全国の水のおいしさが表現しうる可能性も含んでいると思われる。全国の人のきき水結果を導入すれば、より確かなものになるかもしれない。

いずれにしても、「要件」の基準は古典的な化学分析値をもとにしたものであるが、これらの分析数値は、おいしさも表現してくれるということは確かなようである。

ちなみに、「要件」は軟水を表すが、硬度による軟水・硬水の区別について、国税庁が古くから用いている酒造用水向けの分類と筆者らが用いている分類をまとめて**表5**に示す。総硬度50mg/l以下を軟水と呼

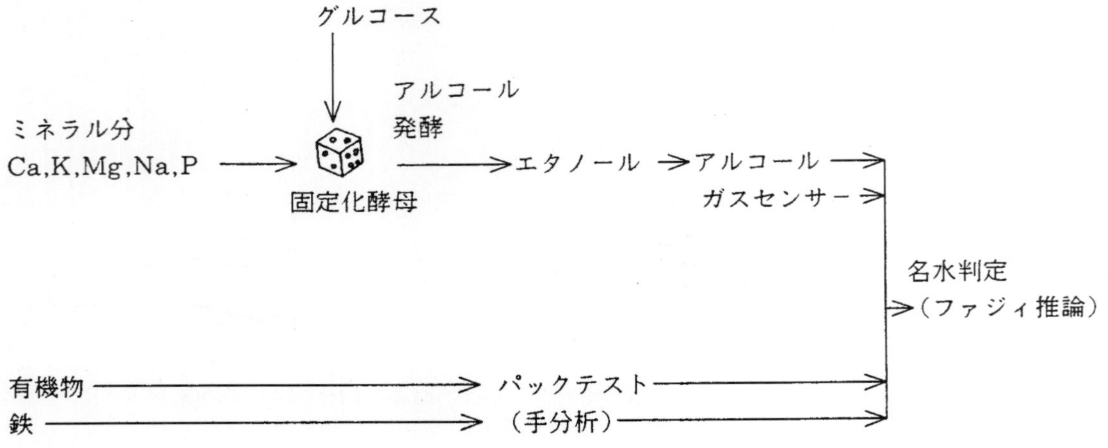

図4　バイオセンサーと名水判定原理

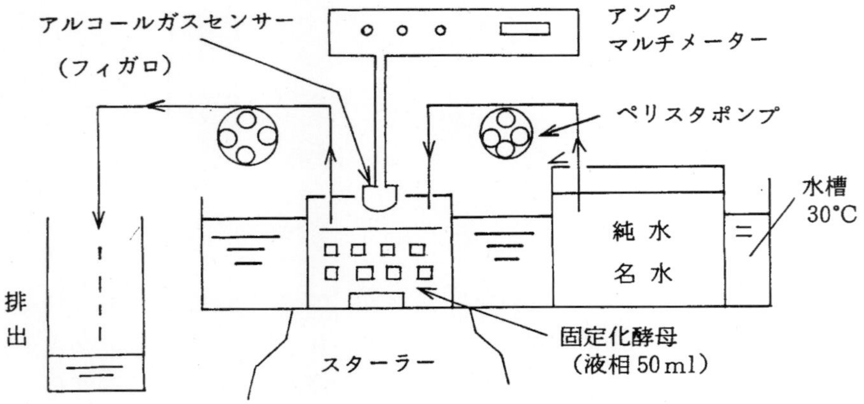

図5　バイオセンサー構成図

ぶことは一致しているようである。

5.　バイオセンサーによるおいしい水の評価[14)]

前述のごとく、おいしい水は基本的には軟水で、「要件」に合致する水で表されることを明らかにした。一方で、広島地区は我国でも有数の日本酒の名醸造地である。特に、広島は、いわゆる「軟水醸造法」発祥の地として知られ、硬度の低い軟水で良質の日本酒を作っているメーカーも多い。

一般に、お酒には良い水が必要とされ、お酒に良い水は飲んでもすべておいしいと信じられているが、これは必ずしもそうではない。有名な灘の宮水（西宮）はすばらしい醸造用名水だが、飲むと少ししぶい感じでおいしいとはいえない。広島でも酒屋さんの井戸水はあまりおいしいとはいえないものもあり、醸造用名水と飲んでおいしい水は異なると考えられる。

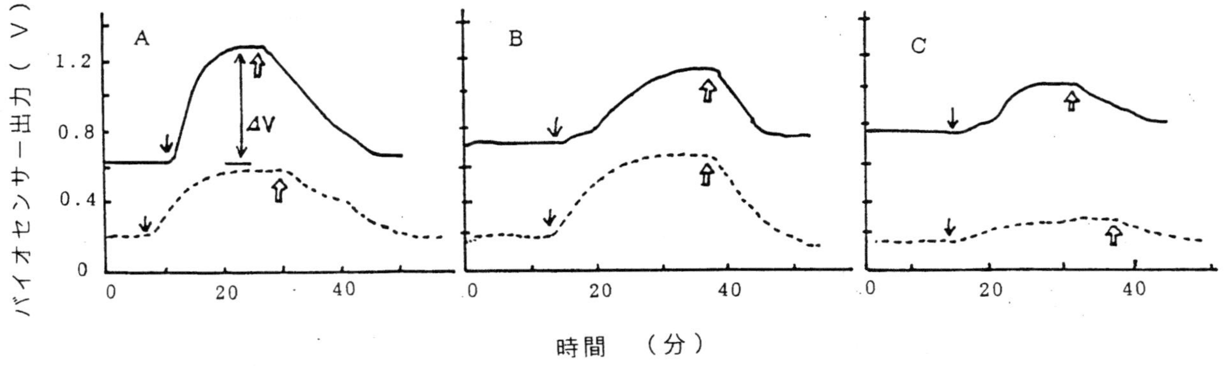

図6　エビアン名水(A)、六甲のおいしい水(B)および吉和冠山名水(C)のバイオセンサー出力の例。
—，30℃で実施；…，17℃で実施。↓印の時、純水から検水に切りかえて流し、
⇧印の時再び検水から純水に切りかえて、出力を記録。ΔVを出力として採用。

そこで、これらを識別し、さらにおいしい水の評価を自動化する目的で、バイオセンサーを試作した。

図4に試作したバイオセンサーの名水判定原理を示す。純水にグルコースとビタミン類(醗酵を支える十分量のビタミン)を添加し、固定化酵母(協会9号)に接すると、検水中のミネラル分(Ca、Mg、K、P〔リン〕等)の量に対応してアルコール醗酵が起こる。このアルコールをガスセンサーで検知すれば、水のミネラル分を潜在的醗酵力として総合的に検知しうる。また、有機物や鉄分は極力少ない方がお酒にも飲用にも良いであろうから、手分析で検知し、総合的に水質評価するものである。

図5に試作したバイオセンサーのミネラル分の検知のシステムを示す。中央部の約50mlのポリエチレンチャンバー(円筒型)中に、寒天に固定化した酵母を入れ、はじめにグルコースとビタミン類を添加した純水を流し、この時のアルコール生成(センサー出力としてV(ボルト)として検出)をベースラインとする。次にグルコースとビタミン類を添加した検水(井戸水等)を流すと、検水中のミネラル分の醗酵関与成分が総合的にアルコール醗酵を促し、アルコールが検出されてくる。

図6に、有名なフランスのエビアン名水、六甲のおいしい水、広島の吉和冠山名水のセンサー出力の例を示す。ベースラインから出力が最高に達した時の出力差(ΔV)は、硬水(総硬度290mg/l)のエビアン名水と、軟水である吉和冠山名水(総硬度12mg/l)とは明らかに差異があった。中硬度水である六甲のおいしい水(総硬度68mg/l)は両者の中間的な出力であった。

このように、試作したバイオセンサーは水の硬・軟を明確に認別できるので、広島の名水と言われる湧水や沢水と、醸造用名水をこのバイオセンサーにかけてみた。

すると、**図7**に示すように、総硬度と出力(ΔV)はよく相関しており、(相関係数$\gamma = 0.7891$)、硬度と発酵の重要な関係が再認識された。特に興味深いのは、飲んでおいしい名水と誰もが認める名水(●印表示)は、いずれも1つのグループを作っており、出力の低い所に位置していた。また、いわゆる軟水醸造に使われる井戸水(○印表示)は軟水(50mg/l)以下でありながら、比較的高い出力を示しており、飲用名水とは明らかに異なることが明らかとなった。また、広島でも西条地区は江戸時代から続く名醸地であるが、硬度も高く出力(□印表示)も高かった。

このように、バイオセンサーを用いると、硬度だけでは表現しきれない水の微妙な差異も識別できる

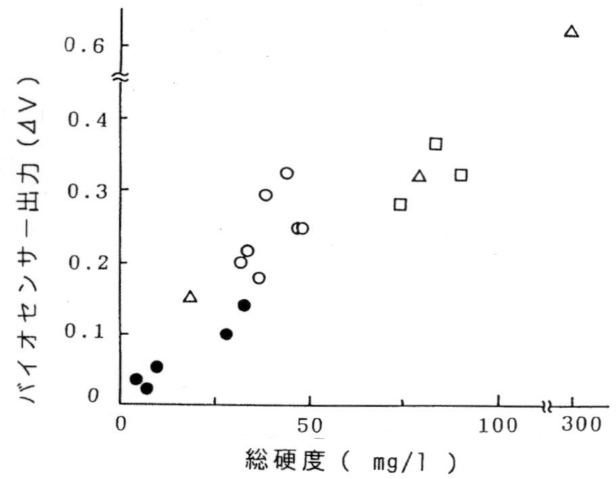

図7
広島地区のおいしい水（●印）と軟水醸造法による醸造用水（○印）および西条地区の中硬度水醸造（□印）のバイオセンサー出力（ΔV）。

ΔVはベースラインと最高出力との差（図6参照）。
△ 印は市販のミネラル水を示す。

可能性が見出され、これが微妙な水のおいしさの識別にも関与していると考えられる。現在のところ、有機物と鉄は手分析を行っているが、現在、バイオセンサー出力と分析の自動化を行い、名水判定バイオセンサーシステムの構築を行っているところである。

6.　おわりに

以上、ファジィ推論を適用したおいしい水の識別と、バイオセンサーを用いたおいしい水の判定の試みを示した。これらシステムはおいしい水の評価ばかりでなく、日頃の水質管理に適用しうるものである。最近は環境汚染などで地下水や湧水、また井戸水にしても安定した水質が得がたくなっている。また、水質変動のチェックもなかなか行いにくい。その点、これらシステムとバイオセンサーを用いると、微妙な水質変化がモニターまたは検知しうる訳で、特に食品工場や醸造用水、発酵工業の用水のチェックに適用しうると思われる。

今後はより感度の高い水質管理システムの構築を行う必要がある。

参考文献

1) 佐々木健：BIO　INDUSTRY、14、44 (1997)
2) 佐々木健、岩永千尋：日本醸造協会誌、92、698 (1997)
3) 久保田昌治：新しい水の基礎知識、P20　オーム社 (1993)
4) 橋本奨：用水と廃水　29、825 (1987)
5) 橋本奨ら：水処理技術　19、13 (1988)
6) 松下和弘：水環境学会誌、15、98 (1992)
7) 大河内正一ら：水環境学会誌、17、517 (1994)
8) 佐々木健ら：用水と廃水、31、804 (1989)
9) 佐々木健：広島中国路水紀行、P2、渓水社（広島）(1989)
10) 佐々木健：名水紀行－山頭火と旅するおいしい水物語、P2　春陽堂 (1993)
11) 佐々木健ら：日本農芸化学会誌、70、1103 (1996)
12) 岩水千尋ら：水環境学会誌、19、209 (1996)
13) 佐々木健ら：日本ファジィ学会誌、9、373 (1997)
14) 佐々木健ら：生物工学会誌、76、51 (1998)

Chapter 2

機能水の作用・効果

弱酸性電解水のサニテーション効果

土井 豊彦
森永乳業株式会社装置開発研究所

1.　弱酸性電解水とは

1.1 「弱酸性電解水」という用語とその位置づけ

「弱酸性電解水」という言葉はそれより早くから使われていた「強酸性電解水」と区別する目的で使用され始めたものと推測されるが、本当の由来は知らない。「弱酸性」とは常識的には口に含んで酸味を感じない程度で、pHで言えば5前後から7未満程度と考えてよいであろう。しかし、pH5.6未満を「酸性雨」と言ったり、水道法の水道水のpH範囲が5.8 以上であることなどからすれば、pHが6前後のものは「中性」と言っても特に問題無いようにも思われる。

このように「弱酸性」は言葉の上ではあまり明瞭ではないが実用性の点からは重要な意味を含んでいる。

図1は希塩酸を原料として調製した「弱酸性電解水」のpHを、苛性ソーダおよび塩酸を使って変化させ、次亜塩素酸（HClO）の吸収ピークである236nmと、次亜塩素酸イオン（ClO^-）の吸収ピークである292nmの波長で測定した吸光度から計算した、それぞれの相対濃度を示したものである。先ほどのいわゆる弱酸性領域ではほとんどが次亜塩素酸として存在し、次亜塩素酸イオンはほんの僅か存在するのみであることが分かる。

なお、このグラフにpH4以下が示されていないのは、この測定が開放系で行われたため、pH4より酸性側では塩素ガス（Cl_2）としての存在比率が高くなり、短時間でガス化し失われるため正確な測定ができなかったためである。

つまり、このような次亜塩素酸を主成分とする生成水の産業的利用において必須の要件である実用的な意味の安定性がこの「弱酸性」の領域のみで確保できるのである。なお、次亜塩素酸として存在することの必要性については後段で述べる。以後は「弱酸性電解水」を単に「生成水」と呼ぶことにする。

1.2 生成の原理と装置の概要

電気分解の詳細に関しては専門書に譲って、ここでは実際に希塩酸を電気分解する話に留める。希塩酸を電気分解するとそれぞれの電極では主に次の反応が起きていると考えられる。

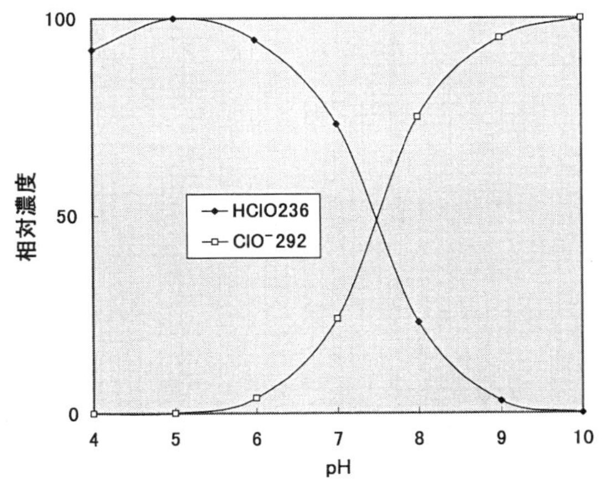

図1　pHによる塩素の形態変化

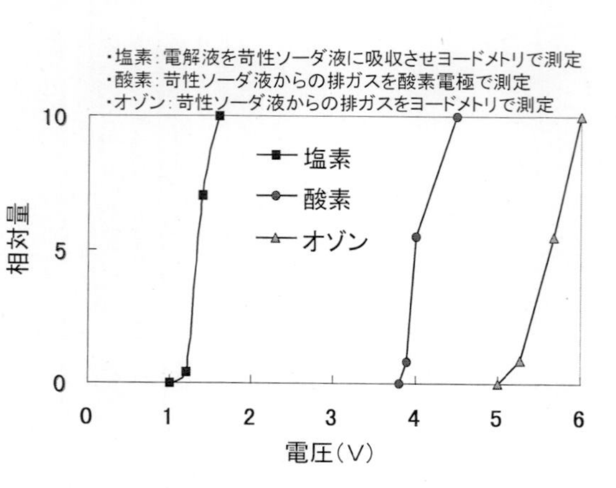

図2　ガス発生電圧

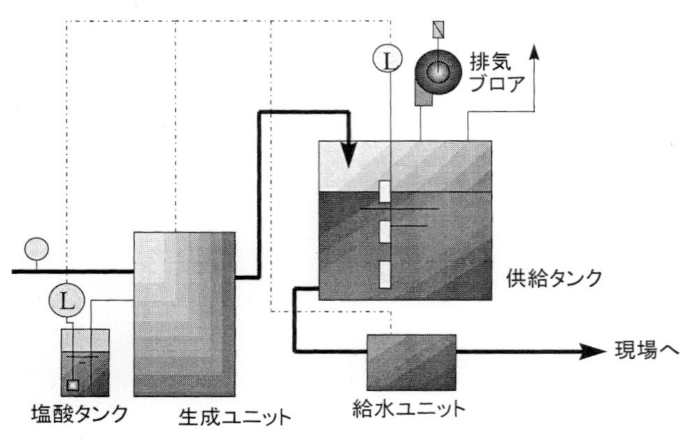

図3　標準的なシステムフロー図

（陽極）　$Cl^- \rightarrow 1/2\ Cl_2 + e^-$　…………………(1)

（陰極）　$H^+ + e^- \rightarrow 1/2\ H_2$　…………………(2)

発生した塩素ガスは大量の水に溶解されて次の式によって次亜塩素酸溶液を生成する。同時に発生する水素は大量の空気で希釈されて外部に排出される。

$Cl_2 + H_2O \rightarrow HClO + H^+ + Cl^-$　……………(3)

陰陽両電極材質としてPtをコーティングしたTi平板を用い、極板間隔を3mmに保って、実際に希塩酸を電気分解してみると、**図2**に示したように印加電圧に応じてそれぞれガスが発生する。目的とする塩素ガスを効率よく発生させるためには、酸素やオゾンなどの副生成物が生成しないような条件を選ばなければならない。

つまり、この場合2V近辺が最適な電解電圧と言えるのである。電圧をできるだけ低くし抑えることは電力の節約の他に、予測できない副生成物の発生を避けるという目的もある。代表的な生成装置の構造例を**図3**に示した。原水の一部は定量的に取り出されて、定量的に供給される塩酸を一定濃度に希釈するのに使用され、希釈された塩酸は連続的に無隔膜電解槽に供給され電解される。電解によって発生した塩素ガスと水素ガスは再び原水の流れに混合され溶解される。溶解せずに残った水素ガスはブロアーで安全な濃度まで希釈され排気される。産業的な使用に耐えるためには、大能力で安定した濃度の生成水を安全に供給できることが必要である。

効率良く大能力を実現するには、高濃度の電解質溶液を電解し、大量の水で希釈する方法が適している。生成水の濃度を安定にするためには、（イ）原水の流量を一定にすること、（ロ）希塩酸の濃度を一定に保つこと、（ハ）電解電流を一定に保つこと（電圧の変化を伴わないで）、（ニ）塩素ガスの溶解を完全に行うこと、などの方策が必要である。

一方、安全対策としては、高濃度の電解物が希釈されないまま排出されることや、分解物に含まれる水素ガスが希釈されないまま排出されるのを防ぐことなどが必要である。水素ガスの処理としては希釈排気の他に触媒酸化の方法もあるが、大量の処理に向かないことや、安全確保のためのチェック機構を組み込むことが困難なため、希釈排気が採用されている。

1.3　塩酸を原料とした場合の利点

電気分解による次亜塩素酸ソーダの製造や、いわゆる「電解水」の製造には食塩が主原料として使われることが多い。電気分解によって次亜塩素酸類の生成を行う場合、原料液に塩素イオンが含まれていなければならないが、食塩は最も手に入れやすい原料の一つであるからである。しかし、食塩溶液を無隔膜電解槽で電気分解すると次の式のように分解液はアルカリ性になるため、**図1**によると次亜塩素酸溶液は得られず、次亜塩素酸ソーダ(主に次亜塩素酸イオン)溶液となる。

(陰極) $2Na^+ + 2e^- + 2H_2O \rightarrow 2NaOH + H_2$ (4)
(陽極) $2Cl^- \rightarrow Cl_2 + 2e^-$ ……………………… (5)
$Cl_2 + H_2O \rightarrow HClO + HCl$ ………… (6)
(混合) $NaCl + H_2O \rightarrow NaClO + H_2$ ……… (7)

そこで、食塩を原料として次亜塩素酸溶液を得たい場合は、隔膜式電解槽を使って、陽極側から排出される原水の約半量の酸性液を利用したり、無隔膜電解槽で調製した電解液を酸で中和する方法などが行われている。

しかし、塩酸を原料とすると、式(1)～(3)に示したように無隔膜電解槽を使って、原水を無駄にすること無く次亜塩素酸溶液を得ることができる。一般に用水はCaやMgなどの硬度成分を含んでおり、硬度が高い場合は生成水のpHが高めになる傾向があるが、そのような場合は原料塩酸の供給量を調節して次亜塩素酸の存在比率の高い、いわゆる弱酸性域に調整する。

ところで、電解を行う場合の問題の一つは陰極や隔膜へのスケール付着である。

前述のとおり、通常得られる水はCaやMgを含んでおり、それらが電解中に陰極の表面や隔膜に沈着しこれが電気抵抗となって定常状態での電解を困難にする。工業的規模の食塩電解では予め原水の硬度成分を除去する工夫がなされているが、「電解水」の製造装置ではそのような仕組みは困難であるので、主に電極の極性を一定周期で転換する方法が採られている。しかし、塩酸を原料とすると電解槽の中は強い酸性になっているためスケールの沈着は起きず、除去の仕組みを考慮する必要はない。広く用いられている極性切換は、特に大電流回路の場合相当の困難を伴うため、大能力装置では塩酸を原料とする方法が有利である。

また、電極の極性が固定されていると両極が同じ材質である必要はなく、それぞれに最適の材質を選ぶことが可能になるという利点もあるし、極性転換の電極に対する悪影響も避けられる。

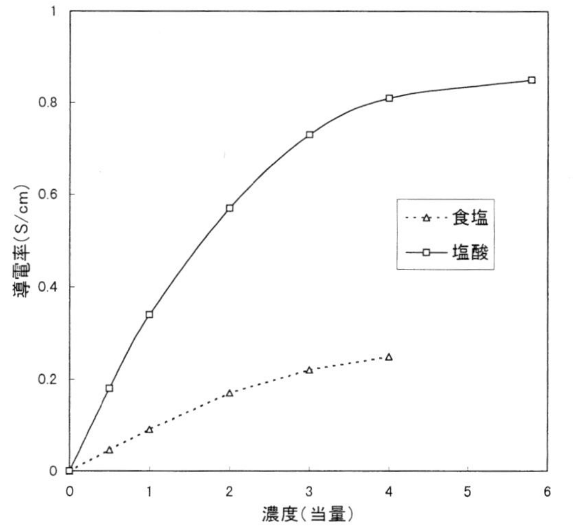

図4　導電率と電解質濃度

さて、電解によってある物質の生成を行う場合、物質の生成量は電流値に比例することはよく知られている。一方、電圧はその物質の発生電圧以上であればよく、直接生成量に影響しない[1)]。しかし、実際には電圧を高くすると、前にも触れたように副反応の発生やジュール熱などによって電力損失が大きくなる。したがって、色々な意味から、できるだけ低い電圧で電解するほうが有利である。電解電圧を低くするためには電解液の電気抵抗を下げれば良いが、そのためには一般に電解質濃度を高くすればよい。

図4は20℃で各溶液の導電率を各濃度で測定したものであるが、濃度増加に対する導電率の増加傾向が塩酸と食塩で大きな差がみられる。また、導電率の絶対

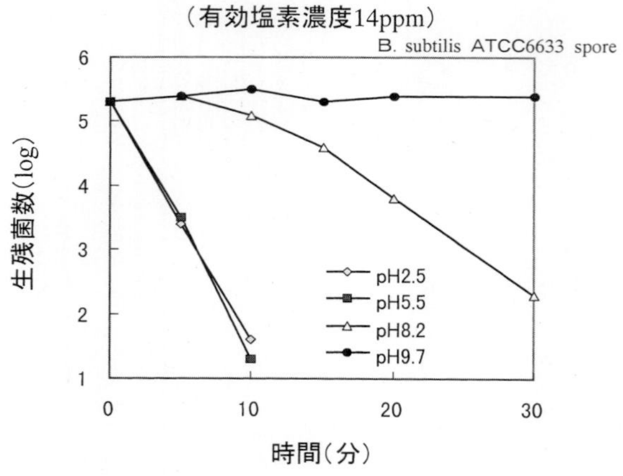

図5　次亜塩素酸溶液のpHによる殺菌力の変化

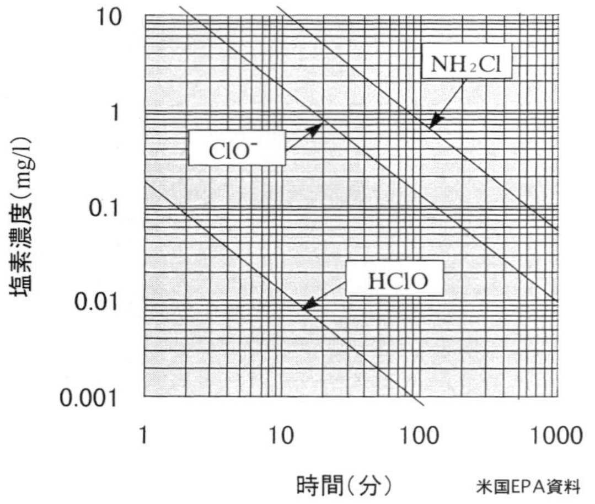

図6　塩素化合物の殺菌力
（E.Coliを殺菌するのに要する時間）

値自体もかなり塩酸のほうが大きいのが分かる。

例えば、1当量での導電率は塩酸が0.34 S/cmに対し食塩は0.09 S/cmとなっており、塩酸を使用すると、最低でも食塩の約1/4の電圧、つまり約1/4の電力で同じ塩素発生量を実現できる。実際は上述のような理由でさらに大きな差となる。

また、隔膜を使用する方法では隔膜自体の電気抵抗が電解槽抵抗にかなり大きな比率を占めるが、塩酸を使う無隔膜法では隔膜抵抗相当分のエネルギーコストも不要である。一方、これらの生成水を使用する方法としては洗浄、リンス、オーバーフローしながらの浸漬、噴霧、清拭等々が考えられる。

いずれの方法においても、生成水を使用した後、さらに水でゆすぐことをしない限り、生成水は使用された部位で蒸発し、溶解していた物質は濃縮され最後には析出する。反復して使用する場所では、固形残留物は累積されてゆくことになる。室内に噴霧したり、設備表面に使用する場合、この固形残留物は機能上あるいは美観上問題になることがある。

さらに、濃縮される過程で、高濃度状態になることが原因で起きる金属腐食などの問題も無視できない。しかし、原料として塩酸のみを使用していると、原水由来以外に固形物は残らない。

2.　殺菌効果

2.1　塩素溶液のpHによる殺菌力の変化

前段で述べた通りこの生成水は次亜塩素酸を高い存在比で安定に保持している。塩素は古くから広範囲に使用されてきた殺菌剤であるが、その弊害についての指摘もある。塩素による有害物の発生はその使用濃度と深く関わっているようである。したがって、安全を目指すためにはできるだけ低い濃度で使用する必要があるが、次亜塩素酸の存在比率を高くする目的は、できるだけ低い塩素濃度で極力高い殺菌効果を得ることにある。

図5に、pHを調整した次亜塩素酸溶液の、細菌芽胞に対する殺菌力の測定結果を示した。アルカリ側と弱酸性領域とで殺菌力に大きな違いが見られる。そして、pH9.7ではこの芽胞に対して実験時間内での殺菌効果はもはや見られない。pH5.5とpH8.2のD値を算出すると、それぞれ約2.3分と9分である。pH5.5の方が4倍の殺菌力があることになるが、これは**図1**から読み取れる次亜塩素酸の存在比率がpH5.5とpH8.2でほぼ４：１であることと良く符合する。

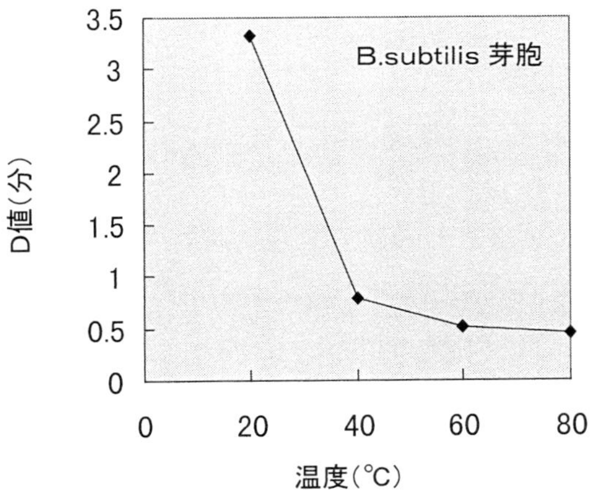

(使用電解水:有効塩素12〜14ppm
pH 6.2〜6.6)

図7　処理温度によるD値の変化

さらに、pHが高くなると殺菌効果が現れ始めるまでの時間も長くなる傾向が見られる。これらの事実は次亜塩素酸が次亜塩素酸イオンに比べて高い殺菌力を持っていることを示している。

図6に示した米国EPAの資料は大腸菌に対して、次亜塩素酸は次亜塩素酸イオンの80倍の殺菌力を持っていることを示している。

2.2　温度による殺菌力の変化

器具や装置洗浄の目的にこの生成水を使用する場合、洗浄効果を考慮して加温して用いる場合が想定されるが、加温して用いることによって殺菌効果が飛躍的に高くなることが分かっている。

図7にはB.subtilisの芽胞に対する殺菌効果をD値で示してある。温度上昇と共に急激に殺菌力が高くなる様子が覗える。なお同一の条件で生理食塩水を使って行った対照試験では菌数の低下は全く見られなかったことから、この殺菌力の上昇は温度上昇によって次亜塩素酸の作用が活性化された結果であると考えられる。

ちなみに、80℃における0.45というD値は、同じ芽胞で行った121℃の加熱殺菌の結果とほぼ同等であり、この生成水による器具、装置の滅菌の可能性を示唆している。加温による塩素濃度の安定性については後段でも触れるが実用的に支障のない情況だった。このような使用法においては、より低いpH領域では短い時間で塩素ガスの揮散が予想されるので、pHの制御には注意を要する。

表1　各種微生物に対する殺菌効果

菌株	処理前	処理後
大腸菌(O-157:H7)*	6.0×10^6	0
サルモネラ(Sal.enteritidis)**	3.8×10^6	0
ブドウ状球菌(Sta. aureus)	9.9×10^5	0
細菌芽胞(B. subtilis)***	5.9×10^5	<10
カビ(Cladosporium sp.)	1.0×10^4	0
酵母(Candida albicans)	8.8×10^4	0
緑膿菌(P. aeruginosa)	1.5×10^6	0

・*:ATCC43895, **:IFO3313, ***:ATCC6633
・細菌芽胞は30分、他は1分処理　・処理水pH6.2, 塩素濃度10ppm

2.3　各種の微生物に対する殺傷効果

各種の細菌及び真菌に対する殺菌効果を**表1**に示した。細菌芽胞以外は極短時間で死滅するが、種類によって抵抗力は幾分異なっている。また、微生物の分散状態や微生物が産生する体外高分子化合物などは、生成水が微生物に触れるのを妨げることがあるので殺菌効果に影響を与えることがある。細菌芽胞は他の菌種でも同様に抵抗性を示す。細菌芽胞を対象にする場合は前段で示したように加温処理を組み合わせることで殺菌所要時間を1/7近くまで短縮できる場合もある。

一方、**表2**は、ウイルスの一種である乳酸菌ファージに対する、各種の殺菌剤の失活効果を調べた結果であるが、他の殺菌剤は失活効果を示さなかったのに対し、生成水のみが著効を示した。この生成水の殺傷機構がこれらの殺菌剤と異なることを示唆している。

実際の使用において最も注意しなければならない

表2　ファージの失活

処理液	処理結果(PFU/ml)
対照(生理食塩水)	5.5×10^6
90%エタノール	5.5×10^6
1%ﾃｺﾞｰｲﾝｸﾞ	3.5×10^6
0.1%過酸化水素	3.0×10^6
弱酸性水	検出せず

・弱酸性水 pH 6.0 、有効塩素 10 ppm
・各処理液 1ml に 0.1 ml のファージ懸濁液を混ぜ 1分間処理した

のは、特にアミノ酸系化合物の混入による殺菌力の低下、あるいは消失である。アミノ酸の中でもシステイン、メチオニン、トリプトファン、リジン、アルギニンは次亜塩素酸と反応し、殺菌効果を著しく低下させた。したがって、これらのアミノ酸を含んでいる物質には注意が必要である。この点は塩素系の殺菌剤に共通の弱点ではあるが、この生成水は使用塩素濃度が低い分さらに顕著であり、有機物の汚れのあるものや、有機物を含むものに対しては、洗い流すような使用法を用いなければならない。また、当然のことではあるが、微生物が直接生成水に触れないと効果は無い。

2.4　空中噴霧の効果

空気中に浮遊する微生物は数に大小はあるものの、いたる所で検出される。産業の中には食品や医療などのようにそれが大きな障害になる場合もある。

このような場合、薬剤の噴霧が利用されることがあるが、微生物の除去と同時に周囲への影響にも配慮が必要である。この生成水は塩分を残さないことや臭気が少ないなどの利点があるので広い利用が考えられる。

空中噴霧による除菌においては噴霧粒子のサイズや有効塩素濃度、噴霧量などが効果に影響する要因

表3　空中細菌除去率(%)

	噴霧粒子径(μ)		
塩素濃度	20	40	80
10 ppm	88	86	83
20 ppm	92	92	92
30 ppm	94	91	98

・噴霧量：50ml/m³　・噴霧2分後にサンプリング　・サンプル採取量：80 l

と考えられるが、**表3**に示した結果では噴霧粒子サイズは20μと80μの間では特に差は見られないが、有効塩素濃度は20ppm程度は必要と思われる。

3.　産業的利用を前提とした殺菌剤の要件と弱酸性電解水の特性

3.1　安全性

産業において使用する場合、最も重視すべきことはその安全性である。この生成水の製造工程は、従来から長い間行われてきた水の殺菌法である、水への塩素ガス注入と類似しているためそれと同様の反応が起きていると考えられる。

したがって、その成分は水道水に含まれているものと共通と推測できる。生成水について念のために、「水道水質基準、別表3　監視項目」や「清涼飲料水の2　清涼飲料水の製造基準の(1)ミネラルウオーター類、冷凍果実飲料及び原料用果汁以外の清涼飲料水の2. の表」に規定された項目について分析を依頼したが、いずれの項目も基準に適合していると言う結果が得られた。さらに、動物を使って行った「単回経口投与毒性試験」、「眼刺激性試験」、「5日間皮膚累積刺激性試験」あるいは細菌を使った「復帰突然変異試験」などでも特に異常な結果は得られなかった。

一方、以前から塩素系殺菌剤の毒性に関しては、殺菌に用いられた後、他の物質との反応によって発

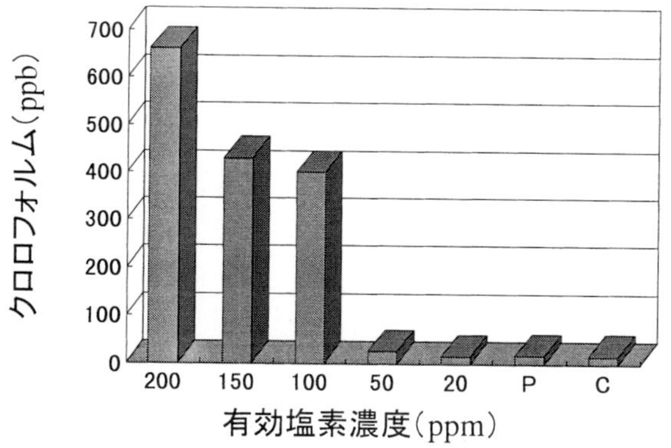

(P: 弱酸性水 15ppm C: 無処理)

図8　肉洗浄におけるクロロフォルムの生成
（各濃度に5分間浸漬後測定）

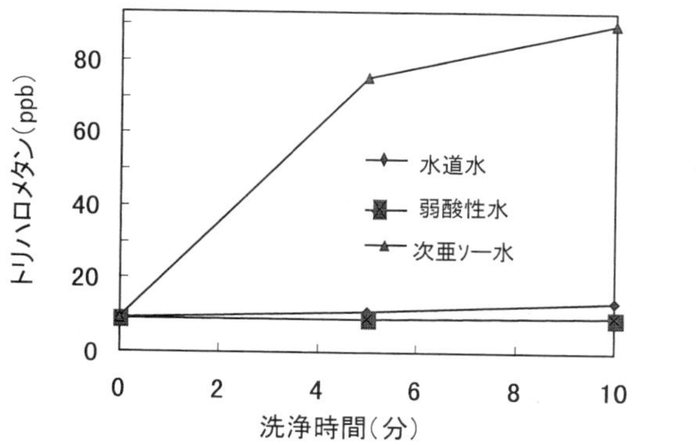

・弱酸性水：有効塩素17ppm、pH6.6　オーバーフロー
・次亜ソー水：有効塩素200ppm、pH9.7　レタス75gに1.5 lときどき撹拌

図9　レタス洗浄におけるトリハロメタンの生成

生する有害物の指摘もある。次亜塩素酸ソーダ溶液と野菜の接触によるクロロフォルムの発生[2,3]や発生したクロロフォルムの発癌性などである[4]。それらはいずれも塩素濃度がクロロフォルムの生成量と密接に関係していることを示している。

したがって、低い塩素濃度で殺菌効果を示すこの生成水はより安全と言えるわけであるが、実際にこの生成水と次亜塩素酸ソーダ溶液に肉を浸漬してクロロフォルムの発生を調べてみた。その結果、**図8**の通り、この生成水では発生はみられなかったが、次亜塩素酸ソーダの100ppm以上では明らかにクロロフォルムが生成していることを示した。

一方、野菜の洗浄においても**図9**に示したように次亜塩素酸ソーダ溶液200ppmで明らかにトリハロメタンの増加がみられているが、この生成水では水道水を使った場合と大差なかった。

もう一つは、作業環境を悪化して作業者に害を与えないことである。この点で問題にしなければならないのは、塩素ガスの揮散である。塩素ガスの気相への移行に影響の大きい要因は高温、高濃度および低pHである。この問題は特に大量の液を攪拌使用したりシャワー状に使う時に問題になるが、産業内ではそのような状態の使用例が多いのも事実である。このような情況では、できるだけ低い塩素濃度でも効果のあるものを選ぶこと、できるだけ塩素ガスの生成しないpH領域で使用することが重要である。

3.2　環境への影響

産業上の使用において次に重要なことは周囲に対して害を及ぼさないことである。考慮しなければならない項目としては、機械、装置、建物への影響や微生物的廃水処理を行っている場合、処理場への影響などである。

産業設備には金属部材が多用されており、その腐食は重大な問題である。特に、頻繁に液に触れる場所やその近傍は注意を要する。その場合、塩類を含んでいると、乾燥によって濃縮され高濃度の塩を含む塩素溶液に晒されることになり腐食を起こしやすい。また、発生する塩素ガスも錆の原因になりやすい。

使用した水は最終的に廃水処理場へと流入するが、大量に使用された場合、塩素濃度が高い場合や低いpHの場合、微生物相に影響を与え、処理能力を落とすこともあり、最悪の場合、全く使用不能になることもある。また、高い塩素濃度は廃水中のトリハロメタンなどの有害物発生の原因ともなりやすい。

つまり、できるだけ低い塩素濃度でかつ塩素ガスの揮散しにくい状態で使用することが求められるのである。

3.3 保存性

産業内で、このような生成水を使用する場合、生成装置の能力と現場の消費量が一致することはほとんど無い。したがって、生成水を効率良く製造し、使用するためには、生成水を一時貯留するバランスタンクを用いることになる。

このバランスタンクでの貯留時間は現場でのトラブルや作業変更などによって常に変動するため、貯留される時間が数時間以上になることは珍しくなく、時には半日以上にわたることも希ではない。

そのような場合、タンクや途中の配管などに留まっている生成水の効力が安定していることは、産業的使用の必須条件である。

図10にこの生成水の開放系での有効塩素の消長の様子を示した。20時間後で初期値の70%となっているが、使用の状況に応じて製造時の濃度を設定することで、目標の濃度を確保することができる。なお、先に加温による殺菌効果の上昇について延べたが、その場合も密閉状態では80℃で5時間後でも初期濃度の90%を保っていた。

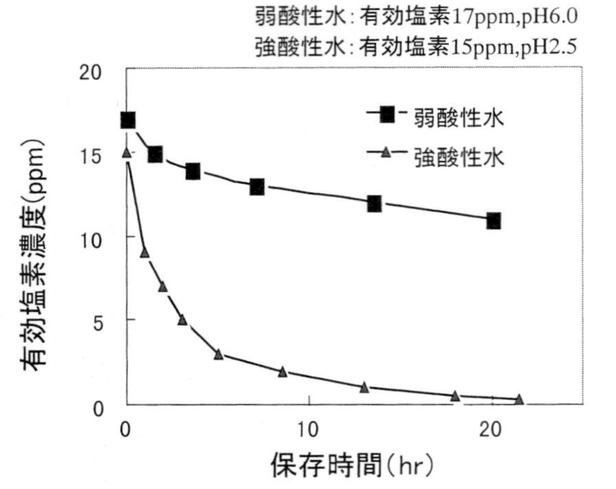

図10　有効塩素の開放系における消長

3.4 経済性

産業での利用においては当然大量使用が前提となる。したがって、生成水の製造コストも大きなファクターとなる。ランニングコストに影響を与える項目は装置を別にすると水、塩酸、電気である。水は手に入るものを使うしかないが、通常コストのほとんどを占めることになる。

したがって、地下水など自前で確保できる水があると大幅なコストダウンになる。希塩酸を原料とするこの方法で、生成水1m^{3}当たりの各消費量の目安は、塩酸は70ml（21%）で、消費電力は100Wh程度になる。これは塩酸を原料とすることによって、無隔膜電解槽が使用でき、**図4**に示した通り低電圧電解が可能なことや、濃厚液を電解し希釈によって生成水を調製する方法を採用していることによる。

3.5 特性を生かした利用

この生成水の特徴は低い有効塩素濃度ながら、高い比率で含まれる次亜塩素酸によって、高い微生物死滅効果を持っていることである。しかも、pHは次亜塩素酸の安定する領域に保たれており、余分の塩類も含んでいない。従って、周囲に悪い影響を与える心配が少なく広い分野での使用が想定される。しかもランニングコストが低いため、産業内で必要とされる大量使用が可能である。これまでの水による洗浄と置きかえることで、洗浄のみでなく高度のサニテーションが期待できる。

参考文献

1）田島栄著「電気化学通論」第三版（共立出版）p21（1986）
2）市川富夫他：日本公衆衛生学会誌、Vol.34, No.10, p.661-663（1987）
3）日高利夫他：食品衛生学会誌、Vol.33, No.10, p.267-273（1991）
4）ALLEN B. Eschenbrenner et. al.：J. of National Cancer Institute Vol.5 p.251-255（1945）

酸性電解水と超音波処理水の特性と比較

香田 忍、野村 浩康
名古屋大学大学院工学研究科 、名古屋大学大学院工学研究科

1. はじめに

水を電気分解したり、電場、磁場あるいは超音波で処理すれば純粋な水ではいられない。このような水は高い洗浄効果や殺菌作用を示すことに着目し、「機能水」とも呼ばれ、近年注目を集めている[1]。水自身は他の溶媒と異なり分子が小さいこと、双極子モーメントが大きいことと分子間水素結合に由来する構造性による密度、熱容量、音速度などの物性の異常性が古くから知られている[2]。

また、他の溶媒に比べて電解質等多くの物質を溶解することも水の特性の一つで、100%純粋な水を作ることは非常に難しい。(空気と接触している水は必ず空気中の炭酸ガスを溶解しており、CO_3^{2-}イオンを含み、そのpHは5－6程度の値を示している)。

超高圧、超高温の極端条件の下での「超臨界状態の水」の物性を別にすれば、物理化学的には液体としての水はH_2O分子の集合体であり、特別な処理により水自身が変化して、水自身と固有の構造や物性が大きく変化するとは非常に考えにくい。

たとえば、塩化ナトリウム水溶液を電気分解して陽極側から得られる「強酸性電解水」は、ナトリウムイオン、塩素イオンだけでなくその他、ClO^-イオン等塩素系化合物やイオン類を含み、「水」と言うよりは複数のイオンを含む「電解質水溶液」と認識すべきである。

一方、超音波で処理した水は硝酸、亜硝酸、過酸化水素を含み、弱酸性で酸化作用を示すが、これもまた「水」ではなく一種の「電解質水溶液」である。さらに、水に適当な周波数の超音波を照射する時の発光(ソノルミネッセンス)の強度は水に溶存する気体の種類に依存することが知られており、この発光強度も生成する硝酸、亜硝酸、過酸化水素の量に強く関係している。

したがって、多くの場合、「機能水」と呼ばれる水はいわゆる「普通の水」が変化したある特別な「水」ではなく、適当な量のイオンや物質、気体を含んだ水である。

ここでは、特別な機能を持った水＝機能水という観点ではなく、酸性電解水と超音波処理水の機能と性質を溶液の物理化学的な観点から考察する[3, 4]。

2. 酸性電解水と超音波処理水の製造原理

2.1 酸性電解水

水に、少量の食塩を添加し、隔膜を介して酸性側から採取した水を酸性電解水という。水素イオン濃度pH2.3～3.2、溶存塩素濃度 7～50ppm以上、酸化還元電位(ORP)1,000～1,200mVの溶液を強酸性電解水、水素イオン濃度pH5～6、溶存塩素濃度 50ppm以上、酸化還元電位800～1,100mVの溶液を弱酸性電解水と言う。**図1**に強酸性電解水の製造原理の模式図を示す。

例えば、食塩濃度 800ppmで、電解した陽極側の強

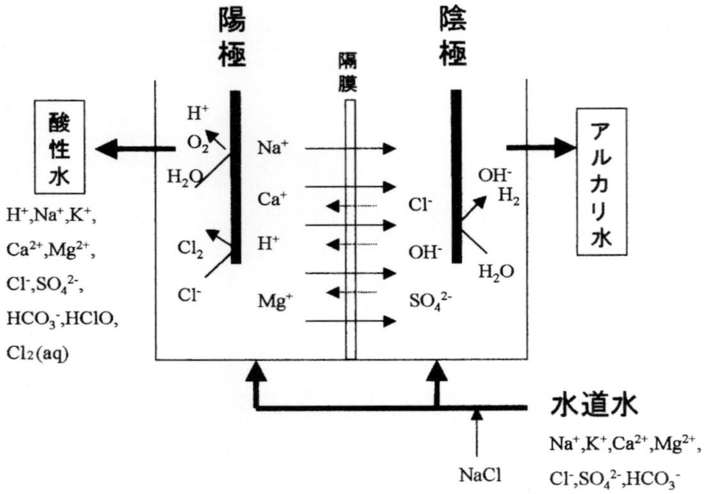

図1　強酸性水の製造原理と各種成分

酸性水のpHは2.2、ORPは1,150mV程度になる。また、陰極側の水のpHは11.5、ORPは－800mVとなりアルカリイオン水とも呼ばれる。実用的には供給源の水として水道水が用いられるため、採取した水には、もともと水道水に含まれたさまざまな微量なイオンが残っている。

電解過程での陽極及び陰極での電極反応は、次式で表される。

陽極：$H_2O \Leftrightarrow \frac{1}{2}O_2 + 2H^+ + 2e^-$ ………… (1)

$2Cl^- \rightarrow Cl_2 + 2e^-$ …………………… (2)

陰極：$2H_2O + 2e^- \rightarrow H_2 + 2OH^-$ ………… (3)

陰極では水素が、陽極側では酸素と塩素が発生する。さらに、電極反応で生成した気体や化学種は、水中で次式の平衡反応に従う。

陽極室：

$Cl_2(g) + H_2O \Leftrightarrow HClO + H^+ + Cl^-$ ……… (4)

$Cl_2(g) \Leftrightarrow Cl_2(aq)$ ……………………………… (5)

$H^+ + HCO_3^- \Leftrightarrow H_2O + CO_2 \uparrow$ …………… (6)

陰極室：

$OH^- + HCO_3^- \rightarrow CO_3^{2-}$ ………………… (7)

したがって、電解後生成される強電解酸性水の主な成分は水素イオン、Naイオン、塩素イオン、および次亜塩素酸、塩素ガスである。また、水道水中に微量に存在するイオン種は陰極室で以下の反応により塩を生成する。

$Ca^{2+} + 2OH^- \Leftrightarrow Ca(OH)_2 \downarrow$ …………… (8)

$Mg^{2+} + 2OH^- \Leftrightarrow Mg(OH)_2 \downarrow$ ………… (9)

$Ca^{2+} + 2CO_3^{2-} \Leftrightarrow CaCO_3$ ……………… (10)

図2～4にpH、ORP、残留塩素量に及ぼす電解電流値の影響を水道水と純水で比較したものを示す[3)]。水道水と純水では溶存イオン種の量に差はあるが、pHで僅かな差が認められるものの、ORPと残留塩素量にはほとんど差は認められない。

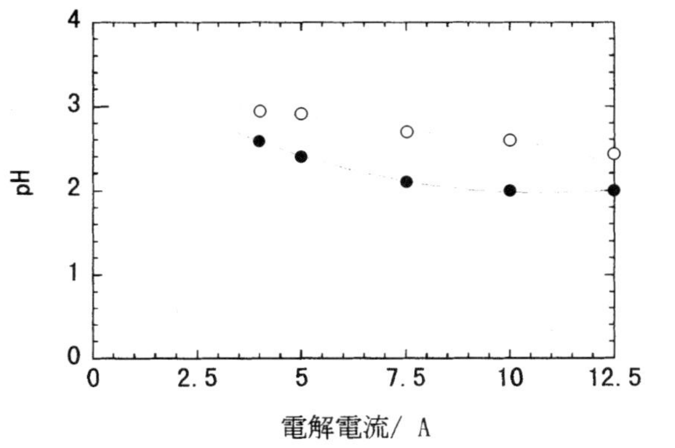

図2　pHに対する電解電流の影響
○；純水、●；水道水

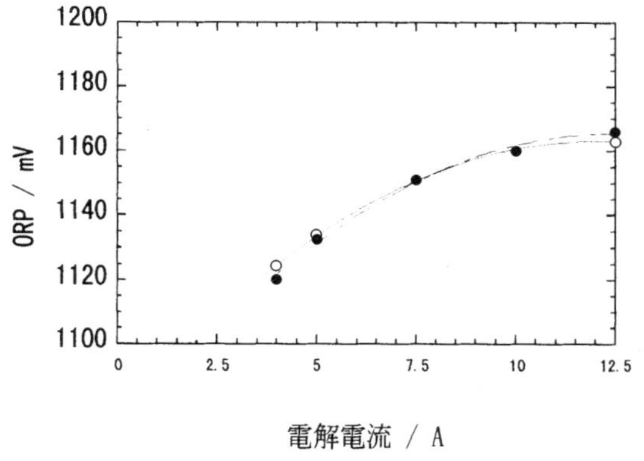

図3　ORPに対する電解電流の影響
○；純水、●；水道水

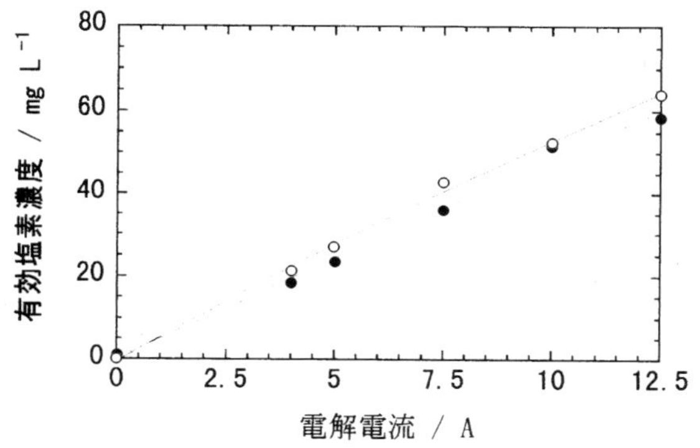

図4　有効塩素濃度に対する電解電流の影響
○；純水、●；水道水

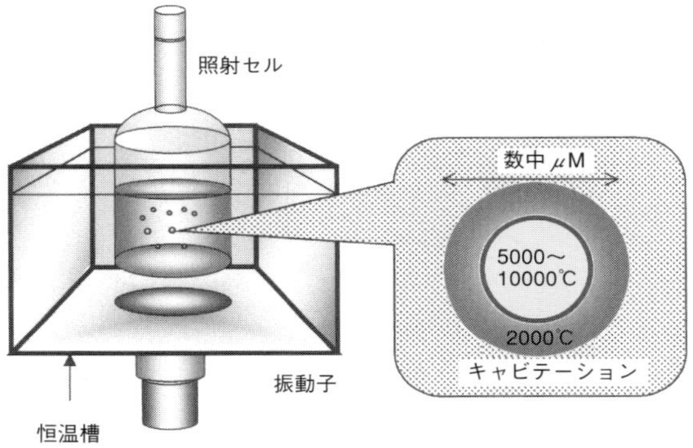

図5　超音波照射の様子とキャビテーション

2.2　超音波処理水

水に周波数20kHz～数MHzの強力なパワーの超音波を照射すると、水の内部でキャビテーションが発生する。このキャビテーションの崩壊時には局所的に5000度、1000気圧以上の反応場（ホット・スポット）が形成される[5,6]。この反応場で、水分子は分解しH・やOH・ラジカルを生成する。このラジカルは、水分子や溶存気体と反応し、過酸化水素、硝酸、亜硝酸を生じる。このようにして調整した水は、超音波処理水と呼ばれる。

キャビテーションの発生には20kHz～数MHzの周波数の超音波が使用される。振動子としては、ランジェバン振動子、ジルコン酸チタン酸鉛振動子（PZT振動子）が用いられる。**図5**に、超音波照射の概略図とホット・スポットの模式図を示す。

3.　酸性電解水と超音波処理水の物理化学的性質

3.1　酸化還元電位（ORP）

一般に、次の酸化・還元反応が存在するとすれば

$$xOX + mH^+ + ne^- \Leftrightarrow yRed + zH_2O \qquad (11)$$

電極間に発生する電気ポテンシャルの差、$\psi e - \psi c$ は次の式で書ける。

$$\psi e - \psi c = \frac{1}{nF}(x\mu_{OX} + m\mu_{H+} + m\mu_{e-} - y\mu_{Red} - z\mu_{H_2O}) \qquad (12)$$

ここで μi はイオン種 i の化学ポテンシャルである。活量係数 aを用いて化学ポテンシャル（$\mu = \mu^0 + RT\ln a$）を表し、水の化学ポテンシャルを0とし、標準水素電極を基準電極とした場合の酸化還元電位Eは次式で与えられる。

$$E = \frac{(x\mu^0_{XO} - y\mu^0_{Red}\, z\mu^0_{H_2O})}{23070n} - 0.0591\frac{m}{n}pH + \frac{0.0591}{n}\ln\frac{a^{OX}_{XO}}{a^{OY}_{Red}} \qquad (13)$$

強酸性電解水では、次の酸化還元およびイオン平衡反応により酸化還元電位は決められる[7]。

$$2HClO + 2H^+ + 2e^- \Leftrightarrow Cl_2(g) + 2H_2O \qquad E = 1.63V \quad (14)$$

$$Cl_2(g) \Leftrightarrow Cl_2(aq) \qquad pK = 1.21 \quad (15)$$

$$HClO \Leftrightarrow ClO^- + H^+ \qquad pK = 7.49 \quad (16)$$

したがって、強酸性電解水の場合酸化還元電位は次式で与えられる。

$$E = 1.63V - 0.06pH + 0.03\log\frac{[HClO]^2}{P_{Cl2}} \qquad (17)$$

ここで、イオン種の濃度は非常に薄いので、各イオン種の平均活量は溶存するイオン種のモル濃度となる。また、P_{Cl2}はCl_2の分圧である。したがって、水溶液中の次亜塩素酸、塩素の分圧、pHから、酸化還元電位は算出できる。

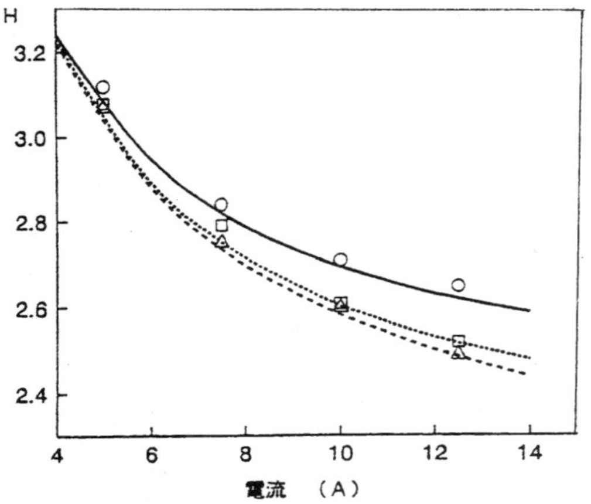

図6　炭酸の溶存を考慮したpHの電解電流値依存性（$[H_2CO_3] = 1.0\times10^{-5}$mol/l）
実測値 NaCl濃度（ppm）：350（○），700（□），1000（△）
計算値 NaCl濃度（ppm）：350（—），700（…），1000（---）

3.2　強酸性電解水の製造過程の解析

実際の強酸性電解水製造装置では電極反応の機構やイオン交換膜の作用等複雑な要因が考えられ、以下の仮定をすることにより実際の強酸性電解水の製造過程をシミュレーションした。

［仮　定］

(1) 水溶液中の$Cl_2(g)$、$Cl_2(aq)$、HClO、ClO^-の濃度は平衡状態にある。
(2) イオン交換膜は理想的に働き、膜を通過するイオン種はカチオンのみである。
(3) H^+を除く、カチオンの移動度は等しく、H^+の移動度は他のカチオンより大きいとする。
(4) 各種イオン、溶解分子種の活量係数は１とする。
(5) 電気浸透水の影響は無視する。
(6) 排出ガスの圧力は大気圧（1気圧）とする。
(7) 陽極でのCl_2発生率εはCl^-濃度に比例するとする。

上記の仮定では、電極の材質による電極反応の効率や用いられているイオン交換膜の効率の効果を全て、Cl_2の発生効率の中に取り込んでいる。このモデ

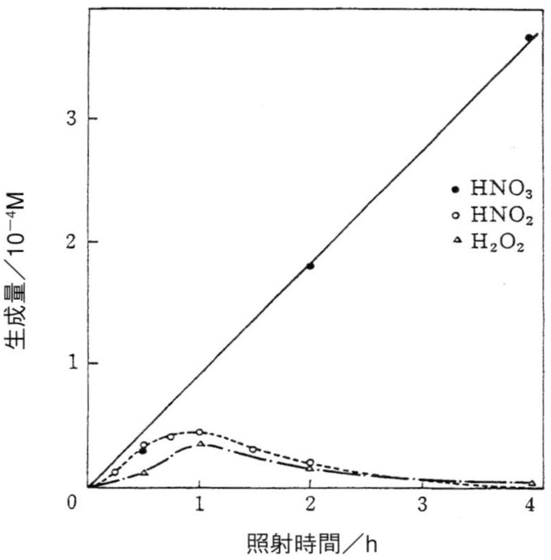

図7　硝酸、過酸化水素、亜硝酸の生成量の照射時間の依存性
（超音波周波数　500kHz）

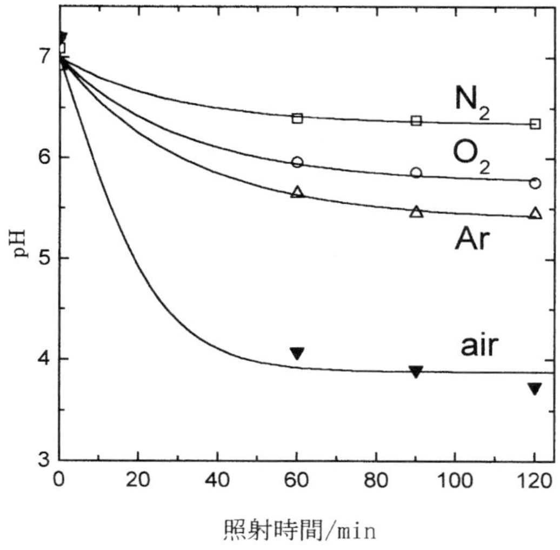

図8　pHの超音波照射時間依存性
（超音波周波数　500kHz）

ルを用いて、Cl_2の溶解・平衡、塩素の溶解・平衡および強酸性電解水中のCl^-濃度の物質収支を考慮し、電気分解に使用した通電した電気量Qとの関係を、シミュレーションした。先の実験値と一致するように仮定(7)の比例定数εの値を決め、強酸性電解水の諸性質を定量的に比較した。

このようにして計算した、強酸性電解水のpHと電解電流との関係を**図6**に示す。図には標準合成水に対して、NaCl濃度、350、700、1000ppmの場合のpHと電解電流量との関係を示した[3]。通常の水、水道水等には空気中のCO_2が溶解し、炭酸イオンが生じるため、pHは酸性側にある。**図6**では、その効果を考慮した。図より、pHの電流依存性は、ほぼ説明できることがわかる。pHだけでなく、酸化還元電位、残留塩素濃度もほぼ再現でき、強酸性電解質溶液の物理化学的性質は、ネルンストの式ですべて説明できることがわかる。

以上の結果から、塩素イオン源としてHClをClO^-イオン源としてHClOを用いて、適当な濃度の電解質水溶液を調整すれば、酸性電解水とほぼ同じ溶液を調整できることがわかる。例えば、

$HCl=6\times10^{-3}mol/l$、$NaClO=2\times10^{-3}mol/l$、$NaCl=1.35\times10^{-2}mol/l$ からなる溶液は、pH=2.6、ORP=1159(mV)、有効塩素濃度＝50ppmを有し、水道水にNaCl 800ppmを加えて電気分解し、陽極側から取り出した強酸性電解水とほとんど完全に同じ性質を示す[3]。

また、調整した電解質水溶液の殺菌効果を調べた結果、強酸性電解水と同様な効果を示した。言い換えれば、電気分解という操作を経なくても強酸性電解水とほぼ同じ水溶液を調製できる。

3.3　超音波処理水の性質

先に述べたように、水に超音波を照射すると、硝酸、亜硝酸、過酸化水素が生成し、超音波処理水は、弱酸性を示す。**図7**に、空気雰囲気において超音波照射時の硝酸、亜硝酸、過酸化水素の生成量の時間依存性を示す。亜硝酸、過酸化水素は、照射時間に対して極大を示すが、硝酸はかなり長時間にわたり単調に増加する傾向にある。照射条件によっても異なるが硝酸は、単位時間あたり$10^{-4}mol/l$程度生成する[6]。

窒素、酸素、アルゴン、空気雰囲気下での水のpHの時間依存性を**図8**に示す[7]。水のpHは、空気雰囲気下では初めの30分で急激に低下し、その後は単調に減少し、120分でpHは3.7程度まで低下する。

一方、窒素雰囲気下でpHは6程度、アルゴン、酸素雰囲気下では6.5程度まで減少した。キャビテーションはアルゴン雰囲気で最も高く、窒素雰囲気で最も低いことが知られているが、図に示したようにpHの変化はアルゴン雰囲気ではほとんど観測されない。

空気雰囲気下における超音波照射による水の分解反応は次式で与えられる。

$H_2O \rightarrow H\cdot + OH\cdot$ ………………………… (18)

$N_2 \rightarrow 2N\cdot$ ………………………………… (19)

$2H\cdot \rightarrow H_2$ ………………………………… (20)

$O_2 \rightarrow 2O\cdot$ ………………………………… (21)

$2OH\cdot \rightarrow H_2O_2$ …………………………… (22)

$N\cdot + O\cdot \rightarrow NO$ ………………………… (23)

$2OH\cdot \rightarrow 2O\cdot + H_2$ …………………… (24)

$NO + O\cdot \rightarrow NO_2$ ……………………… (25)

$2O\cdot \rightarrow O_2$ ………………………………… (26)

$OH\cdot + NO \rightarrow HNO_2$ …………………… (27)

$O\cdot + 2H\cdot \rightarrow H_2O$ ………………………… (28)

$OH\cdot + NO_2 \rightarrow HNO_3$ ………………… (29)

$O\cdot + H_2O \rightarrow H_2O_2$ …………………… (30)

分解した水により生成した・OHラジカルは、溶存気体と反応し硝酸、亜硝酸、過酸化水素となる。反応式から明らかなように硝酸、亜硝酸の生成には窒素が必要である。アルゴン雰囲気下でキャビテーションは最も効率的に発生するが、窒素の供給がないためpHはほとんど変化しない。同様の理由により酸素雰囲気でもほとんどpHの低下は観測されない。窒素雰囲気下では、窒素の溶解度が6.29×10^{-4}mol/l(25℃)であり、反応に必要な十分な量の窒素が水に溶解している。

硝酸、亜硝酸の生成に必要な酸素ラジカルは、酸素分子の分解と水の分解から生成する。酸素を供給しない場合、窒素・アルゴン混合気体では水のpHは5までしか低下しないが、酸素を供給した場合、pHは4まで低下する。外部から酸素の供給が無い場合、酸素は式(7)で水の分解より生成する酸素のみが硝酸等の反応に消費されている。

水の分解により生成した・OHラジカルが、式(23)、式(25)、式(30)で過酸化水素、亜硝酸、硝酸の生成に消費されると仮定し、見積もった・OHラジカルの量は、0.95×10^{-4}mol/lである。ラジカルの化学的定量によく使用されるフリッケ溶液〔1mM $Fe(NH^4)_2(SO_4)_2\cdot6H_2O$、0.8N H_2SO_4、1mM NaCl〕を用いて、同じ超音波照射条件で求めた・OHラジカルの生成量は0.92×10^{-4}mol/lとなり、先の計算値とほぼ一致する。

この結果は、水の分解により生成した・OHラジカルはほとんど式(23)、式(25)、式(30)での過酸化水素、亜硝酸、硝酸の生成に使われたことを示している。したがって、式(24)の反応で消費される・OHラジカルは少なく、酸素ラジカルはほとんど酸素の分解により生成している。

以上より、超音波処理水のpHの低下には、窒素の供給だけでなく酸素を供給することが必要であることがわかる。

4.　酸性電解水と超音波処理水の比較

先にも述べたが、酸性電解水と超音波処理水の殺菌作用の違いは、その由来が酸性電解水では次亜塩素酸であり、超音波処理水では過酸化水素と硝酸である。したがって、殺菌作用の源はいずれにせよ「酸化」作用によるものである。しかし、大きな違いは、超音波処理水は、余分な塩を含まないことであり、特に塩素系イオンを含まないことから排水等の問題を含めて環境問題に特別な配慮を必要としない点である。

強酸性電解水では、電解の際に・OHラジカルや溶媒和電子が発生し、これらラジカルや溶媒和電子が特別な機能を果たしているという議論がある。強酸性電解質については、米森らが調整後の酸性電解水（電解助剤として塩化ナトリウムではなく、硫酸ナトリウムを使用）についてラジカルの存在を検討し、ヒドロキシラジカルの前駆体が溶存することを指摘したが、・OHラジカルそのものを検出するには至っていない[8)]。

超音波処理水では、キャビテーションの崩壊時の高温・高圧場で水分子が分解し、その製造過程で・OHが発生する。言い換えれば超音波を照射している水の中には・OHラジカルが存在し、このことは、近藤らによってスピントラップ剤、5,5-ジメチル-1-ピロリン-N-オキシド（DMPO）を用いてESR法によりその存在が確認されている[9)]。また、水に放射線を照射すると、溶媒和電子が生成されることは良く知られているが、超音波を照射した水についても、溶媒和電子が生ずることが、Rieseｚらによって報告されている[10)]。

以上のように、酸性電解水と超音波処理水とではその由来や物性について、大きく異なっている。この違いがどのような点で長所となり、逆に短所となるか工学や医学の分野での実用的な研究を通して、酸性電解水や超音波処理水の機能が明らかとなることを期待している。

参考文献

1) 例えば；久保田昌治、新しい水の基礎知識、オーム社（1993）
2) 例えば；荒川 泓、水溶液系の構造と物性、北海道大学図書刊行会（1989）
3) 野村浩康、香田 忍、米森重明、下平哲司、三宅晴久、西本右子、日本手術医学会誌,19（1），11（1998）
4) 香田 忍、遠藤賢史、小島義弘、野村浩康、化学工学論文集、印刷中（1998）
5) I.E.Elpiner, Ultrasound: Physical, Chemical, and Biological Effects, Consultants Bureau, New York, Chap. 4（1964）
6) 野村浩康、川泉文男、香田 忍、液体および溶液の音波物性、名古屋大学出版会（1994）
7) G.Charlot, Les Reactions Chimiques en Solution, Masson et CIE, Editeure, Paris（1969）
8) 米森重明、滝本康幸、閔 庚薫、実桐幸男、下平哲司、三宅晴久、日本化学会誌、497（1997）
9) 近藤 隆、小平俊介、加納永一、磁気共鳴と医学、3, 109（1992）
10) P.Riesz and V. Misik, Proceeding of the 6the Annual Meeting of the Japan Society of Sonochemistry, Kobe, p.5（1997）

酸化水の殺菌作用とアルカリ性還元水の洗浄作用

小川　俊雄
高知大学名誉教授

1.　はじめに

希薄食塩水を電気分解すると二種類の強電解水、酸性水とアルカリ水が得られ、いろいろの優れた効果が認められている（小川、1995；奥田・柏田、1995；芝・芝、1995；岸田、1996；河野、1996；芝・芝、1997）。特に、酸性水には強力な殺菌作用があり、従来の殺菌剤に比べて優れた特徴を有する。その原因が電解水の電子活性にあることを、厳密な電子活性の定義に基いて解説する。

2.　強電解水の特徴

強電解水のうち酸性水には強力で広範な殺菌効果があり、一方、アルカリ水には優れた洗浄効果がある。希薄食塩水を電気分解して簡単につくることができるので経済的効果が高く、また副作用がないなどの実用的な多くの特徴がある。その殺菌機構は、次の三大特徴を同時に説明することが求められる。

(1) 殺菌スペクトルが広く、ほとんどすべての細菌に有効である。
(2) 瞬時に殺菌する。枯草菌のような芽胞を有する菌を除けば、使用後約5秒間で効果が出る。
(3) タンパク質に接触すると、その量に依存するが、短時間で殺菌力を失う。外科手術後の処置部分の消毒や、血液で汚染された病院のベッド・廊下の清掃などに使用すると急速に効果が失われる。この点は、従来の消毒液の観点からは欠点とみなされるが、余分な副作用を起こさず失活することから、逆に好ましい特徴である。

3.　「電子活性」の定義

機能水の多様な性質を説明するとき、しばしば「電子活性」という言葉が使用されるが、科学的に意味のはっきりしないものも多い。ここでは「電子活性」を以下のように定義して用いる。

一般に水溶液の電気的活動性は、その中に含まれる電子とプロトン（水素イオン）の活動による。電子とプロトンは、水溶液を構成する成分中で最も小さく、他の原子・分子と結合しやすく活動性が高いことから、溶液の性質を支配する因子となる。このうちプロトンについては活動度pHが定義されて定量的な指標として用いられているが、電子の活動度についてはあまり論じられていない。プロトンの活動度は、水溶液が無限希釈状態のとき、モル濃度$[H^+]$を用いて、次式のpHで定義される。

$$\mathrm{pH} = -\log[H^+] \quad \cdots\cdots\cdots\cdots \quad (3.1)$$

同様に電子の活動度についても、電子のモル濃度$[e^-]$を用いて

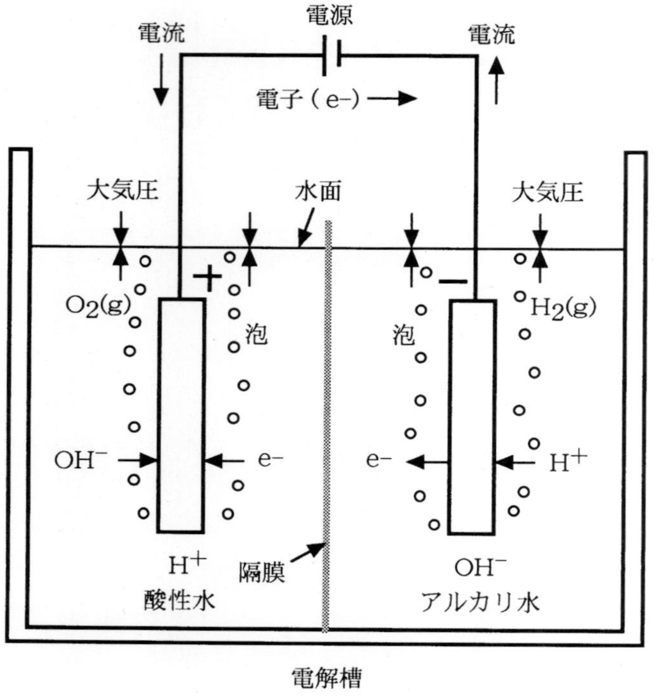

図4.1　水の電気分解

$$pe = -\log [e^-] \quad \cdots\cdots (3.2)$$

で与えられることは明らかである。

プロトン活動度pHの値はpH計を用いて計測されるが、電子活動度peについては、pe計がまだ開発されていないので、直接測定することができない。

一方、水溶液の酸化と還元の程度を表す酸化還元電位（ORP）についてはORP計が用いられている。peとORP（E_H；単位はボルト）の間には、ネルンスト方程式を用いて理論的に次の関係式が得られる。

$$pe = (F/2.3RT)E_H \quad \cdots\cdots (3.3)$$

ここで

F（ファラデーの定数）＝
96485クーロン・モル$^{-1}$　……（3.4）

R（気体定数）＝
8.3145ジュール・K^{-1}・モル$^{-1}$　（3.5）

Tは絶対温度である。標準状態（1気圧、25℃）では

$$T = 273.15 + 25 = 298.15\ K \quad \cdots\cdots (3.6)$$

を用いると、E_Hの測定値から次式を用いて電子活動度peを求めることができる。

$$pe = 16.9E_H \quad \cdots\cdots (3.7)$$

酸化還元電位E_Hは酸化・還元の程度を表し、水溶液の酸化が進むとE_Hが大になり、還元されるとE_Hが小になる。E_Hが大になると電子活動度peも比例して大になり、E_Hが小になるとpeも比例して小になる。ここで（3.7）式からpeの値を求めて（3.2）式を用いると、酸化・還元によって直接どれだけ電子濃度が減ったり増えたりするのかを定量的に評価すること

ができる。

水溶液の電気的活動性を表すためには、プロトン活動度pHを横軸にとり、電子活動度peを縦軸にとって測定値をプロットしたpe・pHダイアグラム(例えば Pankow、1991)を用いる。これによって水溶液がどれだけアルカリ性(酸性)になり、同時にどれだけ酸化(還元)されたかを、プロトン濃度と電子濃度の数値を基にして定量的に評価することができる。マイナス電荷をもつ電子と、プラス電荷をもつプロトンが同時に活動して電気的特性を発揮する状態を「電子活性」と呼ぶことにする。

4. 強電解水の生成原理と性質

図4.1に示すような、隔膜を備えた電気分解槽に水道水を入れて通電すると、酸性の酸化水とアルカリ性の還元水が得られる。電気エネルギーが水に注入されるので、これが電子活性として作用し、使用後はエネルギーを失って元の水に戻る。

水(H_2O)はプラス電極側で酸化されると酸素(O_2)を発生し、水中のガス圧が大気圧(1気圧)以上になると気泡となって大気中に放出される。

一方、マイナス電極側で還元されると水素(H_2)を発生し、やはりガス圧が1気圧以上になると気泡となって大気中に放出される。このときH_2OのOとO_2のOが等濃度になるところと、H_2OのHとH_2のHが等濃度になるところは、それぞれの化学変化の平衡定数を用いて計算すると、

$$pe = 20.8 - pH \quad \cdots\cdots (4.1)$$

$$pe = -pH \quad \cdots\cdots (4.2)$$

で与えられることが分かる。これら二本の直線で限定された領域が、**図4.2**のpe・pHダイアグラムに示された水の存在範囲となる。これらの計算方法については小川(1995)を参照のこと。

電解装置の通電を止めると、酸性水中の酸素O_2(g)は徐々に放出されて大気中の酸素の分圧0.21気圧と釣り合うようになる。

このときの水と酸素の境界線は、

$$pe = 20.6 - pH \quad \cdots\cdots (4.3)$$

で与えられる。一方、還元水中の水素H_2(g)も大気中の水素の分圧と釣り合うように変化する。大気中に含まれる水素の量について0.55ppm(Fegley、1995)を用いると、水と水素の境界線は、

$$pe = 6.3 - pH \quad \cdots\cdots (4.4)$$

で与えられる。(4.3)(4.4)式で与えられる直線を**図4.2**に示す。

次に、水道水から食塩水をつくると塩素イオン(Cl^-)、次亜塩素酸(HOCl)、次亜塩素酸イオン(OCl^-)、塩素分子(Cl_2)等が発生する。pe・pHダイアグラム上で(1)Cl^-とHOClの境界線、(2)Cl^-とOCl^-の境界線、(3)Cl^-とCl_2の境界線、(4)HOClとCl_2の境界線、(5)HOClとOCl^-の境界線はそれぞれ以下の式で与えられる。

(1) $pe = 25.25 - (1/2)\,pH$ …… (4.5)
(2) $pe = 28.9 - pH$ …… (4.6)
(3) $pe = 24.54$ …… (4.7)
(4) $pe = 25.96 - pH$ …… (4.8)
(5) $pH = 7.3$ …… (4.9)

(4.5)～(4.9)式の直線が**図4.2**に示されている。

こうして作成されたpe・pHダイアグラム上に、実験から得られた数値をプロットする。水道水①は電気分解によって酸性水②とアルカリ水③に分解される。次に水道水①から食塩水④(この場合は濃度が0.1%)をつくり、これを電気分解すると強酸性水⑤と強アルカリ水⑥ができる。pHの低い強酸性水は同時にpeの高い強酸化水であり、pHの高い強アルカリ水は同時にpeの低い強還元水である。強酸化水⑤を生体に使用す

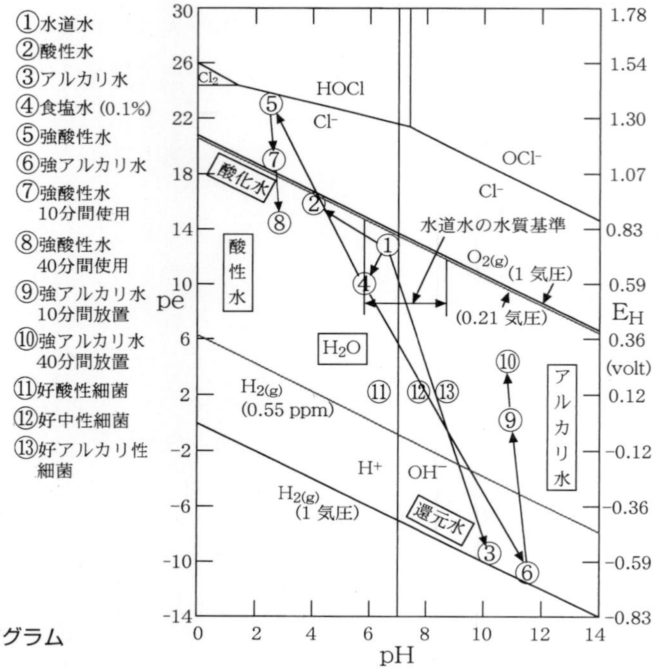

図4.2 電解水のpe・pHダイアグラム

る(手や足を浸ける)と、約10分間で⑦の位置に、約40分間で⑧の位置にくる。

一方、強還元水⑥を自然放置すると約10分間で⑨の位置に、約40分間で⑩の位置にくる。最後に好酸性細菌、好中性細菌、好アルカリ性細菌の細胞内液のpe・pHを⑪⑫⑬に示す。以下それぞれの水の標準的なpe・pHの値について簡単に説明する。

① 水道水：自然の水を浄化してつくるので殺菌のため塩素が投入される。その投入量は原水の汚染の程度によって異なるので、pe・pHの値も地域によって違ってくる。水道法に基づく水質基準項目ではpH=5.8以上8.6以下と規定されているが、peの規定はない。高知市の例では pH≒6.5；pe≒13。

② 酸性水：酸素と水の境界線の直下にくる。pH≒4.0；pe≒16。

③ アルカリ水(生成直後)：水と水素の境界線の直上にくる。pH≒10；pe≒−10。

④ 食塩水：水道水の地域によって、また食塩濃度によって値が異なる。0.1%食塩水についてpH≒6.0；pe≒10。

⑤ 強酸性水：次亜塩素酸と塩素イオンの境界線の直下にくる。したがって主成分は塩素イオンCl^-で、次亜塩素酸HOClの含有量は約10%である(縦軸の一目盛が4桁の濃度差に相当する)。pH≒2.5；pe≒23。

⑥ 強アルカリ水：アルカリ水より約1.5桁アルカリ性が強い(横軸の一目盛が2桁の濃度差に相当する)。pH≒11.5；pe≒−11。

⑦ 強酸性水10分間使用：2リットルに両足を約10分間浸けるとpH≒2.6；pe≒19になるが、これは通常酸化水を殺菌に使用して変化した状態。

⑧ 強酸性水40分間使用：2リットルに両足を約40分間浸けるとpH≒2.8；pe≒15になるが、pe≒16で殺菌力を失う。

⑨ 強アルカリ水10分間放置：容器に入れてそのまま約10分間自然放置した状態。pH≒11；pe≒0.0。

⑩ 強アルカリ水40分間放置：約40分間自然放置した状態。pH≒10.5；pe≒4.0。

⑪⑫⑬ 好酸性細菌、好中性細菌、好アルカリ性細

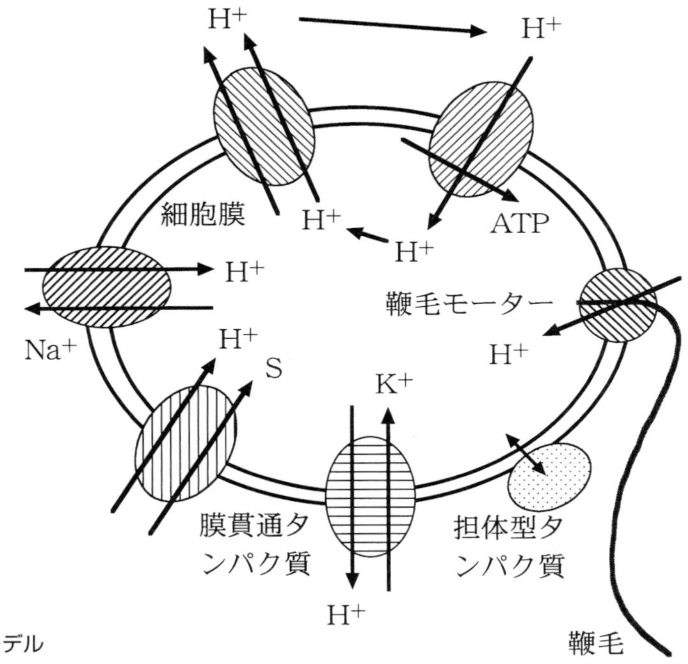

図5.1　細菌の細胞膜のモデル

菌の細胞内pe・pH：peについては人間の血液の値のレベルpe=2.4(小川ほか、1998)に置いた。⑪⑫⑬についてそれぞれpH≒6.0〜6.5、7.6〜7.8、8.5〜9.0(畝本、1993)。

強酸性の酸化水はpeが大(pe≒23)で電子濃度が極端に低い($[e^-]≒10^{-23}$mol/l)水であるから、接触する物質から電子を奪う力が強い。また、強アルカリ性の還元水はpeが小(pe≒－11)で電子濃度の高い($[e^-]≒10^{11}$mol/l)水であるから、接触する物質に電子を供与する能力が高い。しかし、生成直後の還元水は水中の水素ガスが逸散するので急速に酸化され、peが上昇する。10分間自然放置するとpeの変化量Δpe≒11、電子濃度は10^{11}分の1になる。

5.　電子活性による殺菌作用

電解水の殺菌機構を説明するためには、まず殺菌対象である細菌の構造をよく観察する必要がある。細菌は細胞膜に包まれた原核細胞で、電解水が直接接触する細胞膜の構造が重要である。これを破壊すれば、真核細胞のように核膜で保護されていないDNAの流出につながり、これが殺菌になる。

細菌の細胞膜の平均的構造モデルを**図5.1**に示す。細胞膜の外側には網目構造をしたペプチドグリカン層と外膜からなる細胞壁があるが、これは主として細胞の形状を保つために備わっているもので、ここでの殺菌に対する考察では細胞膜の破壊に限定して考察する。細胞膜は基本的にリン脂質2分子層からできており、そこにたくさんのタンパクが埋め込まれた構造になっている。細胞膜の基底には鞭毛が備えられている。細胞膜の脂質分子は疎水的脂肪酸鎖を内部にもち、親水性の頭部を外にして、細胞膜の外部および内部の水環境と結合している。この細胞膜に埋め込まれたタンパクは、脂質膜の“海”を回転しながら氷山のように横方向へ流動する(例えば野澤、1989；柳田、1995)。

このようなタンパクには担体型とチャンネル型があり、いずれも細胞の外から必要物質を内部に輸送し、また細胞の内部から廃棄物または過剰物質を外に放出する役目を果たす。また細胞膜に基盤をもつ鞭毛を回転させてエサに向かって移動し、また不適合環境から逃げることができる。これらはそれぞれの場所におけるそれぞれの物質成分の濃度差によって起こる現象である。このような活動が細菌の生命活動であり、基本的にこの活動を不可能にすることが殺菌になる。

細菌の活動エネルギーの元は、細胞内外のプロトン濃度の傾斜によってできるポテンシャルエネルギーであり、細胞膜には通常数10ミリボルトの電位差がある。細胞膜の内外にはナトリウムイオンやカリウムイオンなどの濃度差があるが、細胞膜の内と外のイオン量の間にはギブス・ドナンの平衡法則に従った一定の関係が成立しなければならない(例えば北岡、1987)。細菌のプロトン循環とエネルギー共役、およびタンパクを利用した物質輸送系の模型が**図5.1**に示されている(畝本、1993を参照)。細菌はこれらのプロトンやイオンによって電気的にコントロールされて生命を維持する、マイクロ・エレクトロ・バイオシステムと見なすことができる。

図5.1において膜貫通タンパクを通じて細胞に必要なカリウムイオンK^+を吸入したり、余分なナトリウムイオンNa^+を汲み出したりする逆輸送系(プロトンの出入と逆)や、硫黄Sなどの栄養素をプロトンとともに吸入する共輸送系がある。また、担体型タンパクは物質を捕獲して膜内外に反転することによって取り込む輸送系をつくっている。このような細胞膜に組み込まれたタンパクはもともと疎水部分と、電気的極性をもつ親水部分からできていて、親水部分が環境の水分子の極性と結合するため膜の内外に突き出し、疎水部分は折り畳まれて内部に押し込められて三次元構造をなしている。

ここで、このような構造タンパク質の溶解について考える。構造をもつタンパク質には等電点(isoelectric point)があり、等電点より低いpHと等電点より高いpHの溶液内で、タンパク質の溶解度が上がり(Voet & Voet, 1995; Mathews & van Holde, 1996)、等電点より離れると溶解度は急速に増加する。これは、等電点より酸性側ではプロトンのプラス電荷、等電点よりアルカリ側では水酸化物イオンOH^-のマイナス電荷が卓越して構造タンパクを包み、静電気力によって同一符号電荷部分に相互の反発力が生じて、タンパクの構造がはがされることによる。等電点におけるpHの値は、例えばβラクトグロブリンではpH5.3という実験結果があるが、ほかのタンパクでもこの点はほぼ同じである。

もし細菌に、極端に低いpH、極端に高いpeの強電解酸性酸化水が接触したらどうなるか。この水はプラスの電荷をもつプロトンが過剰に存在し、またマイナスの電荷をもつ電子が極端に不足した状態で、電子受容能力が極めて高い。電子が欠乏し、電子を欲しがっている水である。pHが低くて過剰なプロトンのプラス電荷によって、細菌の細胞膜に埋め込まれたタンパクは等電点から遠く離れる。このとき細胞膜内外のプロトン濃度には3万倍の違い(pH7とpH2.5の差)ができる。そのうえ、電解水の高peの性質が極性タンパクの分極したマイナス電荷の存在を許さず、分極によって発生する電子はすべて電解水中に吸引されてしまう。このとき細菌と酸化水の電子濃度には$10^{20.6}$倍の違い(pe2.4とpe23の差)がある。このため構造タンパクの電気的極性は瞬時にして失われ、構造タンパクの部分部分を分離する強い力が働き、タンパクはばらばらに分解される。

こうして細胞の脂質膜に組み込まれたタンパクが流失し、内部の細胞質物質も流失する。細胞膜の規律をもった物質輸送能力やエネルギー代謝作用が停止するだけでなく、細胞そのものが破壊され、これが殺菌になる。

もともと1個の原核細胞からなる細菌の生命活動は、細胞膜および細胞内に分布する各種タンパク質の働きによって支えられているものであり、細胞膜の構造タンパクが溶解してしまえば、内部の核物質(DNA)も流失し、細菌は消滅せざるを得ない。

このような電解水殺菌の一連の作用は電気的作用であり、細菌の種類を問わず、効果は瞬時に及ぶ。また、構造タンパクから電子を吸引することによって電解水の電子濃度が増大してpe値が減少し、殺菌能力を失う。

こうして強電解酸性酸化水の殺菌効果の三大特徴、(1)広殺菌スペクトル 、(2)瞬時の殺菌 、(3)タンパク質によって失効する、をすべて説明することができる。

6.　殺菌にともなう酸化水の還元

以上の説明では電解水の殺菌作用は低pHと高peの性質によってもたらされた。ここでもういちどpHとpeの本質的な役割を検証しよう。実際に殺菌に利用してpHとpeが、殺菌効果とともにどのように変化するのかを調べる。

水道水に食塩を投入してつくった希薄食塩水を電気分解すれば、酸性酸化水は**図4.2**のpe・pHダイアグラム上の⑤の位置に、アルカリ還元水は⑥の位置にくる。このうち酸化水⑤を殺菌に使用すると、peが減少して⑦の位置にくる。ここではまだ殺菌力があるが、⑧の位置へ来るまでに殺菌力がなくなる。

この過程でpeは23から16まで変化するが、一方pHは2.5からせいぜい2.8まで変化するにとどまる。電子濃度でみると10^{-23} mol/lから10^{-16} mol/lに増加したことになり、電子濃度は10^7倍になった。

一方、プロトン濃度は$10^{-2.5}$ mol/lから$10^{-2.8}$ mol/lに減少し、$10^{-0.3}$倍、すなわち2分の1になっただけである。これらの変化が殺菌対象の細菌によってもたらされたことは明らかであるが、プロトン濃度の変化は電子濃度の変化に比べて無視できる程度の量である。

したがって、殺菌にともなう変化は電子のみに起こったと考えても差し支えない。一方、同時に測定した次亜塩素酸濃度が減少しているので、こちらの方を主役と考える説が次亜塩素酸説であるが、この説では市販の次亜塩素酸ソーダを用いる場合との違いを説明することができない。以下電子が殺菌の主役であることを示そう。

酸化水は、殺菌によってpeが減少したので、酸化水自身は還元されたことになる。還元によって電子濃度が増えた。この電子濃度の増加が殺菌対象となった細菌から得られたことは明らかである。**図4.2**のpe・pHダイアグラムにおいて⑤の位置では、塩素イオンCl^-が酸化水の主成分であるが、次亜塩素酸HOClは約10％含まれている。ここで自然放置の電解水に起こる電解水自身の還元作用は、含まれる次亜塩素酸が還元されて塩素イオンになることを意味する。この変化は次の還元反応式で表される。

$$HOCl + H^+ + 2e^- \rightarrow Cl^- + H_2O \quad \cdots\cdots\cdots\cdots \quad (6.1)$$

この反応で1個の次亜塩素酸分子当たり2個の電子が消費される。このとき次亜塩素酸濃度[HOCl]の減少と塩素イオン濃度[Cl^-]の増加の関係は(6.1)式から求められる理論曲線に沿って起こるが、殺菌に利用した場合の次亜塩素酸濃度の減少はこれよりも急速であり、酸化水に外部から電子が注入されたことが分かる(小川、1998)。すなわち細菌から電子が得られた結果、次亜塩素酸の還元のスピードが増すのである。

⑦の位置では次亜塩素酸濃度も電子濃度も⑤の位置の1万分の1(pe23とpe19の差)に下がるが、まだ殺菌力がある。ここでは酸素濃度が高く、殺菌にともなって酸素が還元されて水になる。この変化は次の還元反応式で表される。

$$O_2(g) + 4H^+ + 4e^- \rightarrow 2H_2O \quad \cdots\cdots\cdots\cdots\cdots\cdots \quad (6.2)$$

このとき1個の酸素分子当たり4個の電子が消費される。

電解水生成の材料である食塩水の濃度を上げれば次亜塩素酸の濃度を、比例していくらでも上げることができる。この場合は**図4.2**のダイアグラムの塩素分子Cl_2の領域が右方へ拡がってくるが、全体の形はほぼ同じである(小川、1995)。しかし、電子活動度peは23以上には上がらない。このときは殺菌にともなって起こるpeの減少は速度が遅くなる。殺菌対象となる細菌の数が一定であるから、細菌から獲得する電子の量に限界があり、その電子量で還元される次亜塩素酸濃度が高ければ、pe・pHダイアグラム上での還元の速度が遅くなるように見える。一方、塩素濃度をあげればそれだけ塩素による副作用の害が出るので、強電解酸化水の殺菌作用は、副作用の出ない程度の塩素濃度を保つことが重要である。

7. 結　論

隔膜を備えた電気分解槽に希薄食塩水を入れて通電すると、酸性の酸化水とアルカリ性の還元水が得られる。このうち酸化水は電子濃度が極端に低い水で、浸された物質から電子を奪う性質がある。この電子獲得能力が、マイクロ・エレクトロ・バイオシステムとみなされる細菌に対して強力な殺菌作用を及ぼす。プロトンと電子の電気的作用であるから、細菌の種類を問わず、効果は瞬時に発揮される。電子を得ると酸化水自身は還元されて、急速に殺菌力を失う。このため副作用を伴わない殺菌効果となる。殺菌作用は新鮮な酸性水を使用するとき発揮される。

一方、アルカリ還元水は電子濃度の高い水であるから、浸された物質に電子を供与して元の水に戻ろうとする性質がある。ここで元の水といっても、アルカリ(pH大)の性質は依然残っている。還元水は生成直後から水素が逸散して急速に酸化されるので、生成後時間をおかずに使用することが望ましい。pHが高くタンパク質の等電点より遠く離れるので、タンパク質を分解する能力があり、これが対象物に電子を供与して酸化を抑えながら発揮される、やさしい洗浄作用となる。

参考文献

◇ Fegley, Jr., B., Properties and composition of the terrestrial oceans and of the atmospheres of the earth and other planets, in Global Earth Physics (A Handbook of Physical Constants) by Ahrens, T.J., Am. Geophys. Union, 320-345 (1995)

◇ 岸田義典、機能水農業、新農林社、132 頁 (1996)

◇ 河野　弘、強電解水農法、農文協、148 頁 (1996)

◇ 北岡建樹、水・電解質の知識、南山堂、268 頁 (1987)

◇ Mathews, C. K. and K. E. van Holde, Biochemistry, 2nd ed., The Benjamin / Comming Publishing Company, Inc., Menlo Park, Calif., pp. 1159 (1996)

◇ 野澤義則、生体膜に学ぶ、共立出版、102 頁 (1989)

◇ 小川俊雄、強電解水の原理と応用、SLI 出版、148 頁 (1995)

◇ 小川俊雄、強電解水の電子活動度とその殺菌作用、J. Atmos. Electr., Vol.18, No.1, 67-94 (1998)

◇ 小川俊雄、堀口昇、堀口裕、マイナスイオン照射による血液の還元効果、全国マイナスイオン医学会誌、2 巻、2 号 (1998) (投稿中)

◇ 奥田禮一・柏田聰明、酸化電位水の Q&A、デンタルダイヤモンド社、91 頁 (1995)

◇ Pankow, J. F., Aquatic Chemistry Concepts, Lewis Publishers, Chelsea, Michigan, pp. 638 (1991)

◇ 芝あき彦・芝紀代子、強電解水ハンドブック、医学情報社、142 頁 (1995)

◇ 芝あき彦・芝紀代子、消毒革命がおきている、医学情報社、146 頁 (1997)

◇ 畝本力、特殊環境に生きる細菌の巧みなライフスタイル、共立出版、100 頁 (1993)

◇ Voet, D. and J. G. Voet, Biochemistry, 2nd ed., John Wiley & Sons, Inc., New York, pp.1361 (1995)

◇ 柳田充弘、細胞から生命が見える、岩波書店、236 頁 (1995)

イオン化カルシウム水の殺菌・保水効果

八藤 眞
ＦＬＩ食と生活情報センター

1. カルシウム代謝の仕組み

一般的にカルシウムは大切であるといわれて数10年が経っている。国民栄養調査も70年近い歴史があるにもかかわらず、今だもって1日の所要量600mgといわれるカルシウムは不足といわれている。1日の必須量は、その10分の1の60mg。安全率を見込んでの10倍量をとらないと必要必須量がとれない、吸収されづらいミネラルの一つである。その所要量は、今や800～1000mgを摂取した方がよいということが常識的となっている。

したがってその必要量は80～100mgとなるが、所要量600mgでも不足気味で、一度として所要量に達したことがないのがカルシウムなのである。それは、日本のみならず牛乳・乳製品を多く摂取している欧米諸国も、カルシウム不足に悩まされているのが現状である。

今だに、単に「カルシウム」といってもいろいろなカルシウムがあり、カルシウムならとりあえず取っておけば何でも良いという風潮があるが、どんな状態のカルシウムかによって、その作用は違ってくる。単にカルシウムが含まれていれば、どんなカルシウムでも皆同じだと錯覚しているところに問題がある。

カルシウムは自らが陽イオンであるため、必ず何かの陰イオンが結びついていないと安定しない。その結びついている陰イオンによって生理効果も当然変わってくるものと考えられる。

単にカルシウムといっても、無機酸と結びついているカルシウムと有機酸と結びついているカルシウム、アミノ酸と結びついているもの、脂肪酸やビタミン類と結びついているものなど、いろいろな形で存在している。

しかし、添加剤としてのカルシウムには、アミノ酸や脂肪酸、ビタミン類と結びついたカルシウムはほとんどなく、その大半はナトリウム塩かカリウム塩しか見あたらない。なぜかといえば、陰イオンであるアミノ酸や脂肪酸がイオン化された状態でいても、それと結びつくカルシウムがイオン化された状態でないため、その化合物の大半は沈殿し、結晶化されて水溶性になりにくいためである。

無機の酸と結びついている主なカルシウムは、

(1) リン酸カルシウム（$CaPO_4 \cdot CaHPO_4$ etc）
(2) 硫酸カルシウム（$CaSO_4$）
(3) 炭酸カルシウム（$CaCO_3$）
(4) 塩化カルシウム（$CaCl_2$）
(5) 硝酸カルシウム（$Ca(NO_2)_2$）
(6) 亜硝酸カルシウム（$Ca(NO_3)_2$）
(7) 蓚酸カルシウム（CaC_2O）

などがあり、蓚酸カルシウムなどは劇薬として知られている。中でもリン酸カルシウムは、骨の主たる構成成分であり、水にはほとんど不溶のため、リン酸カルシウムとして摂取しても、その吸収はきわめて少ないことが知られている。

リン酸が多い食事をしていて、他のカルシウムとともに摂取しても、リン酸カルシウム化合物となりやすく、不溶化して排出されてしまうことが知られ、リン酸が多いとカルシウムの吸収を妨げる原因となっている。

硫酸カルシウムも水に不溶でイオン化しにくく、飲んでもほとんど吸収されにくい。工業的には水と混合すると凝集して石化するため、その性質を利用して石膏や石膏ボードに使われている。

炭酸カルシウムも水にはほとんど溶けず、吸収も悪く、胃酸(HCl)に接触すると塩化カルシウムと炭酸ガスとなり、一部が吸収される。炭酸カルシウムを飲むとゲップがでるのはそのためである。また、腎臓病の透析患者は、この炭酸カルシウムを飲まされているが、塩分の摂取を抑えられているため胃酸の出かたが少なく、そこに炭酸カルシウムを飲まされると胃酸が消費され、食事をした時に、胃酸の出かたが少なくなってしまい、消化不良を起こしてしまうのはそのためである。

人体内では一部塩化カルシウムとして使われているが、Ca^{++}とCl^-にイオン化できるためで、塩化カルシウムならよいかというとそれも問題がある。

無機の酸の欠点は、イオン化しづらいことと、相手側の無機物質が必ず残るため、身重のカルシウムといわれる理由がそこにある。カルシウムが消費されると、リン酸、硫酸、塩酸、硝酸などが残り、また別な陽イオン(Ca、Mg、K、Naなど)を必要とすることから、酸、塩基平衡がとりづらくなってしまうため、問題が残る。しかも、その大半は水に溶けにくく吸収も悪いことから、腸を通過して排泄される運命にあるものが大半である。

その他の陰イオンと結びついているカルシウムは、

(8)酸化カルシウム(CaO)
(9)水酸化カルシウム＜生石灰＞($Ca(OH)_2$)

などがあり、これも水に不溶で、イオン化しにくいカルシウムといえる。水酸化カルシウムは一部溶けるが、加熱されると凝集して石化する。また、アルカリ度が高く人体にとっては好ましい形とはいえない。－OHの水酸基は・OHとなると、ヒドロキシラジカルといって活性酸素の中でも組織や細胞に傷害を起こしやすい物質として知られ、他のフリーラジカル生成にも関与している。

有機の酸と結びついている主なカルシウムは、

(1)クエン酸カルシウム($Ca(C_6H_5O_7)_2$)
(2)プロピオン酸カルシウム($Ca(C_3H_5O_2)_2$)
(3)酢酸カルシウム($Ca(C_2H_3O_2)_2$)
(4)グルコン酸カルシウム($Ca(C_6H_{11}O_7)_2$)
(5)乳酸カルシウム($Ca(C_3H_5O_3)_2$)

などで、やはり有機の酸といっても水に溶けやすい化合物と溶けにくい化合物とがある。

クエン酸カルシウムなどは、水に溶けにくく解離性が悪くなっている。クエン酸を製造するには、発酵させて作られたクエン酸に生石灰を加えて、不溶のクエン酸カルシウム(クエン酸生石灰)として沈殿、分離し、硫酸を加えてさらに硫酸カルシウムと分離させ、クエン酸を作っている。そのため、クエン酸はカルシウムと合うと不溶化してしまう性質を持っている。

乳酸カルシウムは、水に溶けるものの、人体内での乳酸の位置付けを考えるとあまり好ましいものではない。ATPがエネルギー化する際、その副産物として乳酸が生まれる。筋力運動をした後、多量の乳酸が生じて分解するのに肝臓まで運ばれなくてはならず、肩こり、筋肉のけいれんなどの原因ともなり、人体にとっては都合のよいものではない。

しかし、有機酸は、自らが燃焼してエネルギー化できる性質があり、重炭酸を作り、最終的に炭酸ガス(CO_2)と水(H_2O)に分解できるため、無機質の身重のカルシウムに比べて、人体内で負荷のかからない、二度働くことができるカルシウム化合物といえる。

しかし、水への解離性のよさ、イオン化されやすいことから、全体の分子量に比べてカルシウム含量が多いか少ないかなど、有機酸といえども人体にとって都合のよいカルシウム形態になっていることが重要である。

その他、いろいろなアミノ酸と結びついたカルシウム、脂肪酸と結びついたもの、ビタミン類と結びついたカルシウムなど、いろいろなカルシウムが存在しているが、同様の理由でその性質がいろいろとでてくる。むしろ、人体内や動物体内でカルシウムがそういう栄養素と結びついて生理的な作用をしていると考えた方がよく、人体内の栄養素の運び屋といわれる理由がそこにある。

そうしたことから、結びついている物質によってカルシウムの作用は同じでも、相手側のイオンによって生理的な作用が違ってくるのも当然なことと考えられる。

2. イオン化カルシウム(CaMAX)とその特性

そこで代表的なカルシウムと植物種子発酵イオン化カルシウム(CaMAX)との生体内でのカルシウム代謝に違いがあるかどうかをテストした。植物種子発酵イオン化カルシウムはその名の通り、酵母、各種麹、乳酸菌などで発酵したイオン化カルシウムで、その有機酸は酢酸、麹酸、乳酸、酪酸などと結びついたカルシウム液である。しかも、カルシウムだけでなくマグネシウム、カリウム、ナトリウム、鉄、亜鉛、マンガン等を含む総合ミネラル液となっている。液体の中では、カルシウム2900mg/100*ml*、マグネシウム280mg、ナトリウム180mg、カリウム7.5mg、鉄6.6mg等、高濃度のイオン化液である。

その機能と特性は、

(1) 水中でイオン化し、解離性がよいため、その分子分散が確実に行われるため、水分子集団の細分化を計ることができる。
(2) 逆浸透膜10Å(オングストローム；1千万分の1mm)の微細な膜穴を通過するイオンサイズのカルシウムをはじめとしたミネラルになっている。
(3) 水道水中の残留遊離塩素の中和作用がある。
(4) 水の電気伝導率を大幅に向上させる。1.5ms/㎝の脱イオン純水にわずか0.2%のCaMAXを加えることで、100倍の150ms/㎝の電気伝導率に変化させることができる。
(5) 物質表面に静電気防止の状態をつくり、イオン被膜を形成する。
(6) 人体皮膚の保湿作用を有する。
(7) 各種細胞に対して水とミネラルの浸透性を向上させることができる。

等々の働きがあり、機能性をもっている。

3. イオン化カルシウム水の生体への利用効果

3.1 小腸粘膜における輸送モデル

動物、人体における小腸粘膜におけるカルシウムイオンの輸送モデルは、**図1**の通りで、Ca^{++}イオン、有機酸 $R-COO^-$ は、いずれも解離し、電解状態で吸収されていく。

動物小腸を使用したUssing Chamberの構式は**図2**の通りで、粘膜側からイオン化カルシウムを加え、時間単位で漿膜側に吸収されるカルシウムイオンの量を分析したものである。

結果は**図3**の通りで、無機酸の中では電解している塩化カルシウムと比較してイオン化カルシウム(CaMAX)の方が時間単位で吸収性がよくなっている。

動物はモルモット(ハートレイ系の雄性500g〜700g)を使い、エーテル麻酔後開腹し、ミネラル類の吸収を主にしているとされる胃の下方、小腸上部部

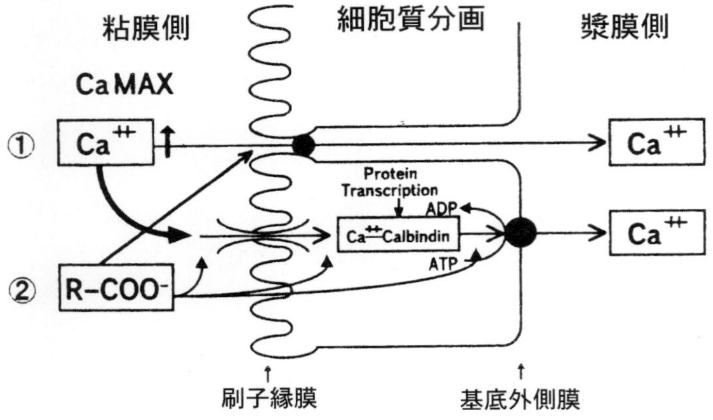

図1
小腸粘膜におけるCa++イオン輸送のモデル図

(1) イオン化Ca++↑ことによる
(2) R−COO⁻が
  a)Caチャネルを刺激する？
  b)Ca++をCaBPの親和性を高める？
  c)ATP量を増やし、Ca++−ATPaseを活性化する？

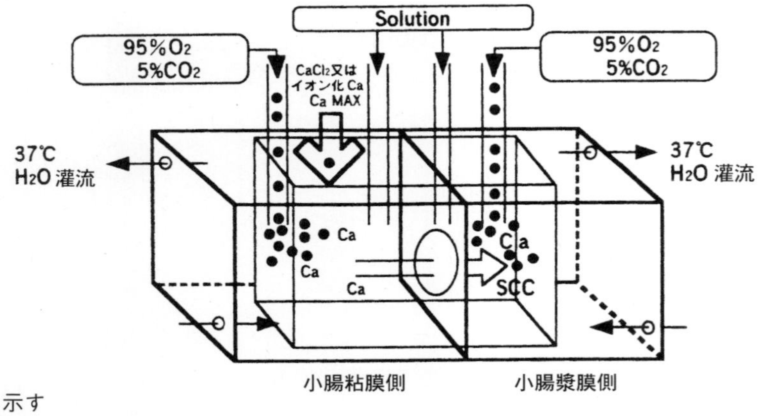

図2
Ussing Chamberの構式図

※中央のだ円が小腸膜
 矢印の方向は正イオンの移動方向を示す

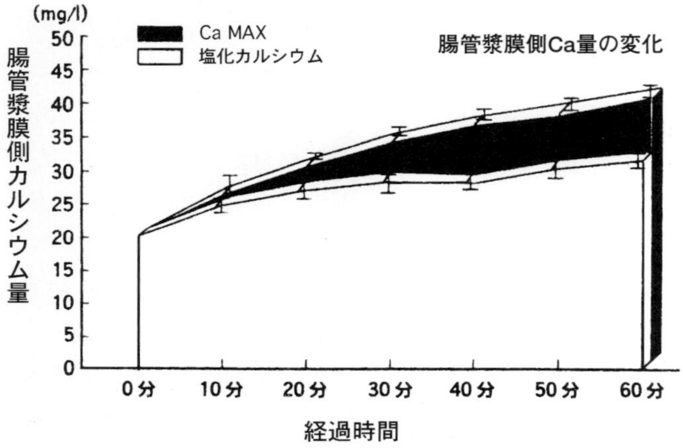

図3
モルモット小腸におけるイオン化Ca・CaMAXのCaイオンの吸収・イオン輸送効果

分を10～20cm摘出する。腸内をクレブスリンゲル液で洗浄した後、クレブスリンゲル液に95%O_2、5%CO_2をバブリングしながら氷上で保存する。

その小腸2cmを摘出して、実体顕微鏡下で縦に切断して、漿膜側の漿膜を筋層から剥離してUssing Chamber 中央部に固定する。このチェンバーの穴の大きさは8mm径を使用している。上部小腸の両側をクレブスリンゲル液(pH7.4、39℃)で満たし、短絡電流測定装置を用いて電位差、短絡電流を測定しながら、粘膜側と漿膜側に移行してくるカルシウム量を偏光ゼーマン原子吸光分光光度計で測定した。

電極は1MKClの3%寒天電極とAg/AgCl電極を使用し、短絡電流が安定した後、粘膜側に塩化カルシウム、イオン化カルシウム(CaMAX)を105mg/l(2.62 mmol)を加え、10分ごとにカルシウムイオンの移動をみる。

生体内にあっては、いろいろな消化酵素、細菌、微生物、酵素、ホルモンなどが働いてミネラル吸収を助長させるが、この実験系では細胞に対して直接アタックできないとその通過はできない。粘膜側から漿膜側へのカルシウムイオンの透過吸収率は、30分で塩化カルシウムに比べて27.6%も多く、60分では32%も多く透過吸収して移行していることが示されている。これは同じようにイオン化しているように見えても陰イオンによる違いと、有機酸による電解解離性のよさやCaMAXの持つ特性機能の違いによるものと考えられる。

10分から60分まで10分間隔でチェンバー内の液をとりカルシウム量を分析しているが、時間の経過にしたがいその差が大きく、塩化カルシウムよりCaMAXのイオン化カルシウムの方が吸収移行がよくなっている。この直接吸収のよさが、体内のみならず外部から作用させても腸内と同じように吸収させることができる大きな特徴となっている。

腸管粘膜からの吸収は、水に溶けにくいリン酸カルシウム、硫酸カルシウム、炭酸カルシウム、水酸化カルシウムなどは、細胞に直接取り込まれる量は極めて少なく、大半はコロイダル粒子の域を出ないため細胞のイオンチャネルの通過はほとんどできない状態である。

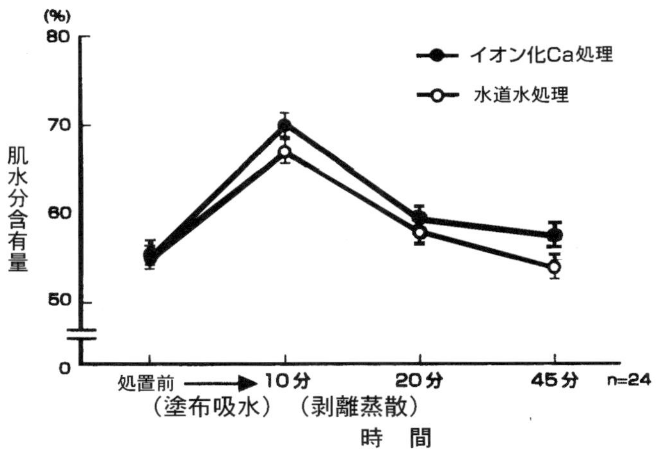

図4　肌水分含有量の経時変化(絹不織布)

体内に取り込まれたとしてもカルシウムイオンは同じでもその陰イオンによって生理作用に差が生じている。

卵巣を摘出して閉経後の状態をつくり、ラットで塩化カルシウムと種子発酵イオン化カルシウムで実験し、0.1%、1%、10%という濃度で2ヵ月間与えてその血液生化学において効果を見ているが、蛋白、鉄、肝機能は異常がなく、血液中のPTH(パラホルモン)はイオン化カルシウムにおいて溶液依存的に正常値に近く低下させているし、ALP(アルカリフォスオターゼ)もわずかに低下傾向が見られており、塩化カルシウムはその作用が少なかった。

3.2　肌水分の保水効果

そういった生理作用を肌上に応用すると次のようになる。(**図4**)(**写真1**)

絹不織布に水道水とイオン化カルシウム水0.2%濃度を十分に含ませ、肌に湿布し、10分間吸水させた後、肌の水分含有率を測定、その後45分経過後の肌水分を測定してその保水状態を見たものである。室

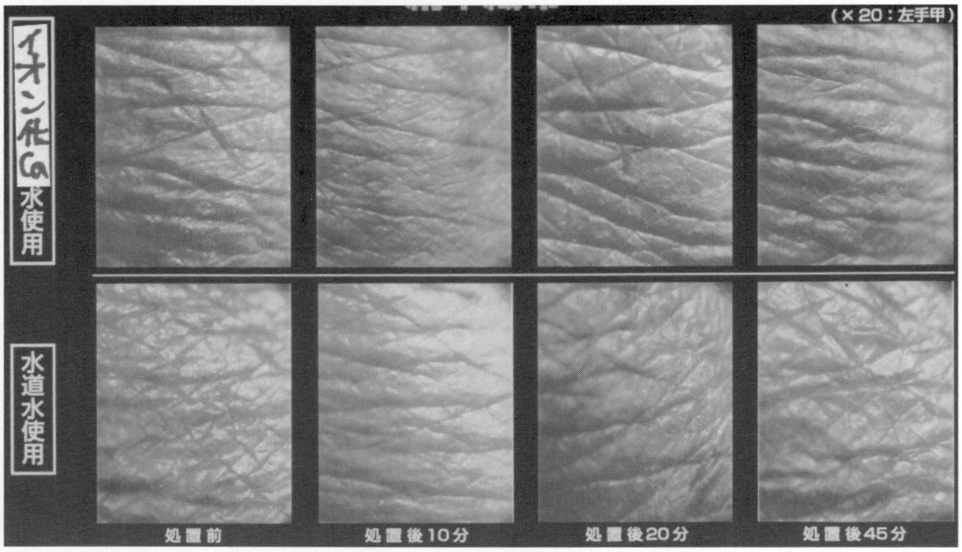

写真1　肌表面の経時変化(絹不織布)

温20℃においてはイオン化カルシウム水塗布の肌水分は10分後に最大70.3%の吸水をして、その後時間経過において蒸発性が少なく保水性を保っているが、水道水はイオン化カルシウム水と比較すると吸水性、保水性が共に悪く、45分経過での水分は6.5%も低くなっている。

写真1に見られるように肌の状態はイオン化カルシウムの肌の方が、皮丘がふくらみ、皮溝が浅く、肌のなめらかさとハリが持続している。

3.3　各種食品への利用と効果

さらに、食品のイカ、マグロの処理に応用すると次のようになる。(**図5**)(**図6**)

寿司種に使われるマグロ、イカについて水道水、イオン化カルシウム水で洗浄処理後、時間経過にしたがい1g中のホモゲナイズした材料の一般生菌数と大腸菌群の増加傾向を分析し、菌を測定したものであるが、水道水処理では第1日目から4日目までに一般生菌数は675倍も増殖しており、菌数810万個は食する状態ではない。イオン化カルシウム水処理では、16.6倍しか増殖せず、菌数の差は水道水に比べ40分の1以下となっている。

大腸菌群についても同様の傾向で、イオン化カルシウム水処理では急激な増殖が抑えられている。処理後5〜10℃の冷蔵保存した材料を使っているが、イオン化カルシウム水の場合、発酵有機酸がpHを下げ、水とミネラルが細胞に入って結晶水、細胞内水を増加させるため、菌の増殖を抑え、静菌させる効果があると考えている。

生鮮食品においても、肌同様に保水効果が得られるかどうかテストしてみると、肌同様、生鮮食品のイカにおいても保水性がよくなっている。

写真2に見られるように、イカを水道水とイオン化カルシウム水で洗浄処理するとイカ表面は水により変化する。肌同様に水とミネラルを吸水してふくらみ、ふくらんだハリのある状態をつくるのがイオン化カルシウム水の方である。

30分、60分、120分と室温20℃で放置したものであるが、イオン化カルシウムで処理したものは120分を経過しても保水してしわをつくらず乾きにくいとい

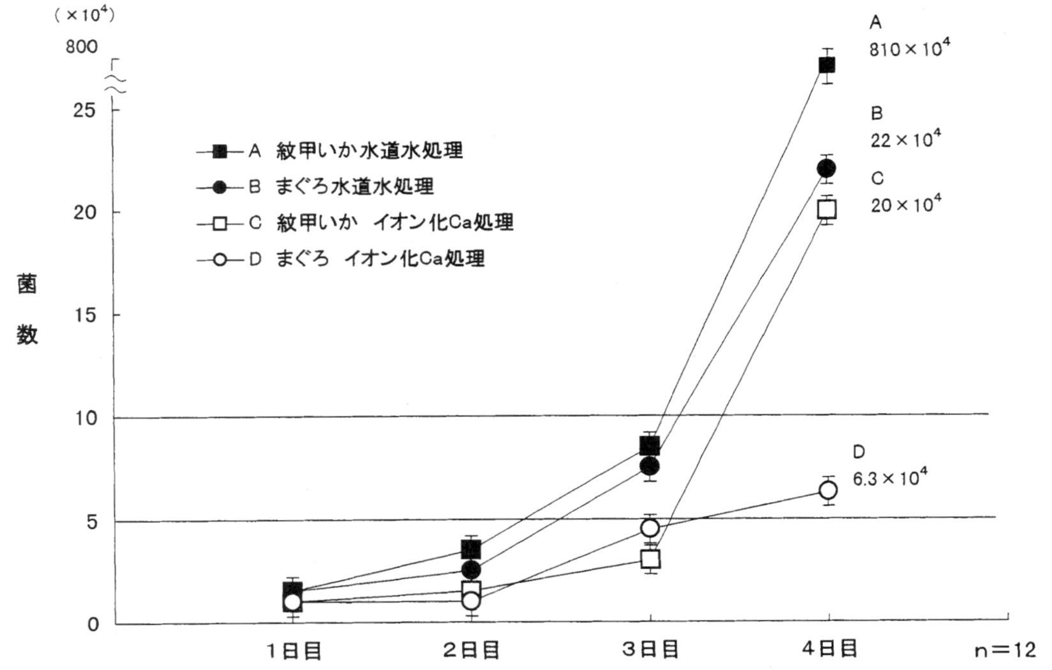

図5　イオン化Ca水処理による菌数変化（一般生菌数）

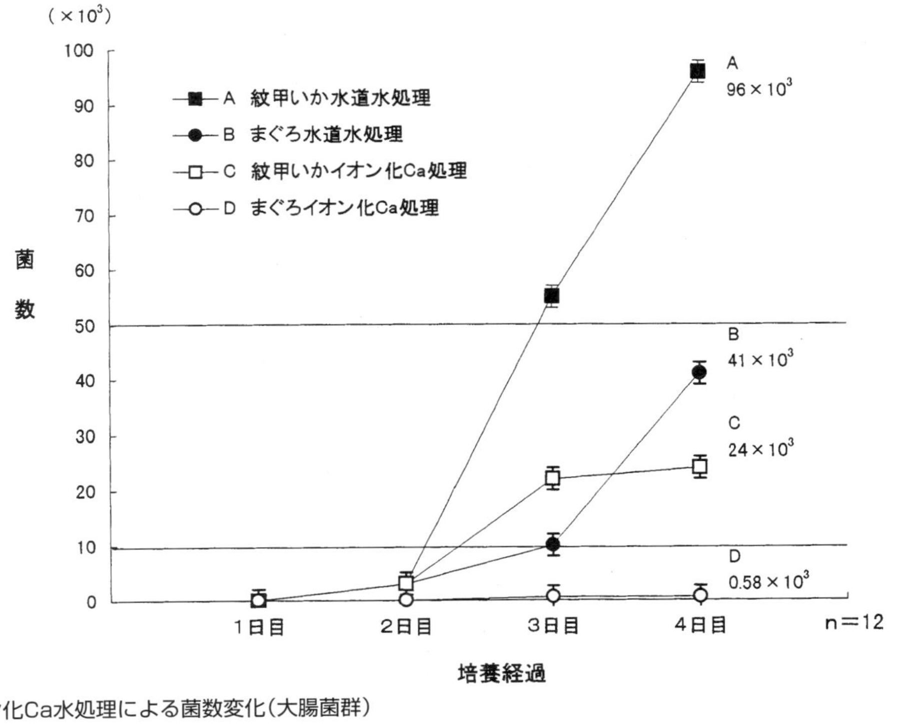

図6　イオン化Ca水処理による菌数変化（大腸菌群）

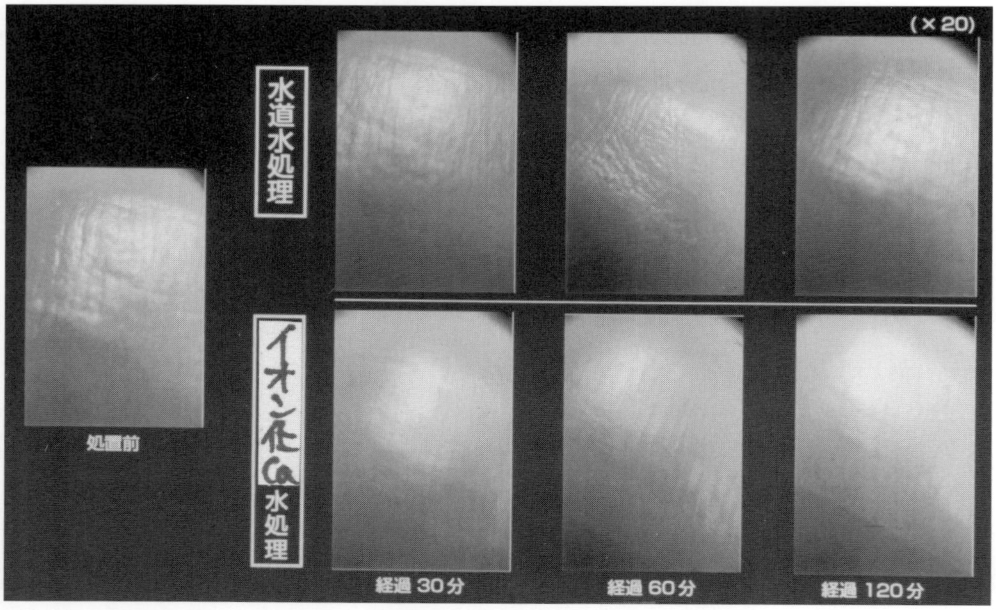

写真2　イオン化Ca水処理によるイカ表面の変化

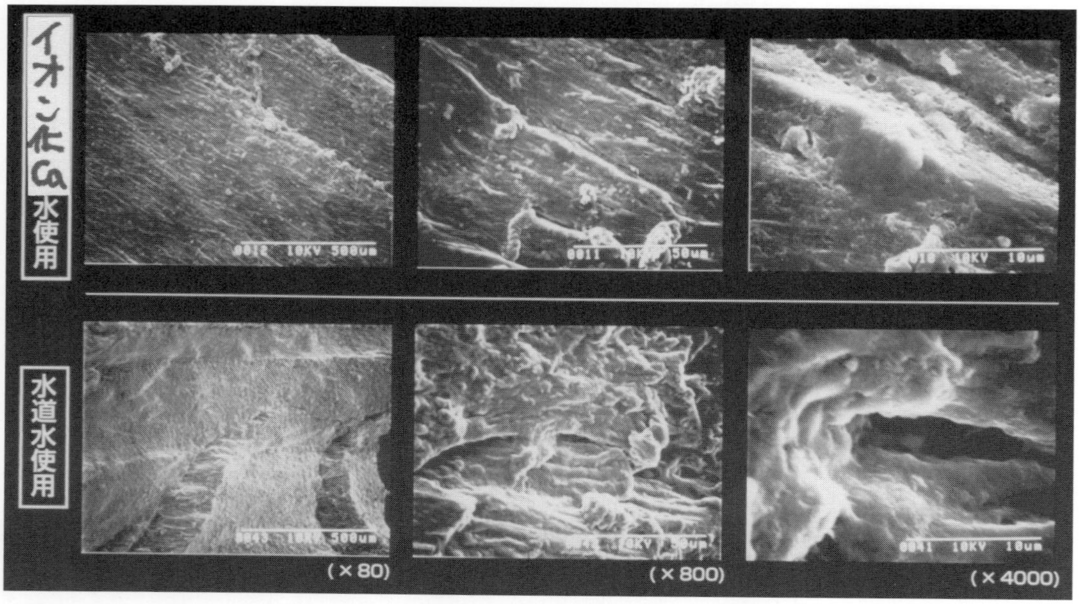

写真3　スルメイカ水戻し効果

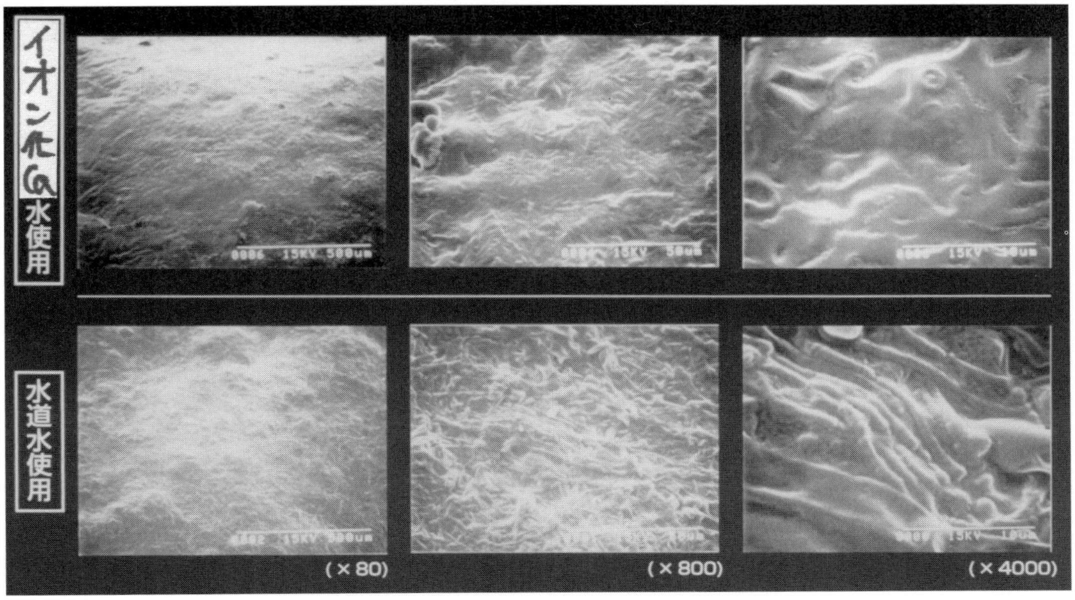

写真4　団子表面の保水効果

える。(**写真2**)

次に、乾物の一つであるスルメイカの水戻し効果、抽出効果を電子顕微鏡で撮影した。

スルメイカを水道水、イオン化カルシウム水に30分間浸漬した組織の状態は、水道水においてはイカ蛋白に水分の吸収が遅く、組織が膨潤しないが、イオン化カルシウム水ではイカ蛋白に水とミネラルが入り込み、水道水とは比較にならないくらい組織が膨潤してしなやかになっている。(**写真3**)

次に、上新粉に加える水を水道水とイオン化カルシウム水で練り上げた団子の表面を1日放置した後、電子顕微鏡で撮影した。水道水で作られた団子表面は、水分の蒸発が早くシワとなり、乾いているが、イオン化カルシウム水で作られた団子表面は、水の蒸発が遅くシワをつくりにくく、肌、生鮮食品同様、保水性の持続を計っており、乾きにくく、表面のなめらかさを保っている。(**写真4**)

このような効果は、うどん、そば、スパゲッティ等の製麺や製パン、洋菓子、和菓子に応用されれば同じように効果がでることも確認されている。

イオン化されているカルシウムは、各細胞や組織に対して取り込まれやすく、二価のイオン特性である架橋構造を作りやすく、その回りに水分を保持するため、乾きにくく、保水性をよくするため結果的に鮮度を保持し、従来の構造と違ったカルシウム結合をイオン単位でしていくため、組織を緻密に保つことができる。そのため、なめらかさ、歯切れのよさ、ハリなどいろいろな従来に見られない改良効果を出すことができる。その応用性は幅が広く、農業、食品工業はもちろんのこと、プラスチック工業、洗浄剤、木材等々への利用ができるもので、組織、細胞に対してイオン化された二価のカルシウムの特性が発揮される。

強電解酸性生成水の殺菌作用機序

石島 麻美子
神戸大学医学部

1. はじめに

強電解酸性生成水(以下酸性水)は*in vitro*において強力な殺菌作用をもち、アルブミンと接触して不活性化される特徴をもつ機能水である。外科的領域での臨床使用については、現在手洗い、器具や創部感染巣、手術創の洗浄などが試みられている。

酸性水は、*in vitro*において高い殺菌効果が認められるが、実際の臨床での効果に差のあることが指摘されており、特に血液成分やアミノ酸との接触による効果の減弱が問題となっている。薬理効果については、高い酸化還元電位と塩素ガスの溶存による次亜塩素酸としての殺菌作用発現の可能性や、酸化還元電位による、つまり活性酸素として働く可能性が示唆されているが、未だ明確になっていない。

そこで我々はアルブミンを培養液中に添加して、タンパク存在下での酸性水の効果を再検討し、腸内細菌を含む各種細菌に対する酸性水の殺菌効果を生理食塩水による対照群と比較した。また血清蛋白、アスコルビン酸、α－トコフェロール等のフリーラジカルスカベンジャーを添加することによって酸性水の薬理作用のメカニズムを間接的に検討し、実際の臨床使用における問題点を見いだすこと、およびアルブミン添加による効果減弱のメカニズム、殺菌作用における過酸化イオンの関与について検討したのでその結果について述べる。

1.1 酸性水の殺菌効果

我々はまず、MRSAを含むグラム陽性球菌、グラム陰性桿菌、結核菌を含む抗酸菌から真菌までの代表的な原因菌30種について酸性水の効果を評価した。**表1**に、試験に用いた菌種と実験方法を示す。

今回酸性水の生成に用いた器械はホシザキ製のROX10A型器で、酸性水は実験を行う度に新たに生成した。生成器は手術室敷地内にあるため、生成環境は常に20～25度に保たれていた。実験に用いた酸性水の性状は、pH2.41±0.10、酸化還元電位が1193±11mV、遊離塩素濃度は64±2.2ppmだった。溶存酸素は全例は測定できなかったが、サンプルした限りでは全て20～50ppmの範囲に収まっていた。

実験は以下のように行った。

0.5McF(マックファーランド)に調製した各供試菌液1m*l*を酸性水9m*l*に接種した後、15秒、30秒、1、2、3、4、5分間反応させ、経時的に5%血液寒天培地に接種、35℃で18時間～24時間培養した後、菌増殖の有無で効果の判定を行った。抗酸菌に関しては、7H9培地を用い、35℃で28日間培養後、効果を判定した。

各菌種に対する酸性水の殺菌効果を**表2**に示す。表のように15秒以上の接触により完全に殺菌されることが確認された。抗酸菌の結果のみが、他と比べて劣るのは、抗酸菌培養の7H9倍地にアルブミンが含まれているためで、アルブミンを生食で洗浄した後、接種すると他と同様の結果が得られた。

その結果を**表3**に示す。全ての菌種で15秒以上の接触により菌増殖が見られなくなった。

1.2 血清、アルブミン添加培地による酸性水の殺菌効果

表4に血清添加後の各菌種に対する酸性水の殺菌効果を示す。生理食塩水添加培地に比べ、血清添加培地では、殺菌効果が消失している。

次に、**表5**にアルブミン添加後の各種菌種に対する酸性水の殺菌効果を示す。アルブミンは試験菌液中濃度がそれぞれ0、1、3、5、7%となるように調製し、この試験液1m*l* に酸性水9m*l* を反応させ、同様に判定した。

表からStaphylococcus aureusでは、3%以上のアルブミンが含まれると、酸性水の効果が消失するのがわかる。

同じく、表にE.coliに対する効果を示す。ここでも3%以上のアルブミンにより効果が消失することが示された。

Pseudomonasでも同様の結果だった。Klebsiellaの結果も同じく、3%以上のアルブミンで効果が消失した。

Streptococcusでは5%以上の濃度で顕著となってくるが、効果減弱は3%以上のアルブミンで認められる。

以上を要約すると、試験菌液中に3%以上のアルブミンが含まれた場合、酸性水の効果が消失するということになる。したがって、アルブミン濃度が1%以下の部分の消毒では、消毒時間が15秒以上であれば充分であるといえるが、反面で、浸出液、血液などの組織液が含まれる部位の消毒では、アルブミン濃度が1%以下となるよう、あらかじめ大量の蒸留水などにより創部の洗浄操作を加える必要があると思われた。

表1　＊供試菌

Staphylococcus aureus ATTCC 25923：黄色ブドウ球菌
Staphylococcus epidermidis：表皮ブドウ球菌
Enterococcus faecalis：腸球菌
Streptococcus pyogens A
Streptococcus agalactias B
Streptococcus pneumoniae

Eschrochia coli ATCC 25922
Klebsiella pneumoniae
Citrobacter freundii
Serratia marcescens
Enterrobacter cloacae
Proteus mirabilis
Providencia rettgeri
Salmonella typymurium ATCC 13311
Haemophilus inftuenzae
Pseudomonas aerugioosa ATCC 27853
Pseudomonas cepacia
Acinetobacter calcoaceticus
Xanthomonas maltophitia
Flavobacterium spp.

Mycobacterium tuberclosis
Mycobacterium kansasii
Mycobacterium avium
Mycobacterium intracellulare
Mycobacterium fortuitum

Candida albicans
Cryptococcus neoformans
Penicillium spp.
Aspergillus fumigatus

方　法：
下記の溶媒を用いて各種供試菌をMcF0.5（$XI0^8$cfu/ml）に調製して試験菌液とした。強酸性水液9mlに試験菌液1mlを接種して、0、1/4、1/2、1、2、3、4、5分までの各種菌に対する消毒効果を経時的にみた。

1.生理食塩水
2.アルブミン添加生理食塩水（0、1、3、5、7%）
3.ビタミンC、E添加生理食塩水
（C:8.8、E:14およびC:88、E:140）
4.健常者血清

表2　強酸性水による各種菌における経時的消毒効果

菌　名	0	1/4	1/2	1	2	3	4	5min
S.aureus ATCC 25923	+	−	−	−	−	−	−	−
S.epidermidis	+	−	−	−	−	−	−	−
E.faecalis	+	−	−	−	−	−	−	−
S.pyogens	+	−	−	−	−	−	−	−
S.agalactiae	+	−	−	−	−	−	−	−
S.pneumoniae	+	−	−	−	−	−	−	−
E.coli ATCC 25922	+	−	−	−	−	−	−	−
K.pneumoniae	+	−	−	−	−	−	−	−
C.freundii	+	−	−	−	−	−	−	−
S.marcescens	+	−	−	−	−	−	−	−
E.cloacae	+	−	−	−	−	−	−	−
P.mirabilis	+	−	−	−	−	−	−	−
P.rettgeri	+	−	−	−	−	−	−	−
S,typymurium ATCC 13311	+	−	−	−	−	−	−	−
H.influenzae	+	−	−	−	−	−	−	−
P.aeruginosa ATCC 27853	+	−	−	−	−	−	−	−
P.cepacia	+	−	−	−	−	−	−	−
A.calcoaceticus	+	−	−	−	−	−	−	−
X.maltophilia	+	−	−	−	−	−	−	−
Flavobacterium spp.	+	−	−	−	−	−	−	−
M.kansasii	+	+	+	−	−	−	−	−
M.intracellulare	+	+	−	−	−	−	−	−
M.fortuitum	+	+	+	+	+	+	+	±
C.albicans	+	−	−	−	−	−	−	−
C.neoformans	+	−	−	−	−	−	−	−
Penicillium spp.	+	−	−	−	−	−	−	−
A.fumigatus								

表3　強酸性水による抗酸菌における経時的消毒効果

菌　名	0	1/4	1/2	1	2	3	4	5min
Middlebrook 7H9								
M.tuberclosis	4+	4+	4+	3+	3+	2+	1+	1+
M.avium	4+	4+	4+	3+	3+	2+	1+	1+
Middlebrook 7H9 生理食塩水で洗浄								
M.tuberclosis	4+	2+	2+	2+	2+	1+	1+	1+
M.avium	4+	3+	3+	2+	2+	1+	1+	−

表4　強酸性水による各種菌における経時的消毒効果（血清）

菌　名	0	1/4	1/2	1	2	3	4	5min
S.aureus ATCC 25923								
生理食塩水	4+	−	−	−	−	−	−	−
血清	4+	4+	4+	4+	4+	4+	4+	4+
Bacillus spp.								
生理食塩水	4+	−	−	−	−	−	−	−
血清	4+	4+	4+	4+	4+	4+	4+	4+
E.coli								
生理食塩水	4+	−	−	−	−	−	−	−
血清	4+	4+	4+	4+	4+	4+	4+	4+
P.aeruginosa								
生理食塩水	4+	−	−	−	−	−	−	−
血清	4+	4+	4+	4+	4+	4+	4+	4+
C.albicans								
生理食塩水	4+	−	−	−	−	−	−	−
血清	4+	4+	4+	4+	4+	4+	4+	4+

2.　アルブミンと過酸化イオンスカベンジャーについて

アルブミン添加によりなぜ効果が消失するのだろうか？

アルブミンは血漿中の膠質浸透圧維持の役割とともに、最近ではα1プロテアーゼインヒビターの不活化阻止や水酸化イオンラジカルの中和を通して、ラジカルイオンによる組織障害を防止する役割があることが知られてきた。したがって我々は、酸性水の殺菌作用は、活性酸素や水酸化ラジカルイオンによる障害による可能性があると仮定し、以下の実験を行った。

我々は、アルブミンの代わりに、過酸化イオンスカベンジャーとしての作用の知られるビタミンC（アスコルビン酸）とビタミンE（α－トコフェロール）を添加し、同様にして効果を判定した。

添加濃度として、ヒト血漿中濃度とほぼ等濃度となる50μM（vitC）と30μM（vitE）、およびその10倍濃度、100倍濃度の3種を選んだ。ビタミン添加群は菌液中の濃度ではなく、反応液中濃度で示した。

表6に、vitCとvitEの無添加、10倍濃度および100倍濃度の結果を示す。

Staphylococcus aureusでは10倍濃度以上になると、アルブミンの場合と同様、効果が消失することがわかった。E.coli、Pseudomonasでも同様の結果が得られた。

アスコルビン酸やα－トコフェロールによってもアルブミン添加と同じ結果が得られたことから、アルブミンによる失活のメカニズムに過酸化イオンのスカベンジによる影響が考えられた。また、そのことから酸性水の殺菌作用は、主として活性酸素や水酸化ラジカルイオンによる障害に基づくことが示唆される。

3.　考　察

酸性水の殺菌機序に関しては、いまだに完全に解明されておらず、クロル化合物による可能性、pHによ

表5　強酸性水による各種菌における経時的消毒効果(アルブミン添加)

菌　　名	0	1/4	1/2	1	2	3	4	5min
S.aureus ATCC 25923								
0%コントロール	4+	−	−	−	−	−	−	−
1%アルブミン	4+	−	−	−	−	−	−	−
3%	4+	3+	3+	3+	3+	3+	3+	3+
5%	4+	4+	4+	4+	4+	4+	4+	4+
7%	4+	4+	4+	4+	4+	4+	4+	4+
Bacillus spp.								
0%コントロール	4+	−	−	−	−	−	−	−
1%アルブミン	4+	3+	2+	1+	1+	1+	1+	1+
3%	4+	4+	4+	4+	4+	4+	4+	4+
5%	4+	4+	4+	4+	4+	4+	4+	4+
7%	4+	4+	4+	4+	4+	4+	4+	4+
E.coli								
0%コントロール	4+	−	−	−	−	−	−	−
1%アルブミン	4+	−	−	−	−	−	−	−
3%	4+	2+	2+	2+	2+	1+	1+	1+
5%	4+	4+	4+	4+	4+	3+	3+	3+
7%	4+	4+	4+	4+	4+	4+	4+	4+
P.aeruginosa								
0%コントロール	4+	−	−	−	−	−	−	−
1%アルブミン	4+	−	−	−	−	−	−	−
3%	4+	4+	4+	4+	3+	2+	1+	−
5%	4+	4+	4+	4+	4+	3+	3+	3+
7%	4+	4+	4+	4+	4+	4+	4+	4+
S.pyogenes								
0%コントロール	4+	−	−	−	−	−	−	−
1%アルブミン	4+	−	−	−	−	−	−	−
3%	4+	8	1	−	−	−	−	−
5%	4+	2+	1+	19	−	−	−	−
7%	4+	2+	1+	17	−	−	−	−
S.marcescens								
0%コントロール	4+	−	−	−	−	−	−	−
1%アルブミン	4+	−	−	−	−	−	−	−
3%	4+	8	6	−	1	−	−	−
5%	4+	3+	3+	3+	3+	2+	1+	16
7%	4+	3+	3+	3+	3+	2+	2+	1+

表6　強酸性水による各種菌における経時的消毒効果（ビタミン添加）

菌　名	0	1/4	1/2	1	2	3	4	5min
S.aureus ATCC 25923								
0%コントロール	4+	−	−	−	−	−	−	−
V-C:8.8mg/l, V-E14mg/l	4+	−	−	−	−	−	−	−
V-C:88mg/l, V-E140mg/l	4+	4+	4+	4+	4+	4+	3+	2+
Bacillus spp.								
0%コントロール	4+	−	−	−	−	−	−	−
V-C:8.8mg/l, V-E14mg/l	4+	3+	3+	3+	−	2+	−	−
V-C:88mg/l, V-E140mg/l	4+	4+	4+	4+	4+	4+	4+	4+
E.coli								
0%コントロール	4+	−	−	−	−	−	−	−
V-C:8.8mg/l, V-E14mg/l	4+	−	−	−	−	−	−	−
V-C:88mg/l, V-E140mg/l	4+	4+	4+	3+	2+	2+	2+	1+
P.aeruginosa								
0%コントロール	4+	−	−	−	−	−	−	−
V-C:8.8mg/l, V-E14mg/l	4+	−	−	−	−	−	−	−
V-C:88mg/l, V-E140mg/l	4+	3+	2+	1+	−	−	−	−
C.albicans								
0%コントロール	4+	−	−	−	−	−	−	−
V-C:8.8mg/l, V-E14mg/l	4+	−	−	−	−	−	−	−
V-C:88mg/l, V-E140mg/l　ND								

るもの、電位による可能性などが考えられている。

例えば、過酸化水素のような酸化剤は活性酸素を発生し、その強い酸化作用によって殺菌作用を生じることが知られている。また、両性界面活性剤のようなイオン性殺菌剤は多量の有機物の混入によって殺菌力が低下する。

したがって、酸性水の殺菌機序に関しても次亜塩素酸としての作用や水酸化イオンラジカルの関与、弱い次亜塩素酸としての作用が推察されているが、詳しいメカニズムはまだ判明していない。

アルブミンは血清膠質浸透圧を維持する主要要因であるが、一方で、近年α1−プロテアーゼインヒビターの不活性化や水酸化イオンラジカルによる組織障害の阻止作用を有することが広く知られるようになった。

今回、我々は強電解酸性水が*in vitro*での効果と*in vivo*での効果に差がでてくるのはアルブミンを含む血清蛋白によるスカベンジ作用が原因ではないかと考え、これを確かめるために、過酸化イオン消去効果が広く知られているアスコルビン酸とトコフェロールを血漿濃度を指標として添加し、血漿濃度の10倍濃度でやはり効果が減弱することを確認した。これにより、酸性水は過酸化イオンとして殺菌作用を発現している可能性があると思われる。

酸性水は器具の消毒に対しては強力な殺菌作用を示す。生体への使用に関しては、体腔内消毒では、心筋障害の可能性や、溶血がおこる危険性が指摘されている。作用機序が、過酸化イオンによる殺菌作用である可能性があるならば、その効力の強さを考えると、重要臓器の直接使用に対しては注意が必要であろう。体表特に手指、創傷への使用については、血液と接触すると効果が落ちるという特徴をもつ。しかし、手荒れが少ないため手洗いの回数が増えるという利点があり、また創傷の洗浄時創痛が少なく、他の消毒剤によって起こった炎症反応を抑制することができるといわれている。

臨床の場では、使用する抗生剤の変化により薬剤耐性菌の出現、感染源の変化がおき、また高年齢の患者の増加は、治療にも増して感染予防に対する重要性を増してきている。

したがって、さらに大量頻繁に消毒薬剤を要するようになっている医療現場では、酸性水は水道水から簡便に生成でき、強力で安価に使用できるという点が評価されよう。不安定であるという欠点は、生成が簡便であるため、常に新鮮なものを供給すればよいであろう。いずれにしても使用する際、浸出液のしみ出てくる場所や、器具の消毒時、あらかじめ十分な水で洗浄してから用いることが重要である。

4. 結果要約

(1) 強酸性電解生成水の各種細菌に対する殺菌作用は15～30秒以上の反応時間で有効だった。

(2) 3%以上のアルブミンが含まれると殺菌効果は消失した。

(3) アルブミンを含む組織の消毒では消毒部位のアルブミン濃度が1%以下になるよう工夫する必要があると思われた。

(4) 血漿の10倍濃度のVitCおよびE添加によっても殺菌効果が減弱した。

(5) 強酸性水の殺菌作用およびアルブミンによる効果消失の機序に過酸化イオンが関与している可能性が示された。

5. 終わりに

実験の御指導、御教示頂きました神戸大学中央検査部木下承晧先生に厚く御礼申し上げます。

電解次亜水の食品衛生管理への応用

—電解次亜水の殺菌作用と食中毒防止への実用例—

加川　弘之
旭硝子エンジニアリング株式会社

1.　はじめに

病原性大腸菌O－157やサルモネラ菌による食中毒がたびたびマスコミに取り上げられる昨今、殺菌能力を有する電解水が脚光を浴びてきた。

電解水といえば、まず、メーカー数社が医療用具認可された強酸性電解水生成器を連想するが、本稿で紹介する電解次亜水（クローラ水）は、当社の40年近い工業用食塩電解プラントの経験を活かした技術であり、食品添加物である次亜塩素酸ナトリウムの希釈液と同等とみなして取り扱うことができる（食品の殺菌に使用することができる）ことから、食品分野の「新しい衛生管理システム」または「HACCPの強力なサポート」として絶大なる支持を得ている。

電解次亜水について、生成原理、特徴、使用事例を簡単に紹介する。

2.　電解次亜水とは

2.1　概要

電解次亜水は、水道水に食塩を添加した食塩水を無隔膜式電解槽で電気分解（以下、電解と略す）して得られる次亜塩素酸ナトリウムを主成分としたアルカリ性の水溶液である。

2.2　物性

実際に生成装置から得られる電解次亜水の物性は**表1**のとおりである。

pHについて、電解次亜水と同一有効塩素濃度の次亜塩素酸ナトリウム希釈液を比較すると、両水溶液ともアルカリ性を示すが、電解次亜水のpHは次亜塩素酸ナトリウム希釈液と同等あるいは、若干低くなる。

したがって電解次亜水は、必然的に次亜塩素酸の分率が増加する。

3.　生成原理

3.1　概要

塩化ナトリウム溶液（食塩水）を電解して、苛性ソーダと塩素ガスを発生させ、これらを電解槽内で直ちに反応させて電解次亜水を生成する。

この生成法は次亜塩素酸ナトリウムの工業的製造

表1　電解次亜水の物性

pH	8前後
有効塩素濃度	60～80ppm
性　状	アルカリ性 次亜塩素酸ナトリウムを 主成分とする水溶液

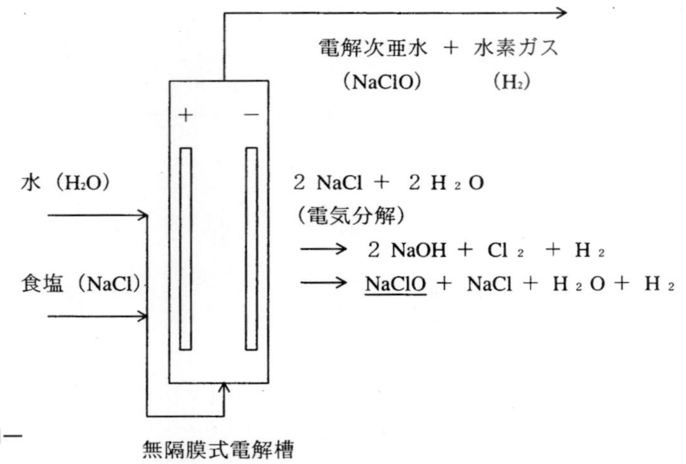

図1　生成原理のプロセスフロー

法の一つである、「無隔膜法」[1)]と同じであり、実質上、そのままで使用可能な低濃度の次亜塩素酸ナトリウム希釈液を生成していることになる。

ちなみに「無隔膜法」は、古くから浄水場において消毒用の次亜塩素酸ナトリウムを製造する方法として知られており、さらに「食品添加物公定書・解説書」にも次亜塩素酸ナトリウムを製造する方法として紹介されている。

3.2　反応式

陰陽の電極対を内蔵し、隔膜がない無隔膜式電解槽で食塩水を分解すると

(1) 陽極で塩素ガス(Cl_2)が発生する。

$2Cl^- \rightarrow Cl_2 + 2e$ ……………………………… (1)

(2) 陰極では水素ガス(H_2)が発生し水酸イオン(OH^-)が生成される。

$H_2O + 2e \rightarrow H_2 + 2OH^-$ ………………… (2)

(3) さらに陰極ではナトリウムイオン(Na^+)と水酸イオン(OH^-)とで苛性ソーダ（水酸化ナトリウム：NaOH）を生成する。

$Na^+ + OH^- \rightarrow NaOH$ ……………………… (3)

(4) 隔膜がないため、陽極で発生した塩素ガス(Cl_2)と陰極で発生した苛性ソーダ(NaOH)とが反応して電解次亜水(NaClO)になり、水素ガス(H_2)とともに電解槽から出てくる。

$2NaOH + Cl_2 \rightarrow NaCl + \underline{NaClO} + H_2O$　　(4)
（苛性ソーダ）（塩素）　　（電解次亜水）

4.　特　長

4.1　「すぐれた殺菌作用」

表2のとおり、食中毒原因菌に対して、すぐれた殺菌作用を有する。

殺菌メカニズムは次亜塩素酸ナトリウムと同様、有効塩素によるものと考えられており、有効塩素が菌細胞の細胞膜に浸透して細胞組織の機能を破壊する[2)]こととされている。

電解次亜水は水中で反応して(5)、(6)のように、次亜塩素酸(HClO)と次亜塩素酸イオン(ClO^-)とを形成する。

次亜塩素酸(HClO)と次亜塩素酸イオン(ClO^-)は有効塩素といい、いずれも殺菌効果を有するが、次亜塩素酸(HClO)の方が次亜塩素酸イオン(ClO^-)より、はるかに効果が高い[3)]と言われている。また、pHが低いほど次亜塩素酸(HClO)の割合が次亜塩素酸イオ

表2　電解次亜水の殺菌試験

供試菌	電解次亜水 pH 7.98 有効塩素濃度 64ppm	初発菌数 (CFU/mL)	処理後の生菌数(CFU/mL) 30秒後	1分後	10分後
Eescherichia coli	大腸菌	9.1×10^6	<10	<10	<10
Salmonella typhimurium	サルモネラ菌	7.5×10^6	<10	<10	<10
Bacillus cereus	セレウス菌	2.0×10^5	1.1×10^4	1.1×10^3	<10
Staphylococcus aureus	黄色ブドウ球菌	9.7×10^6	<10	<10	<10
Vibrio parahaemolyticus	腸炎ビブリオ	2.4×10^5	<10	<10	<10
Lactobacillus plantarum	ラクトバチラス	5.5×10^5	<10	<10	<10
Campylobacter jejuni	カンピロバクター	3.6×10^5	<10	<10	<10
Cryptococcus sp.	クリプトコッカス	1.1×10^5	<10	<10	<10
Cladosporium cladosporioides	黒カビ	5.4×10^5	1.1×10^2	<10	<10

試験：財団法人・食品薬品安全センター

ン(ClO^-)より多くなる[3]。

したがって、殺菌効果を高めるため、pHを極力低くした電解次亜水を生成することが肝要である。

$$\underset{\text{(電解次亜水)}}{\underline{NaClO}} + H_2O \leftrightarrow \underset{\text{(次亜塩素酸)}}{\underline{HClO}} + NaCl \quad \cdots\cdots\cdots\cdots (5)$$

$$HClO \leftrightarrow \underset{\text{(次亜塩素酸イオン)}}{\underline{ClO^-}} + H^+ \quad \cdots\cdots\cdots\cdots (6)$$

4.2 「使い勝手の良さ」

食品添加物・次亜塩素酸ナトリウム原液は有効塩素濃度が4%以上と高濃度なので、使用の際は水道水で希釈する作業が必要で、また原液のpH値が12前後とアルカリ度が高いので、取り扱いには十分な注意を要する。

また、常に原液の在庫を切らさないように在庫管理が必要である。

これに対して、電解次亜水は以下のように、使い勝手にすぐれている。

(1) 希釈が不要で、そのまま使える。
(2) 濃度調節を間違えることがない。
(3) 有効塩素濃度は30～80ppmと低濃度なので、取り扱いが容易である。
(4) 特殊な原材料なしで(原材料は食塩)、だれでも簡単に生成できる。
(5) 原料が食塩であるため、在庫しても劣化失活の心配がない。さらに在庫を切らしても簡単に入手できる。
(6) いやな塩素ガスの臭気も気にならない。
(7) 殺菌対象物を選ばず、水道水感覚で手指、食品、器具、食器、床、壁等何でも洗浄できる(肌にやさしく、器具類の錆もミニマムである)。
(8) 洗浄を通して作業環境をトータルに改善できる。

5. 生成装置

生成装置は大きく分けて「貯水式」と「流水式」とがある。

5.1 「貯水式」

「貯水式」は文字通り一定容量の電解槽にうすい塩水を貯めて、電気分解して一定量の電解次亜水を生成するタイプのものである。

1回の生成量はせいぜい10*l* 程度と少ないが、小規模の食品製造加工場等のような使用量、使用頻度が少ない場合や大きなタンク等の設備の設置スペース

メーカー　：旭硝子（株）
品名・型式：ミニクローラ　ＡＬ－７１７Ｓ

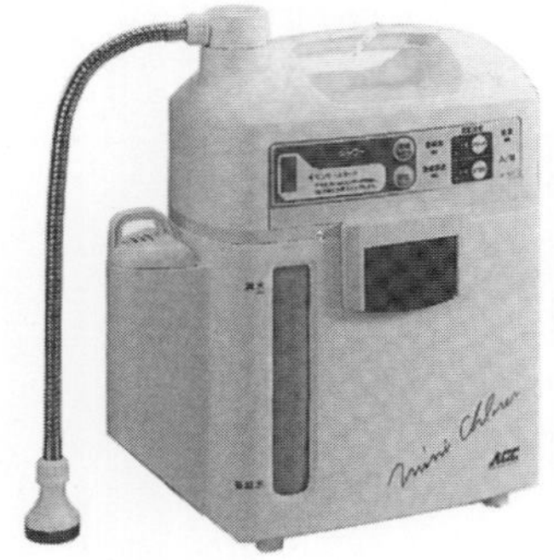

仕　様

品名・型式	ミニクローラＡＬ－７１７Ｓ
生成水量	１回当たり７.５Ｌ
外形寸法	本体 W360×D180×H420mm
重　　量	本体3.5kg　電源ｱﾀﾞﾌﾟﾀｰ6kg
電　　源	ＡＣ 100V
設置場所	屋　内
供 給 水	水　道　水

図2　「貯水式」生成装置

メーカー　：旭硝子エンジニアリング（株）
品名・型式：Ｆ・クローラ　ＳＨＳ－２１０

仕　様

品名・型式	Ｆ・クローラ ＳＨＳ－２１０
生成水量	3.5Ｌ／分
外形寸法	W210×D420×H443mm
重　　量	13kg
電　　源	ＡＣ１００Ｖ
設置場所	屋内　温度５～４０℃
供 給 水	水道水 水圧1.5～7.5kgf／cm²

メーカー　：旭硝子エンジニアリング（株）
品名・型式：Ｆ・クローラ　ＳＨＳ－９００

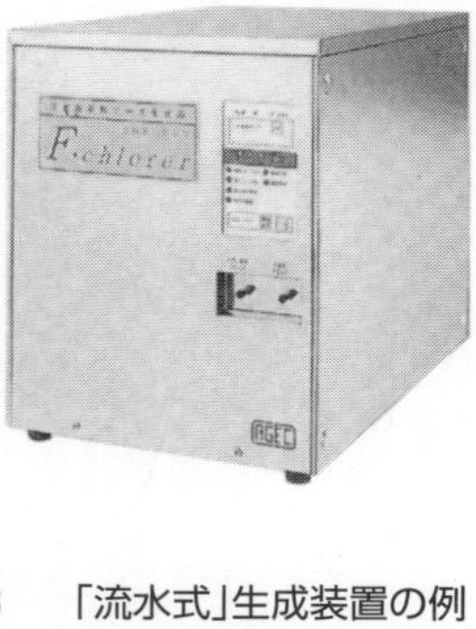

仕　様

品名・型式	Ｆ・クローラ　ＳＨＳ－９００
生成水量	１５Ｌ／分
外形寸法	W310×D610×H395mm
重　　量	30kg
電　　源	ＡＣ１００Ｖ
設置場所	屋内　温度５～４０℃
供 給 水	水道水 水圧1.5～7.5kgf／cm²

Fクローラ本体

図3　「流水式」生成装置の例

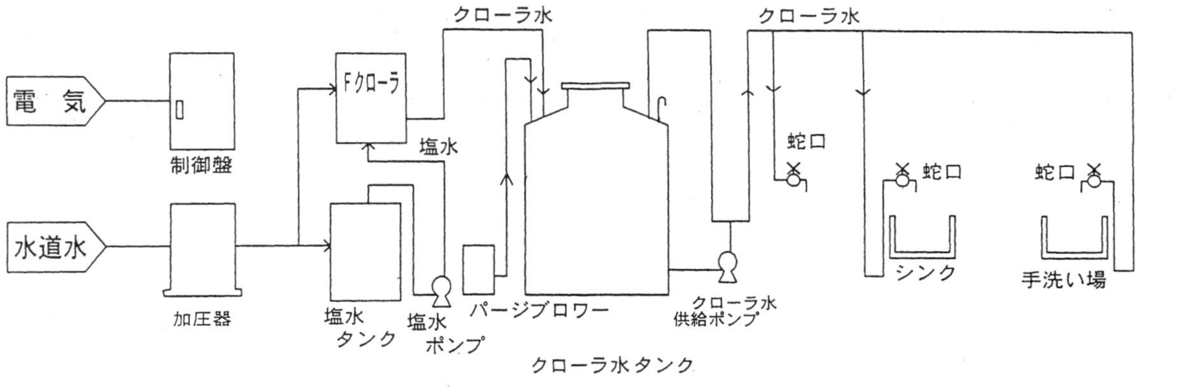

図4　電解次亜水生成装置及び周辺設備

がない場合には最適であり、加えて装置そのものも安価であり、さらに工事が不要なので、設置工事費がかからないというのも大きなセールスポイントである。

図2がその一例で、シャワー機能も付いており、使いやすい配慮がなされている。

5.2 「流水式」

「流水式」は水道に直結し、連続的に電解次亜水を生成するが、3～15*l*/分程度である。大規模な食品製造加工工場において、直接使用するには不足である場合は、生成した電解次亜水をタンクに貯めて使用されることが多い。タンク・ポンプ等の周辺設備や配管工事、電気工事が必要で設備全体として高価であるが、電解次亜水を必要なとき、必要な量、連続的に使用できる。

6.　使用事例

「流水式」生成装置が納入された「学校給食センター」における使用事例を紹介する。

同センターは第1調理場(8500食/日)および第2調理場(3500食/日)から成り、同一敷地内に設置されている。同一敷地内であるので、気候や周囲環境は同一、建物の構造及び調理器具メーカーも同一、原材料の入手経路も同一、調理する献立も類似性がある。

そこで、本稿では未導入の第1調理場を対象区として、電解次亜水設備を導入した第2調理場との衛生状況を比較することにより、電解次亜水の有効性を検証した。

6.1 調査対象

第1調理場(8500食/日)(電解次亜水設備・未導入)

第2調理場(3500食/日)('97.7月電解次亜水設備を導入)

※1.　両調理場ともに給食はすべて加熱調理品を提供している。

※2.　'97.7月より、第2調理場では電解次亜水設備を導入しているが、作業マニュアルを改訂することなく、従来から使用している洗浄用水(水道水)を電解次亜水に置き換えるだけで、従来通りの調理作業を行っている。

6.2 設備システム

図4に第2調理場の設備システムを示す。

「タンクが空になれば生成装置が運転し電解次亜水を貯めて、満水になれば停止する」、さらに、「蛇口を開けばポンプがタンクから電解次亜水を送水する」という自動運転システムになっている。

クローラ水タンク　$2m^3$

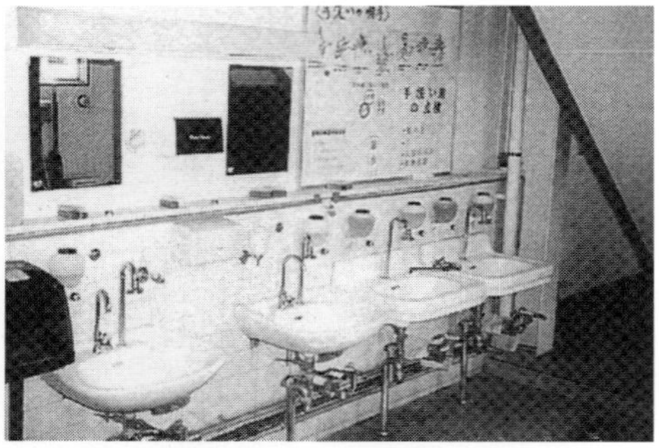

手洗い場　クローラ水蛇口を増設

ピーマンのカット・洗浄

フードスライサーの洗浄

ほうれん草のカット・洗浄

スチーム釜の洗浄

ニラの洗浄

調理容器の洗浄　調理終了後の後片付け
食器、調理容器の殺菌洗浄
（アルミ製品は最後は水洗い）

使用者は、蛇口さえ開けば、いつでも、水道水のように電解次亜水を使用することができる。

タンク・ポンプ・配管等の電解次亜水に接する部分は、電解次亜水や塩素ガスに十分耐えうる材質、塩化ビニル、ポリエチレン、フッ素樹脂等のものを使用している。

6.3 結果

(1)作業職員の手指：菌検査(作業開始前)

[試験方法]

1. 検査方法：綿棒による拭き取り検査
2. サンプリング：調理作業開始前に実施した。

「第1調理場の作業前・手洗い手順」

(1)逆性石鹸の擦り込み

(2)水道水洗浄…サンプリング

(3)アルコール噴霧

「第2調理場の作業前・手洗い手順」

(1)浴用石鹸による手洗い

(2)電解次亜水による洗浄…サンプリング

(3)アルコール噴霧

※ 手洗い前の菌数(ベースライン)は調理作業を優先したため測定していない。

[結果]

実施場所：I 市学校給食センター

(第1および第2調理場の比較)

実施日：'98.3.1

※ 第2調理場は'97.7月に電解次亜水設備を導入した

(単位：CFU/cm²)

検体		第1調理場	第2調理場
A 男性(第1)	一般生菌数 大腸菌群	1.8×10^2 0	
B 女性(第1)	一般生菌数 大腸菌群	$>1.8 \times 10^3$ 0	
C 女性(第1)	一般生菌数 大腸菌群	0 0	
D 女性(第2)	一般生菌数 大腸菌群		3.6×10^2 0
E 女性(第2)	一般生菌数 大腸菌群		2.7×10^2 0
F 女性(第2)	一般生菌数 大腸菌群		9.0×10 0

[結論]

1. 手洗い後の作業員の手指は、両調理場とも清潔であった。
2. 手洗い効果に有意差は認められなかった。したがって、「石鹸＋電解次亜水」による手洗いは逆性石鹸による消毒と同等の効果が期待される。

(2)調理器具、機械：菌検査

[試験方法]

1. 検査方法：抜き取り検査
2. サンプリング：調理作業終了後に実施した。

[結果]

実施場所：I 市学校給食センター

(第1および第2調理場の比較)

実施日：'98.3.1

※ 第2調理場は'97.7月に電解次亜水設備を導入した

(単位：CFU/cm²)

検体		第1調理場	第2調理場
まな板(プラスチック) 「キズが多い中央部」	一般生菌数 大腸菌群	1.6×10^3 0	0 0
スライサー回転刃 「刃の付根部」	一般生菌数 大腸菌群	1.6×10^5 7.5×10^2	1.4×10^3* 2.7×10^2*
スライサーベルト 「キズが多い中央部」	一般生菌数 大腸菌群	1.6×10^3 0	0 0
ひしゃく・柄	一般生菌数 大腸菌群	5.9×10^2 0	0 0
横軸ミキサー 「羽根・軸の勘合部」	一般生菌数 大腸菌群	9.0×10 0	0 0
下処理用のざる 「内側」	一般生菌数 大腸菌群	0 0	0 1
ゴム長靴の底	一般生菌数 大腸菌群	1.1×10^4 9	0 0
包丁・柄のコミ	一般生菌数 大腸菌群	2.1×10^4 0	3.0×10^5* 0

[結論]

1. 作業の中に電解次亜水を使用している第2調理場は第1に比較して少ない。
2. 「ゴム長靴の底」は床の清潔さの指標であるが、第2調理場の床は、非常によく管理されている。

※ 菌数が多く、第1、第2とも要注意である。

「スライサーの刃」は毎日作業終了後、滅菌保管庫に収納されているが、使用中に交差汚染を受けている。電解次亜水を流しながらのカットスライスを検討するべきである。

「包丁・柄のコミ」は洗浄しにくい箇所なので、電解次亜水をかけただけでは除菌できない。作業の合間に、電解次亜水をかけながら、コミの部位をタワシ等でこすり洗いすることを検討すべきである。

(3)調理場の床、壁：菌検査

[試験方法]

1. 検査方法：拭き取り検査
2. サンプリング：調理作業終了後に実施した。
   乾燥している箇所は無菌精製水でぬらした後、30分後に綿棒で拭き取った。
3. 双方ともに床はコンクリートモルタルに樹脂ライニング。

[結果]

実施場所：I 市学校給食センター

（第1および第2調理場の比較）

実施日：'98.3.1

※ 第2調理場は'97.7月に電解次亜水設備を導入した

（単位：CFU/cm^2）

検体		第1調理場	第2調理場
床(出入口)	一般生菌数	2.8×10^2	0
	大腸菌群	2	0
床(焼き物機付近)	一般生菌数	2.2×10^5	6.0×10
	大腸菌群	1	0
床(揚げ物機付近)	一般生菌数	2.1×10^5	2
	大腸菌群	5.6×10^2	0
床(回転釜付近)	一般生菌数	7.2×10^4	2.9×10
	大腸菌群	6	3
床(スライサー下)	一般生菌数	8.9×10^4	0
	大腸菌群	1	0
床(下処理エリア)	一般生菌数	$>1.0\times10^6$	0
	大腸菌群	5	0
床(検収室入口付近)	一般生菌数	2.7×10^5	1
	大腸菌群	1	0
床(調理エリア排水溝)	一般生菌数	3.0×10^5	2.9×10
	大腸菌群	$>2.0\times10^3$	2
床(シンク・スライサー間)	一般生菌数	1.0×10^5	0
	大腸菌群	1.0×10	0
壁(冷蔵庫扉横)	一般生菌数	$>1.0\times10^5$	0
	大腸菌群	2	0

[結論]

1. 第2調理場は第1に比較して菌数が極めて少ない。
2. 第2調理場の排水溝およびその付近が清潔であることは、調理場全体の衛生状況が良好であることである。

(4)原材料(キャベツ、タマネギ、人参、じゃがいも他)

：菌検査

[試験方法]

実作業中の食材を以下3ヵ所からサンプリングし、菌検査を実施した。

[結果]

実施場所：I 市学校給食センター

実施日：'97.10.22

実施者：旭硝子エンジニアリング(株)機能商品部

（単位：個/g）

検体		一般生菌数	大腸菌群
キャベツ	未処理	1.2×10^6	<10
	水洗い	3.2×10^5	<10
	クローラ水洗い	4.5×10^3	<10
タマネギ	未処理	1.6×10^6	<10
	水洗い	1.0×10^3	<10
	クローラ水洗い	<10	<10
人　参	未処理	5.7×10^4	3.1×10^3
	水洗い	9.0×10^2	4.0×10
	クローラ水洗い	<10	<10
じゃがいも	未処理	2.0×10^2	<10
	水洗い	<10	<10
	クローラ水洗い	<10	<10
セロリ	未処理	5.4×10^5	2.9×10^2
	水洗い	7.5×10^3	9.3×10
	クローラ水洗い	7.0×10^2	4.0×10
パセリ	未処理	9.1×10^5	1.0×10^3
	水洗い	1.9×10^5	1.5×10^2
	クローラ水洗い	2.7×10^3	<10

[結論]

1. 野菜は水洗いだけでは除菌できない。
2. クローラ水で洗浄(5～10分間、浸漬・適宜攪拌)することにより、一般生菌数は10^2～10^3に、大腸菌群はほぼ0まで殺菌できる。

(5)調理済みの食品：菌検査

[試験方法]

1. サンプリング：検食用の食缶を検食室に運び入れて調理後30分以内に採取した。

[結果]

実施場所：I 市学校給食センター
（第1および第2調理場の比較）
実施日：'98.3.1
※　第2調理場は'97.7月に電解次亜水設備を導入した

（単位：CFU/g）

検体		第1調理場	第2調理場
ミートソース	一般生菌数	2.0×10	＜10
	大腸菌群	＜10	＜10
玉子スープ	一般生菌数	＜10	
	大腸菌群	＜10	
五目揚げ	一般生菌数	1.0×10	
	大腸菌群	＜10	
カレー	一般生菌数	1.0×10	
	大腸菌群	＜10	
野菜ソテー	一般生菌数		＜10
	大腸菌群		＜10
フライドチキン	一般生菌数		＜10
	大腸菌群		＜10

［結論］
1. 電解次亜水を使用している第2調理場では菌が検出されなかった。
2. 第1調理場では、加熱食品といえども調理後わずか30分間で再汚染が始まっていた。原因は周囲からの汚染と考えられる。

6.4　総括

(1) 食中毒は、食品を殺菌したからといって、防止できるものではない。「2次汚染」といわれるように、食中毒原因菌は食品、人、調理器具・機械、容器類、床、壁等を次々と渡り歩きながら、最後に食べ物を介して人の中に入り込み、食中毒を引き起こす。すなわち、一つのものだけを清潔にしても無意味であり、すべてを根こそぎ清潔にしなければ、食中毒は防止できない。
　その点、食品から手指、器具機械、床等、調理作業に直接・間接に関わるすべての対象物を洗浄できる電解次亜水は、第2調理場全体の衛生状態をトータルに改善することができた。

(2) また、電解次亜水設備を導入した第2調理場は、特に作業マニュアルを改訂することなく（調理作業者に特に負担をかけることなく）、従来から使用している水道水を電解次亜水に置き換えるだけで、調理場全体を清潔に改善し、安全な給食を提供することができた。

7.　おわりに

かつて「電解水」「機能水」というと、「魔法の水」等の表現でマスコミにセンセーショナルに取り上げられた時代もあったが、最近では厚生省の外郭団体である財団法人・機能水研究振興財団をはじめ、各専門分野の研究会並びに先生方の熱心な研究により、特性、効能効果のメカニズムが明らかにされてきた。

本稿で取り上げた電解次亜水（クローラ水）も決して「魔法の水」ではなく、古くから知られている電気分解により生成される低濃度の次亜塩素酸ナトリウム水溶液であり、その成分、有効性および安全性も解明されているので、食品に安心して使用できる。我々メーカーは各専門分野の先生や専門家の方々の貴重な助言・協力を得て、ユーザーが要望する、信頼性高い（安心して使用できる）商品作りを心がけるとともに「電解水」「機能水」の今後のさらなる普及・発展を願って止まないものである。

参考文献

1）日本上水道協会編：次亜塩素酸ナトリウム取扱指針 12ページ（昭和56年9月）
2）富士テクノシステム編：食品工場の微生物制御総合資料集第2節　化学的殺菌（次亜塩素酸ナトリウム）による微生物制御とその技術　241ページ（1977年）
3）日本上水道協会編：次亜塩素酸ナトリウム取扱指針　3ページ（昭和56年9月）

オゾン水の食品産業への活用

—オゾン水を用いた食品工場の洗浄殺菌および食品の洗浄除菌—

内藤　茂三

愛知県食品工業技術センター

1.　はじめに

近年、環境に対する関心の高まりに呼応して、環境調和型技術や人間にやさしい環境作りが注目を集めている。

これらに対応する技術の一つに、食品工場や病院など各種居住空間及び食品、食器等の殺菌、脱臭技術があるが、この分野においても塩素系殺菌やアルコール系殺菌等の従来方式に替わり、あるいはこれらと共にオゾンによる殺菌、脱臭方法が注目されてきた。

オゾンはフッ素に次ぐ酸化力を持ち、殺菌、脱臭、脱色、有害物質の分解等に優れた能力を示す一方、自然分解にて酸素に戻り、残留しないという特性があることから、環境にやさしい物質としてヨーロッパではすでに上水、水道水に対するオゾン殺菌は、フランス、ドイツを中心として1,100以上の浄水場で実施されている。

これらの国が浄水処理にオゾンを利用する目的は、水の病原性細菌の完全な殺菌とウイルスの不活性化、藻やプランクトンに起因する臭気及び塩素臭の除去と味の改善、浄水中の有機物の低減、色度、鉄、マンガン等に起因する色の除去等と幅広い水質改善に用いられてきた。

日本では法律で塩素の添加が規定されていたこともあり、オゾン注入を採用しているケースは少なかった。

しかしながら、最近、カビ臭の発生、微量のトリハロメタンによる発癌性問題からオゾン殺菌に注目が集まり、すでに多くの地方公共団体でシステムとして稼働し始めている。オゾンは他の殺菌方法に比べて高い効果が認められるが、一般的には危険なものとしての概念がある。

最近の高性能オゾン発生器の開発、オゾン分解剤の開発、オゾン濃度測定器の開発により、より安全性が確認できることがベースとなり、殺菌効果が速く、処理コストが安い、全く残留しない、処理を定量的に管理することができることなど、従来の塩素処理に比較して優位性が示されている。従来オゾンを用いて食品原材料処理、食品処理、食品工場の環境処理、上水処理、屎尿処理、排水処理、冷却水処理、プール水処理、水族館の水処理、海水処理が行われてきた。

最近、殺菌、脱臭を目的としたオゾン水処理技術が開発され、食品工場を中心にして利用され普及してきた。食品の腐敗、変敗の原因の90%は食品製造工場の空中浮遊微生物であり、その空中浮遊微生物は工場の床や側溝等より分散されているからである。床や側溝等を殺菌することにより空中浮遊微生物は著しく減少する。従来はこの床や側溝の殺菌に塩素系の薬剤が使用され、効果をあげてきたが、残留するため長年の使用により乳酸菌や大腸菌群等の特定の微生物に対して耐性菌が出現してきた。

特に1996年の夏期において大腸菌O-157による食中

毒が多発し、その多くの汚染源が食品工場内にあるとされた。多くの食品工場において従来は次亜塩素酸ナトリウム、エチルアルコール、酢酸等の酸類が殺菌に用いられ効果を上げてきた。

しかし、次亜塩素酸ナトリウムは強力な殺菌剤ではあるが、長年の100～300ppmの使用により大腸菌群等のグラム陰性菌（*Klebsiella, Erwina, Citrobacter*等）に対して耐性菌が生じている[1]。

またエチルアルコールを工場殺菌剤として使用する製パン工場等においてはエチルアルコールを資化する*Pichia anomala*[2]、*Moniliella suaverollens*[3]の真菌が出現し、酢酸等の有機酸類を工場殺菌剤として使用する工場においては耐酸性カビといわれる、*Moniliella acetoabutens*等の増殖が問題となっている[1]。

そこで次亜塩素酸ナトリウム、エチルアルコール、有機酸類等と殺菌機構の全く異なるオゾンを併用して食品工場等を殺菌することは有効である。比較的耐性菌の出来にくいオゾン水を用いて洗浄殺菌システムが開発された。

オゾン水は0.5ppmのような比較的低濃度でも大腸菌群に対して即効性があるためにこのような低濃度でも使用される。また残留性が全くないため適正に使用しないと全く効果が認められない場合もある。このためオゾン水の性質や特質を理解するとともにオゾンの殺菌機構についても理解する必要がある。

2.　オゾンの酸化還元電位

オゾンは水中においては次のように解離することが知られている。

$$O_3 + H_2O \rightarrow HO_3^+ + OH^-$$
$$HO_3^+ + OH^- \rightarrow 2HO_2$$
$$O_3 + HO_2 \rightarrow HO + 2O_2$$
$$OH + HO_2 \rightarrow H_2O + O_2$$

表1　酸化剤の酸化還元電位

			(Volt)
F_2	$+2e^-$	$=2F^-$	2.87
HO(g)	$+H^+ +e^-$	$=H_2O$	2.85
O_3(g)	$+2H^+ +2e^-$	$=O_2+H_2O$	2.07
H_2O_2	$+2H^+ +2e^-$	$=2H_2O$	1.78
MnO_4^-	$+4H^+ +3e^-$	$=MnO_2+2H_2O$	1.67
HO_2(aq)	$+H^+ +e^-$	$=H_2O_2$ (aq)	1.50
CO_2	$+e^-$	$=ClO_2^-$	1.50
HOCl	$+H^+ +2e^-$	$=Cl^- +H_2O$	1.49
Cl_2	$+2e^-$	$=2Cl^-$	1.36
O_2	$+4H^- +4e^-$	$=2H_2O$ (l)	1.23

フリーラジカルHOとHO_2は大きな酸化電位を持ち、金属塩や有機物とすぐ反応する。分子状のO_3フリーラジカル及びその他の酸化剤の酸化還元電位を**表1**に示す。この表からわかるように酸化処理については特にOHラジカルの役割が大きい。

しかし、殺菌効果、脱臭、脱色及び漂白効果は分子状オゾンによる直接酸化であるので、食品及び食品工場のオゾン処理では、後者の役割も重要である。

すなわち、オゾンの直接酸化反応は活性酸素原子に由来するのであるが、一般には急速に起こりうるがこれはオゾンが高い酸化還元電位（E_0＝2.07V）を有するからである。また水に溶けたオゾンの一部は分解してフリーラジカル（OH）を形成し、これが水中に存在する有機及び無機化合物と非常に急激に反応し、これを酸化する。これをオゾンの間接酸化反応という。

3.　オゾンの分解と酸化力

オゾンの分解はOHフリーラジカル形成に好都合な高いpH値において促進される。水中におけるオゾン

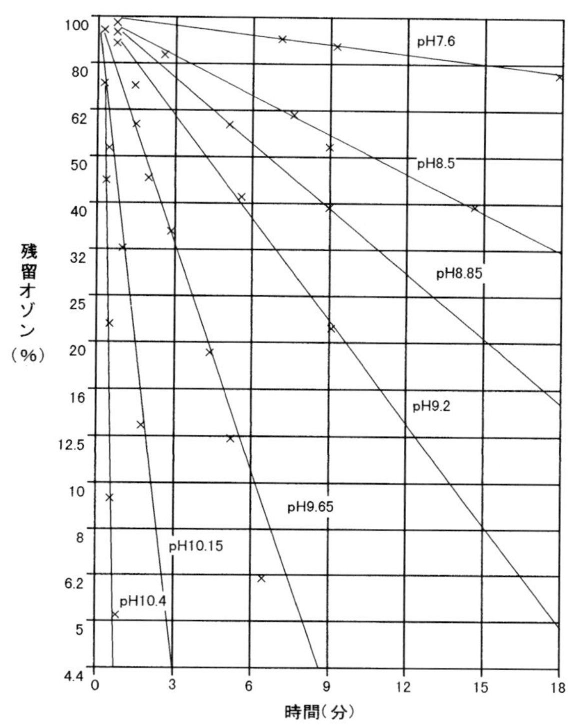

図1　オゾン水の分解に及ぼすpHの影響

の分解速度のpH依存性を測定した結果、pHの上昇に伴いオゾンの分解速度が増大し、OH^-イオンがこの反応に関与している。このように水中オゾンの安定性はpHに大きく依存し、pHが6付近から上のpHでは、pHの上昇につれて分解速度が急激に高くなることが知られている（**図1**）[4]。

当然、pHの異なる水中におけるオゾンの微生物殺菌機構も異なることになる。低pHにおけるオゾンの反応はオゾン自体が酸化の主体となり、比較的オゾンと反応しやすい成分との酸化反応が主体となる。高pHにおけるオゾンの反応はオゾンが水に溶け分解するときに生成するOHラジカルによる反応が主体であり、より強い酸化力を示す。低pHにおけるオゾンの反応は、オゾンが強力な親電子試薬であり、分子中に二重結合のような不飽和結合部や電子密度の高い部分を攻撃する（**図2**）。

それゆえ、オゾンは不飽和結合の切断、電子供与基をもつ芳香族化合物酸化や、硫化物やアミン類のような親核性原子を持つ分子の酸化には有効である。このため殺菌、脱臭、脱色、漂白では、いくつかの共役した不飽和結合をもつものがオゾンに有効となる。

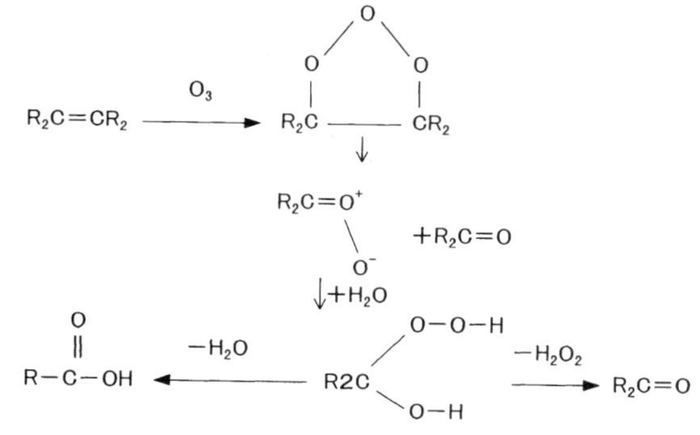

図2　二重結合（C=C）へのオゾン水の反応

高pHにおけるオゾンの反応はオゾンの自己分解が顕著になるが、その過程で活性の強いOHラジカルの生成があり、それが酸化反応の主体となる。このため通常の酸化では分解されないものを分解する強力な酸化力を発揮する。この反応は光照射によるオゾン処理や過酸化水素添加オゾン処理にも見られる。このOHラジカル生成による反応では、比較的低分子の飽和有機化合物の分解も可能であり、アルコールや有機酸の分解も可能である。

4.　オゾンの殺菌機構

細菌細胞の構造は、中央部に遺伝情報の機能を司る染色体があり、その外側に蛋白質と脂質からなる柔らかい細胞膜があり、さらに外側に蛋白質、多糖、脂質からなる細胞壁が取り巻いている。これらの膜、壁の厚さは約10nmである。細菌に対する殺菌作用機構は、オゾン直接あるいはオゾンと水分等に反応してできたOHラジカルが、この硬い細胞壁を酸化破壊を引き起こすことから開始される。

このようにオゾンによる殺菌は、溶菌と呼ばれる細菌の細胞壁の破壊や分解によるものといわれ、塩素が細胞壁、細胞膜を通過して酵素を破壊する機構とは全く異なる。このため大腸菌の生存率をオゾン、または塩素濃度でプロットしてみると、塩素は濃度が増加するごとに殺菌力が増加するカーブを描いたが、オゾンはある一定の濃度に到達して急激に殺菌力を示す特徴がある。

細菌細胞壁はグラム陽性菌とグラム陰性菌とでは全く異なっている。グラム陽性菌の細胞壁はタイコイン酸(20〜50%)、蛋白質、ヘプチドグリカン(50〜80%)、リポタイコイン酸からなり、グラム陰性菌はリポ多糖及び蛋白質(80〜90%)、ペプチドグリカン(10〜20%)から構成されている。このようにグラム陰性菌は陽性菌に比較してオゾンにより酸化しにくいペプチドグリカン層が薄いため、陽性菌に比較してオゾン殺菌は極めて容易である。

このように細胞表層構造の相違が原因して、オゾンに対する感受性に差異が生じるから、オゾンによる殺菌機構も一般的に論じることはできない。オゾンによる殺菌機構は、抗生物質、抗菌剤、化学療法剤のような細胞内の特定の場所を阻害する作用とは異なり、細胞表層成分の酸化分解の結果起こる細胞の損傷、破壊作用のような構造的なものである。

このような作用を受けやすい細胞表層構成成分は、細胞壁(特にグラム陰性菌)中に存在するリポ蛋白質、リポ多糖類や細胞膜中に存在するリン脂質、リポ蛋白質、リポ多糖、細胞質膜や細胞質内に存在する酵素蛋白質、補酵素成分及び核酸である。微生物の殺菌を塩素によって行った場合、塩素は微生物の細胞壁を通過し、酵素が損傷を受けて死滅する。

またメチシリンに代表されるβ－ラクタム系の抗生物質による殺菌は、細胞壁合成酵素の活性部位にこの抗生物質が結合して、細胞壁合成を停止させるという機能破壊である。

オゾン殺菌ではオゾンは微生物の細胞壁等の表層を構造的に破壊し、あるいは分解することにより細胞透過率が変化し、酵素の活性が失われ、核酸が不活性化されるものと考えられる。

すなわち最初の細胞表層の蛋白質または脂質を酸化しながら細胞壁等の機能を構造的に破壊し、オゾン負荷量が多ければさらに易反応性の官能基と反応して中に侵入して、酵素等を破壊していくのである。薬剤殺菌が一つの機能を破壊していくのに対し、オゾンはマルチポイント攻撃である。このため耐性菌ができにくい殺菌方法であると考えられる。オゾン水が食品等に利用される中性域における溶存オゾンの主たる反応形式は分子状オゾンの反応である。

このため微生物の細胞壁や細胞膜の構成成分である脂質との反応が生じる。まず分子状のオゾンは不飽和結合に反応し、生成した過酸化物のフリーラジカルの生成が始まり、さらに連鎖反応が始まる。同時に、微生物細胞壁や細胞膜の構成成分である蛋白質にも反応が生じる。オゾンと蛋白質との反応を考える場合は、具体的にはオゾン易反応性のアミノ酸残基(トリプトファン、メチオニン、フェニールアラニン等)との反応を意味する。さらに負荷量が多いと、中に侵入し核酸と反応する。特にグアニンやチミンとの反応性が高い。

5.　オゾン水の殺菌に影響を与える因子[5)]

オゾン水は急速に自然に分解し、酸素に戻るが、分解速度は水温、pH、有機物、無機物、重金属等により異なるが、20〜25℃、常圧では半減期が10〜60分と早い。オゾンによる殺菌は化学反応性によるが、水温が上昇するとオゾンの分解が促進し、溶解度が減少しても連続オゾン注入の場合は消費量が増加して殺菌効果が上昇するためオゾン接触時間とオゾン濃度の積(CT値)で殺菌効率が表される。

しかしオゾン水のようにオゾン量が一定の場合は、オゾンが急激に減少するためオゾンと微生物の接触時間とオゾン濃度の積(CT値)では殺菌効率は表されずに大部分が初期オゾン濃度に依存する。また

表2　オゾン水と他の消毒・殺菌剤方法との比較

	エチルアルコール	次亜塩素酸ナトリウム	ヨードホール	オゾン水
殺菌機構	菌体内代謝阻害作用 ＡＴＰの合成阻害 濃度により殺菌機構差異 40～90%：構造変化、代謝阻害 20～40%：細胞膜損傷、RNA漏出 1～20%：細胞膜損傷、酵素阻害	菌体内酵素破壊 細胞膜損傷	たんぱく質の変性 ＳＨ酵素の不活化 結合による立体傷害 脂質二重結合の酸化 による立体傷害	細胞壁等の表層構造破壊 濃度により内部成分破壊 （酵素、核酸等） 0.2～0.5ppm：細胞表層酸化 0.5～5.0ppm：酵素阻害 5.0ppm以上：内部成分破壊
殺菌に及ぼす環境因子				
ｐＨ	酸性域(3～5)効果大 アルカリ域で効果小	4～6で効果大 アルカリ域で効果小 酸性域で塩素ガスと なり不安定	2～5で効果大 中性域で効果小 アルカリ域で効果小	3～5で安定 アルカリ域で不安定
温度	高温で効果大 低温で効果小	高温で効果大 低温で効果小	0～40℃の温度範囲 では効果ほぼ一定	低温で安定、高温で不安定 溶解度低温で大 高温で効果大
有機物	殺菌力低下小 高濃度で蛋白質変性	殺菌力低下大	殺菌力低下大	殺菌力低下大
殺菌効果	カビ、細菌に効果大 酵母に効果小	細菌、ウイルス に効果大	細菌、酵母、カビ に効果大	0.3～0.5ppmで 大腸菌、乳酸菌 サルモネラ、 ウイルスに効果大
使用濃度	殺菌：45～95%(通常70～80%) 静菌：20～40% 誘導期延長：1～20%	0.3～1.0ppm水消毒 50～100ppm野菜消毒 100～150ppm手指消毒 100～300ppm工場消毒	3～8ppm手指消毒 5～20ppm装置洗浄 10～100ppm工場洗浄	0.3～4ppm手指消毒 0.5～3ppm野菜消毒 5～10ppm穀類洗浄 0.5～8ppm工場洗浄
当該殺菌剤で処理している食品工場より検出した微生物	酵母 (Pichia anomala) カビ (Moniliella suverolens) 細菌(Bacillus)	乳酸菌(Leuconostoc) 乳酸菌(Enterococcus) 乳酸菌(Lacobacillus) 大腸菌(E.coli) カビ(Aspergillus)	細菌 (Bacillus) カビ (Aspergillus)	細菌(Bacillus) カビ(Aspergillus)
その他	揮発性大 刺激臭 引火性 蛋白質の変性 異臭生成	酸性下で塩素ガス生成 皮膚、粘膜刺激 次亜塩素酸が残留	大量の洗浄水必要 金属表面酸化 プラスチックに ヨウ素吸着する コスト高い	散布時にオゾンガス発生 有機物による分解が早い 脂質が表面にあると酸化 イニシャルコスト高い

表3　各種ガスの水に対するヘンリー定数

ガス	H×10⁻⁴							
	0 °C	5 °C	10°C	15°C	20°C	25°C	30°C	35°C
H_e	12.9		12.6		12.5		12.4	
H_2	5.79	6.08	6.36	6.60	6.83	7.07	7.29	7.42
N_2	5.28	5.97	6.68	7.38	8.04	8.65	9.24	9.85
空気	4.31	4.88	5.48	6.07	6.64	7.19	7.71	8.22
CO	3.52	3.95	4.42	4.89	5.35	5.79	6.20	6.59
O_2	2.54	2.90	3.27	3.64	4.00	4.38	4.75	5.07
CH_4	2.24	2.59	2.97	3.37	3.75	4.13	4.48	4.86
NO	1.69	1.93	2.18	2.41	2.64	2.87	3.09	3.31
C_2H_2	1.26	1.55	1.89	2.26	2.63	3.02	3.42	3.83
C_2H_4	0.551	0.653	0.768	0.895	1.02	1.14	1.27	
O_3	0.194	0.218	0.248	0.288	0.376	0.457	0.596	0.818
COS	0.0924	0.117	0.147	0.182	0.219	0.259	0.304	
N_2O		0.119	0.142	0.169	0.197	0.225	0.259	0.301
CO_2	0.0727	0.0877	0.104	0.122	0.142	0.164	0.186	0.209
H_2S	0.0267	0.0314	0.0366	0.0423	0.0482	0.0544	0.0609	0.0676
Br_2	0.00216	0.00282	0.00366	0.00468	0.00593	0.00739	0.00905	

ガス	H×10⁻⁴							
	40°C	45°C	50°C	60°C	70°C	80°C	90°C	100°C
H_e	12.1		11.5					
H_2	7.51	7.59	7.64	7.64	7.64	7.55	7.51	7.45
N_2	10.4	10.9	11.3	12.0	12.4	12.6	12.6	12.6
空気	8.70	9.10	9.46	10.1	10.5	10.7	10.8	10.7
CO	6.95	7.29	7.61	8.22	8.45	8.45	8.46	8.46
O_2	5.36	5.63	5.88	6.29	6.64	6.87	6.99	7.01
CH_4	5.19	5.50	5.77	6.26	6.66	6.82	6.92	7.01
NO	3.52	3.72	3.90	4.18	4.37	4.48	4.52	4.53
C_2H_2	4.23	4.62	4.99	5.64	6.23	6.61	6.87	6.92
C_2H_4								
O_3	1.20	1.79	2.78					
COS								
N_2O								
CO_2	0.233	0.257	0.283	0.341				
H_2S	0.0745	0.0813	0.0884	0.103	0.119	0.135	0.143	0.147
Br_2	0.0133		0.0191	0.0251	0.0321	0.0404		

H：ヘンリー定数

オゾン溶解度が上昇し、安定性があるため低温ほど殺菌効率が高い。食品工場で使用されている他の殺菌剤とオゾン水の比較を**表2**に示した[6)]。

6.　オゾン水製造装置

6.1　オゾン溶解装置の特性

気体を水に溶解させる場合、その気体が水中の物質と反応を起こさなかったり電離したりしなければ、特に高圧でない限り、一定温度における気体の溶解度はその気体の分圧に比例し、いわゆるヘンリーの法則に従う。各種ガスの水に対するヘンリー定数を**表3**に示した。オゾンガスを水に溶解させる場合も同法則が適用される。このため定常状態でオゾンガスが水に溶解する時、液相のオゾン濃度はヘンリーの法則に従って、気相におけるオゾン分圧に比例する。平衡状態のオゾンの液相と気相の割合は次式により表される。

$$P = HX$$

P：気相でのオゾン分圧(atm)
X：液相でのオゾン濃度(モル分圧)
H：ヘンリー定数(atm/モル分圧)

ヘンリー定数は水温とpH値により変化し、pHが5.1～7.1の範囲では次の式が成立する。

$$H = (0.13t \times 2.06) \times 10^3 \quad t：水温(℃)$$

このため水温が高ければその定数も大きくなり、水へ溶けにくくなる。実際的には、ヘンリー定数で計算するよりも使用する単位の関係から以下のような分配係数Dを用いた方が便利である。水と接触する際のオゾンガスは酸素または空気の混合気体となっているため、溶解度は空気と水の気液層の分配率と考えられる。その分配係数(D)は、一定の圧力、温度、容量のもとでは次式により表される。

$$D = 飽和状態での水溶液中オゾン濃度C_L(mg/L) / 注入オゾンガス濃度C_G(mg/L)$$

分配係数は、温度の関数であり、また、非極性の有機溶剤へのオゾンの溶解度は**表4**に示すように水に比べると約10倍大きく、溶媒の種類による差異は少ない[7]。水温ごとの分配係数は実験値から求められており、これから水温が異なった時のオゾン水濃度修正係数が求められる。

表4　オゾンの溶解度(25℃)

溶媒		D
テトラクロロメタン		1.96
酢酸		1.83
無水酢酸		1.89
1, 1, 2, 2−テトラクロロエタン		1.77
トリフロロ酢酸		2.3
トリクロロメタン		2.12
酢酸メチル		1.63
1, 2−ジクロロメタン		1.95
1, 1, 2−トリフロロ−1, 2, 2−トリクロロエタン		2.06
$CCl_4+CHCl_2CHCl_2$	(14%)	2.01
$CCl_4+CHCl_2CHCl_2$	(33%)	1.99
$CCl_4+CHCl_2CHCl_2$	(55%)	2.08
$CH_3COOH+C_2H_5COOH$	(62%)	1.93
プロピオン酸		1.95
$H_2O+C_2H_5COOH$	(95%)	1.56
$H_2O+C_2H_5COOH$	(90%)	1.28
$H_2O+C_2H_5COOH$	(80%)	0.89
$H_2O+C_2H_5COOH$	(60%)	0.56
$H_2O+C_2H_5COOH$	(50%)	0.32
$H_2O+C_2H_5COOH$	(30%)	0.24
水		0.20

$C_L = D \cdot C_G$　　D：(mg/mg)

このようにオゾンの水への溶解度は、酸素に比べて約10倍大きく、圧力の上昇、温度の低下により促進される。1気圧条件下での水に対する溶解度は次式で表される。

$$C_L = 0.640(1 + t / 273) / 1 + 0.063t \times C_G$$

通常オゾン化空気中のオゾン濃度は20～50mg/Lと薄く、オゾンの水への吸収を支配する濃度推進力が小さい。したがって、オゾンをいかに効率よく低コストで水中に吸収、溶解させるかは重要な課題である。分配係数、溶解度は溶解しうる量に関する情報を与えオゾン発生装置の設計の基礎資料となる。

一方溶解速度を検討することは、溶解装置の大きさや構造を決定するうえで重要である。溶解速度は、フィックの法則、拡散係数、物質移動係数、二重境界膜説によって説明され、オゾンを水に溶解する場合には、溶解速度式の一つとして次式が提案されている。

$W = K_L \{a/(1\text{-}h)\}(D/C_G - C_L) - K_1 C_L$

W ：溶解速度
（単位液容量、単位時間当たりのオゾン溶解量）
K_L ：液側総括物質移動係数（m/hr）
a ：気液界面積
（気液混相単位容量当たりの全気泡表面積）
h ：ガスホールドアップ
（気液混相単位容量当たりの全気泡容積）
D ：オゾンの気液分配係数
C_G ：気中オゾン濃度
C_L ：水中オゾン濃度
K_1 ：オゾンの自己分解速度定数

オゾンの溶解速度（W）を大きくするには、濃度勾配（$D \cdot C_G - C_L$）を大きくすること、気液の微細化により気液界面積（a）を大きくすること、及び物質移動係数（K_L）を大きくすることである。濃度勾配を大きくするには、低温による気液分配係数（D）の増大と気中オゾン濃度（C_G）の増大が必要となる。

従って、オゾンが水に溶解する速度は、次のようにして増加させることができる。気泡中のオゾン濃度を高め、気体－水接触の比交換面積を増加させること、すなわち、任意の体積の気体に対する泡の総表面積を増加させることである。これには気泡の直径を可能な限り小さくして拡散させることが必要である。

しかし、ある任意の拡散システムでは、気泡の直径を固定し、オゾンガス濃度C_Gを上げると拡散される気体体積を低下させ、従って総表面積aを減少させることとなる。このため、最良のオゾンガス濃度C_Gが存在し、それを超えるとオゾンが溶液に浸透する速度が低下する。また圧力を増加させるとオゾン溶解速度は増加する。注入速度は高いほど、また注入点が深いほど溶解速度は大きくなる。開放した部屋で、オゾンを含む気体混合物を水の非常に深い所に注入することにより、気泡－水接触時間が長くなり、気泡中に含まれるオゾンが溶解する可能性が大きくなる。通常の工業的拡散システムで得られた気泡は、特別な循環設備のない接触槽では、オゾン溶解が悪いために短時間しか滞留しない。また平衡状態で水中に溶解できるオゾンの最大量は、圧力、温度および空気中のオゾン濃度の関数として変化する。

これらのことを考えると、可能な限り細かい気泡を造り、その気泡が処理すべき液とできるだけ長く接触し、気体中のオゾン濃度が最適になるような拡散システムを使用すべきである。接触酸化中でオゾンを含む気泡が滞留する時間が短いと溶解平衡に達することができず、通常、気体－水接触時間が30分間は必要である。

オゾンの水への溶解は極めて困難であり、現在日本では8つの溶解方法が開発されている[8)]。

6.2 オゾン水製造装置

現在使用されているオゾン水製造装置は大きく分けて無声放電法と電解法による方法に分類される。

無声放電法は一対の電極間に、ガラスあるいはセラミックのような誘電体をはさみ、酸素あるいは酸素含有気体を電極間に流し1～18KVの交流高電圧を印加する方法である。無声放電方式のオゾン発生装置の電極構造には主に三つの形状があり、同軸円筒型、平板型、沿面放電型と呼ばれる。

これには酸素原料、空気原料、PSA装置処理原料などのタイプがある。空気を原料とする場合、体積の4/5を占める窒素も酸化されるためNOx（窒素酸化物）も同時に発生してしまう。

そのため大型のものは効率を上げるために、モレクラーシーブ5Aのような吸着剤を利用して、酸素を分離生成するPSA（Pressure Swing Adsorption）酸素生成装置が使用されている。PSA使用オゾン水製造装置は低湿度の酸素を供給するための空気乾燥装置であるエアードライヤー、オゾンガスと水を効率よく安定化してオゾンを溶解する機能を有する装置を装備したオゾン水製造装置が多い。オゾン濃度は通常0.3～15ppmである。現在のオゾン水製造装置はこの無声放電法によるものが多い。電解法は水の電気分解によりオゾンを発生させる方法で、他の方法では考えられない程、高濃度のオゾンガスを安定的に発生させることができる。

また空気の圧縮装置や乾燥装置がいらないので装置スペースは小さい。濃度が高いので水への溶解効率も高く、製品の殺菌を目的とする場合はほとんどオゾン水として使用されている。電解法でオゾン水を製造する方法には大きく分けて直接電解オゾン水製造法と固体高分子電解質膜オゾン水製造法の2つの方法がある。

水溶液の電気分解によってオゾンが生成することは、1980年、Schonbeinが貴金属の陽極を用いて硫酸水溶液の電解の際にオゾンを見いだした時から知られていた。硫酸などの酸性水溶液を電解すると、通常、水が分解されて次式のように酸素と水素が発生する。

陽極：$2H_2O = O_2 + 4H^+ + 4e^-$　　Eo＝1.23V

陰極：$4H^+ + 4e^- = 2H_2$　　Eo＝0.00V

全反応：$2H_2O = O_2 + 2H_2$　　Eo＝1.23V

一方、特殊な条件下で酸素発生と併発して起こるオゾン発生反応は次式によると思われる。

$3H_2O = O_3 + 6H^+ + 6e^-$　　Eo＝1.51V

オゾン発生反応の電位は、酸素発生反応より高く、平衡論的には酸素発生が優先的に起こる。このため、オゾン生成を目的とする電解では酸素発生をできるだけ抑制する特殊な条件が必要になる。オゾン発生を起こすためには陽極電位を高く、すなわち、過大な電流密度と、電解をより低温で行うことが必要であった。

一般の電解の数倍から数十倍もの過大電流密度は大きな発熱を伴うために液の冷却だけでは不十分で電極自身を冷却する内部冷却方式も採られた。電解質溶液は高濃度の硫酸、過塩素酸、リン酸などが用いられ、これらの過酷な電解条件で使用できる陽極材料は貴金属、とりわけ酸素過電圧の高い白金に限定されていた。

また二酸化鉛を陽極に用いると、従来の酸性溶液のみならず中性塩の水溶液でもオゾン生成することが認められた。

しかし、電極の消耗が激しいことなどが大きな問題で潜在的な実用化の可能性を持ちつつも水溶液電解によるオゾン生成法は極めて困難であった。

しかし、種々の技術の開発により水溶液電解によるオゾン生成が可能となった。直接電解法によるオゾン水の製造は、電解面におけるオゾン水濃度の累積現象として開発された。他の電解式オゾンガス発生法では、共通してオゾンガス発生電極にβ－二酸化鉛を使用しており、運転条件に原料水は高度の純水であることが要求され、直接電解法によるオゾン水のように原料水を直接流すことは不可能であった。

これは直接電解法によるオゾン水製造装置は、陽極、陰極ともに安定した貴金属を使用し、電解界面に発生した無数のオゾン水渦中を原料水が通過しながら、オゾン水濃度を上げていくためである。オゾン水濃度は通過水の流量に反比例し、電極に加わる電圧に比例する。

固体高分子電解質膜オゾン水製造法は通常のスルホン酸基を持つフッ素樹脂系のイオン交換膜をH^+伝導体の固体電解質として用い、電極層を膜に直接接合したセル構成を持つ。膜が電解質溶液を代替するわけで水だけを供給するだけでよい。

この装置はその中心装置である電解槽と直接電解装置および純水器から構成されている。電解槽は、陰極と固体高分子電解質膜（イオン交換膜）と陽極がサンドイッチ構造をなしておりお互いにしっかりと密着している。水が陽極側に供給され、陽極と電解質膜の界面において酸素原子と水素イオンに分解され、酸素原子は陽極上に吸着され、水素イオンは電解質膜内に侵入する。陽極上に吸着された酸素原子は、一部は酸素ガスになるが、一部はオゾンガスになる。

この時、酸素ガスがいったん発生し、これがオゾンガスになるのではなく、いきなり電極上でオゾンガスが発生する。電解質膜内に侵入した水素イオンは、膜内を反対方向に移動し、陰極界面に達して水素ガスとなる。電解質膜は非多孔質であり、両極は完全にまざりあうことなく、陽極からは酸素とオゾンの混合ガスが、陰極からは水素ガスがそれぞれ発生する。高濃度のオゾンガスであるためエジェクター等の混合器を用いて容易にオゾン水を製造することができる。なお原料の水は市水を純水器を通して純水としたものが電解槽に供給される。市水を直接、電解槽に供給すると、市水中の無機物が電解質膜内に吸着され、電解が停止される。電解法によるオゾン水製造装置は高濃度のオゾン水が容易に製造されるのが特徴である。

7.　オゾン水の食品の殺菌への利用

7.1　オゾン水による微生物の殺菌

大腸菌や大腸菌群のようなグラム陰性細菌はオゾン水により容易に殺菌することができる。これはこれらの微生物の細胞表層が蛋白質より構成されていることに由来する。オゾン水によるグラム陰性細菌の殺菌効果を**表5**にまとめた。糸引き納豆の納豆菌のバクテリオファージによる糸引き性喪失防止のために納豆菌バクテリオファージのオゾン水による不活性化について検討した結果を**表6**に示した[9]。納豆菌バクテリオファージはオゾン水濃度1～2ppm以上の処理で完全に不活化した[9]。

オゾン水による糸状菌の殺菌について検討した結果を**図3**、**図4**に示した[10]。*Cladosporium herbarum, Cladosporium cladosporoides*はいずれもオゾン水濃度10ppmで1分間処理で完全に死滅した。オゾン水濃度の変化によるpHと酸化還元電位(ORP)の変化を**表7**にまとめた[10]。

7.2　オゾン水の食品工場および装置・器具の洗浄殺菌への利用

大量に製造できるオゾン水の場合は、多量の水を必要とする食品分野に基本的に向いており、殺菌機構が異なる次亜塩素酸ナトリウムやエチルアルコールと併用できる殺菌剤として用いられる場合が多い。食品原材料そのものから豆腐や麺類等の加工食品の殺菌、野菜、肉、鮮魚等の洗浄、除菌、白米の

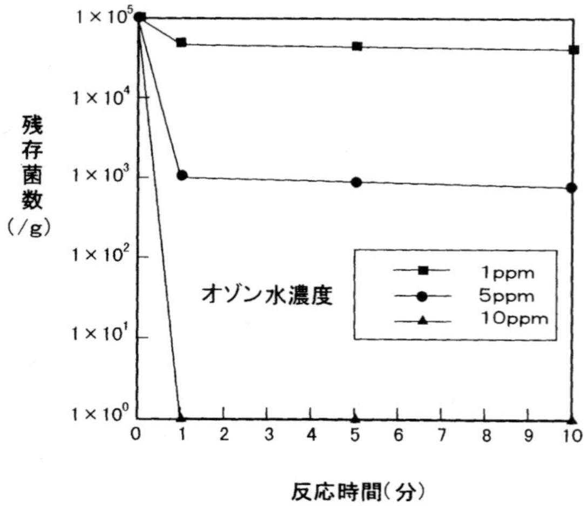

図3　Cladosporium herbarum IFO 6374胞子のオゾン水殺菌

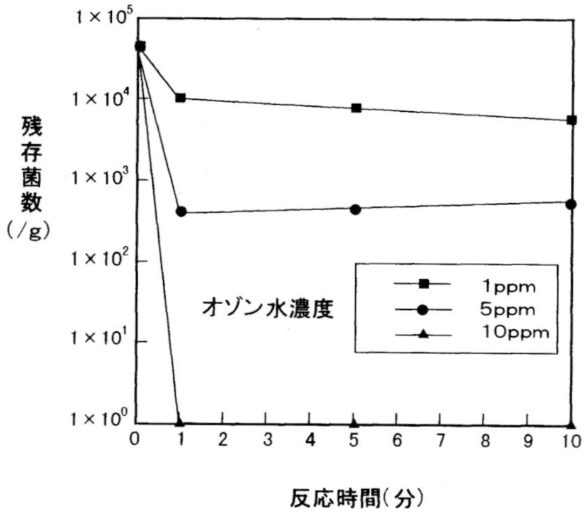

図4　Cladosporium cladosporoides IFO 6348胞子のオゾン水殺菌

表5　オゾン水によるグラム陰性細菌の殺菌

	初発オゾン水濃度 (ppm)	生菌数（／g）			
		初発	30秒	60秒	90秒
Escherichia coli	0.1	1.2×10^8	5.7×10^2	30以下	30以下
	0.3	1.2×10^8	30以下	30以下	30以下
	0.5	1.2×10^8	30以下	30以下	30以下
	1.0	1.2×10^8	30以下	30以下	30以下
	3.0	1.2×10^8	30以下	30以下	30以下
Ps.fluorescens	0.3	5.1×10^8	1.2×10^2	30以下	30以下
	0.5	5.1×10^8	30以下	30以下	30以下
	1.0	5.1×10^8	30以下	30以下	30以下
	3.0	5.1×10^8	30以下	30以下	30以下
Ps.aeruginosa	0.5	1.5×10^8	5.2×10^3	2.3×10^2	1.1×10^2
	1.0	1.5×10^8	2.2×10^2	30以下	30以下
	3.0.	1.5×10^8	30以下	30以下	30以下
Sal.enteritidis	0.5	1.1×10^8	3.2×10^2	3.0×10^2	1.1×10^2
	1.0	1.1×10^8	30以下	30以下	30以下
	3.0.	1.1×10^8	30以下	30以下	30以下
Sal.typhimurium	0.5	1.8×10^8	1.2×10^2	1.0×10^2	1.0×10^2
	1.0	1.8×10^8	30以下	30以下	30以下
	3.0.	1.8×10^8	30以下	30以下	30以下
Ent.cloacae	1.0	1.1×10^8	30以下	30以下	30以下
Klebsiella sp.	1.0.	1.3×10^8	30以下	30以下	30以下
Erwinia sp.	1.0.	1.5×10^8	30以下	30以下	30以下
Citrobacter sp.	1.0.	1.2×10^8	30以下	30以下	30以下

表6　納豆菌バクテリオファージのオゾン水による不活化

オゾン水濃度（ppm）	処理時間（秒）					
	30	60	120	180	240	300
0.3	2.8×10^7	2.2×10^7	3.1×10^7	2.0×10^7	3.2×10^7	5.2×10^7
0.5	3.5×10^7	5.1×10^7	3.1×10^7	2.1×10^7	5.7×10^7	6.2×10^7
0.8	3.9×10^7	4.6×10^7	6.2×10^7	5.2×10^7	4.1×10^7	3.8×10^7
1.0	1.1×10^5	7.3×10^4	—	—	—	—
2.0	—	—	—	—	—	—
5.0	—	—	—	—	—	—
8.0	—	—	—	—	—	—
10.0	—	—	—	—	—	—

初発納豆菌バクテリオファージ量：3.2×10^7/g
—：検出せず

表7　オゾン水のpHと酸化還元電位(ORP)

オゾン水濃度(ppm)	pH	ORP(mV)
0.5	6.05	955
1.0	5.93	957
1.5	5.80	960
2.0	5.65	963
2.5	5.35	965
3.0	5.20	970
3.5	5.00	980
4.0	4.95	985
5.0	4.81	1000
7.0	4.56	1030
10.0	4.37	1055

洗浄、浸漬または食品加工用器具、機械、装置の洗浄、除菌、工場内の床や側溝の洗浄、除菌、脱臭に用いられている。また農産種子及び農業用資材の殺菌にも使用されている。

現在、最も多くオゾン水が食品工業界で採用されているのは、工場の床、側溝及び機械・装置の洗浄、除菌、脱臭と野菜・果実の洗浄・除菌である。これらについて説明する。

食品工場で食品が腐敗、変敗する原因は、その90%が空中浮遊微生物による二次汚染である。このため食品工場をクリーン化できれば食品の腐敗、変敗は著しく減少できると考えられる。ほとんどの食品工場では作業中あるいは作業後の工程の洗浄に多くの水を使用するが、工場の気温が高いとこの水が水蒸気となり、これにより揮散した微生物がまた落下し工場全体を汚染する。このため工場の床や側溝を洗浄、殺菌することは極めて大切である。この工場殺菌をする方法の一つとしてオゾンガスを用いる方法とオゾン水を用いる方法がある。

オゾンガスを用いる方法は工場の上部に設置したオゾン発生器から降り落ちるオゾンガス(分子量48,空気の約1.8倍の重さ)を汚染微生物に接触させることにより工場空気、機械、床、側溝等が殺菌され、朝一番に製造された食品の空中浮遊菌による二次汚染される確率が減少する。オゾンは水分があると自然に分解され全く残存せず、またオゾンは表面酸化のみであり、浸透力は全くないため、例え食品に接触しても食品の品質を著しく劣化させることは少ないと考えられる。また現在では常温で容易にオゾンを分解するオゾン分解剤が多く開発されているのでオゾンの瞬間的な分解は極めて容易である。

オゾン水を工場に散布した場合においても、オゾン水濃度及び散布方法によりオゾンガスが揮散する。このオゾンガスによりオゾン水の到達出来ない部位の洗浄、除菌ができるというメリットがある。オゾン水で工場及び機械を洗浄、除菌、脱臭しようとする試みは比較的最近、急激に普及してきた。これは病原性大腸菌O-157と密接に関係している。本菌は工場の床、側溝、機械・装置に付着して食品に移行することが考えられるが、しかしこれらからの二次汚染は水や有機物が介在するためその対策は極めて困難である。そのため次亜塩素酸ナトリウムを散布しているにもかかわらず大腸菌群が検出される場合がある。

長年の高濃度の次亜塩素酸ナトリウムの散布による耐性菌ができたためである。そこで次亜塩素酸ナトリウムと殺菌メカニズムが全く異なるオゾン水を用いることにより次亜塩素酸ナトリウム耐性大腸菌群の殺菌を容易にすることが可能である。

しかしオゾン水は有機物等との接触により容易に分解するので殺菌持続性はほとんどなく、殺菌を確実に行うためには工場や機械・装置の汚れの程度と使用オゾン水濃度を的確に把握する必要がある。通常の食品工場の床、側溝、機械、装置等の洗浄、除菌、脱臭にはオゾン水濃度0.5～5.0ppmで使用されている(**表8**)。

特に洗浄を十分に行えば大腸菌群、サルモネラ菌、レジオネラ菌、腸炎ビブリオ菌等のグラム陰性菌の殺菌にはオゾン水濃度0.5～1.0ppmで十分であ

表8　食品工場におけるオゾン水の利用

食品工場	使用場所	濃度(ppm)	目　的
豆腐製造工場	水槽 床	1.0～3.0 0.5～1.0	殺菌:大腸菌、大腸菌群、乳酸菌 殺菌:大腸菌、大腸菌群、乳酸菌
納豆製造工場	床 床	0.5～1.0 0.5～1.0	殺菌:乳酸菌 脱臭:腐敗臭
生めん製造工場	床	0.5～1.0	殺菌:大腸菌、大腸菌群、乳酸菌
弁当製造工場	床	0.5～1.0	殺菌:大腸菌、大腸菌群、乳酸菌
米飯製造工場	洗浄水 床	0.3～0.5 0.5～1.0	洗浄 殺菌:大腸菌、大腸菌群
飲料水製造工場	器具 床	0.5～1.0 0.5～1.0	殺菌:大腸菌、大腸菌群、乳酸菌 殺菌:大腸菌群、乳酸菌
鮮魚加工工場	器具 解凍工程 床	0.5～1.0 0.5～1.0 0.5～1.0	脱臭:魚臭、腐敗臭 殺菌:ビブリオ菌、大腸菌群 殺菌:大腸菌群
レストラン厨房	床	0.5～1.0	殺菌:大腸菌、大腸菌群
漬物製造工場	床、側溝	1.0～5.0	殺菌:乳酸菌
農産加工工場	床、側溝	1.0～5.0	殺菌:乳酸菌、大腸菌群
菓子製造工場	床、側溝	1.0～3.0	殺菌:乳酸菌、大腸菌、大腸菌群

表9　正常なキュウリの局部組織中の細菌

試料	局部組織中より細菌検出率(%)	組織内部細菌として同定分離細菌の割合(%)
A	56	7
B	15	25
C	4	0
D	100	10
全体	44	10

試料はA、B、C、Dの4ロット、1ロットにつき25本

表10　新鮮なトマトの部位別細菌数

部位	細菌の分布割合(%)				
	Pseudom.	Entero.	Coryn.	その他	全体
下部(へたのくぼみ)	49	13	10	12.1*	57.5
果皮	7	1	4	0	7
内部ゼリー部	8	3	4	0	13
中心核	28	7	4	0	34
上部	3	1	3	0	4

Pseudom:Pseudomanadaceae,　Entero:Enterobacteriaceae
Coryn:Corynebacteriaceae
*：Micrococcus4,Bacillus6,カビ2,酵母0.1

表11　果実および野菜の微生物

果実･野菜の部位	菌種／g					総菌数／g
	Micrococcus sp.	*Bacillus sp.*	大腸菌群	酵母	糸状菌	
キュウリ						
外	2.5×10^{7}	4.5×10^{3}	6.5×10^{3}	3.8×10^{2}	3.2×10^{2}	2.7×10^{7}
中	5.0×10^{2}	3.2×10	3.7×10	2.8×10	—	5.8×10^{2}
ニラ	1.2×10^{6}	6.8×10^{4}	2.1×10^{3}	3.2×10	3.7×10	1.5×10^{6}
カブ						
外	3.5×10^{6}	6.1×10^{4}	1.2×10^{3}	4.2×10^{2}	2.5×10	3.8×10^{6}
中	5.7×10^{2}	3.2×10	5.7×10	2.0×10	—	6.1×10^{2}
タマネギ						
外	4.3×10^{6}	5.9×10^{5}	3.8×10^{3}	3.2×10	2.1×10	5.2×10^{6}
中	5.7×10^{4}	2.7×10^{3}	2.1×10^{2}	2.7×10	—	7.2×10^{4}
白菜						
外	2.0×10^{5}	7.8×10^{4}	3.2×10^{2}	3.6×10^{2}	4.1×10^{2}	3.6×10^{5}
中	2.1×10^{4}	6.2×10^{3}	2.7×10^{2}	2.1×10^{2}	—	2.9×10^{4}
キャベツ						
外	1.2×10^{7}	6.2×10^{5}	2.6×10^{4}	5.2×10^{2}	3.1×10	1.7×10^{7}
中	5.2×10^{4}	4.3×10^{3}	3.2×10^{2}	6.2×10^{2}	—	7.8×10^{4}
ジャガイモ						
外	1.5×10^{5}	1.8×10^{5}	1.3×10^{2}	3.2×10	5.3×10^{2}	3.7×10^{5}
中	1.3×10^{3}	2.9×10^{3}	1.0×10^{2}	3.0×10	—	4.6×10^{3}
大根						
外	4.0×10^{6}	8.9×10^{5}	8.7×10^{2}	6.5×10	3.9×10	5.7×10^{6}
中	1.5×10^{3}	1.0×10^{3}	1.0×10^{2}	4.3×10	—	2.8×10^{3}
ネギ	5.9×10^{5}	4.9×10^{3}	2.5×10^{2}	—	5.6×10	6.5×10^{5}
アスパラガス	5.8×10^{7}	5.9×10^{4}	3.5×10^{3}	2.0×10	3.7×10	6.8×10^{7}
ニンジン						
外	4.8×10^{6}	3.9×10^{5}	3.2×10^{3}	2.0×10	5.9×10	5.5×10^{6}
中	4.8×10^{4}	5.3×10^{3}	1.2×10^{2}	1.2×10	—	6.2×10^{4}
パセリ	5.0×10^{6}	3.8×10^{4}	5.1×10^{3}	—	3.2×10	5.7×10^{6}
ナス						
外	3.9×10^{4}	4.7×10^{3}	2.1×10^{2}	—	—	5.1×10^{4}
中	2.0×10^{3}	1.2×10^{3}	1.2×10^{2}	—	—	3.4×10^{3}
レタス	6.0×10^{6}	5.7×10^{5}	4.1×10^{4}	—	—	6.8×10^{6}
サトイモ						
外	4.3×10^{5}	3.8×10^{4}	3.8×10	—	—	5.3×10^{5}
中	2.0×10^{3}	2.1×10^{2}	3.0×10	—	—	2.6×10^{3}
イチゴ	5.2×10^{6}	3.8×10^{3}	3.9×10^{2}	3.9×10	5.9×10	6.8×10^{6}
ブドウ	3.9×10^{5}	5.6×10^{3}	4.7×10^{2}	2.1×10	4.3×10	5.3×10^{5}
レモン						
外	5.7×10^{6}	5.6×10^{5}	6.9×10^{3}	—	2.9×10	7.1×10^{6}
中	2.6×10^{3}	2.7×10^{2}	2.8×10	—	—	3.8×10^{3}
メロン						
外	6.1×10^{7}	6.4×10^{5}	3.5×10^{4}	6.3×10	3.7×10	7.2×10^{7}
中	1.1×10^{4}	3.1×10^{2}	3.2×10^{2}	5.3×10	—	1.2×10^{4}
グレープフルーツ						
外	3.8×10^{6}	5.3×10^{5}	8.2×10^{3}	2.7×10^{2}	4.6×10	6.2×10^{5}
中	1.3×10^{3}	3.9×10^{2}	2.7×10^{2}	4.2×10^{2}	—	3.2×10^{3}

る。現在多く使用されているのは水を多く使用する豆腐、納豆、漬物、麺類、弁当、米飯、飲料水、鮮魚加工工場、ファミリーレストラン及びホテルの厨房、給食センターの調理場であるが、残留しない洗浄、除菌、脱臭剤として今後益々増加していくものと考えられる。

7.3　オゾン水による果実及び野菜の洗浄、除菌

収穫直後の果実及び野菜の表面には正常な微生物のほか、土壌、水中の微生物、人間に付着している微生物及び植物病原微生物などが付着しているが、それらの割合、総菌数は部位や栽培及び貯蔵環境条件により著しく異なっている。これらは水洗い等によって表面の菌数は減少できるが、内部にいる微生

物は洗浄により除去できない。正常なキュウリの内部組織中には腸内細菌群が存在することが知られている。通常の露地栽培キュウリの表面をよく殺菌後、その中心部の組織を取り出し、細菌が検出されるかどうかを試験したところ、*Enterobacteriaceae, Pseudomonadaceae, Micrococcaceae* 等の細菌が存在していることが認められ、正常組織中には腸内細菌群が生残することが確認された(**表9**)[11]。

また、トマトにおいても内部組織中に微生物が存在することが報告され、250のトマトの内部の部位別細菌の分布を**表10**に示した[12]。果実においては成熟に伴う菌叢の増加が知られているが、これは熟すると表皮が柔らかくなり、微生物の増殖が容易になること、昆虫や鳥類により汚染が増大するためである。野菜及び果実の微生物を測定した結果、野菜には10^4～10^5/g、果実には10^6～10^8/gと非常に多いことを認めた[13]。

従来、健全な植物組織中には一般に微生物は少ないと考えられてきたが、本試料の組織中では10^2～10^5/gの微生物が検出された(**表11**)。これは収穫後、貯蔵期間が長くなるにつれて内部に侵入して増殖するものと考えられる。このため、表皮付着菌の菌叢と内部の菌の菌叢が極めてよく似ており、いずれも *Micrococcus* が多く検出された[13]。

これらの微生物は健全な組織であっても貯蔵期間が長くなるに従って組織中で徐々に増殖しており、組織が傷つけられたようなときには、急速に増殖が進むものと考えられる。一般的に収穫、貯蔵後に野菜、果実に最も多い微生物は *Micrococcus* であり、10^4～10^7/g検出され、大腸菌群は10～10^4/g検出された。これらの微生物はオゾンに対して抵抗力がないため[14]、オゾン処理は効果があると思われる。

しかし内部の微生物は全くオゾンと接触しないので殺菌されず、野菜、果実が10^2～10^3/g以下になることはない。野菜・果実の除菌方法は、従来主に水洗又は洗剤使用による洗浄と次亜塩素酸ナトリウム処理が一般的であったが、適用如何によっては除去効果は十分とはいえない。野菜・果実の微生物の多くは表皮に付着しており、水洗は有効な手段であると考えられてきたが、その効果は低いものであった。これは多くの野菜・果実の表皮は蝋状物質があり水をはじくためであり、したがって強力な洗剤により表皮から微生物を除去する手段が必要とされる。

しかし、洗浄により野菜・果実の表皮の有機物が除去されるので表皮細胞が傷ついてしまうと思われる。そこで表皮細胞を傷つけることなく表皮から微生物を分離させ、除菌するためにオゾン水処理を行った。野菜・果実を洗浄しないでオゾン水濃度0.9、2.0、5.0ppm、水温5℃で10分間処理を行った結果、0.9ppmオゾン水処理区においては、キュウリ、ニラ、カブ、タマネギ、白菜、キャベツ、ジャガイモ、大根、ネギ、アスパラガス、ニンジン、パセリ、ナス、レタス、サトイモ、イチゴ、ブドウの生菌数は約1/10となり、2.0ppm処理ではさらにこれらの菌数は減少し、5.0ppm処理で約1/100となった。

また大腸菌群も大部分の試料において0.9ppm処理で1/10となり、5.0ppm処理で約1/100となった[13]。生菌数がオゾン処理により比較的減少しにくい試料は、レモン、メロン、グレープフルーツであった。これらは表皮に凹凸があり表面積が大きいことと、表皮に水をはじく物質があるためと考えられる。

またオゾン水処理による大腸菌群の殺菌は即効性があり、0.5ppmで約10^6/gの菌が10～30秒で完全に死滅するが、キャベツ、レタス、パセリでは表面積が大きいことと内部に菌が侵入していること等により殺菌効率が悪い。

また未洗浄でオゾン処理を行ったのでオゾンが有機物に消費されて効力が減少したため菌数低下が少なかったと考えられる。このため野菜・果実を水洗後、オゾン水処理を行った。水洗後、上記と同一の条件でオゾン水処理行った結果、水洗後のオゾン水処理によりニラ、カブ、キャベツ、大根等の生菌数及び大腸菌群数はオゾン水単独処理より若干除菌効果が高まる程度であった。

これは水洗処理では表皮に付着した微生物や有機物は除去できないことを示している。そこで洗剤を

表12　オゾン水による食品の洗浄、殺菌

食品および食品原材料	オゾン水濃度(ppm)	効　果
レタス	0.3〜0.8	鮮度保持、着色良好
パセリ	0.3〜0.8	鮮度保持、着色良好
キャベツ	0.5〜1.0	大腸菌群減少
もやし	1.0〜3.0	大腸菌群減少
キュウリ	0.5〜0.8	鮮度保持、着色良好
じゃがいも	1.0〜3.0	芽胞菌、大腸菌群減少
レンコン	1.0〜3.0	芽胞菌、大腸菌群減少
さといも	1.0〜3.0	芽胞菌、大腸菌群減少
ニンジン	1.0〜3.0	芽胞菌、大腸菌群減少
ダイコン	0.5〜0.8	芽胞菌、大腸菌群減少
白　菜	0.3〜0.5	鮮度保持
ショウガ	1.0〜3.0	芽胞菌、大腸菌群減少
ワサビ	1.0〜3.0	芽胞菌、大腸菌群減少
鮮　魚	0.5〜0.8	鮮度保持
貝　類	0.5〜0.8	鮮度保持
肉　類	0.3〜0.5	大腸菌群減少
鶏　卵	0.5〜0.8	サルモネラ菌、大腸菌群減少

用いて洗浄後、上記と同じ条件でオゾン水処理を行った。

水洗後のオゾン処理に比較して洗剤で洗浄後のオゾン処理区は全体的に菌数はさらに減少する傾向を示した。生菌数についてはキュウリ、ニラ、キャベツ、大根、レタス、サトイモ、イチゴ、ブドウ、メロン、グレープフルーツが2.0ppm以上のオゾン水処理でさらに減少した。また大腸菌群は、キュウリ、ニラ、カブ、イチゴ、ブドウ、レモンにおいて著しい減少がみられ、特にイチゴ、ブドウ、レモンの2.0ppm以上の処理では全く認められなかった。またオゾン水処理を行うと貯蔵中に大腸菌群等が減少する傾向を示した。主な食品のオゾン水による洗浄・殺菌効果を**表12**に示した。

参考文献

1) 内藤茂三：未発表
2) 内藤茂三：愛知食品工技年報、23, 36 (1982)
3) 内藤茂三：愛知食品工技年報、34, 68 (1993)
4) Horvath,M.,Bilitzky,L. and Hutter,J. : Ozone, Elsevir Publ.Co., Amsterdam (1985)
5) 内藤茂三：日本防菌防黴学会誌、22,85 (1994)
6) 内藤茂三：食品と開発、33、(3) , 15 (1998)
7) オゾン水処理研究会：上水処理におけるオゾン技術 (1986)
8) 内藤茂三：食品機械装置、34, (4) , 68 (1997)
9) 内藤茂三：愛知食品工技年報、38, 44 (1997)
10) 内藤茂三：愛知食品工技年報、39, 138 (1998)
11) Meneley,J.C.,Stanghellini : J.Food Sci., 39, 1267 (1974)
12) Samish,Z.et' al : J.Food Sci., 28, 259 (1963)
13) 内藤茂三：愛知食品工技年報、32, 138 (1991)
14) Burleson,G.R. : Appl.Microbiol., 29, 340 (1975)

アルカリイオン水の臨床効果

田代 博一、北洞 哲治、藤山 佳秀、馬場 忠雄、糸川 嘉則
国立大蔵病院消化器科、国立大蔵病院消化器科、滋賀医科大学第二内科、滋賀医科大学第二内科、京都大学名誉教授

1. はじめに

アルカリイオン水は30年以上前に制酸、胃酸過多、消化不良、胃腸内異常発酵、慢性下痢など胃腸症状の効能効果について薬事承認を受け、これまで200万人以上に幅広く飲用されてきたが、その作用機序、全身状態に及ぼす影響については不明な点が多い。

近年、わが国でも飲用水の生体に与える影響が注目され、飲用水と健康の維持・増進、疾病の予防・改善に関する報告がなされる中、アルカリイオン水の効用についても医学的・科学的検証の必要性が要望され、現在、その研究が進められつつある。

今回、われわれはアルカリイオン水飲用における胃腸症状に対する臨床的効果を再評価するために、複数施設にて多数症例での臨床試験の機会を得るとともに、その作用機序について、われわれが従来研究している活性酸素の面より若干の検討を行ったので、その成績とともにアルカリイオン水と胃腸症状につき論じてみたい。

2. アルカリイオン水飲用の基礎的検討

アルカリイオン水の飲用の有効性として胃内pHへの影響および飲用の安全性について検討した。腹部症状を有しない健康なボランティア6名(男4名、女2名、29～34歳、平均32.8歳)を対象とした。

市販のアルカリイオン整水器(Mine one、Royal グランツ社製)から作成されるpH9のアルカリイオン水を1l/日、1週間飲用してもらい、飲用前と飲用1週間後に**表1**の項目の臨床検査を施行するとともに、胃内にpHセンサー(ユーロテック社製)を24時間留置し、通常生活のもと、1日の胃内pHの変動を記録し、後日解析した。次に1週間の間隔を置いて、pH10のアルカリイオン水を1週間飲用として、同様に諸検査を施行した。さらに1週間の間隔の後、pH11を飲用とした。

表1 臨床検査

1)末梢血
白血球数、赤血球数、ヘモグロビン濃度
ヘマトクリット値、血小板数

2)生化学
総蛋白、アルブミン、GOT、GPT、LDH、CPK、
ALP、α-GTP、ChE、ZTT、TTT、
総ビリルビン、総コレステロール、尿素窒素、
クレアチニン、尿酸、
電解質(Na、K、Cl、Ca、Mg、P)、Fe、CRP

3)検 尿
pH、比重、蛋白、糖、ウロビリノーゲン
ビリルビン、ケトン体、潜血

4)検 便
ヒトヘモグロビン法

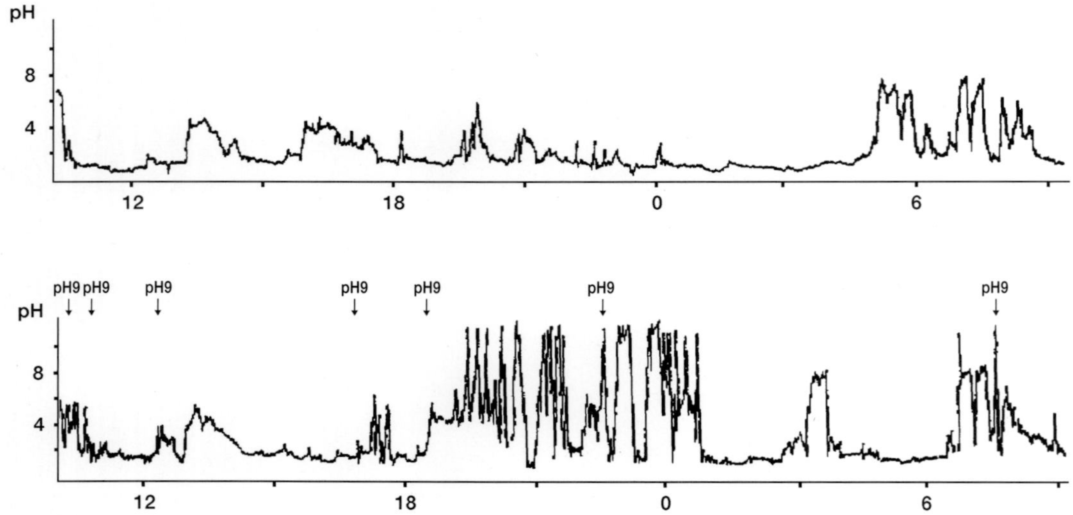

図1　アルカリイオン水飲用における胃内pHの変動
（上段：通常生活、下段：pH9アルカリイオン水飲用　同一症例）

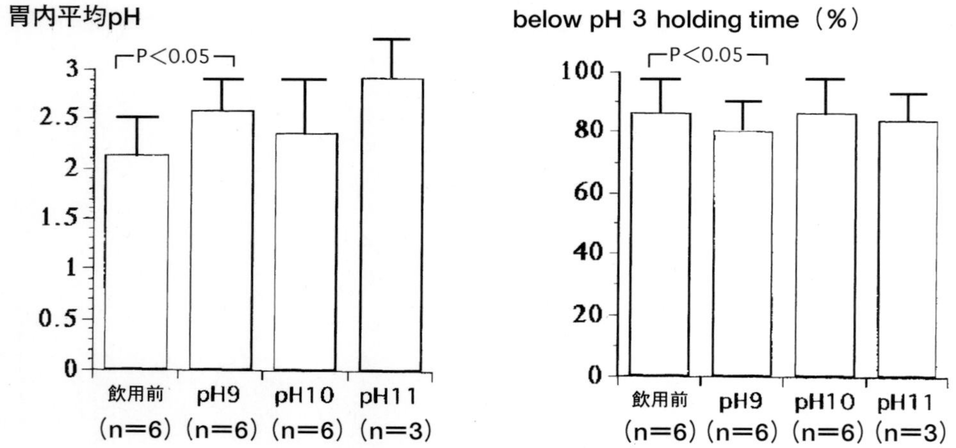

図2　アルカリイオン水飲用における胃内平均pH、below pH 3 holding time の変動

pH9のアルカリイオン水の飲用により、胃内のpHは飲用後スパイク状の上昇を示した(**図1**)。24時間胃内平均pHは、pH9の飲用により、6例全例上昇し、有意に高値を示した。pH10、pH11の飲用では上昇傾向を示すものの、有意ではなかった(**図2**)。24時間中の胃内pHが3以下を占める割合を表すbelow pH 3 holding timeは、pH9の飲用において、6例全例短縮し、有意に低値を示したが、pH10、pH11の飲用では有意な変動は認められなかった(**図2**)。pH9のアルカリイオン水の飲用により、胃内平均pHは上昇し、below pH3 holding timeの短縮した現象は、物理的のみでは説明できない生体反応を示唆するものであり、重

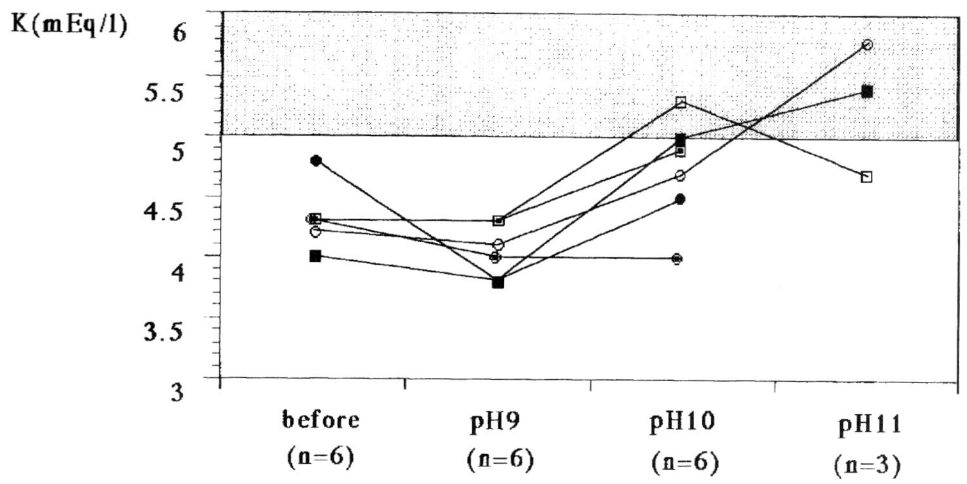

図3　アルカリイオン水飲用における血清K値の変動

要な所見と考えられる。臨床検査の変動について検討すると、血清KはpH9の飲用では、変動は認められなかったが、pH10の飲用では6例中5例に上昇が見られ、そのうち2例は高K血症を呈した。

さらにpH11では、同例において血清K値（mEq/*l*）は5.8と5.4にまで上昇した。なお飲用終了後1ヵ月では、4.8と5.3にまで低下し、さらに6ヵ月後には正常値に回復した（**図3**）。

血清K値の上昇は、溶血などの組織破壊により、細胞内Kの放出などが、一般的には考えられるが、LDHや総ビリルビンなどは全く変動を示さず、腎機能障害による尿中排泄の低下も考えにくく、現段階では機序は不明である。飲用の中止により正常値に回復しており、可逆性であり、アルカリイオン水の飲用が生体に何らかの影響を与えていることは、明らかで興味がもたれた。

アルドステロン、カテコラミンなどのホルモン的な面をも含め、その機序についての解明が必要である。なお他の検査データでは異常変動はみられなかった。

なお、血清K値の上昇をpH10やpH11のアルカリイオン水の飲用にてみられたことは、極めて危険な事象であり、十分に注意を要する点と考えられ、アルカリイオン整水器協議会では、各業者にpH10以上のアルカリイオン水を生成できる整水器は作成・販売しないように勧告を行っており、現在販売されている整水器では心配ないとされている。

3.　アルカリイオン水飲用の安全性の検討

前述の血清K値の上昇を踏まえて、市販のアルカリイオン整水器から生成されるアルカリイオン水の飲用における副作用および安全性をさらに詳細に検討した。腹部症状を有しない健康なボランティア8名（男4名、女4名、22～40歳、平均33.5歳）を対象とした。

市販のアルカリイオン整水器（Mine one、Royal グランツ社製）から生成されるpH9～9.5のアルカリイオン水を1 *l*/日、1週間飲用として、飲用開始前、第2日目、第3日目、第5日目および第7日目に副作用の調査および**表1**の臨床検査を施行した。全例に自覚症状としての副作用は認められなかった。

また血液検査、尿検査、便検査においても異常な

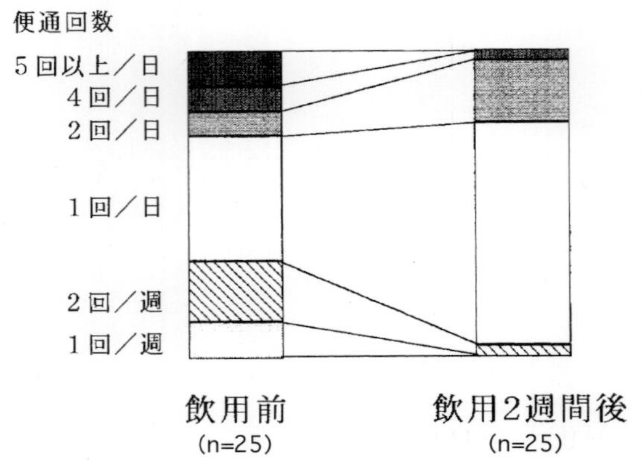

図4　臨床試験における便通回数の変化

変動は認められず、市販のアルカリイオン整水器から生成される一般的なアルカリイオン水の1週間の短期飲用での安全性は確認された。

4.　アルカリイオン水飲用の胃腸症状に対する臨床的効果の検討

アルカリイオン水の飲用効果における臨床例の報告はみられるが、多数症例において同一基準のもと臨床的に検討した報告例は少ない。

次に胸焼け、胃部不快感、腹部膨満感、下痢、便秘などの腹部症状を有するボランティア25名に市販のアルカリイオン整水器(Mine one、Royal グランツ社製)により精製されるpH9～9.5のアルカリイオン水500m*l* を2週間飲用してもらい、試験期間中の腹部症状、飲用前後の臨床検査(**表1**)について検討した。

採血、採尿、検便において試験前後の有意な変動はみられなかった。アルカリイオン水飲用後腹部症状は、著明改善12%、改善24%、やや改善52%、不変12%と88%に改善が見られ、悪化例はなかった。特に便通回数において著明な改善が示された(**図4**)。

飲用前に便通回数が1日5回以上3人、4回2人、週に2回5人、週1回3人であったのが、飲用2週間後には、1日4回1人、週1回1人のみとなり便秘、下痢ともに改善が認められたことは、興味ある結果であった。

以上より、実際にアルカリイオン水飲用における胃腸症状に対する臨床的効果について、実証するとともに安全性について確認し、特に便通異常の改善効果は顕著であった。

5.　アルカリイオン水と活性酸素

われわれは以前より、消化管疾患である消化性潰瘍や潰瘍性大腸炎、クローン病などの炎症性腸疾患の病態における活性酸素の関与について研究してきた[1)2)]。

活性酸素は生体応答防御系において重要な役割を果たす一方、過剰な活性酸素産生は生体に悪影響を及ぼすことがさまざまな研究において証明されつつある。今回われわれは、アルカリイオン水の胃腸症状に与える影響について、白血球、活性酸素の面より検討を行った。

方法

白血球より産生される活性酸素量はわれわれがすでに報告しているルミノール依存性化学発光法[3)]により測定し、Chemiluminescence(ChL) activityとして定量化した。

1. 動物実験

ウイスター系雄性ラットを以下の3群に分け、Ⅰ群(6匹)；水道水、Ⅱ群(7匹)；pH9のアルカリイオン水、Ⅲ群(6匹)；pH11のアルカリイオン水を28日間自由飲水とし、1ヵ月後、麻酔下に開腹し、実験に供した。下大静脈より採血し、血算および白血球より産生される活性酸素量を測定した。

2. 臨床試験

前述の健康なボランティア8名に市販されているアルカリイオン整水器からのpH9～9.5のアルカリイオン水を1*l*/日、1週間飲用してもらい、飲用前、飲用1日目、3日目、5日目、7日目に採血し、血算および活性酸素産生量を測定した。

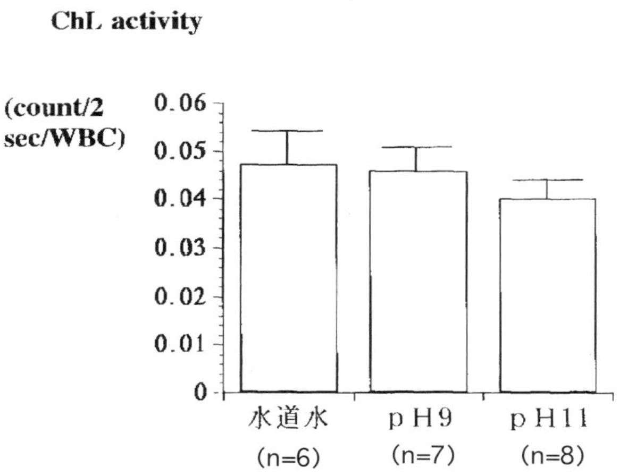

図5　水道水、pH9、pH11のアルカリイオン水飲用ラットにおける白血球産生活性酸素量

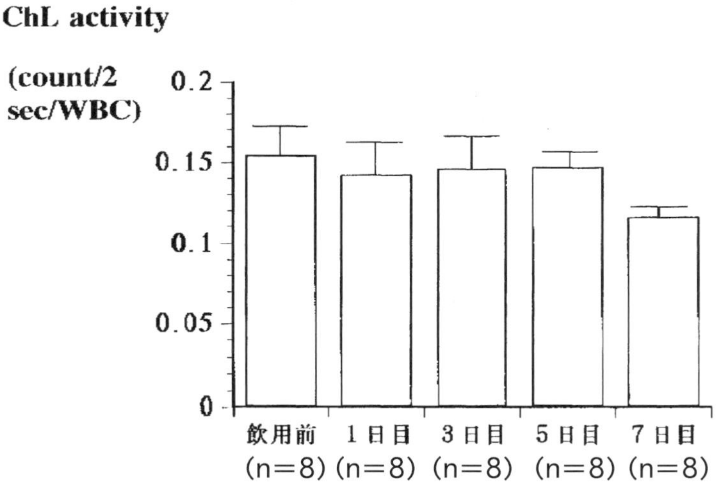

図6　アルカリイオン水飲用ボランティアにおける白血球産生活性酸素量の変動

結果

1. 動物実験では、水道水飲用ラットの白血球数は4016.7(cells/mm^3)であったが、pH9アルカリイオン水飲用後では4728.6、pH11飲用では3783.3であった。白血球から産生される活性酸素量(ChL activity)は、水道水飲用ラットでは0.047(count/2 sec/WBC)、pH9では0.046、pH11では0.040と低下傾向を示した(**図5**)。

2. 臨床試験においては、pH9〜9.5のアルカリイオン水を飲用後、末梢血白血球数は飲用前4457.1、飲用1日目4575、3日目4962、5日目4900、7日目5162と徐々に増加傾向を示した。一方、白血球産生活性酸素量は順に0.154、0.142、0.146、0.147、0.116と低下傾向を示した。(**図6**)

動物実験、臨床試験においても、アルカリイオン水の飲用に伴い、白血球数、活性酸素量ともに変動が認められたことは、アルカリイオン水の飲用は生体に何らかの影響を及ぼす可能性が示唆された。

6.　アルカリイオン水の現状と展望

今回、行われた臨床的検討にてアルカリイオン水の飲用が便通異常をはじめとする腹部症状の改善に有用であることが確認された。

しかしながら、この作用がアルカリイオン水特有の作用であるのか、あるいはその作用機序は何に由来するのか今のところ不明である。

その発症機序を検討する中で、われわれは、これまで消化器疾患と活性酸素の関わりを研究するなか、胃腸症状の発現に局所で過剰に産生される白血球由来の活性酸素が一部関与する可能性を推定してきた。アルカリイオン水の飲用が末梢血白血球、活性酸素産生能の低下傾向を誘導したことは、アルカリイオン水と胃腸症状の関わりを考察する上で興味ある所見と考えられる。

しかしながら、アルカリイオン水と活性酸素については、白畑ら[4]は電解還元水が活性酸素消去作用を有すると報告しているが、内藤ら[5]は有しないとの論証もあり、その結論には今後の研究成果が待たれるところである。アルカリイオン水の飲用における胃腸症状に対する効果の機序の1つとして、腸内細菌叢には有意な変動はないものの、短鎖脂肪酸をはじめとする腸管内環境を変化させることによるとの知見もあり[6]、今後、効用の解明にはさらに多面的な検討が必要と思われる。

その1つとして、アルカリイオン水飲用時のサイトカイン－白血球－活性酸素、さらには自律神経－ホルモン－免疫系の変動を明らかにすることが重要課題と考えられ、これらを検索することがアルカリイオン水の生体への影響、作用機序の解明に結びつくと考えられる。

現在われわれは、多施設多症例において、アルカリイオン水と水道水との二重盲検試験によるアルカリイオン水の臨床的効果を検証中であり、その成果も期待されるところである。

本研究は、アルカリイオン整水器協議会の後援によって行われ、第3回機能水シンポジウム（福岡）、第4回機能水シンポジウム（東京）において発表した。

参考文献

1) Tetuji Kitahora et al :Active oxygen species in gastric mucosal lesion with Helicobacter pylori. Current Topics in Mucosal Immunolory 1993:289-293 (1993)
2) 田代博一、他：Helicobacter pylori と胃粘膜組織発生活性酸素 . 消化器と免疫：71-73 (1996)
3) Hirokazu Tashiro et al:Verotoxin induces hemorrhagic lesions in rat small intestine-temporal alteration of vasoactive substances-.Digestive Disease and Science: 1230-1238 (1994)
4) Shirahata, S et al Electrolyzed-reduced water scavenges active oxygen species and protects DNA from oxidative damage. Biochem.Biophys.Res. Commun 234 : 269-274 (1997)
5) 内籐裕二、他：非ステロイド系抗炎症薬による胃粘膜傷害に対するアルカリイオン水の有効性の検討 . 第５回機能水シンポジウム抄録集：67-68 (1998)
6) 早川享志、他：アルカリイオン水の摂取効果－腸内発酵への影響と食餌条件－第５回機能水シンポジウム抄録集：69-70 (1998)

電解還元水の医学的可能性

—電解還元水の活性酸素消去作用とガン細胞の増殖抑制—

白畑 實隆

九州大学大学院生物資源環境科学研究科

1.　活性酸素種の生成と生体への悪影響

生命の発生と高度に進化したヒトの脳機能に関する研究は生命科学研究の中で最も謎の多い研究領域の一つである。現在提唱されている我々の宇宙と生命の発生に関する有力な説は次のようなものである。

我々の宇宙は約150億年前にビッグバンにより誕生し、光が冷えて最初にできた原子が水素原子である。その後、銀河が形成され、星の中心で生じる核融合により、水素やヘリウムなどの軽い元素から炭素、酸素、ネオン、マグネシウム、硫黄、カルシウム、鉄などの生命に必須の重い元素が生成し、超新星爆発によって宇宙にばらまかれ、水とともに宇宙の至るところに生命の種が存在するようになった。

約46億年前に原始太陽系が形成されはじめたころ、無数の微惑星が衝突・合体して地球が形成され、やがて灼熱のマグマの地表が冷え、大気中に含まれていた大量の水蒸気が雲となり豪雨を降らせ、全地表を覆う原始海洋ができた。水は危険な紫外線や宇宙線を遮断できたため、約40億年前に原始海洋の中で最初の生命体が生まれた。原始地球の大気には酸素はほとんど存在せず、還元的雰囲気であった。

最近、最初の真核細胞は酸素ではなく水素をエネルギー源としていたという仮説が提唱されている[1)]。ミトコンドリアにおける電子受容体が酸素ではなく、水素イオンで水素分子を生成する微生物も見いだされている[2)]。また、原始海洋時代に存在した大量の水に由来する水素が、鉄とともに地球の核に沈み込んだという仮説が提唱され、注目されている[3)]。

約20～25億年前に炭酸ガスと水から澱粉を合成し、老廃物として酸素を放出する光合成生物のらん藻類が大繁殖し、そのため大気中の酸素濃度が徐々に増加し、現在の21%まで高まった。

酸素は生物にとって食物成分を効率よく燃焼させ、エネルギーを取り出すのに好都合ではあるが、酸化障害を起こす危険な物質でもある。酸素の毒性により大部分の生物が死滅する中で、酸素を有効に利用できる好気性生物が進化した。酸化還元反応は物質を合成したり、分解したりするもっとも基本的な反応である。

「酸化」とは、酸素と化合すること、あるいは水素または電子を奪われることをいう。「還元」とは逆に水素または電子を得ること、あるいは酸素を失うことをさし、酸化反応と還元反応は必ず対で生じる。強力な酸化力をもつ酸素を利用できるようになって多量のエネルギーを手にした生物は複雑な機能をもつ多細胞生物へと飛躍的な進化を遂げ、生存のために免疫系と神経系という2大情報ネットワークを構築したと考えられている。

我々が呼吸により体内に取り入れている酸素は三重項酸素と呼ばれており、比較的反応性の低いビラジカルである。これに対し、もっと激しい反応性をもつ活性酸素と呼ばれる酸素種がある（**図1**）。

狭い意味での活性酸素は、三重項酸素が励起され

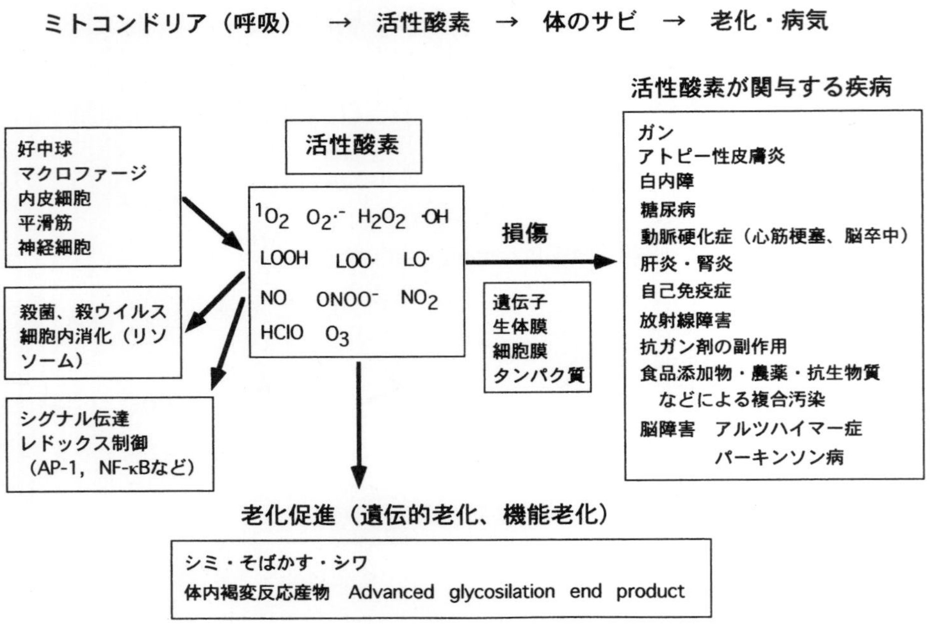

図1　活性酸素の機能と老化・疾病

た一重項酸素($^1O_2$)、電子を1個もらったスーパーオキシドラジカル(O_2^-·)、さらにもう1個電子をもらった過酸化水素(H_2O_2)、過酸化水素が分解して生成するヒドロキシルラジカル(・OH)をさす。

広い意味での活性酸素には、脂質が酸化された過酸化脂質(ハイドロペルオキシド)とその分解産物である脂質ラジカルがある。

このほか、水道水の殺菌に用いられる次亜塩素酸(HOCl)、自動車の排気ガスに含まれる一酸化窒素(NO)や二酸化窒素(NO_2)あるいはオゾン(O_3)なども活性酸素である。

現在の地球の大気には21%もの酸素が含まれており、いわば酸素の海の中で、鉄がさびていくように、あらゆるものが酸化して機能を失う傾向がある。我々の体の細胞も例外でなく、酸化によって機能が低下し、老化し、さまざまな疾病を起こして死んでいく。

活性酸素は生物に強い毒性を示すため、我々の体内では免疫系の細胞が活性酸素を積極的に産生して、病原菌やウイルス、ガン細胞などを殺したり、体内の不要物を分解するために積極的に利用している。

また、最近では一酸化窒素やH_2O_2が生体内シグナルとして多面的な機能をもっていることが明らかにされた。したがって、活性酸素がまったくないと我々はすぐに病原体の餌食となってすぐに死んでしまったり、正常な恒常性維持機構が働かないと考えられる。

しかし、一方では、炎症などの際に過剰に発生した活性酸素は生体を傷害し、さまざまな疾病を引き起こす危険性がある。炎症をおこさなくても、細胞は呼吸の際に活性酸素が発生するために遺伝子がたえず傷つけられて、次第に機能が衰え、老化していくと考えられている。細胞内ではミトコンドリアが特に活性酸素の発生源となり、老化と関連しているという証拠が蓄積している[4, 5]。

活性酸素が原因または増悪因子になっている疾病は**図1**にあげるように非常に多い。近年の環境汚染に

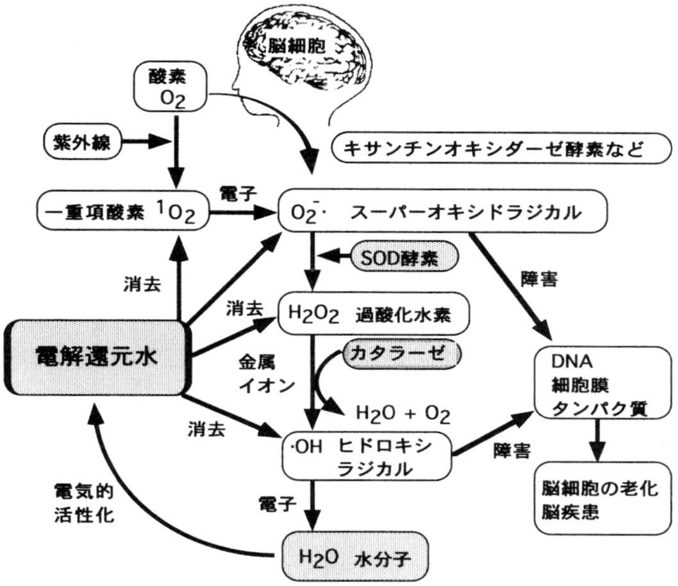

1．予防的抗酸化機構
活性酸素消去酵素：カタラーゼ、グルタチオンペルオキシダーゼ、グルタチオン-S-トランスフェラーゼ
金属イオンのキレート：トランスフェリン、フェリチン、セルロプラスミン、ラクトフェリン、アルブミン
一重項酸素の消去：β−カロチン、ビリルビン
2．ラジカル捕捉型抗酸化物
ビタミンE、ビタミンC、カテキン類、尿酸、ビリルビン、SOD
3．修復・再生機構
エンドヌクレアーゼ、ホスフォリパーゼA、プロテアーゼ

図2　生体の活性酸素消去機構と電解還元水

より、空気、土、水が汚染された結果、環境中から直接活性酸素を体内に取り込む場合も増えている。飲み水や食べ物を通して体内に取り込まれる化学合成物質は肝臓で代謝・解毒される際に、大量の活性酸素を発生するといわれている。

2.　生体の活性酸素消去機構と電解還元水

こうした活性酸素を消去するため、生体は種々の活性酸素消去酵素を備えている(**図2**)。スーパーオキシドディスムターゼ(SOD)はO_2^-・をH_2O_2に変換する。H_2O_2は比較的安定なラジカルではあるが、金属イオンなどにより分解されて最も危険な・OHを発生させるので、カタラーゼやペルオキシダーゼなどにより、安全な水と酸素に分解する必要がある。

また、植物性食品に含まれるビタミンC、ビタミンE、カロチン、カテキン類など低分子の還元性物質はラジカル捕足剤として機能する。さらに、傷害を受けたDNAや細胞膜などはさまざまな修復・再生機構により修復される。

しかし、これらの修復が困難なほどDNAが傷害を受けた場合には、p53を中心とするチェック機構が働き、細胞にアポトーシスを誘導し、傷害を受けた細胞を排除することにより、損傷を受けた細胞がガン化する危険性を回避する。

しかし、実際には、活性酸素の発生を完全に防ぐことは困難であり、遺伝子の酸化損傷が蓄積して、細胞や組織が老化していき、種々の疾病が生じると考えられる。

SOD酵素は若いときは容易に誘導されるが、年をとると誘導されなくなり、生体は酸化損傷を受けやすくなると考えられている。ビタミンCやカテキンなどの抗酸化物質は活性酸素を消去するが、大量に摂取すると、逆に活性酸素の発生源となる危険性があるといわれている。また、酵素は高分子であるため、局在部位が制限され、低分子抗酸化物質も水溶性、脂溶性の違いや分子の大きさなどによって細胞への浸透性、生体での局在性が制限される。

これに対し、水は生体膜や脳血液関門も自由に透過する唯一の物質である。もし、水に抗酸化性を賦与できればその利用価値は極めて大きいと以前より期待されてきた。

約半世紀前に日本で開発された電解還元水は健康に良い水として普及し、多くの家庭で使用されるようになった。水を電気分解して得られる溶液を電解水と呼ぶ。市販の多くの家庭用電解装置は2枚の白金で被覆したチタン電極の間にイオン交換膜をおいて、陰極側と陽極側の水を電気分解しながら分ける二槽式を採用している。陰極側から出てくる弱アルカリ性を示す電解陰極水は、アルカリイオン水などの名称で一般に呼ばれ、その装置は1965年に医療用物質生成器として厚生省により薬事認可されている。

我々は電解陰極水の作用の本質はその還元性にあると考え、「電解還元水」という名称を好んで用いており、ここでもその名称を用いることにする。電解還元水の薬事効果として、制酸、胃酸過多、慢性下痢、消化不良、胃腸内異常発酵に対する効果が認められている。

一方、電解陽極水は酸性を示し、酸性イオン水とも呼ばれてきた。我々は電解陽極水の本質はその酸化性にあると考えているので、ここでは「電解酸化水」という名称を用いることにする。電解酸化水の効能は、肌に対する収れん作用のアストリンゼント効果が認められている。

電解還元水がこうした認可された薬事効果以外にも健康維持に良い効果があり、糖尿病、高血圧、アトピー性皮膚炎、ガンなどさまざまな疾病の改善に効果があるとの臨床報告がなされているが、本格的な臨床実験は行われておらず、科学的な基礎研究も十分なされていないのが現状である。

ロシアの発酵乳ケフィアの抗ウイルス作用、抗ストレス作用を研究していた我々は、抗酸化水が活性酸素を消去するという林の仮説[6,7]に興味をもち、林および(株)日本トリムとの共同研究の結果、実際に電解還元水中に高濃度の溶存水素が含まれること、電解還元水が活性酸素を消去し、DNAの酸化損傷を防止することを証明した[8]。

3. 電解還元水の活性酸素消去作用と活性水素説

3.1 電解還元水のSOD酵素様活性と安定性

電解還元水の機能を調べるにあたっては、さまざまな有機物、ミネラル等が含まれる水道水を使用するのを避け、0.01%程度のNaClを含む超純水(ミリQ水)を用いて電気分解を行い、電解還元水を得た。電解装置は電圧・電流値が読みとれるように市販の機器を改良した日本トリム社製TI-7000Sを用いた。

電解還元水は、電解の程度に応じて高いpH、低い酸化還元電位、低い溶存酸素濃度、高い溶存水素濃度を示した。強く電解したpH10.5以上、酸化還元電位−650mV以下の水に明かな活性酸素消去作用が認められた。活性酸素消去作用はヒポキサンチン−キサンチンオキシダーゼシステム(HX-XODシステム)を用いて調べた。

キサンチンオキシダーゼはヒポキサンチンをキサンチンに変換する過程で、酸素に電子を1個与えて、O_2^-・を発生させる。O_2^-・が発光物質ウミホタルルシフェリン誘導体と反応して発光するのを利用してラジカルの発生量を知ることができる。生理的pHで反応を行うため、リン酸緩衝液を用いてpHを7.0付近に

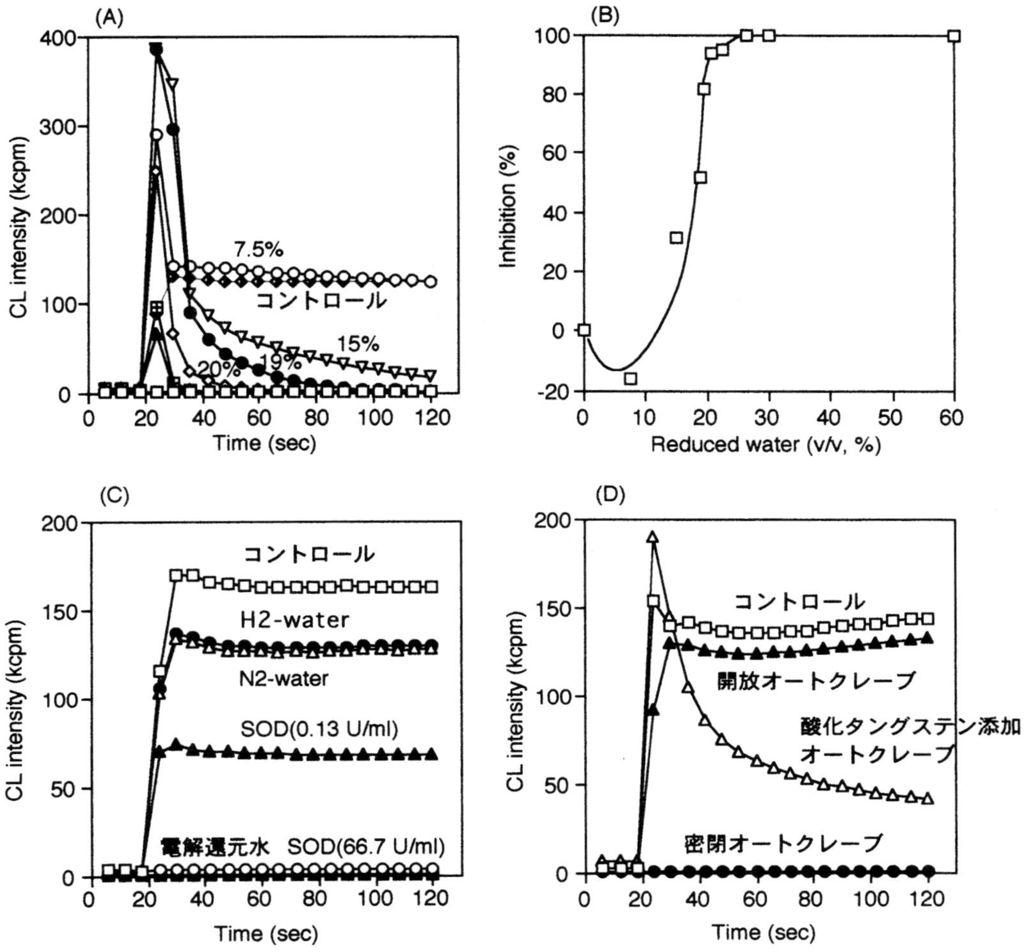

図3　電解還元水のスーパーオキサイドラジカル消去活性

調整した。電解水は緩衝効果を持たないため、容易にpHを中性にすることができた。

このHX-XODシステムに、強く分解した電解還元水を入れると発光が全く生じず(**図3A**)、電解水を超純水で希釈すると希釈の程度に依存して効果が弱まった(**図3B**)。

このことから電解還元水がO_2^-・を消去することが推測された。電解還元水の活性酸素消去能は密栓して低温に保存すれば、少なくとも数週間から一ヵ月程度は保持することが可能であった。解放容器中では、活性酸素消去能は室温で1時間程度で約1/3程度に減少したが、残存する活性はかなり長期間安定であった。しかし、解放条件下での徹底したオートクレーブにより活性は失われた。これらのことから、活性物質は揮発性の物質であるが、水にかなり親和性の高いものであると推定された。

電解還元水中の活性酸素消去物質を明らかにするために、我々はまず水素ガスを吹き込んだ水を調べた。水素ガス添加水は、電解還元水と同様にマイナスの酸化還元電位、低い溶存酸素濃度、高い溶存水素濃度を示したが、活性酸素消去作用は認められなかった(**図3C**)。

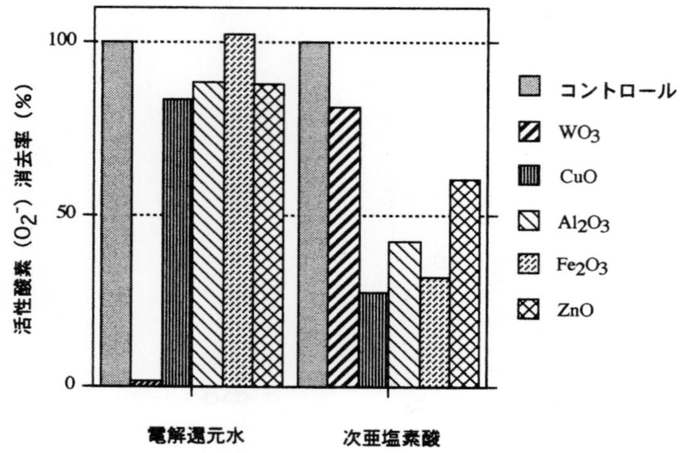

図4　電解還元水及び次亜塩素酸のスーパーオキシドラジカル消去活性に及ぼす酸化金属の影響

このことから電解還元水の示すマイナスの酸化還元電位は溶存水素に起因すると推定されたが、電解還元水の示す活性酸素消去作用は水素分子によるものではないと推定された。水素分子は非常に安定なため室温では化学的に不活性であり、水素の示す還元性は原子状水素（活性水素）によると考えられている。

NaClを溶解した超純水の電気分解により生成する化学種は限られており、我々は還元性を示す化学種として活性水素（原子状水素）に注目した。活性水素の性状については物理および物理化学領域で詳細に知られており、微量な活性水素は三酸化タングステンが水素原子を特異的に吸着して変色することで検出できる。三酸化タングステンは水素分子は吸着しない。そこで、活性水素を特異的に吸着する三酸化タングステンを電解還元水に添加してオートクレーブしたところ、活性酸素消去能が弱まった（**図3D**）。

図4に示したように、電解還元水を4℃で2日間三酸化タングステンと反応させたところ、活性酸素消去能は完全に失われたが、他の酸化金属では活性はほとんど失われなかった。このような性質は活性水素のもつ性質と一致した。強電解還元水では、陽極側で発生するHOClが混入することがある。HOClは活性酸素の1種であるが、酸化剤にも還元剤にもなる性質がある。実際、HOClもO_2^-・を消去する性質を示したが、酸化金属との反応は電解還元水のそれとは明らかに異なった（**図4**）。

これらの結果から、電解還元水中の活性酸素消去物質は微量ながら水中に安定に存在する活性水素であると推定している。

水素原子の気相での半減期は1/3秒程度と考えられている。これは、一秒間に10^{12}回程度の衝突が生じることを考慮すると、水素原子はかなり安定なラジカルであると推定される。これは2つの水素原子のもつエネルギーは水素分子のいかなる状態のエネルギーよりも高いために、水素原子が衝突しても、その瞬間に第3物質がぶつかって余分なエネルギーを奪う必要があるためと理解されている[9)]。

水素バーナーはタングステンフィラメントで水素分子を加熱し、水素原子を発生させて、水素原子が金属に衝突して、水素分子を生じるときに発生する熱エネルギーを用いて4000℃程度の熱を発生させ金属を溶接する技術である。水素バーナーは酸素を必要としないため、溶接した金属がさびにくいことが

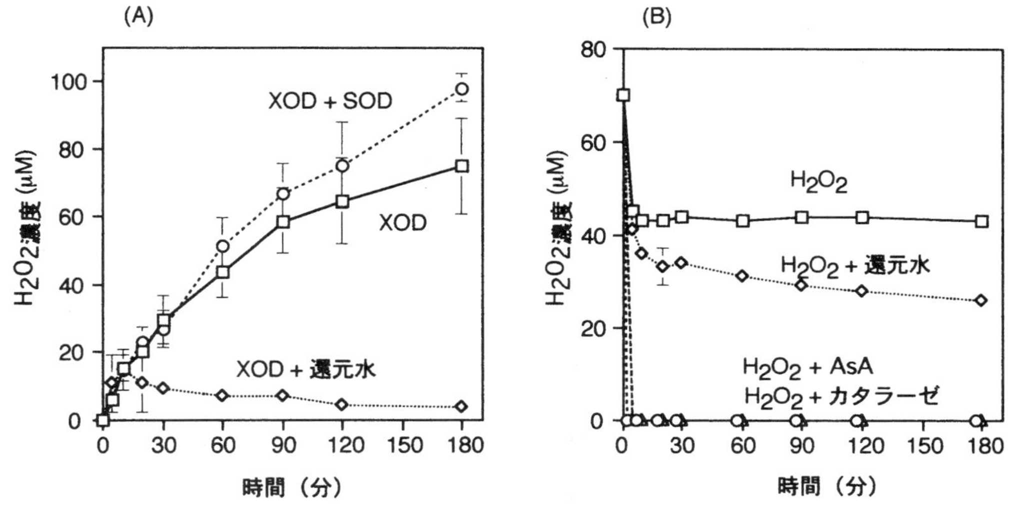

図5　電解還元水のカタラーゼ様活性

知られており、工業上重要な技術となっている。水素原子を発生させるとき、水分を含んだ水素ガスを使用すると、水素原子が水素分子に変化する反応が阻害され、ほとんど純粋な水素原子状態を維持できることが知られている[10]。

活性水素は水の電気分解の他、水素ガスの電気放電、水の光・放射線による分解、水素分子を活性水素に変換する酵素ヒドロゲナーゼ(38億年前から存在する)[11]によっても作り出すことができる。

水素原子の水中での安定性についてはこれまで十分に研究されていないが、我々は電解還元水中では水分子との特殊な相互作用等により、微量の水素原子が安定に存在しうるという活性水素水説を提唱している。現在、電解還元水中に存在する微量の活性水素を高感度に検出・定量する方法を開発しつつある。

3.2　電解還元水のカタラーゼ酵素様活性

H_2O_2は比較的安定な活性酸素であり、細胞膜を容易に透過し、細胞内に蓄積する。SOD酵素はO_2^-・をH_2O_2に変換するが、H_2O_2は金属イオンなどの存在により容易に分解して激しい反応性をもつ・OHラジカルを発生するため、カタラーゼやペルオキシダーゼなどによりH_2O_2を安全な水と酸素に分解することが細胞の機能損傷を防ぐために重要である。XOD酵素はO_2^-・だけでなくH_2O_2も発生させることが知られている。

そこで、H_2O_2の発生に及ぼす電解還元水の効果を調べたところ、電解還元水存在下では、H_2O_2が蓄積しないことが明かとなった(**図5A**)。そこで、直接電解還元水とH_2O_2を反応させたところ、電解還元水がH_2O_2を消去するカタラーゼ酵素様活性を示すことが明かとなった(**図5B**)。

また、ガン細胞内のH_2O_2の蓄積を特異的な蛍光試薬で検出したところ、電解還元水は細胞内のH_2O_2濃度を低下させ、細胞をより還元性の状態にシフトさせた。

3.3　電解還元水のDNAの酸化損傷防止効果

近年、活性酸素を消去する抗酸化剤として、アスコルビン酸(ビタミンC)、ビタミンE、カテキン類、ポリフェノール類が注目されている。これらの低分子ラジカル補足剤は協同して効果的に活性酸素を消去するものの、鉄や銅イオンなど金属イオンが存在した場合は逆に自動酸化を起こして活性酸素の発生

表1　アスコルビン酸の銅イオン混液によるDNAの単鎖切断に及ぼす還元水、SOD、カタラーゼ及び種々のラジカル捕捉剤の効果

添加物	濃度	特異性	阻害率（%）
還元水	3.7 IC_{50}SO units		19
	7.5 IC_{50}SO units		38
	15 IC_{50}SO units		49
SOD	150 U/ml	$O_2^{-}\cdot$	2
カタラーゼ	0.8 U/ml	H_2O_2	6
	4 U/ml	H_2O_2	36
	20 U/ml	H_2O_2	90
AET[a]	4 x 10^{-5} M	gereral	44
KI	1 x 10^{-2} M	·OH	18
	5 x 10^{-2} M	·OH	53
NaN_3	1 x 10^{-2} M	$^1O_2$	14
	5 x 10^{-2} M	$^1O_2$	43

AET[a] = 2-(aminoethyl)isothiuroium.

源となる危険性がある。こうした点が低分子抗酸化物質の安全性評価の面で問題となっている[12)]。

これに対し活性水素を含む抗酸化還元水は、活性水素が活性酸素と反応して水になり、それ以上の連鎖反応は生じないため、理想的な抗酸化剤となる可能性がある。実際、アスコルビン酸と銅イオン混液によるプラミドDNA鎖の単鎖切断を電気泳動法により調べたところ、電解還元水は活性酸素によるDNA損傷を効果的に抑制することができることが明らかとなった(**表1**)。

宮下らは、不飽和油脂に対する強電解還元水の過酸化抑制効果を報告した。その効果は持続性が高く、強電解還元水作成後、一週間後でもほぼ完璧な過酸化抑制効果を示したと報告している[13, 14)]。我々も電解還元水が中性条件件下で、リノール酸の自動酸化を効果的に抑制することを観察している。

4.　電解水によるヒトガン細胞の増殖抑制

林は電解還元水の飲用により末期ガン患者が治癒した臨床例を多く報告している[15, 16)]。**図6**に示したように、電解還元水を肺ガン細胞株A549および子宮ガン細胞HeLaに作用させると、ガン細胞の増殖が顕著に抑制された。

一方、正常繊維芽細胞株TIG-1も増殖が抑制され、低い細胞密度でコンフルエントに達した[17)]。増殖を抑制されたガン細胞の細胞内シグナル経路を検討した結果、MAPキナーゼの活性化が還元水により抑制されることが判明した。

HeLa細胞やBHK-21細胞の増殖はSODやカタラーゼ処理により抑制されることから、細胞内で発生するH_2O_2や$O_2^{-}\cdot$などの活性酸素により増殖が制御されていることが推定されている[18, 19)]。

電解還元水処理によりHeLa細胞やA549細胞内のH_2O_2が消去されることから、一般に高い酸化ストレス状態にあるガン細胞がより還元状態になるために増殖が抑制されたものと推定された。動物実験においても、還元水の飲用により移植癌の増殖が抑制される傾向が認められているが、さらなる検証が必要である。

*In vivo*におけるガンの排除には免疫系の活性化と

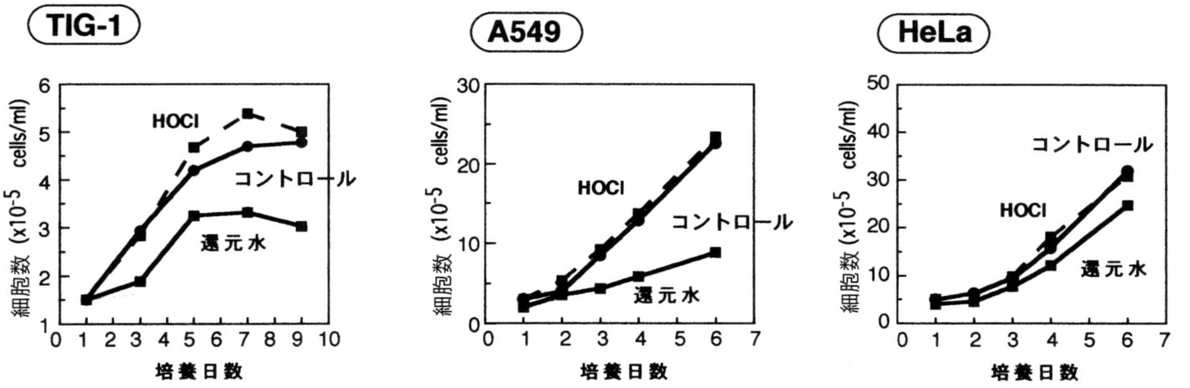

図6　ヒト正常細胞TIG-1、ヒト肺ガン細胞A549及びヒト子宮ガン細胞HeLaの増殖に及ぼす電解還元水の抑制効果

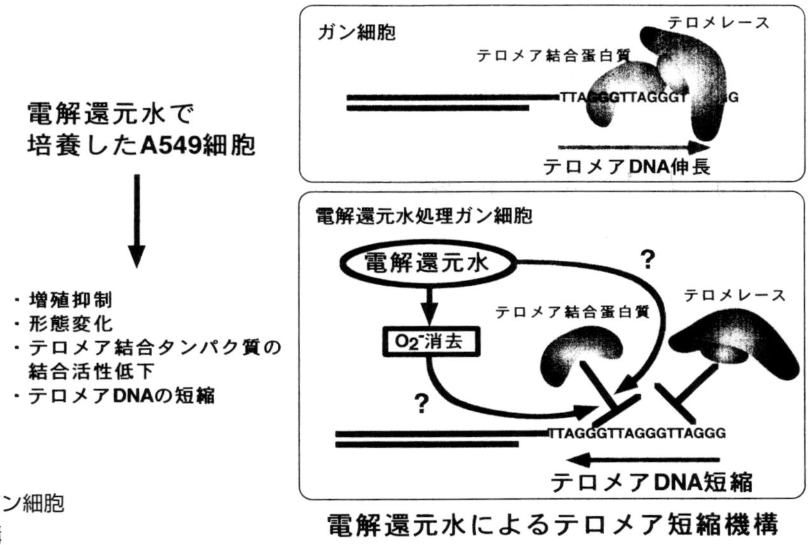

図7　電解還元水によるヒト肺ガン細胞A549のテロメア短縮機構

ガンの形質変化、とりわけガン免疫系で認識されるような一種の正常化の方向への変化が関係しているものと推定される。ガン患者においてはガンを排除する細胞性免疫よりも液性免疫に傾いていることがガンを排除できない主な理由と考えられているが、最近その原因がマクロファージが酸化型になっているためであることが判明してきた。

今後、還元水の飲用によりマクロファージを還元型に変化させることができるかどうか検証する必要があるであろう。

5.　電解還元水によるガン細胞の有限寿命化の可能性

最近、活性酸素がガン細胞の発生、転移・浸潤、薬剤耐性、悪性化など形質に深くかかわっていることが知られてきた[20,21]。細胞の有限寿命性は細胞分裂時の染色体末端のテロメアの短縮によって制御されていることが最近明らかになっている。ガン細胞はテロメアを伸長させる酵素テロメラーゼを発現しているために、細胞が分裂してもテロメアが短縮せず、そのために不死性を獲得していると考えられている。ガン細胞のテロメアを人為的に短縮させることができれば、ガン細胞に有限寿命を付与でき、新たなガン治療法に結びつく可能性がある。

我々はA549細胞をインターフェロンγで処理することにより、ガン細胞の形質を逓減し、軟寒天培地中での増殖能の喪失、ヌードマウスでの造腫瘍性の喪失、接触阻止能の回復などの形質を示す細胞株を得た[22]。この細胞株は血清の濃度に依存してテロメラーゼ遺伝子のスイッチをオンオフすることができた[23]。肺ガン細胞株A549を過酸化水素で処理することにより得られた細胞株はテロメラーゼ活性に変化はなかったが、継代中に次第にテロメア長が短縮した。これは、テロメア結合タンパク質の結合活性が不可逆的に低下したためと推定された。

一方、還元水を用いた培地（10%牛胎児血清添加MEM培地）中で長期継代培養したA549およびHeLa細胞は形態が顕著に変化し、サイズが大きくなるとともに、紡錘形状に伸びた形を示し、ガン細胞が還元水中で正常細胞あるいは老化細胞様に変化した可能性が示唆された。

しかし、ヒト正常細胞TIG-1では形態変化は認められなかった。電解還元水中で長期継代培養したA549細胞では、テロメラーゼ活性は変化しなかったが、テロメア長が可逆的に短縮する現象が認められた。

これらの結果から、テロメラーゼのテロメア領域への結合が還元水によって阻害された可能性が考えられたため、テロメア結合タンパクのテロメア結合活性を測定したところ、還元水中ではテロメア結合タンパク質のテロメア結合活性が可逆的に低下することが明らかとなり、テロメア制御機構にレドックス制御が関与している可能性が示唆された[24]。

電解還元水によりガン細胞の増殖抑制、形態変化、テロメア短縮、転移能の抑制などのさまざまな変化が観察されている。今後、さまざまなガン細胞に対して還元水がどのような効果をもつか詳細に検討していく必要があるであろう。

6. 電解還元水によるサイトカイン遺伝子の活性化

電解還元水が免疫系にどのような影響を与えるか、極めて興味深いところである。インターロイキン6は抗体産生細胞の増殖を促進するほか、免疫系で重要な役割を担っている。ヒト骨芽様細胞株MG-63を電解還元水で処理すると、インターロイキン6遺伝子の発現が誘導された。アスコルビン酸、カテキン、タンニン酸などの還元性物質でも同様な結果が得られたので、電解還元水の還元性が細胞の遺伝子発現を誘導したものと推定された[17]。

米国の研究者らは、免疫不全症モデルマウスに電解還元水を飲用させたところ、電解の程度に応じてマウスの寿命が延長したことから、免疫系が活性化されたことを推定している[25]。

7. 電解還元水のインスリン様活性

日本における糖尿病患者は690万人、予備群まで入れると1370万人にも上るといわれている。糖尿病はさまざまな合併症を併発し、治療が困難な疾病の一つである。

糖尿病にはインスリン分泌細胞が自己免疫症により攻撃されて発症する1型糖尿病と、インスリンレセプターの機能障害により血糖の取り込みが阻害される2型糖尿病があり、日本人の糖尿病の約9割が2型である。電解還元水の飲用により、糖尿病が改善されたという臨床報告がなされている。

我々は2型糖尿病モデルマウスを用いて、還元水の飲用により糖尿病の症状が軽減されること、また、還元水がインスリン様の働きをして、筋肉細胞や脂肪細胞へのグルコースの取り込みを促進することを見いだした[26)]。

糖尿病の発症原因と発症機構に関しては不明な点が多いが、今後、遺伝的背景との関係も含めて電解還元水の糖尿病に及ぼす効果についての詳細な解析が必要とされるであろう。

8.　その他の機能水および天然還元水と活性水素説

機能水とはさまざまな機能をもった活性水と定義できる。活性水には、電解水、磁化水、電子水、超音波水、ある種の石やミネラルで処理した水〔麦飯石処理水、電気石(トルマリン)処理水、ロックウォーター、医王石、単分子イオン化カルシウム水、π-ウォーター〕などさまざまなものが知られている。

この他にも、オゾン水、脱気水、遠赤外水、セラミック水、高周波水などさまざまなものがあるが、電解水をのぞいては、その原理、作用機作、効果について十分科学的研究がなされていない。

一方、天然の地下水の中にも、さまざまな疾病の改善に効果があるといわれている水もある。ドイツのノルデナウ地方で地下300mから湧き出る水、および大分県日田市の地下1000mからくみ出される水がガン、糖尿病、高血圧症、動脈硬化症、アトピー性皮膚炎、脳障害などさまざまな疾病の改善に効果があるといわれ、多くの患者が飲用している。

ノルデナウでは地元の臨床医がノルデナウ現象と名付けられた疾病の改善現象を研究しており、我々との共同研究の準備が進んでいる。日田市では地元の会社が無料で還元水を提供しているため、約4000名の市民が毎日多量の還元水を飲用しており、さまざまな疾病の改善に顕著な効果をあげているという。

実際、我々は日田還元水が顕著な移植ガンの増殖抑制効果、電解還元水と同様な抗糖尿病効果、インスリン様活性をもつことを明らかにしている。

それでは、天然水であれば何でも健康維持・改善に良いのかというとそうではないように思われる。ごく限られた場所の天然水のみが顕著な効果を有すると考えられる。

我々は動植物に効果があるとされる活性水やノルデナウあるいは日田市の天然水中に活性水素反応を検出している。一般に機能水ではpHがアルカリ側にシフトし、酸化還元電位の低下、表面張力の低下、溶存酸素濃度の低下が生じるといわれており、また動植物に及ぼす影響も似通っている。水の理論分解電圧は1.23 Vであるが、実際の分解電圧は1.6 V以上とされている。

これは、水の電気分解において、水素イオンの還元による活性水素の生成反応はごく低い電圧で生じるのに対し、水酸イオンの酸化による酸素発生反応は起こりにくいためであると考えられている[27)]。

変動する磁場、超音波処理で発生する気泡の界面電位、ミネラルの溶解等で発生する微弱電流、あるいは自然水が岩にぶつかる際の微弱エネルギー等により水が還元されて、水素が発生し、pHが上昇するとともに、酸化還元電位が低下した還元水になるのかもしれない。機能水の活性水素水説に関するさらなる検証が必要であろう。

9.　おわりに

活性酸素を消去する電解還元水の機能に関する研究を出発点として、生命・環境に好ましい影響を与える還元水に関する新しい世界が開けつつあるように思われる。還元水は一般に腐敗しにくい性質があり、植物や微生物にも良い影響を与える可能性が大きく、農業や食品工業にも貢献すると予想される。

還元水の活性水素説は還元性の水素が有害な活性酸素を消去し安全な水に変えることにより、酸化障害を受けている細胞・組織の機能回復や生体の恒常性維持機構の活性化を促し、老化防止や種々の疾病からの回復の促進、健康の維持・増進に寄与するという単純な考えに基づいている。

生命に必須な水を舞台として、生体成分を酸化燃焼させる酸素と燃焼を防ぐ水素の働きの微妙なバランスにより生命現象が調節されている可能性が考えられる。

還元水に関する本格的な研究は始まったばかりであるが、その基礎および応用研究に及ぼす影響は極めて大きく、また新産業の育成にも貢献するものと予想される。還元水および機能水に関する研究は我が国で種が蒔かれた数少ない研究の一つであろう。今後、国際競争にうち勝てるよう、臨床試験まで含めた国家的規模での研究が我が国で速やかに実施されることを希望している。

最後に、百瀬の著書[28]に紹介されている流体力学者テオドール・シュペンクの言葉は水の機能を言い得て妙であると思われるので引用して終わりとする。

> <水>は根元的な生命要素であり、可能でありさえすれば、どんな場合にも死の領域から生命を救い出す。活動的な安定を喪失し病んでいるものすべてにとって、<水>は大いなる癒し手である。また<水>はあらゆる場合で対立するものの間にたつ仲介者となり、そこから新たなものを不断に産出する。個体化しているものを分解し、それを生命に復帰させるのも<水>である。化学的には、<水>はそれ自体中性にとどまり、自分自身に対しては、なに一つ要求することなく、自らを完全なる自由にとどめておく。植物、動物、さらには人間が必要とするときには、それに応じて姿を変え、そのことになんの疑問も覚えず、仲介者としての役割をはたし終えた後には、次なる創造に備えて身を退くのである。その本質は純粋にして無垢、あらゆるものを純化して甦らせ、傷を癒して力づけ、再生して浄化する能力をもつ――

参考文献

1) W. Martin and M. Muller: The hydrogen hypothesis for the first eukaryote. Nature, 392, 37-41 (1998)
2) T. M. Embley and W. Martin: A hydrogen-producing mitochondrion. Nature, 396, 517-519 (1998)
3) T. Okuchi: Hydrogen partitioning into molten iron at high pressure: implications for Earth' s core. Science, 278, 1781-1784 (1997)
4) R. S. Sohal and R. Weindruch: Oxidative stress, caloric restriction, and aging. Science, 273, 59-63 (1996)
5) N. Ishii, M. Fujii, P. S. Hartman, M. Tsuda, K. Yasuda, N. Senoo-Matsuda, S. Yanase, D. Ayusawa, and K. Suzuki: A mutation in succinate dehydrogenase cytochrome b causes oxidative stress and ageing in nematodes. Nature, 394, 694-697 (1998)
6) 林 秀光：「抗酸化水が健康長寿を実現する」実業之日本社 (1995)
7) H. Hayashi: Water, the chemistry of life, part IV. Explore, 6, 28-31 (1995)
8) S. Shirahata, S. Kabayama, M. Nakano, T. Miura, K. Kusumoto, M. Gotoh, H. Hayashi, K. Otsubo, S. Morisawa, and Y. Katakura: Electrolyzed-reduced water scavenges active oxygen species and protects DNA from oxidative damage. Biochem. Biophys. Res. Comms., 234, 269-274 (1997)
9) 田中豊助：「遊離基の化学」pp.69-74、岩波書店 (1969)
10) I. Langmur: Flames of atomic hydrogen. Ind. Eng.Chem., 19, 667-674 (1927)
11) R. P. Happe, W. Roseboom, A. J. Pierik, S. P. Albracht, K. A. Bagley: Biological activation of hydrogen. Nature, 385, 126 (1997)
12) 中村宜督：フェノール性抗酸化剤の発がん抑制に対する二面性。化学と生物, 36, 728-729 (1998)
13) 鈴木鐵也、堀田国元：電解水―薄食塩水の電気分解　溶液が示す諸性質とその利用。優れた効果に様々な応用の途。生物と化学、36、492-494 (1998)
14) 宮下和夫、安田真美、太田 亨、鈴木鐵哉：強アルカリ性電解水を用いた高度不飽和脂質の酸化防止．農化誌 (臨時増刊)、72、113 (1998)
15) 林 秀光：「患者よ。ガンで死ぬには及ばない」KK.ロングセラーズ (1996)

16) 林 秀光：「水で病気が治る理由」KK ロングセラーズ (1998)
17) S. Shirahata, S. Kabayama, K. Kusumoto, M. Gotoh, K. Teruya, K.Otsubo, S. Morisawa, H.Hayashi and K. Katakura: Electrolyzed reduced water which can scavenge active oxygen species supresses cell growth and regulates gene expression of animal cells. In: O.-W. Merten et al. (eds.) , New Development and New Applications in Animal Cell Technology, pp.93-96, Kluwer Academic Publisehrs, the Netherland (1998)
18) R. H. Burdon and V. Gill: Cellulary generated active oxygen species and Hela cell proliferation. Free Rad. Res. Comms., 19, 203-213 (1993)
19) R. H. Burdon, D. Alliangana and V. Gill: Endogeneously generated active oxygen species and cellular glutathione levels in relation to BHK-21 cell proliferation. Free Rad. Res., 21, 121-133 (1994)
20) S. Toyokuni, K. Okamoto, J. Yodoi, and H. Hiai: Persistent oxidative stress in cancer. FEBS Letters, 358, 1-3 (1995)
21) 村松博士、古川勝久、新津洋司郎：がん細胞の転移における活性酸素の役割。細胞工学、15、1442-1449 (1996)
22) S. Kawamoto, Y. Inoue, Y. Shinozai, Y. Katakura, H.Tachibana, S. Shirahata, and H. Murakami: Impaired tumor phenotypes in class II major histocompatibility complex antigen-inducible cells originated from human lung adenocarcinoma. Biochem. Biophys. Res. Comms., 215, 280-285 (1995)
23) Y. Katakura, K. Yamamoto, O. Miyake, T. Yasuda, N. Uehara, E. Nakata, S. Kawamoto, and S. Shirahata: Bidirectional regulation of telomerase activity in a sublines derived from human lung adenocarcinoma. Biochem. Biphys. Res. Comms., 237, 313-317 (1997)
24) S. Shirahata, R. Murakami, K. Kusumoto, M. Yamashita, M. Oda, K. Teruya, S. Kabayama, K. Otsubo, S. Morisawa, H. Hayashi and Y. Katakura: Telomere shortening in cancer cells by reduced water. In: JAACT/ESACT '98 Joint Meeting Abstract book, pp. 72 (1998)
25) G. Fernandes, J. DeVierville, D. Nelson: Effect of reduced water intake on lifespan of autoimmune disease prone mice. 第4回機能水シンポジウム－プログラム・予稿集－、pp.73 (1997)
26) 小田昌朗、楠本賢一、原 太一、牧 禎、照屋輝一郎、片倉喜範、森澤紳勝、大坪一道、林 秀光、白畑實隆：インスリン応答性多核筋細胞におけるグルコース取り込みの制御。第21回日本分子生物学会年会プログラム・講演要旨集、pp.490 (1998)
27) 米山 宏：「電気化学」、pp.96、大日本図書 (1986)
28) 百瀬昭次：「水のこころと行動哲学」pp.61, かんき出版 (1998)

電解酸性水の医療への応用

大久保 憲

ＮＴＴ東海総合病院

はじめに

速効性で幅広い殺菌スペクトルを有する電解酸性水は、廃棄による環境汚染などエコロジーの面からも問題は少なく、生体に対する安全性も高いため、医療現場で殺菌水として使用されている。

しかし、通常の消毒薬と比較すると、紫外線や有機物の影響を受けやすく、非常に不安定な要素もあり、期待した殺菌効果が得られない場合がある。したがって医療現場への導入において、電解酸性水の本質をよく理解して正しく使用する必要がある。

この項では、電解酸性水の殺菌効果と医療分野を中心とした応用領域について述べる。

1.　電解酸性水の本質

水道水の電気分解を促進するために少量の食塩を添加して隔膜を介して陽極側から得られる酸性の水を「電解酸性水」(electrolyzed oxidizing water)といい、抗微生物効果を示す殺菌水としての機能水である。

電解酸性水の有効成分の一つとして溶存塩素(または残留塩素)があげられる。これは実際には次亜塩素酸イオン(OCl^-)や次亜塩素酸(HOCl)、あるいは塩素ガス(Cl_2)などの塩素化合物のすべてを包括したものである。

電解酸性水の示す酸化還元電位(ORP)は、対象物を酸化もしくは還元させる力を表し、プラスになればなるほど酸化力が強く、マイナスであれば還元作用を持つことを意味する。しかし、このORPは電解酸性水の殺菌効果の本質ではなく、単なる指標でしかない。

電解酸性水の示す水素イオン濃度(pH)は、生成器の種類や原水により異なり、概ねpH2.3～3.2、平均2.7付近の値を示している。

生成器の電極の材質、電流の強さ、通電時間、隔膜の性状などで異なる。さらに、添加する食塩の量、原水に含まれる酸素や金属イオンの種類も異なり、同一の機種でも地域により異なる酸性水が生成される可能性がある。そのため非常に多種類の電解酸性水が供給されているといえよう。

2.　酸化還元電位とpHと次亜塩素酸濃度の関係

酸性水は水道水を原水として作られるため、多種類の陽・陰イオンが存在し、酸化還元電位との関係を定量的に表現できないが、定性的には以下の一般式がある。

$$ORP(mV) = A + B \cdot \log \frac{[HOCl]^2}{[Cl_2]^2} - C \cdot pH$$

(A、B、Cは定数)

酸化還元電位を高くするには、HOCl濃度を上げるか pHを下げれば良い。酸化還元電位と pHおよび溶存塩素濃度はお互いに関連している。

3. 殺菌機序

次亜塩素酸の反応形態は以下の式で表現される。

$2HOCl + 2H^{+} + 2e^{-} \rightleftharpoons Cl_2 + 2H_2O \quad pK=3.3$

$HOCl \rightleftharpoons OCl^{-} + H^{+} \quad pK=7.3$

（pKは平衡定数）

そして、タンパク質である有機物（R・H）と接触した場合には、

$HOCl + R \cdot H \rightarrow R \cdot Cl + H_2O$ （塩素化反応）

$HOCl + R \cdot H \rightarrow R \cdot OH + HCl$ （酸化反応）

の反応が知られている。

この様に次亜塩素酸にはClが対象物に付着する塩素化反応とOHが関係する酸化反応がある。

次亜塩素酸の殺菌力は非常に強いが、それに比べて OCl^{-}は殺菌力が弱く、Cl^{-}は直接的に殺菌作用には関与せず、イオンになってしまった塩素は酸化力もなく、殺菌力も持っていない。すなわち、殺菌力の元になるのは塩素イオンではなく、主に存在している次亜塩素酸である。

電解酸性水中の次亜塩素酸は、ヒドロキシラジカルをつくり、それが酸化作用を示して細菌細胞を攻撃して速やかに死滅させる作用を持つと理解されている。このヒドロキシラジカルが電解酸性水中に存在しているのか、次亜塩素酸が細胞内で産生しているかについては明らかになっていない。いずれにしても、ヒドロキシラジカルが最も効果的に作用できるのが pH2.7付近と思われる。

細菌が死滅するのは細菌の各種酵素の破壊、アミノ酸に対するその化学的性質を変化させる作用、またブドウ糖を分解するのに不可欠な酵素を破壊して代謝過程にも悪影響を与えるなどの諸説があり、それらの相互作用によるものと考えられている。

次亜塩素酸の速やかな殺菌効果を微妙にコントロールしているのが pHであり、同時に溶存塩素とORPが高い必要がある。溶存塩素濃度 50ppm、pH2.7の電解酸性水の殺菌力は、1,000ppmの次亜塩素酸ナトリウムの殺菌力に匹敵するといわれている。

殺菌機構を説明するその他の諸説がある。酸化還元電位説、電子活動度説、接触電位説、電気電動度説などは、細胞膜の帯電バランスを崩壊することにより、細菌が死滅すると説明されている。この諸説を検証するために、陰極側に生成される強アルカリ水を電解酸性水に等量混和して、その殺菌力を調べてみた。電気的には原水レベルに戻ってしまうにも関わらず、殺菌効果は維持されていることが判明した。（**表1**）

4. 殺菌効果に影響する因子

4.1 有機物の影響

電解酸性水は有機物により容易に不活化されてしまう不安定な側面を持つ。したがって、日常の臨床に用いる場合に最も注意しなければならないことは、血液などの有機物の存在により急激にその殺菌効果が消失してしまうことである。不活化を示す有機物の濃度は、血清の場合には電解酸性水に対して約 0.1V/V%である。（**表2**）

4.2 温度の影響

通常は20℃以上の温度で使用するが、4℃前後の低温でも殺菌効果はみられる。しかし、バチルス属に対しては10℃以下で殺菌効果が著しく低下する。

4.3 保存による変化

次亜塩素酸は光、空気などにより分解される不安

表1　電解酸性水と強アルカリ水の混合液の殺菌作用

電解酸性水のみ

	接触時間	初期値	15秒	30秒	45秒	60秒	120秒
	pH	2.43	2.51	2.54	2.53	2.55	2.56
	ORP(mV)	1141	1138	1138	1139	1136	1131
	溶存塩素濃度(ppm)	25	20	20	20	20	20
指	*Staphylococcus aureus* ATCC25923	2.4×10^6	—	—	—	—	—
	Pseudomonas aeruginosa ATCC27853	3.2×10^6	—	—	—	—	—
標	*Escherichia coli* ATCC25922	2.4×10^6	—	—	—	—	—
	Bacillus subtilis ATCC1633	1.9×10^6	2.9×10^2	2.9×10^2	2.9×10^2	2.9×10^2	2.9×10^2
菌	*Candida albicans* IFO1018	3.7×10^6	—	—	—	—	—

菌数　CFU/ml

電解酸性水：強アルカリ水＝1：1

	接触時間	初期値	15秒	30秒	45秒	60秒	120秒
	pH	3.18	3.44	3.35	3.34	3.34	3.37
	ORP(mV)	1040	975	915	856	830	817
	溶存塩素濃度(ppm)	20	10	10	10	10	10
指	*Staphylococcus aureus* ATCC25923	2.4×10^6	—	—	—	—	—
	Pseudomonas aeruginosa ATCC27853	3.2×10^6	—	—	—	—	—
標	*Escherichia coli* ATCC25922	2.4×10^6	—	—	—	—	—
	Bacillus subtilis ATCC1633	1.9×10^6	2.9×10^3	2.9×10^3	2.9×10^3	2.9×10^3	2.9×10^3
菌	*Candida albicans* IFO1018	3.7×10^6	—	—	—	—	—

菌数　CFU/ml

電解酸性水：強アルカリ水＝1：2

	接触時間	初期値	15秒	30秒	45秒	60秒	120秒
	pH	9.83	9.75	9.83	9.87	9.87	9.90
	ORP(mV)	−33	16	−60	−16	−16	−286
	溶存塩素濃度(ppm)	10	5	5	1	0	0
指	*Staphylococcus aureus* ATCC25923	2.4×10^6	—	—	—	—	—
	Pseudomonas aeruginosa ATCC27853	3.2×10^6	—	—	—	—	—
標	*Escherichia coli* ATCC25922	2.4×10^6	—	—	—	—	—
	Bacillus subtilis ATCC1633	1.9×10^6	3.5×10^3	3.5×10^3	3.5×10^3	3.5×10^3	3.5×10^3
菌	*Candida albicans* IFO1018	3.7×10^6	2.6×10^2	2.6×10^2	2.6×10^2	2.6×10^2	2.6×10^2

菌数　CFU/ml

電解酸性水：強アルカリ水＝2：1

	接触時間	初期値	15秒	30秒	45秒	60秒	120秒
	pH	2.85	2.79	2.78	2.79	2.77	2.76
	ORP（mV）	1108	1048	1042	1031	975	976
	溶存塩素濃度（ppm）	20	10	10	5	5	5
指	*Staphylococcus aureus* ATCC25923	2.4×10^6	—	—	—	—	—
	Pseudomonas aeruginosa ATCC27853	3.2×10^6	—	—	—	—	—
標	*Escherichia coli* ATCC25922	2.4×10^6	—	—	—	—	—
	Bacillus subtilis ATCC1633	1.9×10^6	1.8×10^3	1.7×10^3	1.7×10^3	1.7×10^3	1.7×10^3
菌	*Candida albicans* IFO1018	3.7×10^6	—	—	—	—	—

菌数　CFU/ml

強アルカリ水のみ

	接触時間	初期値	15秒	30秒	45秒	60秒	120秒
	pH	11.43	11.41	11.37	11.38	11.38	11.29
	ORP（mV）	−844	−842	−830	−832	−832	−817
	溶存塩素濃度（ppm）	0	0	0	0	0	0
指	*Staphylococcus aureus* ATCC25923	2.4×10^6	2.4×10^6	2.4×10^6	2.4×10^6	2.4×10^6	2.4×10^6
	Pseudomonas aeruginosa ATCC27853	3.2×10^6	3.2×10^6	3.2×10^6	3.2×10^6	3.2×10^6	3.2×10^6
標	*Escherichia coli* ATCC25922	2.4×10^6	2.4×10^6	2.4×10^6	2.4×10^6	2.4×10^6	2.4×10^6
	Bacillus subtilis ATCC1633	1.9×10^6	1.9×10^6	1.9×10^6	1.9×10^6	1.9×10^6	1.9×10^6
菌	*Candida albicans* IFO1018	3.7×10^6	3.7×10^6	3.7×10^6	3.7×10^6	3.7×10^6	3.7×10^6

菌数　CFU/ml

表2　電解酸性水の殺菌力に対する有機物の影響

検　定　菌	初発菌数	添加血清量（v/v%）			
	（CFU/ml）	0.05%	0.1%	0.25%	0.5%
Staphylococcus aureus ATCC25923	1.2×10^6	—	—	5.0×10^3	5.0×10^3
Pseudomonas aeruginosa ATCC27853	2.6×10^6	—	—	2.7×10^3	3.6×10^3
Escherichia coli ATCC25922	3.5×10^6	—	—	2.2×10^3	5.8×10^3
Bacillus subtilis ATCC1633	1.3×10^6	5.3×10^2	1.7×10^2	5.5×10^3	5.8×10^3
Candida albicans 臨床分離株	1.1×10^6	—	—	1.8×10^3	2.2×10^3

電解酸性水：pH2.39、ORP1122、溶存塩素濃度 25ppm、温度24.6℃

定な物質である。紫外線などにより還元されてORPも低下する。したがって、電解酸性水を室温保存する場合には、遮光密栓保存が原則である。

ベースンやバケツ内へ電解酸性水を入れて使用した場合には、開放容器のため溶存塩素濃度が低下する。その程度は手指やモップなどの汚れ(有機物等)の量や使用頻度により変わる。1回の使用毎に、常に新しいものに交換することが必要と思われる。したがって、シャワーのように流水式で使用することが望ましい。

4.4 噴霧使用

噴霧器から噴射される時に溶存塩素濃度は著しく低下する。pH2.7、溶存塩素濃度30ppmの電解酸性水を噴霧すると、噴霧直後でも10ppm以下に低下する。使用中に塩素ガスが発生する危険もあり、噴霧法は行ってはならない。

4.5 吸　着

電解酸性水は各種の医療材料に吸着することが知られている。モップや綿球および不織布などへの吸着が明らかとなっており、実際の使用時には溶液中の次亜塩素酸の濃度がかなり低下している可能性がある。

5.　殺菌効果の確認

殺菌力を簡易に測定する方法として、塩素によりヨウ化カリウムデンプン試験紙が青紫色に変色することを確認する方法がある。正確にはオルトトリジン法などの定量法にて確認する。いずれも溶解する次亜塩素酸の濃度ではなく、溶存塩素量を見ていることになる。

測定する水溶液100ml中にヨウ化カリウム1gを溶解し、これに50%酢酸を2ml加えて混和すると黄褐色の溶液になる。その中へ0.1Nチオ硫酸ナトリウムを用いて滴定をおこなう。黄褐色の溶液の色が無色になったところを確認して滴定量とする。その値を用いて以下の式で溶存塩素量が計算できる。

溶存塩素量(mg/l)＝35.45×(滴定量ml)

6.　病院における応用領域

従来の消毒薬の持つ接触時間、使用温度と濃度の3つの大きな要素に対して、明確な関連が酸性水には求められない点で新たなコンセプトが必要となってくる。

殺菌する器材からあらかじめ有機物を完全に取り除いておかなくてはならない。したがって、事前の洗浄が最も大切である。

また、生体に対する安全性は確立していないため、現状では日常の手洗いおよび衛生的手洗いに使用できるのみである(数社の機種が認可を受けている)。体腔内や創部への使用は薬剤としての治験もなされておらず、かつ有機物が多量に存在している部位への使用のため効果が不確実である。

6.1 日常的な使用法

1) 非金属類を一次洗浄した後に浸漬法のもとに使用する
2) 酸性水を流しながら使用する衛生的手洗い
3) 厨房での調理器具の殺菌

日常の手洗いに酸性水を使用した場合、手荒れのひどい症例では、洗浄後に逆に細菌数が増加した者も見られる。酸性水による手洗いで手指の皮膚生息菌が減少する可能性は低く、手術時の手指消毒に用いるものではない。

6.2 患者治療のための臨床使用

現時点では生体に対する安全性は確立されておらず、しかも粘膜等にはかならず有機物が付着しており、電解酸性水の効果を十分発揮できるとは思われない。

市販されている次亜塩素酸ナトリウムは、200ppmの濃度ではpH8.2、HOCl 15%、OCl^-85%の存在比を示す。つまり、HOClは30 ppm 存在し、電解酸性水で有効な塩素濃度(HOCl 約30 ppm)とほぼ同等量である。次亜塩素酸ナトリウムは、歯科以外では生体使用の適応はなく、それと同様の電解酸性水を大量に体腔内臓器の洗浄に使用することは慎重でなくてはならない。

6.3　一般消毒薬との併用

電解酸性水と併用(もしくは希釈液として使用)した場合に、効果が減弱するなどの拮抗作用を示さない消毒薬は塩化ベンザルコニウム、ポビドンヨード、次亜塩素酸ナトリウム、消毒用エタノールである。

消毒効果が低下する薬剤は、グルコン酸クロルヘキシジン、塩酸アルキルジアミノエチルグリシン、クレゾール石ケン液である。

7.　使用上の留意点

7.1　廃棄に伴う配慮

電解酸性水は、使用後は酸化還元電位および溶存塩素濃度が低下するが、pHはあまり変化せず、かなり低い値を示すため排水基準を大きく外れている。したがって、大量の廃棄を行う場合には、微生物処理槽のpHが低下して活性汚泥に悪影響を及ぼすことや、排水管が錆びて破損される可能性があるので注意を要する。

この場合には、電解酸性水と同時に生成される強アルカリ還元水を混ぜて中和しながら放出することが望ましい。

7.2　塩素ガスの発生

電解酸性水は塩素ガスを発生するため、その生成現場や貯蔵タンクにおいてはガスを安全に放散できるような対策が必要である。特に貯蔵タンクの上部空間空気中には約100ppmに近い塩素ガスが存在し、流水方式で使用する手洗いシンクの底付近でも約3ppmの塩素ガス濃度を検出できる。pH2.7の場合に比較してpH2.5では、さらに多くの塩素ガスが放出される。

電解酸性水から発生する塩素ガスは空気より重く有毒であり、容積の大きい貯蔵タンクや密閉した部屋では問題があるため、作業環境の換気に対する配慮が必要である。

7.3　金属腐食作用

次亜塩素酸はその酸化作用により、金属類を腐食する作用を持っており、繊維類においても脱色などの変性をきたす。

耐腐食性に優れた素材としてはチタン、ガラス陶器類があげられ、そのほか硬質・軟質の塩化ビニール、ポリ塩化ビニリデン、ポリエチレン、フッソ樹脂などである。

まとめ

強酸性の電解酸性水は、*in vitro*では速効的でスペクトルの広い強い殺菌効果を示しているが、各種の要因に対して不安定な要素が多い。実際の臨床現場で有効な効果を発揮させるためには、電解酸性水の本質を十分理解して使用する必要がある。そのためには、生成した溶液の溶存塩素濃度などの成分を定期的に確認しなければならない。また、被消毒物をあらかじめ洗浄して、有機物を完全に取り除いておくことも大切である。

廃棄に伴う環境への影響の面や、生体に対する低い毒性など、従来の消毒薬には見られない有用性もあり、病院感染防止のために有効な使用法を考えて行く必要がある。

参考文献

1) 大久保憲、新 太喜治、小林寛伊ほか：電解酸性水に関する調査報告、手術医学、15：508-520（1994）
2) 丹保憲仁、小笠原紘一：浄水の技術、技報堂出版（1985）
3) 富田基郎：モデル化合物を用いたトリハロメタン生成反応機構の解析、衛生化学、28：21-27（1982）
4) 大久保憲：電解酸性水の殺菌機序とその有用性、オペナーシング、10：129-134（1995）
5) 岩沢篤郎、中村良子；アクア酸化水の抗微生物効果Ⅱ、日環感、9：7-12（1994）
6) 岩沢篤郎：アクア酸化水の有用性、CLINICIAN, No.442：94-95（1995）
7) 林原 正、湯田範規、赤川光司ほか；強酸性電解水による消毒効果の検討、医学検査、43（3）：555（1994）
8) 服部 勉：微生物生体入門、東京大学出版会（1990）
9) 小川俊雄：強電解水の電子活動度とその殺菌作用、J.Atmospheric Electricity, 18：67-94（1998）
10) 野村浩康、香田 忍、米森重明ほか：強酸性電解水の物理化学と殺菌作用、手術医学、19：11-19（1998）
11) 大久保憲、犬塚和久、河合浩樹：電解酸性水の新しい知見、感染と消毒、2：66-71（1995）
12) 岩沢篤郎、中村良子：酸性電解水と擬似的酸性水との殺菌効果の検討、感染症誌、70：915-922（1996）

健康によい水・悪い水

藤田 紘一郎
東京医科歯科大学医学部

はじめに

「万物の根源は水である」――という言葉を残したのは、哲学の祖といわれているターレス(ギリシャの哲学者、紀元前624～546ごろの人物)である。ターレス以来の哲学や科学の進歩は著しい。しかし、「水」というものが私たちの生活や生命のあらゆる面と深い関わりを持ち、そこに何らかの原理的なものを感じさせるということは、今日においても変わっていない。

ヒトの体は65% が「水」から構成されている。そのうち細胞内に約50%、組織内に約20%、血液内に約7.5%の水が含まれている。骨も1/3は「水」で構成されている。

ヒトは体内に含まれている「水」のうち、たった10%が失われただけでも危機的な状況に陥る。そして、20%も失われると死亡してしまう。このように「水」は人間の生命維持に極めて重要な存在である。

「水」は人の組織に浸透し、塩類や分泌物を溶解し、人体諸器官の活動の媒体となっている。その他、食物の消化や栄養の吸収や運搬、老廃物の排泄、呼吸、循環、体温調節作用までも「水」が中心的な役割を果たしているのである。さらに、鎮静剤としての役割を持っている。「水」をゆっくりと飲むことで、神経が落ち着き、空腹がやわらぎ、眠くなる効果があるのである。

本稿ではこのようにいろいろな作用を持っている「水」と健康との関係について、健康によい「水」とはどういう「水」かについて概説したい。

1.　健康に関わる水の因子

1.1　水の硬度

海外旅行でいろいろな国を訪れると下痢をする人が多い。もちろん、飲料水中の病害微生物が原因であることも多いが、何も治療をしなくても1週間くらいで治ってしまうような下痢の場合は、その地域の飲料水中の硬度が高い場合が考えられる。日本の軟水を飲み慣れている我々は、水の中に含まれているマグネシウムなどにより機械的下痢を起こすためと考えられている。

硬水は煮沸によって飲料水中のカルシウム(Ca)とマグネシウム(Mg)が沈殿して軟化する「一時硬水」と煮沸によって軟化しない「永久硬水」とに分かれる。永久硬水はカルシウムとマグネシウムがそれぞれ$CaSO_4$、$MgSO_4$の形で水中に存在し、容易に軟化しない。軟水化するためにはイオン交換樹脂による方法が簡単である。

硬水は機械的な下痢を起こしたり、皮膚を荒らしたり、飲食物の味を悪くしたり、肉類の煮えが悪かったり、石鹸の泡立ちが悪かったり、腎結石や胆石の原因になったりする。このように並べると硬水はあまりよい効果を与えていないように思える。

表1　健康によい水、わるい水

健康によい水

1. ヒトにとって有害な物質を含まないこと
2. ミネラル成分をバランスよく含むこと
3. 水の硬度は極端に高すぎないこと
4. 酸素と炭酸ガスが充分にとけ込んでいること
5. 弱アルカリ性の水であること
6. 水分子のクラスターが小さいこと
7. 酸化・還元電位が低いこと

健康にわるい水

1. 飲料水の発ガン性物質規制
   総トリハロメタン：10年前規制　0.1 mg / l 以下
   トリクロロエチレン(メッキ後洗浄用)： 0.03 mg / l 以下
   テトラクロロエチレン(ドライクリーニング洗浄用)：0.01 mg / l 以下
   1,1,1-トリクロロエタン(溶剤)：0.3 mg / l 以下
2. 化学物質による障害
   有機水銀： 水俣病
   カドミウム： イタイイタイ病
   砒素： 黒脚病 、 ニューロパチー
   硝酸塩： 糖尿病、小児メトヘモグロビン血症
   銅： 肝硬変
3. 水の硬度
4. 微生物汚染
   ウイルス： ポリオ、A型肝炎
   細菌： O-157
   原虫： クリプトスポリジウム
   寄生虫： 回虫

しかし、カルシウムは歯や骨をつくり、神経筋肉機能を調整したり、動脈硬化、高血圧、心身症などを予防する働きがある。マグネシウムも歯や骨をつくるという働きのほか、さまざまな酵素を活性化させ、心臓や脳の血管が細くなるのを防ぐ作用がある。疫学的にも、硬水供給地域住民の方が軟水地域住民より長寿者が多いことが知られている。ただ硬水を飲んでいるというだけで、脳卒中や心臓病の死亡率が低いことが明らかである。

そのメカニズムは次のように説明できる。高年齢者はカルシウムの取り方が不足している。その上、摂取したカルシウムの腸管からの吸収も悪いので、血液中のカルシウムが不足がちになる。すると、体の中の副甲状腺がカルシウムの補給を求める「SOS」を出し、副甲状腺ホルモンが出はじめる。この副甲状腺ホルモンの働きによって、骨の中に含まれているカルシウムがどんどん血液中に溶出して補給するのである。血液中のカルシウム量は自分の骨から補給されたカルシウムで十分になると、SOS の信号は自動的に停止する。

しかし、高年齢者の場合は、いささかボケておりこの微調整が効かず、SOS 信号を出し続け、骨の中のカルシウムは必要以上に血液中に溶け出すことになる。血液中に多量に溶け出したカルシウムは血管壁に付着し、血管は弾力性を失い、動脈硬化を起こし、心筋梗塞や脳卒中などを起こしやすくなる。

硬水を飲んでいると、血液中のカルシウム量は適量を保っており、副甲状腺はSOSを発しなくても良く、血管壁に過剰のカルシウムがつくこともない。硬水を飲んでいると動脈硬化になりにくいのである。長寿村の水には、カルシウムやマグネシウムなどのミネラルが適度に含まれていて、これらの病気を防ぐ役割をしているのである。

飲料水中の硬度はカルシウムとマグネシウムによって規定されている。では、マグネシウムはどんな作用を人体にしているのであろうか。疫学調査で、Mg/Ca の比の低い水を飲んでいる地域の人に尿路結石症が多くみられている。

さらに、尿路結石症の多い地域は花崗岩を代表とする深成岩地帯であり、尿路結石症の少ない地域は玄武岩を代表とする噴出岩、堆積岩からなっていた。こうした地質と水道水中のMg/Ca の比の関係をみてみると、花崗岩地帯ではMg/Ca の比が低く、玄武岩地域や堆積岩地域ではMg/Ca の比が高くなり、前述の結果と一致する。水中のカルシウムは確かに細胞を若くしたり、心臓病を予防したりするが、多すぎれば尿路結石を起こすこともわかっている。

また、マグネシウムは結石の形成を予防することも知られている。マグネシウムは、尿路結石の主成分であるシュウ酸カルシウムをカルシウムと競合することで溶かしている可能性があるのだ。

1.2　弱アルカリ性の水

弱アルカリ性の水とは、pH値が8.0前後の水のことである。ヒトの体液は、通常 pH7.35 から7.45 までの弱アルカリ性に保たれている。骨のカルシウムを溶かし出すのは、副甲状腺ホルモンに限ったことではない。血液が酸性（アシドーシス）の状態になっている場合も、自然に骨や歯の中のカルシウムが溶け出てくる。

アシドーシスとは、過労の場合や細胞が老化したときの状態である。肉類や砂糖などの酸性食品を取りすぎた時もアシドーシスになる。体をアルカリ性（アルカローシス）に保つには、十分な休養を取ったり、野菜や海草などのいわゆるアルカリ性食品や弱アルカリ性の水を摂取することである。

弱アルカリ性の水は、体をアルカリ性に保つばかりでなく、この水にカルシウムなどのミネラル分が含まれていなくても、カルシウムなどが溶けやすいのである。日常の食事から摂取するカルシウムを非常に効率よく体内に吸収できる。この水を飲み続けることで骨や歯からカルシウムが溶け出すことが少なくなる。

また、血管の弾力性は保たれ、細胞の老化を防ぐ作用を持っている。脳卒中や心臓発作を起こす確率が少なくなるのである。

1.3　酸化還元電位の低い水

酸化とはエネルギーを放出、還元とはエネルギーを蓄えること。酸化還元電位が高い水とは、水のエネルギーが放出しやすくなっている水のことである。このような水は、肌が荒れる、食品の腐敗を早める、体内酵素や抗酸化物質の働きを弱めて活性酸素を多く発生させるという報告がある。活性酸素は最近、発ガンや老化現象を促進する物質として注目されている物質である。

逆に、酸化還元電位の低い水（還元水）はエネルギーを蓄える作用があるので、ミネラル分がとけ込みやすい状態になっている。この水は浸透圧が高くなっているため、食物に含まれている養分が体内に吸収されやすくなるのである。

表2でも明らかなように、大阪や東京の水道水はこの酸化還元電位はかなり高く、ミネラルウォーターではかなり低い。しかし、水道水は塩素を取り除くと低くなる。塩素を含まない水が健康によいようである。

1.4　水分子のクラスターが小さい水

クラスターとは、水の分子集団の構造を表すものだ。水分子H_2Oとは単体で水に存在するものではなく、H_2O がブドウの房のようにつながって重合体として存在している。このブドウの房状のものをクラスターと呼んでいる。クラスターが大きいと、水の分子の間に有害物質が取り込まれやすい。逆に、クラスターが小さいと有害物質が入り込む余地がない。また、クラスターの小さな水を飲むと、その水は素早く身体の細胞に浸透し、体内の酵素の働きを促進するとされている。

1.5 アルカリイオン水

最近では、電気分解装置によって、家庭でもアルカリイオン水や酸性イオン水を簡単につくることができるようになった。水はH_2Oがクラスターとして存在している。そして、極微量は自然にH_3O^+とOH^-イオンに解離している。ところが、水はイオンの状態になっていると、イオン性の塩類やアルコールなどの非イオン性の物質まで簡単に溶解してしまう。アルカリイオン水とは、H_3O^+とOH^-に分け、陰極側に集まったアルカリ度の高い水のことである。

アルカリ度の高い水は、イオン化しているカルシウムやマグネシウム、カリウム、ナトリウムを多く含み、陽イオンとなり、水の粘度が高くなっているのである。そのため、普通では溶解しにくいカルシウムやマグネシウムを、容易にイオン化し、水に溶解させる。このイオン化したカルシウムやマグネシウムは容易に腸管から吸収されやすい。水の粘度が高いということは、浸透圧に影響を及ぼし、身体の細胞の生体膜を通しての物質移動も効率よく行われるようになる。だから、カルシウムなどが効率よく吸収されるものと思われる。

医療用につくられたアルカリイオン水は、胃酸過多、慢性下痢、消化不良、胃腸内異常発酵を予防する働きがある。それ以外に、細胞の老化や血管の硬化も防ぐ。体内への吸収が早く、細胞の新陳代謝を促進するのである。利尿作用もあるので、身体の中にたまった老廃物を体外に排出してくれる効果を持つ。

一方、酸性イオン水(マイナスイオン)はリン、硫酸、塩素を含み、酸化作用を持ち、酸性イオンによって物質の分子から電子を奪う作用をする。そのため、強い殺菌作用、漂白作用があり、医療用器具の洗浄殺菌に使用されている。また、収斂作用も強い。

2. 病気を運ぶ水

ヒトが食物として取り入れたものは、体内でエネルギーとして燃焼され代謝水といわれる「水」をつくる。糖質はもとの質量の約40%、蛋白質は50%、脂肪は110%の水になって代謝される。しかし、尿や発汗などによって失われる水分を補給するため、成人で1日に1.5～2リットルの「水」が必要となる。それゆえ安心して補給できる「水」は健康維持のため必要かつ重要となる。海外の熱帯・亜熱帯地域の開発途上国では、病原体混入による健康障害が大きな割合を占めている。

一方、日本など先進諸国において水道水による健康障害で問題になっているのは、工場や家庭から出る様々な化学物質による汚染である。その中にはトリハロメタンなどの発ガン性物質や環境ホルモン様物質がある。

2.1 水が媒介する病気ー開発途上国での問題ー

開発途上国の人々は生活のあらゆる面に「水」を利用し、「水」に親しんでいる。しかし、「水」が病気の原因になる病原微生物を含んでいるという観念をほとんど持っていない。**表3**に示したように「水」によって運ばれる病原体は多い。これらの病原微生物は、保菌者や病気の人々の糞便に主として排泄され、それが直接的、間接的に「水」を介して経口的に感染し、新たな患者を発生させている場合が多い。

途上国では、経済状態や気候の影響を直接受け、日本のように常に一定した水質、水量を確保できない。そのことが感染症発生にもつながっている。

その他、重金属汚染による健康被害がある。今、最も問題になっているのが、インド西ベンガル州やバングラデシュの井戸水によるヒ素中毒である。

表2　飲み水と酸化還元電位

各地の水	還元電位	温度
大阪府・南区（水道水）	750 mV	20.0 ℃
下関市（水道水）	647 mV	13.2 ℃
鳥取市（水道水）	619 mV	19.2 ℃
福岡市（水道水）	580 mV	18.4 ℃
東京都・港区（水道水）	565 mV	15.2 ℃
広島市（水道水）	551 mV	16.2 ℃
茨城県・守谷町（水道水）	500 mV	18.7 ℃
富山市（水道水）	460 mV	20.1 ℃
屋久島／縄文水	330 mV	18.9 ℃
新潟県／天下甘露水	280 mV	18.9 ℃
神戸／六甲のおいしい水	270 mV	18.9 ℃
『ヒュアクリスタル』の水	260 mV	18.8 ℃
神戸／六甲の名水	230 mV	18.1 ℃
北海道・羊蹄山／湧水	220 mV	18.8 ℃

表3　直接、水を介して感染する病気

経口感染	ウイルス	A型・E型肝炎、ポリオ、ロタウイルス症、伝染性下痢症
	細菌	コレラ、腸チフス・パラチフス、細菌性赤痢、大腸菌下痢症
	寄生虫	アメーバ赤痢、ランブル鞭毛虫症、ブラストシスチス症、クリプトスポリジウム症、サイクロスポーラ症、回虫症、鞭虫症、鉤虫症、メジナ虫症
経皮感染（経粘膜感染）	ウイルス	アデノウイルス病
	細菌	ワイル病、クラミジア症
	寄生虫	住血吸虫症（日本、マンソン、ビルハルツ）、フォーラーネグレリア

1）ウイルス・細菌性感染

代表的な疾患にA型・E型肝炎がある。患者の糞便中に排出されたウイルスが飲料水や貝類に取り込まれ、ヒトはその水を飲んだり、貝を食べたりして感染する。A型・E型肝炎は急性肝炎として発症するが、慢性化することはない。E型肝炎は特に東南アジア、中南米で流行が見られる。妊婦がE型肝炎にかかると劇症化し、死亡することがあるので注意が必要である。次いで多いのが、小児に下痢症を起こすロタウイルス感染である。

細菌性疾患としては、コレラ、赤痢、腸チフス・パラチフスがある。コレラはコレラ菌が小腸粘膜に付着してコレラ毒素を産生することによって、水様性下痢を起こす。現在流行しているのはエルトール型菌で臨床症状は軽微である。しかし、バングラデッシュでは激しい水様性下痢を起こすO139型コレラ菌(ベンガル型)も流行しており、多数の死亡者が出ている。細菌性赤痢は、赤痢菌が大腸粘膜内に侵入・増殖して発症する。主症状は血液の混じった下痢便(つまり赤痢)である。腸チフス・パラチフスも普通に見られる。

2) 原虫・寄生虫感染

赤痢アメーバ、ランブル鞭毛虫は飲み水や食品などを介して感染する。赤痢アメーバは、ほとんど無症状であるが、イチゴゼリー状の下痢(粘血便)を起こし、そのまま放置すると数年後に肝臓などに転移することもある。ランブル鞭毛虫も下痢症の原因となる。多数寄生すると胆嚢炎を起こす。クリプトスポリジウムは非常に小さく、激しい下痢を起こすが健常者では1～2週間で免疫ができて自然治癒する。しかし、免疫不全者では死に至ることが多い。同様の下痢症状を示すサイクロスポーラ症は、ネパールなど南西アジアに多く見られる。

回虫、鞭虫、鉤虫は全世界に広く分布しており、回虫感染者6億5千万人、鉤虫感染者4億5千万人、鞭虫感染者3億5千万人といわれている。これらの寄生虫は糞便中に排泄された虫卵が外界で発育し、水や野菜を介して経口的に感染する。少数寄生では気がつかない人が多い。

住血吸虫は、湖沼、川などで水くみ、洗濯などをしている時、経皮的に感染する。日本住血吸虫、マンソン住血吸虫は門脈系血管内に寄生して肝腫大や肝硬変などを起こす。ビルハルツ住血吸虫は膀胱の静脈内に寄生して血尿を示す。エジプトなどの流行地では膀胱癌の発生率が高く、本虫が原因と考えられている。

2.2 水が媒介する病気ー先進国での問題ー

1) 水系感染症

日本では徹底した塩素消毒と下水道の整備によって飲料水によって伝播される病原微生物はなくなった。しかし、1996年、埼玉県越生町では簡易水道に混入したクリプトスポリジウム(*Cryptosporidium parvum*)によって、住民の7割が発症した。1993年、アメリカ・ミルウォーキー市では、水道水から40万人以上のヒトがクリプトスポリジウムに感染し、AIDS患者も含まれていたため、約400人が死亡したと報告されている。

クリプトスポリジウムのオーシストは5μmと非常に小さく、塩素に対して非常に抵抗性を持っている。遊離残留塩素で99%不活化するためには、1mg/lの濃度で5～10日間の接触時間を必要とし、塩素で消毒することは困難である。集団発生のほとんどは水道水の浄水処理不十分が原因である。今後、水道水を介した大規模な感染が発生しないよう、厚生省は対策委員会を設置し対策を検討している。

クリプトスポリジウムと同じ様な原虫にサイクロスポーラ、ランブル鞭毛虫がある。アメリカで明らかに飲料水が原因の集団発症例が報告されている。日本ではまだ集団感染例はないが、注意が必要である。

2) レジオネラ感染症

1996年には家庭用24時間風呂におけるレジオネラ汚染が社会的問題になった。また、病院の空調冷却水が原因で新生児室で多数のレジオネラ感染者が出た。

レジオネラ菌は呼吸器系感染症の原因細菌である。この菌を含むエアロゾルが飛散し、これを吸入することによって感染する。身近に接触する機会が多い水環境は、空調用冷却塔水、給湯水、噴水、浴槽水、温泉水など多種にわたっている。

循環式の給湯設備などでは、いったん定着したレジオネラ菌は長期間生存・増殖するので、容易には除去できない。しかし、レジオネラ菌は60℃以上の高温であれば数分間で殺菌されるので、供給水の温度を60℃以上にすることやエアロゾルの発生をなくすることで予防できる。

3）トリハロメタン

現在の日本では、安全な水を飲むためには塩素消毒が必要である。しかし、この塩素のためにカルキ臭がして味がまずく感じられたり、塩素と有機物が化合してトリハロメタンを生成する問題がクローズアップされてきた。

トリハロメタンとはメタンのハロゲン化合物の総称で、クロロホルム、ジブロモクロロメタン、ブロモジクロロメタン、ブロモホルムが含まれている。発ガン性が指摘され、1981年に規制項目として水質基準に加えられた。

水道水原水に泥や生活排水などが流れ込むと、その汚染物質が微生物によって分解され、有機物に変化する。この有機物と塩素が反応するのである。東京都内のある地域の水道水を飲み続けていると、そこに含まれる有機塩素化合物が原因で、10万人のうち10人がガンになるとの報告もある。

夏場は水温が上がるので、化学反応のスピードが速くなり、トリハロメタンの発生量が増える。ガンは細胞や遺伝子レベルで起こるので、微量であっても発ガンの引き金になる可能性は高い。

トリハロメタンは気化しやすい性質がある。沸騰を5～10分続ければ蒸発してしまう。浄水器の活性炭に吸着させる方法も良い。

4）硝酸性物質

水道水中の硝酸性窒素の濃度が非常に高い地域が急に増えている。特に関東に多く見られる。硝酸性窒素の多い水を飲んだ乳児がメトヘモグロビン血症にかかる例が報告され、アメリカでは20人以上の死亡者が出ている。

硝酸は体内の細菌の働きで、亜硝酸に変化し、血液中のヘモグロビンと反応してメトヘモグロビンとなる。メトヘモグロビンは酸素との親和性が強く先に酸素と結合するので、酸素が不足して呼吸不全を起こすのである。また、体内で亜硝酸となり、魚や肉類に含まれているアミンと反応してニトロソアミンという物質ができる。このニトロソアミンが強い発ガン性を持っているのである。

最近、ニトロソアミンはインシュリンの生成を阻害し、小児糖尿病の罹患率を上昇させるとの報告がアメリカで確認された。なぜ、硝酸性窒素の汚染が広がっているのだろうか。原因の一つに農業用窒素肥料があげられている。

おわりに

健康志向が高まるなか、「水」がこれほど健康との関連において議論されることは、過去なかったと思われる。健康についても「水」はいろいろな面で関わっている。まず、水そのものの特性がある。そして、感染症など病気の伝播者としての水がある。

自らの健康を守るためにも、これらの「水」の特性を知って、また感染する可能性のある病原体を知って対処することが大切となる。

Chapter 3

機能水の展望

農業における電気分解水を用いた病虫害防除

八巻 良和
東京大学農学部

1. はじめに

農産物の生産において、病虫害防除は必須の技術であり、その失敗により収穫皆無となることさえある。商品性のある収穫物を得るために、農薬に依存する傾向が強い。

病虫害の予防や回避には、昔ながらの耕種的防除もあるが、ほとんどが簡便性や効果の面で農薬にその席を譲った。農薬も化学肥料や他の科学技術同様、今日の高い生産水準の達成に大きく貢献したと言える。

反面、毎年農薬による事故例が見られる。中毒、皮膚障害、癌、妊娠障害を招く等直接的被害の他、土壌生物や土壌構造に及ぼす悪影響、水質汚染等も知られている。消費者の農薬使用に対する不安も年々強まっている。

何にもまして、過剰な農薬や化学肥料の使用による環境破壊により、農業生産そのものが継続できない状況が現実の問題としてクローズアップされてきている。農業に限らずこれからの産業は全て環境調和型、環境保全型のものでなければもはや持続的発展は望めない状況にある。

酸化水や還元水を農業用として利用するために作る装置が40年程前に開発されていたといわれているが、この装置は普及しなかった。1990年頃に医療用に複数の機種が開発・販売されるようになり、強酸性の電気分解水(以下強酸性電解水)が注目されるようになった。

これらの装置で作られた強酸性電解水は病院・歯科医院等で手洗い、うがい等表面殺菌に用いられ、実効をあげている。強酸性電解水による殺菌の作用機作についての研究も盛んに行われている。機種により得られる水の性質が異なり、作用機作も異なる。

塩化物を添加して電気分解を行っているものについては、塩素や次亜塩素酸等の塩素化合物による殺菌が主たる作用機作であるとする学説が最も有力であるが、物理的特性が関与しているとする説も完全には否定できず、完全に解明されたとは言い難い。

化学的特性によるものだとしても農薬と比べて毒性・残留性とも格段に低いものであると言われており、物理的特性によるものであるとすれば農薬のような残留性は心配ないであろう。このため、農業への応用が可能となれば生産者の健康および生産物の安全性、環境の保全に寄与するところが大であると期待される。

強酸性電解水の作用機作の解明および殺菌される病原菌の特定等十分な科学的検討がなされないまま、意欲のある農家や生産者グループによって実験的使用が行われている。強酸性電解水や強アルカリ性の電気分解水(以下、強アルカリ性電解水)は種々の野菜や果樹について、ほとんどの都道府県で使用されている。

2. 園芸における電気分解水の利用

2.1 生産者による使用事例

表1はさまざまな文献や資料から得た情報を中心に、実際に生産者を訪れ、聞き取り調査をした例も含めて作成したものである。多くの都道府県で強酸性電解水が主として病害防除の目的で使用されている。強アルカリ性電解水も同様に散布に用いられている例がある他、希釈して土壌潅注に用いられている例が多く認められる。気候風土、原水の水質、電解水生成機の構造、栽培体系の中での使用方法等の違いにより、この表に挙げたそれぞれの電解水の性質および効果は事例間で大きな変異がある。

以下に生産現場を見せて頂いたり、生産者からお話を伺うことのできた事例を簡単に紹介する。

(1)ハウスいちご　熊本県

強酸性電解水を1週間に1回散布。ウドンコ病の発生を認めず。アブラムシ等の防除には殺虫剤を強酸性電解水に通常の半分の濃度で混合して散布。減農薬栽培で十分な防除効果を得た。

(2)ハウスいちご、トマト　熊本県

強アルカリ性電解水を10倍希釈して地下潅水として使用。完熟堆肥を用い、土作りに力を入れているため、化成窒素肥料は通常の約半分。

強酸性電解水を10日に1回程度散布。効果の持続を目的として展着剤を添加。農薬は1～3月には使わず、それ以外の時期も使用量はごく僅かで、農薬代がほとんどかからない。ウドンコ病、灰色カビ病とも発生を認めず。

トマトは強酸性電解水散布で熟期が早まり一斉収穫できた。しかも果実が甘くなった。

(3)ブドウ　熊本県

効果の持続を目的として強酸性電解水にアミノ酸21種類、第1燐酸カリ、有機性カルシウムを混用。強酸性電解水の散布は年5、6回。木酢液も使用。通常の殺菌剤も年7回程度使用。強アルカリ性電解水は使用せず。病虫害防除は十分である。

(4)畜産、稲作、施設園芸の複合経営　熊本県

メロンとトマトの育苗(生育促進)に強アルカリ性電解水を散布。定植後のメロンは最初の強酸性電解水散布に先立ち強アルカリ性電解水を散布。以後は強酸性電解水のみ散布。キュウリには殺菌剤を通常の半分の濃度で強酸性電解水に溶いて散布。土作りのため完熟堆肥を使用。病虫害の問題はない。

(5)ハウストマト　佐賀県

強酸性電解水にブドウ糖(500倍)を溶き、1週間に1回散布。灰色カビ病を防除。

(6)稲作、野菜作　広島県

強酸性電解水に浸漬して殺菌した種子を自然乾燥し、発芽の促進と斉一化および根張りの向上を目的として強アルカリ性電解水またはその10倍希釈液に一昼夜浸漬する。定植に際し、活着向上を目的として強酸性電解水を散布。活着後(約20日後)キトサン、有機質肥料を含む強酸性電解水を上から注水。以後葉の裏側から散布。降雨後の散布に心がける。育苗がしっかりしていればキトサンを含む強酸性電解水の散布で防除は十分。強アルカリ性電解水の10倍希釈液または強酸性電解水との等量混合液を週1回如露または潅水パイプで散水。節間が短く節数、花数、収量が増加する。電解水の潅水により植物による肥料の吸収が増すため堆肥等による土作りが必要不可欠。

以上の事例からも、一般に言われているように、強酸性電解水による病害防除、あるいは減農薬栽培の可能性が高いと考えられる。また、強アルカリ性電解水の希釈液に野菜の生育促進効果があるように見受けられる。しかし、電解水の使用により著しい効果を挙げている生産者のほとんどが土作りにも力

表1　電解水使用例

都道府県名	対象作物	強酸性電解水		強アルカリ性電解水＊＊	
		対象病害虫	殺菌剤併用等＊	散布	土壌
北海道	キュウリ	ウドンコ病	＋,ー	希,混	希
	トマト				
	キャベツ		木酢	交互	
	白菜		木酢	交互	希
	バレイショ		木酢	交互	
	タマネギ		＋,ー,木酢	交互・混	希
青　森	リンゴ	腐乱病、紋羽病			
岩　手	イチゴ	ウドンコ病、タンソ病			希
	ナス				
山　形	ブドウ				希
	オウトウ	黒カビ病			
福　島	モモ	ウドンコ病、タンソ病			
茨　城	キュウリ	ウドンコ病			
	ピーマン	ウドンコ病			
栃　木	ナシ	黒星、赤星、輪紋病		殺虫剤・殺ダニ剤混用	
	イチゴ	灰色カビ病			
	キュウリ	ウドンコ病、灰色カビ病			希
	ブロッコリ	ベト病			希
埼　玉	ナシ				
群　馬	キャベツ	ベト病			
	キュウリ	ウドンコ病、灰色カビ病		希	
千　葉	人参	線虫			
	大根	線虫			
神奈川	大根	線虫			希
	カボチャ				
	メロン	ウドンコ病、タンソ病		同日午前中	希
山　梨	ブ ド ウ	ウドンコ病、ツルワレ病		希	希
	オウトウ				
	モモ			希	希
長　野	イチゴ	灰色カビ病			
	シクラメン				
静　岡	イチゴ	灰色カビ病			
	茶				
愛　知	メロン	ウドンコ病			
	トマト	ウドンコ病、灰色カビ病		希	希
奈　良	イチゴ	灰色カビ病			
	茶				

次頁へ続く

表1　電解水使用例(続き)

都道府県名	対象作物	強酸性電解水		強アルカリ性電解水＊＊	
		対象病害虫	殺菌剤併用等＊	散布	土壌
京　都	イチゴ	灰色カビ病			
	茶				
岡　山	大根	線虫		希	
鳥　取	ブドウ	ウドンコ病、輪紋病			
広　島	トマト			有	有
	ピーマン			有	有
	タマネギ			有	有
	白菜				
山　口	キウィフルーツ	潰瘍病			
徳　島	ブドウ	ウドンコ病		希	希
愛　媛	ミカン	ウドンコ病、サビ果			
高　知	メロン	ウドンコ病	＋	交互	
	ピーマン	ウドンコ病			
福　岡	イチゴ	ウドンコ病、灰色カビ病			
	トマト	ウドンコ病、灰色カビ病			
	メロン	ウドンコ病			
佐　賀	トマト	ウドンコ病、灰色カビ病			
	アスパラガス	ウドンコ病、サビ病、ヨトウ虫			
熊　本	トマト	灰色カビ病		希，原	希，—
	トマト	灰色カビ病	展着剤,有機Ca,他		
	メロン	ウドンコ病		原(同日午前中)#	
	キュウリ		＋		
	ブドウ		＋，展着剤,木酢	—	—
	イチゴ	ウドンコ病、灰色カビ病	(＋)，展着剤		
	イチゴ	ウドンコ病、灰色カビ病	(殺虫剤)		希
宮　崎	ピーマン	ウドンコ病、灰色カビ病		希	希
	メロン	ウドンコ病			
	茶	ダニ			
鹿児島	トマト	ウドンコ病、灰色カビ病		希	希
	イチゴ	ウドンコ病、灰色カビ病			希
	茶				

いずれも聞き取り調査または資料が得られたものについてのみ記載。空欄の項目は不明。
*　：＋；殺菌剤混用　—；添加物無し
**：希；希釈　原；原液　混；混用　交互；交互散布
#　：定植直後

を入れており、電解水を導入さえすれば病害防除や高品質農産物が得られるというわけではないようである。

2.2　研究事例

園芸への応用を目的とした研究の学会発表は1994年頃からで、まだ研究の歴史は浅いといえよう。

以下に研究事例を紹介する。

i)　青枯病菌の懸濁液を電解水に加え、培地上で培養した実験で、pH2.5～4.57の酸化水(酸性電解水)で完全な殺菌効果が認められ、pH11.07の還元水(アルカリ性電解水)でも殺菌効果が認められている[18]。また、水耕栽培トマトの葉カビ病とウドンコ病に対してアルカリ性電解水、酸性電解水共に防除効果が確認された。

ii)　陽極水(酸性電解水)および無隔膜電解水は灰色カビ病菌の薬剤感受性菌、薬剤耐性菌双方に対して分生胞子を不活性化した[7]。

iii)　pH3.91～5.57の酸性電解水で10^3～10^7cfu/mlの青枯病菌に対してコロニーの形成を抑制し、高い殺菌効果があるが、pH10.54～12.00のアルカリ性電解水、pH3.91～5.56の塩酸溶液、pH10.56～11.99の水酸化ナトリウム溶液は菌濃度10^3～10^5cfu/mlの青枯病菌に対して殺菌効果が認められていない[17]。また、水耕栽培トマトにおいては酸性電解水に青枯病防除の効果が高いことを認めている。原液ではトマトの葉に生理障害が認められたため、pHを調整した酸性電解水と希釈した酸性電解水を用いて発病を遅らせるとともに生理障害の軽減に成功している。

iv)　強酸性電解水、強アルカリ性電解水浸漬によりウメの黄化を常温で共に2～3日、6℃で前者で6～7日、後者で4～5日遅延され、スダチの黄化は前者で10～12日、後者で8～10日遅延された[8]。

さらに、キトサン、カルシウム、植物ホルモンを添加した強酸性電解水でスダチの黄化に16～18日の遅延を認めている。

v)　酸性電解水、アルカリ性電解水、その混合液、および井水でORPを調節した水を用いて水耕コマツナの生育を観察した結果、ORPの低い水で生育が促進される傾向が認められた[13, 14]。

vi)　リンゴでは週1回の強酸性電解水散布は樹上の果実にサビを発生させたが、アルカリ性電解水との交互散布では発生が軽減され、無散布対照と差が認められなかった[5]。アルカリ性電解水の単用散布はサビを増加させることなく果実硬度とみつ入り指数を増加させた。

キュウリのウドンコ病に関して強酸性電解水は防除効果が認められたとする報告が多いが、葉焼けの発生が認められた例と、認められない例があり、いろいろ推定されているがまだ実験的に確認されていない。

以下に筆者らが東京大学農学部附属農場・多摩農場および二宮果樹園で行った実験をいく例か紹介する。

(1)露地キュウリのウドンコ病防除試験[19, 20, 21]

強酸性電解水を単用で、あるいは強アルカリ性電解水と交互に散布し、殺菌剤散布および無散布との比較を行った。電解水は2～4日毎に、殺菌剤は3～12日の間隔で散布を行った。

ウドンコ病にかかった葉数の割合、葉面積の割合、防除価[24](**図1**)のいずれで判定しても定植後16日から2週間、電解水散布により殺菌剤散布の約半分の防除効果が認められた。収量に差は認められなかったが、**表2**に示したように強酸性電解水散布翌日の果実の可溶性固形分含量は他の処理区の果実より高かった。

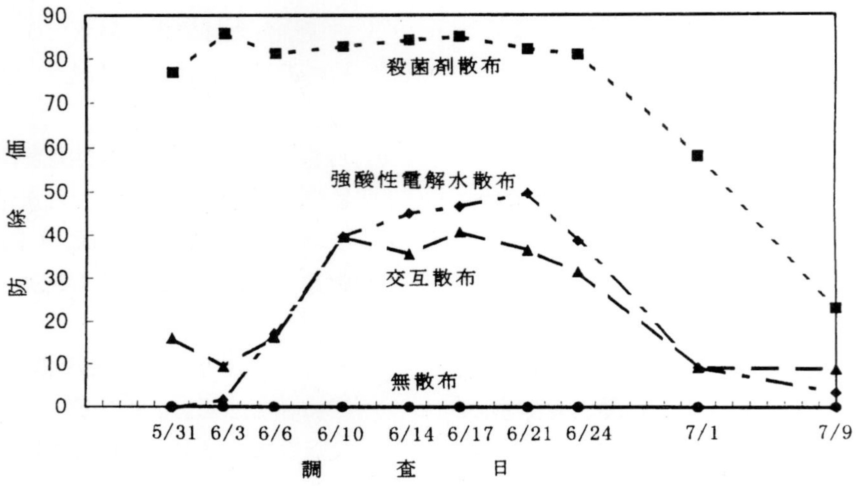

図1　キュウリのウドンコ病に及ぼす電解水の影響

表2　電解水散布がキュウリ果実の可溶性固形分含量に及ぼす影響

	強酸性水散布	交互散布	殺菌剤散布	無散布
翌　日	4.04±0.09	3.82±0.08	3.54±0.16	3.62±0.07
2日目	3.77±0.16	3.66±0.09	3.77±0.16	3.76±0.24

単位：Brix（%）

(2)施設内水耕栽培メロンのウドンコ病防除試験[1)]

強酸性電解水および強アルカリ性電解水を単用で週2回散布し、週1回の殺菌剤散布と週2回の井戸水散布との比較を行った。

強酸性電解水では殺菌剤とほぼ同様の防除効果が認められた。井戸水散布区ではウドンコ病の発生は収穫期まで増加の一途を辿ったが、強アルカリ性電解水散布区はその1/2程度で推移し、防除効果は低かった。果実重量、硬度および可溶性固形分含量には差が認められなかった。

(3)露地モモの病害防除試験[20, 23)]

垣根仕立てのモモ園において週1回強酸性電解水単用散布を行い、殺菌剤通常散布（10～15日間隔）および無散布と、灰星病およびウドンコ病発生の差異を検討した。

表3　樹上の灰星病発生果実の割合

処理＼調査日	7/23	7/31	8/4
殺　菌　剤	0	0	0
強酸性電解水	0.04	0.23	0.23
殺菌剤無散布	0.12	1.21	2.14

単位：%

表3に示したように、灰星病は殺菌剤散布区では樹上での果実に発生は全く認められず、強酸性電解水散布区で僅かに、無散布区で少量認められ、強酸性電解水にある程度の防除効果があるように見受けられた。ウドンコ病は秋に葉上の発生が認められた

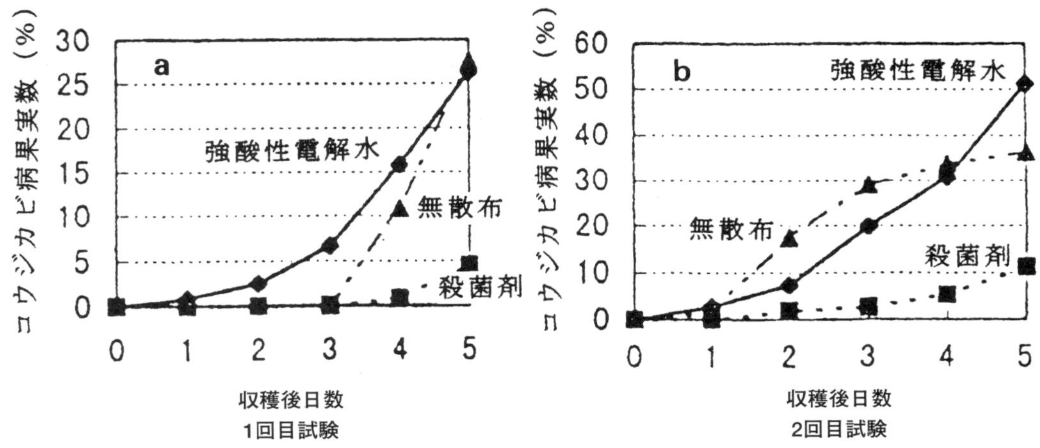

図2　モモ果実のコウジカビ病に及ぼす強酸性電解水の影響

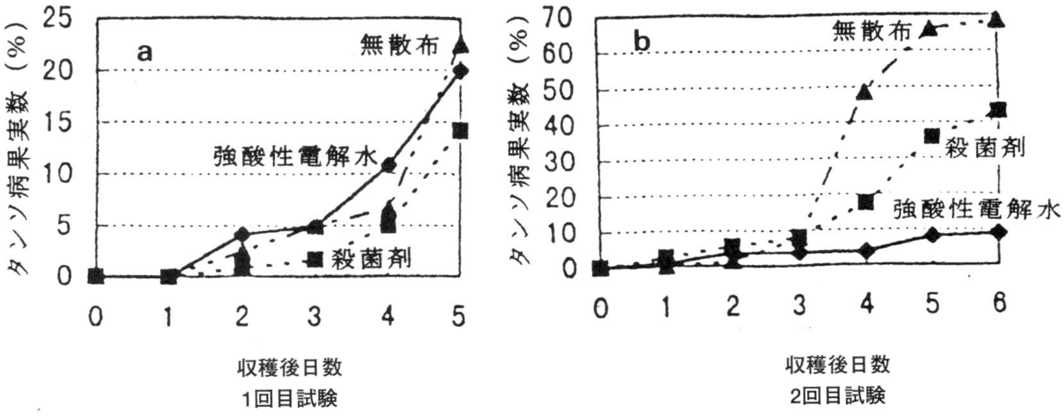

図3　モモ果実のタンソ病に及ぼす強酸性電解水の影響

が、強酸性電解水散布区で最も発生が少なかった。

(4)収穫後のモモ果実の病害抑制試験[20, 23]

樹上散布試験を行った樹から果実を採取し、その後の日持ちを観察した。1997年は灰星病は発生せず、**図2**および**図3**に示したようにコウジカビ病とタンソ病が発生した。コウジカビ病はモモ果実の組織に深く侵入するため、殺菌効果が表面的と言われる強酸性電解水では防除できないものと考えられる。タンソ病は灰星病同様表面に胞子嚢が形成されるが、強酸性電解水散布で抑制されない例(**図3a**)と通常の殺菌剤散布以上に抑制される例(**図3b**)が見られた。前者は散布後7日目、後者は3日目に収穫した果実であるため、収穫時点で後者では強酸性電解水の防除効果が残っていたのに対し、前者では消失した後であった可能性が考えられる。

灰星病菌を接種後に電解水に浸漬した場合には**表4**に示したように、針で浅い傷を付けて胞子を植え付けた場合は電解水浸漬により若干病害発生の遅延が認められたが、2日目には有意差が失われた。傷を付

表4　収穫後の電解水浸漬が灰星病の発生に及ぼす影響

		強酸性電解水	強アルカリ性電解水	無処理対照	有意性
付傷接種	翌　日	17.0b	17.0b	40.5a	5%
	2日目	72.7	67.6	84.6	NS
	3日目	92.7	90.3	98.0	NS
	4日目	100	100	100	NS
無傷接種	翌　日	0.0b	0.0b	5.0a	5%
	翌々日	0.0b	1.7b	16.7a	1%
	3日目	6.7b	13.3b	28.3a	1%
	4日目	20.0b	21.7b	70.0a	1%

単位：%

表5　浸漬ミカン果実のカビの累積発生率

処理＼調査日	1/7	1/21	2/4	2/18	3/3	3/17	3/31	4/14
強酸性電解水	0.0	0.6	0.6b	1.4b	2.6b	4.4b	5.2b	6.8b
強アルカリ性電解水	0.0	0.0	0.0b	0.2b	0.6b	1.2b	1.4b	2.4c
水　道　水	0.0	0.2	0.2b	1.4b	2.8b	3.8b	3.8b	4.8bc
無　処　理	0.0	0.2	11.0a	11.6a	12.0a	14.4a	16.6a	18.0a

単位:%

表6　封入ミカン果実のカビの累積発生率

処理＼調査日	2/4	3/17	4/14
強酸性電解水	1.6	11.8b	47.6
強アルカリ性電解水	1.0	9.0b	47.0
水　道　水	2.4	20.8a	56.4
無　処　理	2.0	12.6b	54.2

単位:%

表7　青カビ及び緑カビの累積発生率

処理＼調査日	2/4	3/17	4/14
強酸性電解水	1.0	2.8b	17.8
強アルカリ性電解水	0.6	2.4b	25.4
水　道　水	1.8	8.0a	26.0
無　処　理	1.0	6.6a	26.0

単位:%

けずに胞子を振りかけた場合は強酸性電解水で2日、強アルカリ性電解水で1日病害の発生を遅らせることができた上、その後の発生も抑制できた。

(5) ミカンの貯蔵病害抑制試験[19, 22]

ミカンを強酸性電解水、アルカリ性電解水、水道水のいずれかに浸漬し、無処理果実と貯蔵性を比較した結果、**表5**に示したように無処理でカビの発生が貯蔵期間が経過すると共に高まったが、いずれの水処理でもカビの発生の増加が抑えられた。とくに強アルカリ性電解水処理の効果が高い傾向にあった。

ミカンを強酸性電解水、アルカリ性電解水、水道水のいずれかと共にコンテナに封入したところ、**表6**に示したようにカビの発生は水道水封入区で高く、無処理、強酸性電解水区、強アルカリ性電解水区と低下する傾向に見えたが、有意差が認められたのは貯蔵開始後12週間目の3月中旬のみであった。青カビと緑カビのみに着目しても電解水による抑制効果に有意差が認められたのは3月中旬のみであった（**表7**）。

なお、今回紹介した二宮果樹園における栽培試験例では障害は認められなかったが、多摩農場におけるメロンの栽培試験では軽度の葉焼けが認められた。pH2.5以下の強酸性電解水の連日散布や、雨天、曇天、夕方や夜の散布、あるいは真夏の12時〜15時の高温で日射しが特に強い時間帯の散布で葉に障害が現れた例も報告されており、障害の発生機構と回避技術開発の研究が待たれる。

3.　まとめ

以上、電解水の園芸における生産者による使用例や研究機関における研究例を示したが、電解水は残効性に乏しく、単用では殺菌剤より頻繁な散布でも生産現場では十分な防除効果が得らない場合が多い。

科学的解明を目的とする場合には単用で試験する方が目的を達成し易いが、生産現場で大きな効果を期待する場合には、種々の成分を混用して相乗効果を狙うことも一つの手段であろう。種々の物質を混用して効果が現れた場合、作用機作や有効成分の科学的な解明や立証は困難である。しかしながら、電解水の効果を高めるための、失活を防ぐ散布方法の検討、残効性をもたせる手段の開発等も今後の研究として重要である。

電解質として塩化ナトリウムを用いた強酸性電解水は細菌、カビ、一部のウィルスに至るまで広い範囲の微生物に対して殺菌作用があると言われている。ナトリウムイオンは植物に有害な場合もあるため、栽培植物に用いる電解水の電解質は塩化カリウムが適していると思われる。塩化カリウムを電解質として用いた強酸性電解水にも幅広い殺菌作用があるとすると、散布により栽培植物の表面を無菌状態あるいはそれに近い状態にする可能性が考えられる。外部からの病原菌の侵入を遮断できる施設栽培では問題とならないとしても、園外からさまざまな生物の侵入がある露地栽培では、病原菌が最初に侵入して植物体に付着した場合、競争相手がいないため容易に植物を侵し、病気が大発生することも可能性として考えられる。

実際栽培で危険性が期せずして実証されては経営に大打撃を与えるため、この危険性の有無は予め実験的に検討しなければならない。生物の種の多様性が極めて重要であると言われているが、単に環境科学上の問題ではなく、我々の生活でも、農産物の生産現場である畑においても、実は極めて重要な意味を持つものであると思われる。

水田や畑において、害虫、益虫、「ただの虫」が一定のバランスを保って生産の持続性が保たれると言われているように、微生物についても病原菌、その天敵微生物、「そこにいるだけの微生物」が微妙な関係を保つことが最も自然の摂理にかなった無理のない生産の基盤であるのかも知れない。強酸性電解水により無菌状態にした後、病原菌と拮抗関係にある微生物等を接種することにより病原菌の繁殖を抑える技術等の開発研究も今後の課題であろう。

アルカリ性電解水を生産の現場で使用している実例も紹介したが、種々の物質を加えて使用している例もある。中には農薬を混用しているものさえある。多くの農薬はアルカリで分解するため、混用使用により薬害を出し、収穫皆無になったと言う話も聞く。混用に際しては薬効成分の分解や、成分の化学反応による有害物質の生成に特に注意が必要である。

園芸への電解水の利用には大きな可能性が明らかとなっている。しかし、生産者による使用事例でも、研究機関による研究結果でも効果にバラツキが認められる点が問題となっている。これは生成機の違い、原水の違い、使用までの取り扱い等による電解水の物理化学的特性の違い、散布圧、粒径、ノズルから植物体までの距離等使用条件の違い、使用時の日射、気温、湿度等の気象条件の違い、微生物相を含めた環境条件の違い、対象植物の感受性等の植物生理学的特性の違い、等々が複雑に絡んでいる。これらを明らかにして行くことが求められているため、強酸性電解水の殺菌作用および強アルカリ性電解水の生育促進作用の園芸の生産現場における普遍的、技術的、科学的解明に至るにはまだ多くの研究が必要である。

参考文献および資料

1) アネッテ・シャーナー、八巻良和 1997. 電解水によるメロンのウドンコ病防除試験. 機能水シンポジウム '97 予稿集 29-30.

2) 飯本光雄、富士原和宏、史 慶春、土井龍太 1995. 強酸性水散布による施設栽培での防除法の確立－強酸性水の性状変化及びキュウリウドンコ病の防除－. 農業機械学会第 56 回大会 講演要旨 89-90.

3) 小川俊雄　1995.　強電解水の原理と応用　SLI 出版

4) 岸田義典　1996.　機能水農業. 新農林社

5) Schoerner, A. and Y. T. Yamaki　1998.　Possibility of Controlling Powdery Mildew on Peach with Acid Electrolyzed Water. Abstracts of the IOBC/ISHS Symposium,Belgium. in print.

6) 壽松木　章、青葉幸二　1998.　リンゴ果実に対する電解イオン水の影響. 園学雑 67 (1):130-132.

7) 高橋　亮、内野敏剛、飯本光雄　1994.　電気分解水による灰色かび病菌の殺菌. 農業機械学会第 53 回大会講演要旨 109-110.

8) 平田尚美、内田忠雄　1996.　青果物（ウメ、スダチ）の鮮度保持に及ぼす電解機能水の影響. 機能水シンポジウム '96 予稿集 26-27.

9) 富士原和宏、飯本光雄、藤原樹子　1995.　強酸性水噴霧によるキュウリウドンコ病の防除に関する基礎研究 - 水素イオン濃度および遊離形有効塩素濃度の影響－. 農業機械学会第 56 回大会 講演要旨 91-92.

10) 布川美紀　1996.　新資材実用化試験 アクア生成水によるうどんこ病の防除効果. 神奈川県農業総合研究所三浦試験場試験研究成績書 No.1:39.

11) 松尾昌樹　1995.　電気分解水の農業への利用 [1]. 農業および園芸 70 (3):43-46.

12) 松尾昌樹　1995.　電気分解水の農業への利用 [2]. 農業および園芸 70 (4):63-68.

13) 松尾昌樹、島　淳人　1994.　電気分解水が水耕植物の生育に及ぼす影響（第 2 報）－　電解希釈養液が水耕コマツナ生育におよぼす影響－. 植物工場学会誌 6 (2):134-141.

14) 松尾昌樹、島　淳人　1994.　電気分解水が水耕植物の生育に及ぼす影響（第 3 報）　－電解水 n 酸化還元電位が水耕コマツナ生育におよぼす影響－. 植物工場学会誌 6 (2):142-146.

・ 松尾昌樹、高橋　亮　1997.　強電解水の農業等における殺菌・防除技術 [1]. 農業および園芸 72 (6):55-60.

・ 松尾昌樹、高橋　亮　1997.　強電解水の農業等における殺菌・防除技術 [2]. 農業および園芸 72 (7):65-68.

17) 松岡孝尚、川崎隆弘　1996.　NFT 水耕栽培におけるトマト青枯病の電解水防除. 機能水シンポジウム '96 予稿集 30-31.

18) 松岡孝尚、土佐幸雄、宮内樹代史、藤井直哉、中矢武司　1994.　電解水の農業への利用に関する研究　－電解水の物性挙動と殺菌・防除効果－. 農業機械学会第 53 回大会講演要旨 105-106.

19) 八巻良和　1996.　園芸における電気分解水の利用シンポジウム「農業と機能水」講演要旨集 54-59.

20) Yamaki, Y.T. 1998.　Disease Control with "Functional Water" WORKSHOP Sustainable Development in Horticulture in Asia and Oceania. 10-13.

21) 八巻良和、アネッテ・シャーナー　1995.　機能水によるキュウリのウドンコ病防除の可能性に関する圃場試験. 機能水シンポジウム '95 予稿集 36-37.

22) 八巻良和、アネッテ・シャーナー　1996.　電解水によるミカンの貯蔵病害制御. 機能水シンポジウム '96 予稿集 32-33.

23) 八巻良和、アネッテ・シャーナー　1997.　電解水によるモモ病害抑制試験. 機能水シンポジウム '97 予稿集 27-28.

24) 社団法人 日本植物防疫協殺菌剤圃場試験報（未定稿）

1988.
・ オムコ参考データ集 電解酸化水関連資料集 1994.2. 株式会社 オムコ東日本
・ 強酸性イオン水技術資料 1993.10.1. 株式会社 オムコ東日本
・ 強電解水の農業への利用について 1995.2.13. アイケン工業株式会社
・ 不思議な水「酸化水」不思議なブーム・AERA 1994.6.6. 朝日新聞社
・ 日本農業新聞．折々の記事

電解水の青枯病菌に対する殺菌効果

松岡　孝尚
高知大学農学部

1.　はじめに

自然環境の保全や人間の健康を重視した農業技術として、生物防除、有機農法、植物工場、機能水の利用など無農薬、減農薬栽培技術に関して高い関心が寄せられている。とくに、電解機能水については、環境保全、健康、安全などの条件を満たす農業技術となる可能性があり、その機能、効果の解明が行われ、利用技術が確立されれば、極めて価値が高いものと考えられる。

しかし、このような技術の基礎研究や応用技術に関する報告はきわめて少なく、機能水の科学的な理論の体系化並びに農業への利用マニュアルは十分に整っていないのが実状である。そこで、本稿では電気分解することによって得られる電解水の性質、電解水の利用に伴う性質の変化、電解水の植物病原菌に対する殺菌効果、トマト水耕栽培での青枯病の防除効果について実験結果に基づいて解説する。

2.　電解水の生成装置

水の電気分解装置としては、多くのメーカーから種々の特徴を持つ商品が販売されており、電極や電解質の種類、隔膜の有無、電解水の生成速度などに違いが見られる。本実験では市販品（アイケン工業・IW-707及びAT-250A）を使用した。IW-707型はバッチ式で、陽極はフェライト棒、陰極はステンレス板である。両極間に隔膜を取り付ける場合と隔膜を取り付けない場合の実験を行い、陽極側に水道水2ℓ＋KCl、陰極側に水道水2ℓを入れて、印加電圧70Vで電気分解し、電解水の水素イオン濃度（pH）、酸化還元電位（ORP）、電気伝導度（EC）、溶存塩素濃度を測定した。ここでは、隔膜を取り付けた場合の陽極電解水を酸化水、陰極電解水を還元水、隔膜を取り付けないで電気分解し、生成された水を無隔膜電解水と呼ぶ。

一方、 AT-250A型は連続して電解水を生成する装置であり、陽極、陰極の材質はそれぞれチタン、白金メッキである。

3.　電解水の性質

IW-707型で生成された電解水の物性（pH、EC、ORP）および溶存塩素濃度を**表1**に示した。電解水は、原水の種類や電解質の種類、量によりさまざまなイオンが生成され、電気化学的性質も大きく異なる。

一般に、溶液のpHとORPとは、ほぼ比例の関係があり、pHの値が小さいほどORPの値が大きいことが知られている。これに対して電解水はどのような特徴があるのか調べた。すなわち、pH調整剤で調整した水と酸化水、還元水、無隔膜電解水のpHとORPの

表1　水道水の電解処理後の物性（隔膜有・無）

			pH	EC (mS/cm)	ORP (mV)	溶存塩素濃度 (mg/ℓ)
膜有	酸化水	処理前	6.75	0.540	597	0.10
		処理後	2.77	1.076	1028	9.23
	還元水	処理前	6.77	0.540	643	0.10～0.20
		処理後	11.61	0.940	-835	0.20
膜無	無隔膜電解水	処理前	7.06	0.530	721	0.10
		処理後	7.09	0.520	-335	6.10

電解条件（印加電圧100V　処理時間30分）
隔膜有　陽極　水道水2ℓ＋KCl（0.373g）
　　　　陰極　水道水2ℓ＋KCl（0.373g）
隔膜無　水道水4ℓ＋KCl（0.746g）

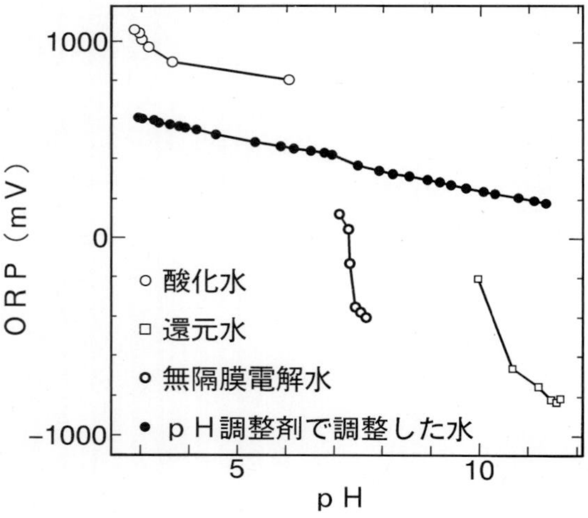

図1　電解水のpHとORPの関係

関係を比較した。

図1に示すとおり、電解水は一般の溶液のpHとORPの関係から大きくかけ離れており、pHの値が酸あるいはアルカリ側に離れるにつれて酸化、還元の電位が正負に大きく振れることが分かる。また、無隔膜電解水も一般の水溶液の関係から大きくはずれるが、ORPの値は不安定である[1)]。

4.　水耕栽培ベッドとタンク間循環による電解水の性質の変化

NFT水耕栽培において、電解水を循環させた場合、時間の経過とともに電解水の性質が変化することが考えられる。そこで、**図2**に示すように、容量200*l*のタンク4個にそれぞれ電解水の量を50、100、200*l*を入れ、5mの水耕栽培ベッド中を流量3*l*/minで循環させる区及び50*l*入れて循環させない区を設けて、経時的に電解水の性質を測定した。

その結果、電解水50*l*をタンクに貯水した区で最も変化が遅く、電解水を循環した区でタンク水量が少ないほど変化が速いことが分かった。とくに**図3**に示したように溶存塩素濃度の低下が著しく、50*l*循環区では初期値が約20mg/*l*から24時間で1mg/*l*に低下

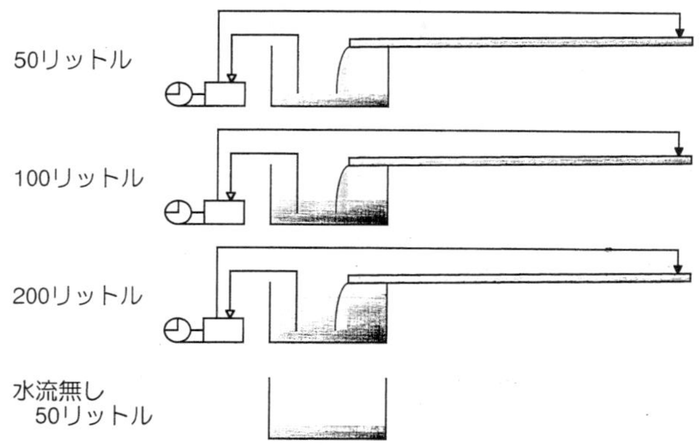

図2　NFTにおける殺菌効果の持続性試験の試験区

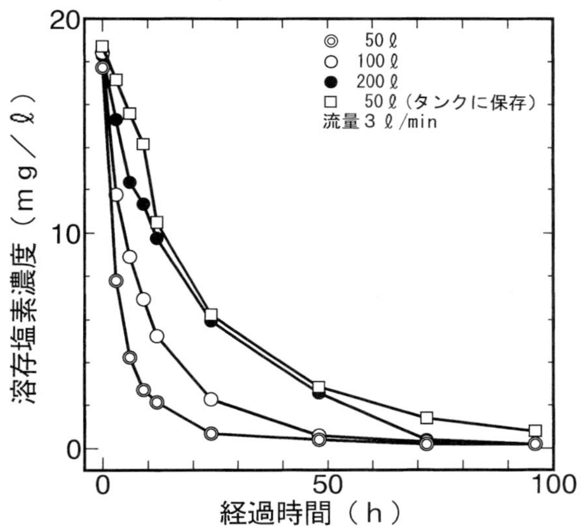

図3　NFT栽培ベッドにおける循環酸化水の溶存塩素濃度の経時変化

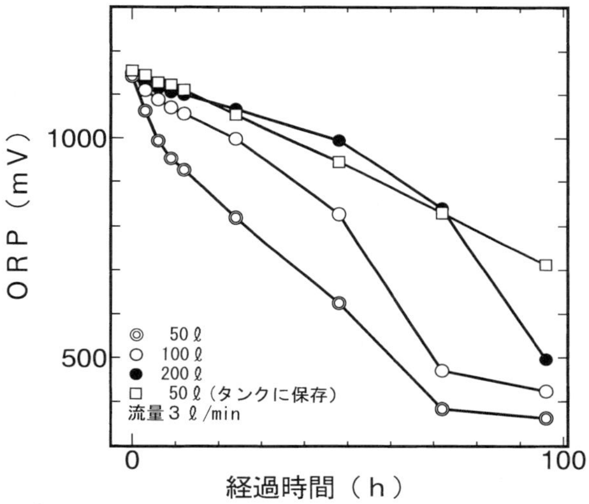

図4　NFT栽培ベッドにおける循環酸化水のORPの経時変化

し、平衡した。

一方、200*l*循環区では72時間、50*l*貯水区では96時間で同様に平衡した。また、電解水のpH、EC、ORPなどの電気化学的性質も時間経過とともに大きく変化する。

図4に各試験区における酸化水のORP値の変化を示した。

5.　電解水のナス科植物青枯病菌に対する殺菌効果

電解水の殺菌効果を調べるために、植物病原細菌であるナス科植物青枯病菌（*Pseudomonas solanacearum*）を対象にして培地培養試験を行った。青枯病菌を30℃、48時間振とう培養し菌濃度10^{10}cfu/*l*まで増殖さ

表2　酸化水,還元水,塩酸水溶液(HCl),水酸化ナトリウム水溶液(NaOH)の青枯病菌に対する殺菌効果の判定

	pH	EC(mS/cm)	ORP(mV)	菌濃度（cfu/mℓ） 10^9	10^7	10^5	10^3
酸化水	3.91	0.620	907	＋	－	－	－
	4.47	0.530	830	＋	－	－	－
	4.96	0.466	811	＋	－	－	－
	5.57	0.444	641	＋	－	－	－
還元水	10.54	0.750	-130			＋	＋
	11.12	1.397	-156			＋	＋
	11.71	2.030	-221			＋	＋
	12.00	3.190	-873			＋	＋
塩酸水溶液	4.05	0.258	550			＋	＋
（HCl）	4.52	0.210	530			＋	＋
	5.00	0.202	520			＋	＋
	5.49	0.196	470			＋	＋
水酸化ナトリウム	10.56	0.314	180			＋	＋
水溶液（NaOH）	11.20	0.508	140			＋	＋
	11.69	0.960	120			＋	＋
	11.99	2.140	93			＋	＋

＋：青枯病菌のコロニーの形成あり
－：青枯病菌のコロニーの形成なし

表3　NFT栽培ベッドにおける循環酸化水の青枯病菌に対する殺菌効果の持続性

処理区	経過時間（h） 0	3	6	9	12	24	48	72	96
50ℓ	－	－	－	－	－	＋	＋	＋	＋
100ℓ	－	－	－	－	－	－	＋	＋	＋
200ℓ	－	－	－	－	－	－	－	＋	＋
タンク（容量200ℓ）に50ℓ保存	－	－	－	－	－	－	－	－	＋
対照区（滅菌水）	＋	＋	＋	＋	＋	＋	＋	＋	＋

菌濃度：10^6cfu/mℓ

＋：青枯病菌のコロニーの形成あり
－：青枯病菌のコロニーの形成なし

せた。これに酸化水を混合し、10^9cfu/lに希釈し、小野・原選択培地に塗布し、30℃、48時間培養して、形成されるコロニーの数により殺菌効果を判定した。同様の方法により、菌濃度10^7、10^5、10^3 cfu/lの青枯病菌に対する殺菌効果を判定した。

さらに、殺菌に対するpHの影響を調べるために、HCl水溶液、NaOH水溶液を用いて電解水と同一のpHの水溶液をつくり、青枯病菌への殺菌効果試験を行った。

試験結果は、**表2**に示すように、酸化水（pH=3.91～

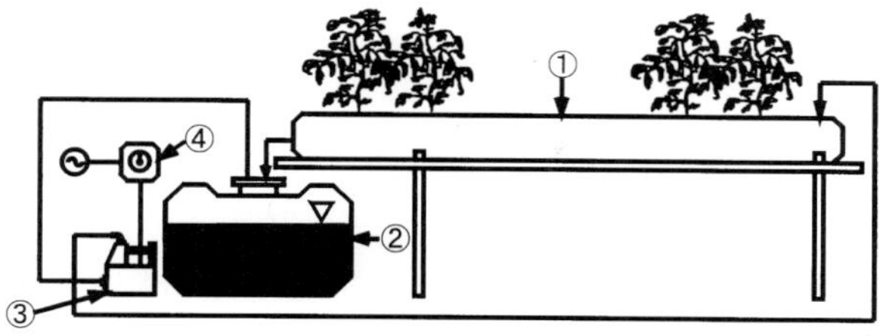

図5　NFT水耕栽培装置

表4　NFT水耕栽培におけるトマト青枯病の酸化水防除試験における処理区

処理区	処理方法
A	青枯病菌接種後、毎日タンク内の培養液全量交換（水50ℓ＋液肥250mℓ）
B	青枯病発生後、毎日タンク内の培養液全量交換（水50ℓ＋液肥250mℓ）
C	青枯病菌接種後、毎日タンク内の酸化水培養液全量交換（酸化水50ℓ＋ 液肥250mℓ）
D	青枯病発生後、毎日タンク内の酸化水培養液全量交換（酸化水50ℓ＋液肥250mℓ）

流量15ℓ/min、間欠給液（午前7時～午後7時：15分ON／30分OFF、午後7時～午前7時：15分ON／45分OFF）、タンクにヒータあり
青枯病菌接種1994年10月29日

5.57)の全ての試験区において、10^3～10^7cfu/lの青枯病菌に対して培地でのコロニーの形成が見られず、高い殺菌効果があることが分かった[1)2)]。しかし、還元水(pH=10.54～12.00)、HCl水溶液(pH=3.91～5.56)、NaOH水溶液(pH=10.56～11.99)の全てにおいて、菌濃度10^3～10^5cfu/lの青枯病菌に対して殺菌効果がなかった。

すなわち、ここで用いたHCl水溶液は酸化水とほぼ同一のpHであるにもかかわらず殺菌効果がなかったことから、pHは殺菌効果の主な要因ではないといえる。酸化水の殺菌に関与する因子は、電気分解によって生成される次亜塩素酸を主体とするものであるといわれている。

しかし、この酸化水は通常の使い方での次亜塩素酸ソーダに比べると約1/10の濃度で同等の殺菌効果が得られることも知られており、このメカニズムが完全に解明されているとは言えない。前述の栽培ベッド循環電解水の性質の変化に伴う青枯病菌の殺菌効果を培地培養試験によって調べた結果を**表3**に示す。50l循環区では24時間、100l循環区では48時間、200l循環区では72時間で殺菌作用が消失した。このときの電解水の溶存塩素濃度は大略1mg/l以下、酸化還元電位が800mV以下であった。

6.　電解水(酸化水)のNFT水耕栽培における トマト青枯病の防除

NFT水耕栽培における電解水による根圏部殺菌の可能性を検討するため、**図5**に示すような装置を用い

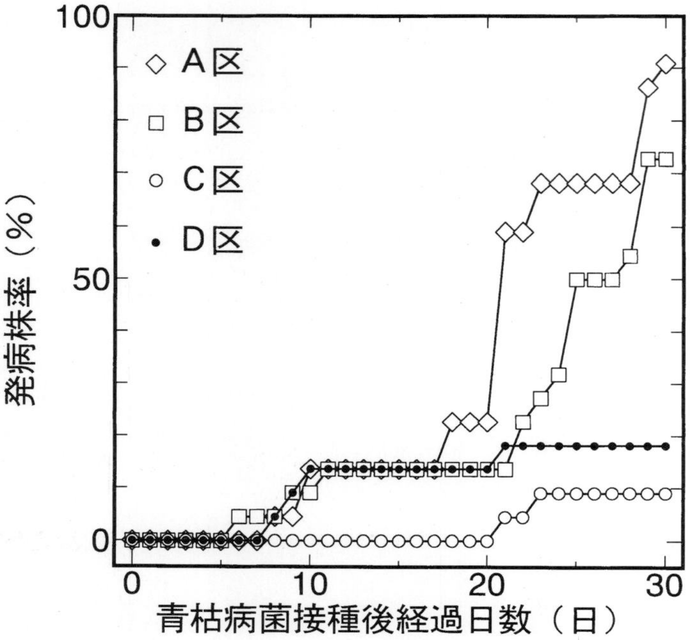

図6　トマトのNFT水耕栽培における酸化水防除試験
（発病株率の経日変化）

て、栽培ベッドに電解水を循環させて、青枯病菌の殺菌効果を調べた。NFT水耕栽培ベッド(5m)を4系列用意し、1ベッド当たり24株のトマトを定植した。

次に、上流部3株の第一側枝に青枯病菌を接種した後、**表4**に示す4種類の試験区(A〜D)を設けて防除試験を行った。各試験区において、循環養液の青枯菌濃度及び青枯病の発病株数の経日変化を調べた。

図6は、試験区A〜D区の水耕栽培ベッドにおける青枯病発病株率の変化を示したものである。C、D区の酸化水処理区の発病株率が極めて低く保たれていることが分かる。このように酸化水はNFT水耕栽培における青枯病防除の効果が高いことが分かった[1)2)]が、トマトの葉にわずかな生理障害がみられた。この原因として植物にとって酸化水のpHが低すぎること及び溶存塩素濃度が高すぎることが考えられた。

そこで、これらを改善することを目的に、pHを調整(pH=2.1〜5.6)した酸化水及び水で希釈(希釈倍率1〜50倍)した酸化水を用いて培地培養試験により殺菌効果を調べた。pH調整酸化水及び希釈酸化水は、殺菌効果があることが分かった。

そこで、これらの酸化水を用いて同様なNFT水耕栽培による防除試験を行った結果、いずれも青枯病菌濃度を抑制し、発病を遅らせると同時に生理障害を大幅に軽減することができた。

青枯病菌は、一度植物体内に侵入すれば30℃前後の高温下において増殖を繰り返し、2〜3日後には根から菌を排出するようになり、水耕栽培では培養液を媒体として次々と感染する極めて面倒な植物病原菌である[3)]。

また、青枯病は菌濃度が低い間は発病しなく、培養液中の菌濃度が10^4cfu/l以上で発病するといわれている。水耕栽培における電解水殺菌は、培養液中の青枯病菌を瞬時に死滅させることができるが、罹病株が残存している限り、根からの菌の排出により、菌数を0にすることはできない。したがって、培養液中の菌濃度を低く保つことにより、発病を抑えることは可能であるが、植物体内に侵入した青枯病に対する治療効果はないといえる。

また、本実験で行ったように電解水を直接培養液として利用することにより、植物に対する何らかの生理障害が考えられるので、培養液と電解水を別系統にし、電解水を流す時間を制限するなどの工夫も必要であろう。

7. おわりに

電解水の性質と利用に伴う変化及びナス科植物青枯病菌に対する殺菌、防除効果について述べた。このように、植物病原菌に対して極めて殺菌効果が高く、しかも毒性が低く容易に分解・失活する特徴があるので、安全で環境に優しい殺菌・防除技術として農業への利用が期待される。

しかし、ここで述べた結果は、極めて限られた条件下におけるものであり、防除技術として確立するためにはまだまだ多くの研究の蓄積が必要である。

すなわち、作物及び病原菌の種類と電解水の利用方法を確立すると同時に、電解水の性質・機能は、電極、電解質の種類、隔膜の有無、原水の種類などによって大きく異なるので、利用目的にあった電解水を生成して用いる必要がある。このためには、電解機能水の生成、利用技術とともに電解水の客観的評価法が重要であり、測定項目、測定方法などの技術の確立が望まれる。

参考文献

1) 松岡孝尚：施設園芸での機能水の利用、機能水農業、P.74-82、(株) 新農林社、東京 (1996)
2) 松岡孝尚：NFT 水耕栽培におけるトマト青枯病の電解水防除、機能水シンポジウム’96、P.30-31 (1996)
3) 竹内妙子・宇田川雄二：養液栽培におけるトマト青枯病の発生生態と防除、千葉県農業試験場研究報告 , 35, 89-98 (1994)

各種処理水の植物生育効果

小島　孝之
佐賀大学農学部

はじめに

地球上の水の配分を見ると、我々が利用できる淡水湖（125km³）と河川水（1.25km³）の合計は大洋（1320×103km³）の97.3％に比べるとわずか0.0091％の割合でしかない。この水は非常に貴重であり、有効に使用しなければならない。そういう意味において、食料生産の場である農業においても、水の利用は効率よく効果的に行いたいものであるし、我々の食物となる農産物という生命体そのものが、実は含水率が多く、水の貯蔵庫でもある。従って動物のみならず、植物にこそ良い水を与えて食料生産をしていかねばならない。また、人は植物体の水を通して地球のミネラル成分も取り入れている。

一方で水は気体、あるいは固体になる際の膨大なエネルギー授受、あるいはその移動により急激な気温の変化も抑制し、あるいは緩和し、生物環境の保護にも大きな役割を果たしている。

また、化学式では水分子はH_2Oで表される単純なものであるが、その最も特徴的な異常性は体積変化の温度依存性である。0℃で0.9168 g/cm³の密度を持つ固態の水の氷が融解すると、約10 ％ 体積が収縮し、0.9998 g/cm³ の密度を持つ液態の水となり、温度の上昇に伴い水の密度は更に大きくなり、約4℃ で 0.99997 g/cm³ の最大値をとる。水の分子の大きさは、140から150pm の半径を持つと言われているが、その大きさの球を1cm³に充填すると、理論的には密度は1.83 g/cm³ となる[1)]。しかし、そうならないところに構造性を見ることができる。

液態の水は水素結合を有する構造性の液体でもあり、同時に動的性質においては通常の液体と似た性質も示す。この構造もその結合状態はピコ秒の単位で変化し、クラスターの中での水素結合の寿命は10^{-12}秒といわれている。この構造変化の容易さ、変化に必要なエネルギーの微小さ、さらにあらゆる生体への栄養補給や溶出も水を媒体としていること等を考えるとき、我々は水の無限の可能性を想像できる。

水は、このように変化しやすい物質である。H_2Oの化学式から考えてみるとこれがHとOHとから反応してH_2Oができるのは自然な流れであるが、これをH_2OからHとOHに分解するには数千度の温度、ギブス自由エネルギーで19.1kcal以上が必要である。ところが、この分解も電気的には2～3Vの電圧で十分に実現できる。このような微弱な非熱的エネルギーを利用することで水を変化させ、その水を媒体とする反応系に大きな効果をもたらすことも可能で、多方面への応用が試みられている。

1.　微弱エネルギーによる水の変化

水は純粋の水では有り得ず、溶液である。分析するとそれぞれの水に特有のミネラル等が含まれている。その水に音波、電磁波、磁力、電場、電気石、

表1　水の^{17}O-NMR測定結果

水の種類	^{17}O－NMR 半値幅（Hz）	備考
水道水	168	佐賀大学研究室（市水）
水道水	138	佐賀市内一般家庭（市水）
電子水	128	同上市水を電子処理
イオン交換水	127	水道水-蒸留-ミリポーラ通水
超純水	108	研究室で使用のもの
六甲のおいしい水	123	市販のミネラル水
エビアン	127	市販のミネラル水
ボルビック	149	市販のミネラル水
南アルプスの水	153	市販のミネラル水

処理した水は測定まで家庭用冷蔵庫に保管（1週間）
測定時の水温：２９～３０℃
測定機器：核磁気共鳴装置（型式：AC-250P，ブルカー製）
共鳴周波数：３３．９０９（MHz）

図1
水の近赤外スペクトルと
判別に選択された波長の拡大図

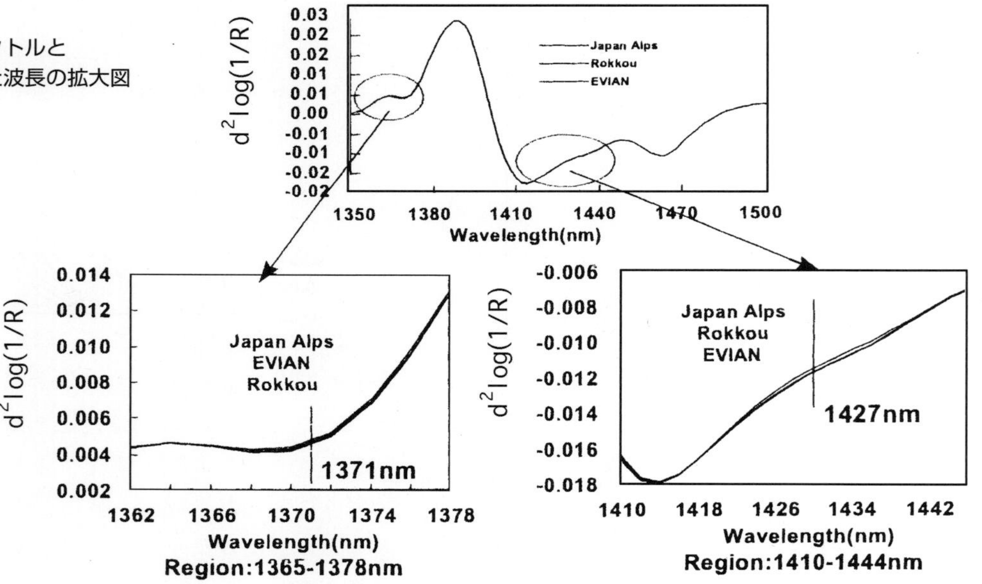

麦飯石あるいはセラミックス接触処理等の微弱なエネルギーを水に加えることにより、水の物理的特性や、おいしさも異なってくる。

しかし、これらの違いを判別するのは、成分組成の変化がある場合を除けば、化学的には不可能である。水を判別するために水のクラスターの大きさや物性の変化等に着目し、NMR、ESR、NIR法等が用いられたり、pH、電気伝導度、屈折率、表面張力、粘度、凝固点、融点、密度などの変化により、水の構造や状態変化を見ようとする試みがなされている。

例えば、ミネラルウォーターは、水和による水素

表2　原スペクトルによる判別的中率(%)

		判別された名前				
		U	D	A	E	R
実際の水の名前	U	100				
	D		100			
	A			100		
	E				100	
	R					100

U：超純粋　D：脱イオン水　A：アルプス天然水
E：エビアン　R：六甲のおいしい水

結合数の変化により、ＯＨの伸縮振動第1倍音の1430nm付近を中心に微小な吸光度の変化を生じている。これらの変化を近赤外分光法で検出すると、識別も可能である[2,3]。

さらに、水温の変化は水素結合状態の変化となって近赤外スペクトルに現れる[6]。クラスターの大きさを表現できるとされてきた^{17}O－NMR半値幅の測定においても、磁石間を通水する磁気処理あるいはコロナ放電下[17]や電場処理により電子処理すると、NMRの半値幅が変化する。

しかし一方で、NMR値がpH7付近を最大値にこれよりアルカリ側あるいは酸性側にずれるほど小さくなる傾向があり、処理した水のpHが変化することも確認されているため、クラスターそのものをNMR半値幅が表しているとは言えない。各種、各地の自然水もそれぞれ異なったMNR値を持っているが(**表1**)、一般に言われてきたクラスターの大きさとNMR値の関係についてはpH、温度等細かい条件を整えて再検討する必要がある。

これらの変化の確認あるいは識別は近赤外スペクトルを精密に解析することでも可能で、市販のミネラルウオーターの判別も行うことができる(**図1**、**表2**)[4,7,8]。

近赤外スペクトルの中で1430nm付近における吸収

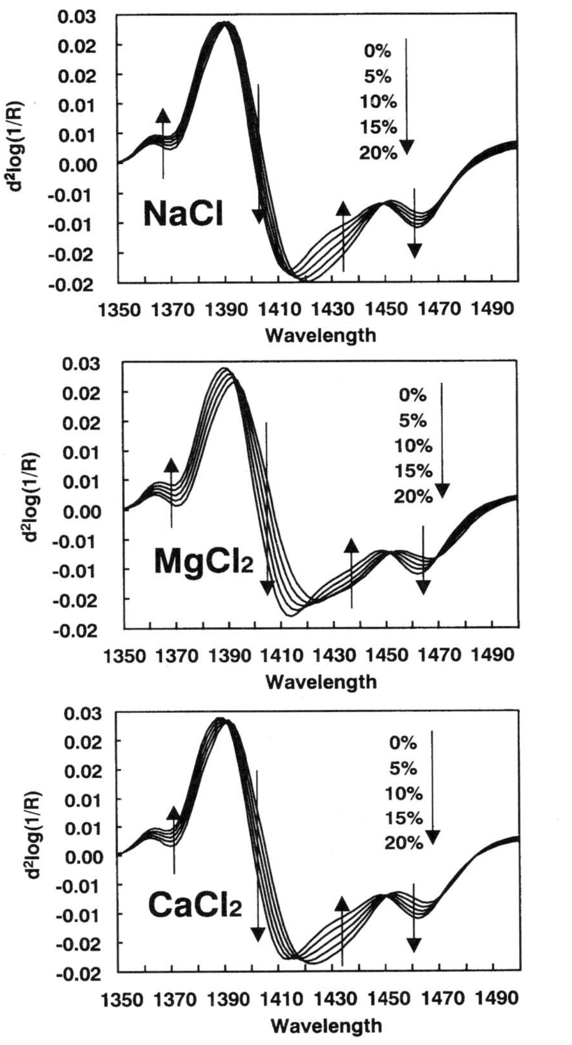

図2　各種ミネラル濃度変化に対応した近赤外吸収曲線の変化

強度差は、溶液中のミネラル濃度の変化に対応して、吸光度がそれぞれ独自の変化を呈し、この波長帯付近に水和の状態がよく現れていることも明らかになった(**図2**)[4,5,6,7]。しかし、判別分析に採用される波長は、固定的ではない。また、水に温度変化を与えると、1100－1800nmの領域にOH伸縮振動の第1倍音と結合音(OH伸縮第1倍音＋変角)が観測され、このうち、OH伸縮第1倍音領域(1260－1690nm)に水

表3　1995年度における栽培実験区の説明

水処理法	ハウス内実験区（１～１６）			
水道水（無処理）	1: CO_2施肥区	5: 対照区	9: 磁気気曝気区	13: 無栽培区
セラミックフィルター処理水	2: CO_2施肥区	6: 対照区	10: 磁気気曝気区	14: 無栽培区
創世源処理水	3: CO_2施肥区	7: 対照区	11: 磁気気曝気区	15: 無栽培区
磁化処理水	4: CO_2施肥区	8: 対照区	12: 磁気気曝気区	16: 無栽培区

注）処理した水で培養液を調整して培養液タンクに貯留し、これを循環利用した場合は処理効果が小さく、各試験区で培養液を循環しながら処理して栽培ベッドに供給するシステムにすると、上記の場合より影響がかなり大きくなった。
各試験区毎に３ベッドの栽培チャンネル、湛水式水耕、培養液は定期的に循環するシステムを利用した。
１３～１６の無栽培区は水の特性調査に利用した。

素結合状態が良く反映されてくる。これらの特徴を的確に把握していくことで、水(溶液)の判別や識別も可能となってくる。

2.　水耕栽培への水処理技術の応用

各種処理水が植物の生育に及ぼす影響についてはよく言われているが、その定量的な実験データが少ない。石川ら[18]は、岩石(麦飯石)処理水が作物栽培に効果的であったことを報告している。また、松岡ら[20]は電解水をNFT栽培のトマト青枯病対策に応用し効果を上げている。著者は処理水が確実に植物の生育に影響を与えていることも実験的に確認している。しかし、各種処理水が本当に処理により、変化しているのかいないのか、その実体を掴むことが困難であった。

そこで、栽培実験に供した処理水を近赤外法により観察することにより、それらの違いを識別し、それらの違いを見ることに成功したので紹介する。

近赤外分光法は、植物葉内水分量の的確な測定や、作物の健康診断にも応用できるし[11,12,13]、もし水の識別ができればあるいはその水で育った農産物の産地識別に応用できる可能性もでてくる。

2.1　材料及び方法

各種処理水の効果をみるために、ハウスの中でレタスの水耕栽培実験を行った。

水道水を原水として、水耕栽培培養液を作成して、これをコントロール区として、これに電気石を粉砕焼成して作ったセラミックボールの創世源(径約2cmのセラミック球)を通水させた区、気孔径約45μのセラミックフィルターを通水させた区及び永久磁石をN－S極を交互に配置この中を通水させた区、さらには磁化空気を培養液タンク内にバブリングさせた区、オゾンをバブリングさせた区を設定した。

2.2　発　芽

市水道水を上記のような方法で処理した水で発芽させると、発芽率や移植時点における試験区毎の苗の生体重量と乾物重量に明らかな差異が見られた。生体重においては、セラミックフィルター区が最もよく、他の区間では、明確な差異はみられなかった。乾物重量をみると、セラミックス、創世源、マグネット磁化処理区のものが、無処理の水道水区より大となる結果が得られた[10)]。

また、石川ら[16)]は小麦の発芽試験で、磁気処理により処理した水道水と無処理水を用いた場合置床後3日までは、大きな差は無いが、その後苗の長さに大きな差が生じ、水の磁気処理により、種子の活力に好影響を及ぼしたと報告している。これらの結果は大体に再現性があるが、季節、年度によって安定した効果が出ないことがある。この点は、地球や太陽の電磁場あるいは電磁波などの微弱なエネルギーがいかに生物に大きな影響を与えているかを示唆するものであり、いかに微弱なエネルギーの変化で生体の機能が影響を受けていることの証であろう。

2.3 生　育

ハウス内に16の水耕栽培実験区を設け、一実験区に3チャンネルの水耕栽培ベッドを作って行った実験では、水処理の影響は大きく現れた。ただし、処理した水で調整した培養液を循環する場合と循環する際に処理を行う場合はその効果において後者の方が顕著に現れる傾向があったが、これは処理水の処理効果の持続性[15)]に時間的制約があることも一つの原因と考えられる。ここでは、培養液循環時に処理するシステムでの結果を示した。

収穫時の生体重は、セラミックフィルター区が最も大で、次いで創世源区、マグネット処理区となり、いずれも無処理の市水道水区より好成績を示した。数年間の連続試験で安定的に好成績をあげている区は、セラミックフィルター区と創世源区である。

水処理法により生育速度に差が見られたことから、これらの水耕培養液の水について、1,100nmから2,500nmの範囲の近赤外スペクトルを取り、その2次微分スペクトルにおいて、判別分析を行った。

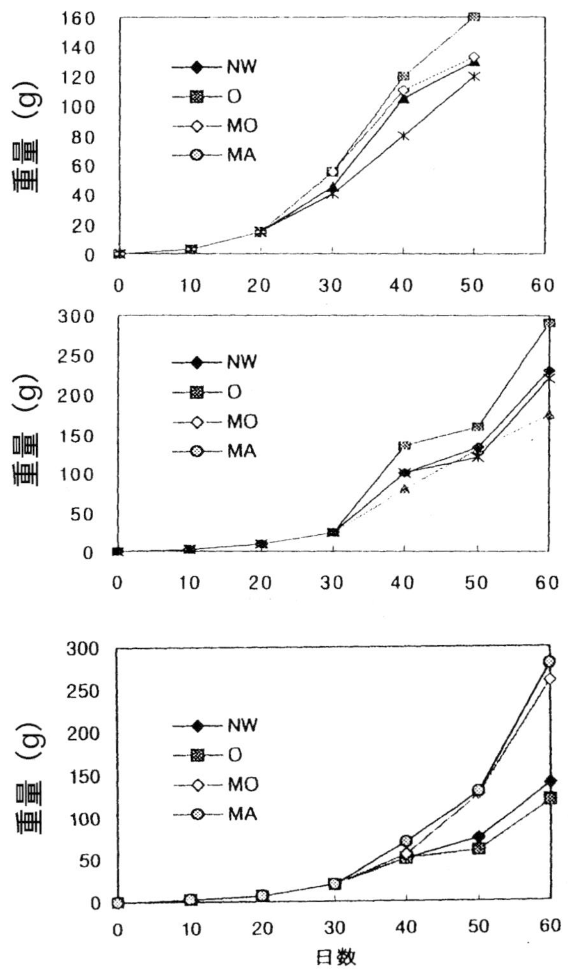

図3　結球レタスの各種処理水による生育速度曲線

判別法には、IDAS PROGRAMのマハラノビス汎距離を用い、主成分分析にはUNSCRAMBLER ver.6 (CAMO AS)を用いた。検量モデル作成には各25点の試料を、検量モデルの検定には各20点の試料を用いた。1198nm及び1800nm付近の波長域を選択して、2種類の水に分別できた。

処理水の判別分析結果は、まず磁化処理領域区と非磁化処理領域区とに分別できた。つまり、磁化処理領域区とは微弱な電気的性質をもつ岩石を粉砕し、焼成したセラミックボール（創生源）に接触通水

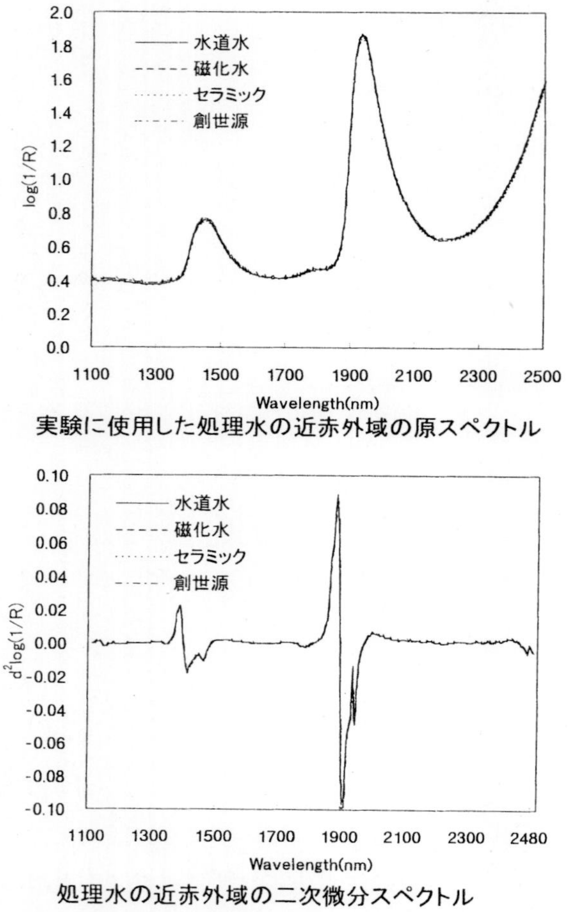

図4　処理水の近赤外域における吸光スペクトル
原スペクトル(上)と二次微分スペクトル(下)

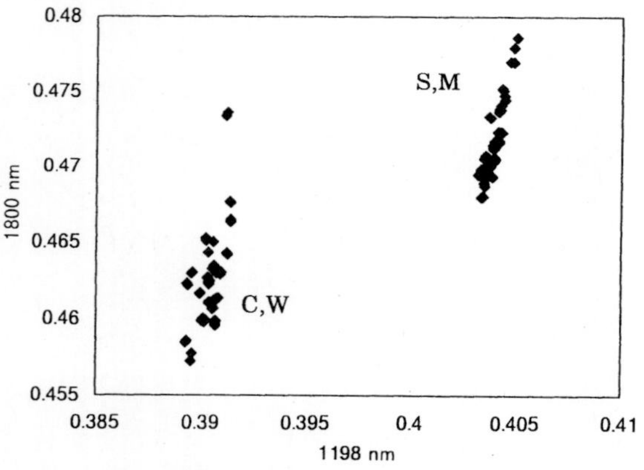

図5　処理水区間の水の判別分析図

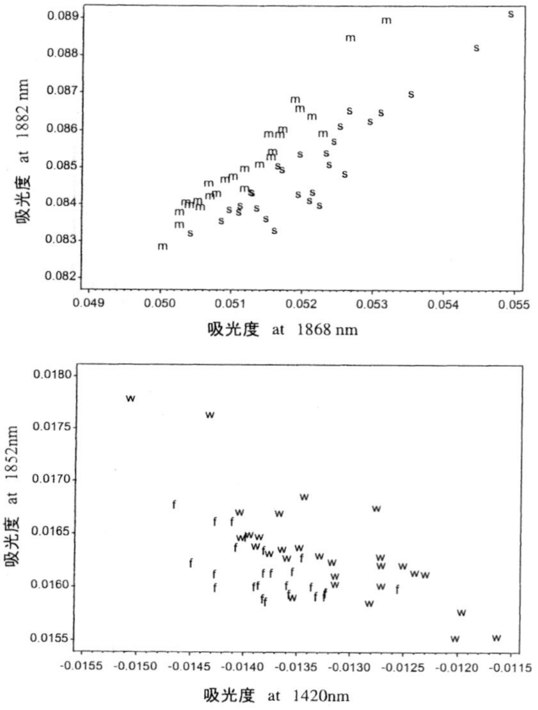

図6　同じ判別グループ内の判別分析図
(二波長による処理水の吸光度二次元散布図)
上：磁化処理水と創世源処理水
下：フィルター処理水と無処理水

した区及び永久磁石間を通水して作成した磁化処理水区で、非磁化処理区とはセラミックフィルター濾過通水区及び無処理区であるが、大きくこれらの2グループに分別できた[13)]。

さらに、磁化処理区にグループ化された水も創生源区とマグネットに分別を試みたところ、ほぼ100%の的中率で識別できた。判別に選択した波長は1868nm及び1882nmであった。非磁化領域にグループ化された区についても無処理区とセラミックフィルター濾過通水処理区について、判別を試みたところ、1420nm及び1852nmの2波長を選択することにより、ほぼ100%に近い的中率で判別できた。総合的に判断を下すと、生育が良好だった区は、セラミックフィルター区と創生源区であった。

ここでは、セラミックフィルター濾過処理区と創

表4　近赤外分光法によるレタス搾汁液からの栽培ベッドの判別

原スペクトルデータによる判別

原スペクトルによる判別結果	R	C	S	M	各処理水区の的中率
無処理水区（R）	31				100.0%
セラミックフィルター処理水区（C）		31			100.0%
創生源処理水区（S）			31		100.0%
磁化水区（M）				31	100.0%

2次微分スペクトルデータによる判別

2次微分スペクトルによる判別結果	R	C	S	M	各処理水区の的中率
無処理水区（R）	28		3		90.3%
セラミックフィルター処理水区（C）		30	1		96.8%
創生源処理水区（S）	2		29		93.5%
磁化水区（M）				31	100.0%

世源区、あるいはマグネット磁化処理区が比較的好成績を示したが、好成績を示した水処理区は磁化水グループ区と非磁化水グループ区のそれぞれ異なった別グループにそれぞれ存在していて、生育速度においては単に磁化処理された水耕培養液だけが、生育に良い結果を示すものではないことも示唆した。

つまり、磁気的性質を付加して水の物理的性質を変えた場合や、セラミックフィルターを通して水の物理的性質を変化させることで生育が良くなることが十分に考えられた。この水の変化を近赤外分光法により確認できたことについては非常に興味深いことであった。さらにこの点については、別の手段で物理的特性変化を確認し、生体に良い水を検索していかねばならないようである。

また、収穫されたレタスをどの栽培ベッドで採れたものかを識別できないか、その搾汁液をとり、近赤外分光分析を行ったところ、**表4**に示すような結果を得た。つまり生体に取り入れられた水を識別することができれば生産地まで判別可能な時代がくることが期待される。

さらに、生体に良い水、悪い水があるとすれば、その判別基準は何か。植物栽培という実験を通して、良い水の判別を試み、その正体を解明できればと考えている。

参考文献

1）綿抜邦彦、久保田昌治監修：新しい水の科学と利用技術—水の構造、他—サイエンスフォーラム（1995）

2）小島孝之：近赤外分光法による水の判別分析、分光分析 44-5（1995）

4）Munehiro Tanaka,Nobuyuki Hayashi, Takayuki Kojima, Hisashi Maeda and Yukihiro Ozaki : Discriminant Analysis of commercial mineral water using near-infrared spectroscopy, The Proceedings of NIR95（1995）

5) Hisashi Maeda, and Yukihiro Ozaki et al.: Fourier transform near infrared study of aqueous solutions of simple salts; from molecular spectroscopic study to chemometrics, The Proceedings of NIR95 (1995)

6) Hisashi Maeda, Yukihiro Ozaki, Munehiro Tanaka, Nobuyuki Hayashi and Takayuki Kojima: Near infrared spectroscopy and chemometorics studies of temperature-dependint spectral variations of water: relationship between spectral changes and hydrogen bonds, Journal of Near Infrared Spectroscopy 3, 191-201 (1995)

7) 前田桐志、尾崎幸洋、田中宗浩、林信行、小島孝之：近赤外分光法による水の温度予測—水素結合との関係、第57回分析化学講演集 (1996)

8) 小島孝之：水の判別とその応用、機能水シンポジウム'96、機能水振興財団予稿集 (1996)

9) 小島孝之、林信行、田中宗弘、辻秀史、尾崎幸洋：近赤外分光法を用いた市販ミネラルウオータの判別分析とその応用、第12回非破壊計測シンポジウム、日本食品科学工業学会 (1996)

10) 松尾昌樹編：微小エネルギーの農業・食品分野への応用技術、流通システム研 (1993)

11) 山本晴彦、小島孝之、井上康：畑作物の葉内水分量の推定に有効な分光特性、農業気象学会中四国支誌 4.88-90 (1992)

12) 山本晴彦、小島孝之、鈴木義則、井上康：雲仙普賢岳火山灰の土壌及び農作物へ及ぼす影響の解析、農水省九農試資、43, 48-51 (1994)

13) 山本晴彦、鈴木義則、小島孝之、早川誠而、井上康、田中宗弘：近赤外域の分光反射特性による植物の葉内水分量の推定、日本リモートセンシング学会誌 14-4、9-17 (1994)

14) 岸田義典編：機能水農業、(株) 新農林社 (1996)

15) 松岡孝尚、岩元睦夫：電気石により処理した水の表面張力及び膜透過性、日本食品工業学会誌、38、422-424 (1991)

16) 石川勝美他、田辺公子、岡田芳一、永田雅輝、増田純雄、鬼島芳徳：水の磁気処理に関する基礎的研究、農業機械九州支誌 40、40-43 (1991)

17) 内野敏剛、奥村晃美：コロナ放電に暴露された水の性質変化、農業機械学会九州支部誌 47、13-17 (1998)

18) 小島孝之・松田伸志・松崎勝一：結球レタスの水耕栽培に関する研究 (Ⅲ)、佐賀大学Ｒ＆Ｄセンター報告 No.5 (1994)

19) 石川勝美、中村博、田辺公子：麦飯石処理水の植物生長への影響について、植物工場学会誌、7、72-78 (1995)

20) 松岡孝尚、川崎隆弘：NFT 水耕栽培におけるトマト青枯病の電解水防除、機能水シンポジウム'96、30-31 (1996)

環境保全型農業への転換

—稲作の収穫量に強電解水がもたらす効果についての実験的研究—

河野 弘

高知県立高知農業高等学校

1. 強電解水の働き

1.1 強電解水とは

電解水とは電気分解水の略で、水を隔膜を有する電解槽を用いて電気分解すると、陽極側と陰極側に性質の異なる2つの水が生成される。この電解時に塩化物を加えてさらにpH度を高めたのが強電解水である。食品・医療用では電解質に塩化ナトリウム（食塩）を用いるが、農業では塩化カリウムを用いている。

陽極側に生成される水を「強電解酸性水」あるいは「強酸性水」、または「強酸化水」と呼ぶ。陰極側に生成される水を「強電解アルカリ水」あるいは「強アルカリ水」または「強還元水」と呼ぶ。電解水を総称して「強酸性水」と言う人がいるが、この電解水は2つの違った作用をもつ水の総称であるので、一方の名称で呼ぶのは不適当である。

強酸化水には高い殺菌効果があり、うどんこ病、さび病などの病害を防除できる。強還元水は、強酸化水散布の中和だけでなく成長促進作用がある。

1.2 強酸化水と強還元水の交互散布

水道水を電気分解すると陽極側でpH4.5程度の水になるが、強電解処理するとpH2.5〜2.7、酸化還元電位1.1〜1.3Vの強酸化水になる。小川[1]によれば、強酸化水は電子が極端に不足した状態にある水で、病原菌に触れると病原菌から電子を奪い、瞬時に死滅させる力をもつ。陰極側ではpH9.5程度の水になるが、強電解処理するとpH11.0〜11.5、酸化還元電位－0.6〜－0.7Vの強還元水となる。小川[1]によれば、強還元水は電子が非常に過剰な状態にある水で、農業の使用場面では強酸化水の効果を補う（酸焼けなどの害を防ぐ）役割を果たし、まだ十分には解明されていないが、作物の生育を促進する効果も実証されている。

強酸化水と強還元水という性質の違う2つの水を交互に散布することによって、農薬を使わず（あるいは少なくしても）病害防除の効果をあげ、健全な生育をはかることができる。これが強電解水利用の目的である。農業においては交互散布が原則である。強酸化水でいためた葉を、強還元水で補完し、より健全な生育が可能になる。このような交互散布の方法は、1992年頃から強電解水を農法に取り入れた先進地の農家での経験から実践されてきた方法である。

現在まで過去5ヵ年間、強電解水の交互散布によって障害は発生していないし、強還元水の散布によって薬害が発生した例は皆無である。現在、農業において注目されている「環境保全型農業」にもっとも近い農業技術であると確信している。

1.3 強酸化水とはどんな水か

強電解水生成の原理は、すでに家庭用に普及しているアルカリイオン水生成器とほぼ同じで、生成水はほとんど人畜無害であるが飲用には適さない。強酸化水のpH2.5は濃度100ppmの塩素と同じである

写真1　強電解水を鉄砲で散布（ヒノヒカリ）

写真2　散布区のイネ（ヒノヒカリ）
青々と生育している

が、この濃度の塩酸だと大腸菌やサルモネラ菌を完全に死滅させるのに24時間かかる。しかし、強酸化水はほぼ瞬時に確実に殺菌する効果をもっている。

また、この濃度の塩素では散布によって枯死し、人体にかかれば危険である。しかし、強酸化水ではそのような心配はなく、強還元水との交互散布により障害が全く起らない。これは強酸化水が病原菌を酸で焼き殺すのではなく、病原菌の細胞から電子を奪うことによって、その細胞膜に穴を開けたり、生命活動を錯乱して死滅させるためである[1)]。

強酸化水の武器はこのように電気力による物理的殺菌なので、農薬で心配される病原菌の薬剤耐性も生じない。ただ、わずかに塩素を含むために、強酸化水の連続散布では葉に酸焼け等の障害が発生するが、強還元水との交互散布なら何度でも続けて使うことができる。

1.4　人畜には無害、防除にはマスク、カッパも不要

病原菌に強い殺菌力のある強酸化水は、植物や人間にはほとんど影響がない。細菌の細胞壁に比べて厚く丈夫な細胞壁をもつ植物や人間の皮膚は、細胞内部までその影響が及ばないのである[2)]。

高知園芸高等学校や高知農業高等学校での、強電解水の散布（農薬混入なし）では、あたかも液肥や水を散布しているかのようにマスクや手袋をつけずに作業をおこなっている。夏の暑い時期にマスクやカッパで汗だくになることがなくなり、軽装でだれでも快適に防除が可能となった。強電解水は葉面や皮膚、土に触ると放電してすぐにもとの水（酸化還元電位0.3V、pH7.0）に戻るので、土壌、作物への問題は一切生じない。通常の農薬では残留やヨゴレの問題があり、作目、薬剤によっては収穫前の一定期間散布できなくなるが、強電解水なら直前まで、いや直後まで散布可能で、ポスト・ハーベスト（収穫後に普通農薬を散布してカビ等の病害を防ぐ防除方法）として出荷場でも安全な方法として実用化されている。

1.5　強還元水とはどんな水か

1993年、高知園芸高等学校で強電解水の実験を始めたころ、強電解水散布は強酸化水の殺菌作用が中心であると考えていた。しかしながら強還元水との交互散布をして、酸の中和だけでなく、作物が元気になり、生育が長続きすることが分かってきた。理論的にはまだ十分に解明されていないが、強還元水にはそれだけで生育促進効果があるといわれている。強還元水の生育促進効果を認める農家は少なくない。

1994年、高知県春野町のキュウリ栽培農家によると、強酸化水の散布でキュウリの葉がたれて弱るが、強還元水をキュウリの葉に散布すると葉が生き生きと立ち上がってきて、若芽の成長が早くなったとのことである。このことから強電解水の散布は、強還元水を中心に考えるべきだと強く感じた。

種々の実験においてもそのことが実証された。アールス・メロンの連続2果取り栽培の実験においても、5日収穫期を延長することによって平均1.8kgで糖度15度の果実を2個収穫することに成功した。トマトの比較実験でも、収穫期が対照区に比べて1ヵ月早く収穫でき、糖度も上がることが実証された。

農家の例でも、アールス・メロンの糖度が受粉後55日で13.5度しか上昇していなかったが、5日収穫を延ばすよう指導したところ、15.5以上に果実の糖度が上昇していた。このような指導ができたのも、メロンの葉が青々としていたからである。従来のメロン栽培では、受粉後55日もするとメロンの葉が黄化し、とても収穫時期を延ばすようなことはできなかった。これらはすべて強電解水の交互散布での強還元水の散布による成長促進効果によると強く確信した。

このように、強還元水は強酸化水の殺菌作用による植物への害の中和と生育促進の効果が認められた。

1.6 植物にとって農薬散布とは

有機農法においては、化学肥料や農薬、除草剤を使用せず、農産物を生産している。しかし、一般農法では病気の予防のため農薬散布をするが、はたして必要なのか。人間におきかえて考えると、風邪でもないのに予防のために風邪薬を服用したり、胃が悪くもないのに胃腸薬を服用するようなもの。必要以上に薬を服用することは健康に害があるばかりで必要なときに薬の効果がないと思われる。

予防のために農薬を散布することは、植物を弱めるだけで病気になりやすい状態にする。決して植物は喜んではいない。作物に強電解水を交互散布することによって健全な生育をさせ、病気や害虫をよせつけない植物を作ることができる。実際、強電解水を交互散布していると、害虫は少なくなるようである。高知園芸高等学校の強電解水散布のハウス内では、現在ハダニ、アブラムシ、オンシツコナジラミ、スリップス等の害虫はほとんど認められない。これは強電解水を葉面散布することによる忌避効果によると思われる。

強還元水によって作物の生育がよくなり、葉が生き生きとし、若芽の成長が盛んになれば、作物も健康になり、病気や病虫害を受けにくい元気な植物体になると考えられる。化学肥料も有機質肥料に変えることによって、土壌病害も少なくなり防止することができる。強酸化水なら、作物を栽培したままでかん注することで、土壌病害を防止することができる(普通、作物がない状態でのみ土壌消毒が可能である)[3]。

2. 強電解水の散布のしかた

2.1 散布の方法

強電解水は、電気を帯びた水なので、空中でただよえば放電して効果が低くなる。そのため散布した強電解水がすみやかに葉につく必要がある。水粒子の大きさが30〜50ミクロンの細霧より霧雨ぐらいの粒子の出るノズルがよい。

散布の量は、葉からたれるぐらい十分に散布した方がよい。

2.2 散布時期

日中に散布した電解水が、すみやかに蒸発する状態がよい。散布した強酸化水が葉に展着して残ると葉より多くが吸収され、根にも大きな障害をあたえた実例が、キュウリ栽培農家での夜間散布であった。葉にいつまでもある状態、すなわち雨天、曇天、夕方、夜間の強酸化水の散布は絶対してはいけない。

2.3　作物への散布量

原則として強酸化水および強還元水は同量を葉面に散布すればよい。葉・根菜類は150～200l、果菜類は200～300l、果樹類は500～600l（それぞれ10a当たり）を1週間交互に散布する。稲はもっとも少なく、100l（10a当たり）を10日間ごとに交互に散布する。

2.4　散布器の後始末

散布器の使用後は、水道水を流すか、強酸化水なら強還元水、強還元水なら強酸化水を流して中和すること。強酸化水を散布器に残すと金属が酸化されてすぐに使用不能となるので注意したい。散布器で農薬を散布してホームや散布器にそのまま残して、その後強還元水を散布すると、農薬（酸性）と化学反応をおこし、大被害となった例がある[3)]。

高知園芸高等学校でのキュウリの農薬害の実験では、強酸化水および強還元水に通常倍率の農薬を添加して、散布後キュウリの樹勢がどのようになるか実験を行った。その結果、キュウリは著しく衰弱し、落下率が60～70%と高くなり、通常倍率の農薬の添加は、強酸化水も強還元水もともに被害が出ることが分かった。そのため農薬をどうしても混入したい時は、通常倍率の1/2ないし1/3で添加するよう強く指導している。

2.5　散布時の注意事項（以上のまとめ）

強電解水散布で守らなければならない事項を箇条書すると。

① 植物の種類によっては強酸化水に弱いものがあるので、事前にサンプルテストしてから散布を行うこと。
② 植え付けしたばかりで根が活着しておらず、組織が柔らかい作物に散布すると、pH3.0でも酸焼けが起きる場合がある。
③ 最初は強酸化水はpH2.7から使用し、3回目ぐらいからpH2.5～2.6にもっていくこと。
④ 強酸化水だけを連続散布すると、健全な生育でも酸焼けが発生するので、強還元水との交互散布を行うこと。
⑤ 強酸化水の散布は、晴天の葉面がすぐ乾く時に行う。夜間、雨天、曇天の葉面の乾きにくい時は散布しないこと。
⑥ 生育初期から、積極的に交互散布を行うのが望ましい。作物を強酸化水にならす意味合いもある。幼植物にいきなりpH2.5程度の強酸化水を散布すると、生育のバランスをくずしたり、酸焼けを起こすことがある。
⑦ 散布機具で強酸化水を散布した後は、強還元水で中和させるか、水道水で洗浄すると、機具のサビ（酸化）を防止することができる。
⑧ 強還元水には、ほとんどの農薬、液肥は酸性なので混入できない。混入すると作物が全滅することもある。混入できるのは、アルカリ性の物質だけである。
⑨ 強酸化水、強還元水共に水のクラスターが小さくなっていて浸透性が強いので、農薬は通常使用の1/2から1/3で混入すること。通常倍率で使用すると大きな薬害を引き起こすことがある。

農家の失敗例のほとんどは、農薬混入による例が多い。より効果をあげたいということで通常倍率で農薬を入れ、強い酸焼けや、生育停止になった例もある。強電解水は水のクラスターが小さく浸透性が強くなっているので、必ず通常の1/2～1/3の倍率にして、小面積でテスト散布してから使用すること。

2.6　漢方農薬の使用例

減農薬、無農薬が消費者に喜ばれ、環境保全型農業でもあるので、強酸化水に酸性で使用可能な「一石三鳥」「キトサン（10%溶剤）」、強還元水にはアルカリ性で使用可能な「ローザル」の使用をお勧めする。農業生産物も「差別化」の時代なので「無農薬」を消費者にPRすることも大切である。

① 漢方農薬「一石三鳥」〔殺菌、殺虫（キトサン入り）〕

強酸化水で一石三鳥を希釈する場合は、通常1,000倍で使用すること。害虫発生時は200倍に希釈して2日間続けて散布するとアブラムシ等の害虫がいなくなる。(忌避効果)

《参考》
「一石三鳥」4,500円/2 l(税・送料別)
〒780-0926 高知市大膳町5－6
株式会社 ラポール西日本
TEL 0888－73－1707

②「キトサン(10%溶剤)」(酸焼け防止、抗菌作用)

強酸化水にキトサンを混入すると、害虫防除や抗菌作用だけでなく、含有塩素とキトサンが化学的に結びつくことで無毒化され、酸焼けを防ぐという利点がある(実証)。

このキトサンは濃度が普通(3～5%)の倍あるので、通常2,000倍で使用すること、土壌散布は100倍で使用すること。

《参考》
「キトサン」(10%溶剤)10,000円/10 l(税・送料別)
〒277-0008 千葉県柏市戸張1302－7
有限会社 サンコウ健業
TEL 0471－64－0640

③漢方農薬「ローザル」〔殺菌、殺虫、生育促進(海藻入り)〕

還元水にローザル(pH8.0)を希釈する場合は、1,000倍で使用すること。強還元水には、ほとんどの農薬(酸性)は混入できない。

《参考》
「ローザル」19,800円/10 l(税・送料別)
〒723-0014 広島県三原市城町9－17
帝中株式会社
TEL 0848－64－7133

3. 稲作における強電解水の利用

3.1 1995年の実践3例

稲作における強電解水の散布は、もっとも効果が認められる作物の1つであり、散布量も少なく(100l/10a)、散布間隔も10日以上で十分で、交互散布で4回ないし6回で十分に効果が認められた。

1995年、アイケン工業の強電解生成装置を利用して高知県内3ヵ所で散布試験をした。高知県幡多郡三原村のコシヒカリ、高知県南国市田村のコシヒカリ、高知県園芸高等学校のモチ米でそれぞれ散布をおこなった。高知園芸高等学校のモチ米の収量は、散布区は対照区の1.5倍であった。

「アイケン工業の稲作利用報告書」では、総論として、病害の発生や生育不良はほとんどなく、収量、品質とも普通栽培に比較して優れていて、共通する利点は以下の通りであった。

① 草丈が低く、倒伏(倒れる)株がない。
② 紋枯病、穂イモチ病の病気発生しなかった。
③ 幹(茎)、葉が青々として枯れ葉がない。
④ 根が長く、密でよく発達している。
⑤ 穂数、もみが多く、もみが丸く大きい(登熟歩合が高い)。

3ヵ所とも、散布方法は交互散布で田植え後4回ないし6回強電解水を散布した。

3.2 もみの消毒、育苗、田植え後のそれぞれの散布例(1997、1998年実験)

高知県では、早くから種もみの消毒を強電解水利用で実験し成功している。「アイケン工業の稲作利用報告書」では、高知県南国市の農家が1997年、1998年の2ヵ年連続して強電解水を利用して、種もみの消毒、育苗、田植え後に散布して成功しているので説明したい。

1997年は、pH2.5の強酸化水に30分、強還元水に1

写真3　大水害で倒伏したイネ

写真4　収穫前のイネ

時間それぞれ浸漬した。その後、育苗中の4町分用の856枚の育苗箱に強酸化水60*l* を散布し、4〜5日（最長10日）間隔で強還元水60*l* を交互散布した。田植え後30〜50日以内に100〜150*l*／10aを交互散布を2回ずつ、出穂前に交互散布で1回ずつ、計6回実施した。収量、品質共に農薬散布より向上した。

問題点としては、もみの消毒が不十分で馬鹿苗病が発生したことである。このため、1998年の種もみの消毒は、強酸化水を8時間とし、強還元水を23時間に改めたら発生は停まった。あとの管理は、前年とほとんど同じにした。

3.3　高知農業高等学校におけるイネへの強電解水の散布（1998年）

高知農業高等学校に本年度異動後、アイケン工業のアイテックAT－2500の生成装置を使用して、イネを中心に強電解水散布試験を行ったのでその結果を報告する。

生産経済科の担当の水田は160aあり、80aには早生（わせ）のナツヒカリ、80aには中生（なかて）のヒノヒカリを栽培し、それらに散布した。

ナツヒカリには、200*l* ／40aを交互散布で各3回ずつ、計6回散布をし、ナツヒカリによく多発する紋枯病がほとんど発生しなかった。

ヒノヒカリは、4月、5月の長雨のため育苗中に苗

写真5　調査した5株ずつのイネ

イモチ病が大発生し、育苗箱の約1/3は使用できなくなり、たねまきを再度行うことも検討したが、田植え後早くから強電解水を利用して回復させることとした。イネ（ヒノヒカリ）の主な栽培暦は下記の通りである。

4月20日種子消毒（農薬）
4月21日種子浸漬
4月27日さい芽開始
4月28日もみまき
5月6日緑化
（5月8日、11日耕起）

写真6　散布区のイネ（株が大きい）

写真7　対照区のイネ（株が小さく枯れている）

（5月20日 元肥稲ピカ3袋／10a
……元肥が多すぎた）
5月29日田植
6月10日～8月17日　除草剤1回、殺虫剤4回
7月21日中干し
（9月24日大水害で冠水被害）
9月29日イネ刈り

栽培期間は、育苗期間30日、田植から収穫まで4ヵ月（120日）であった。強電解水はそれぞれ3回の交互散布で、散布量は200*l*／40aと少々少なく、散布日は6月4日（田植え後6日目）から8月24日まで6回散布を動力噴霧器で行った。

イネの状態は、田植え直後は弱々しかったが、強電解水散布によって旺盛な生育となり、収穫期まで幹まで青々と生育した。イネ刈りの5日前には、1夜に1,000mmの記録的な大水害によってイネは一時冠水（すっぽり水をかぶる）した。

一部には倒伏株もみられたが、幹の途中から倒れたため、コンバインでのイネ刈りも苦労なく作業できた。

3.4　高知農業高校のイネの収量比較

高等学校作物（農文協）の「イネの生育・収量」によって10a当たり玄米収量を比較した。

◎収量4要素

収量はつぎの4つの要素から構成されていて、それらの積で求められる。

- ○ 単位面積あたり穂数…1㎡あたりの穂数であらわす。
- ○ 1穂あたりもみ数…1株の総もみ数を、その穂数で割った値。
- ○ 登熟歩合…収量に結びつく完全に登熟した優良なもみを精もみとよび、総もみ数で精もみ数を割った値が登熟歩合である。
- ○ 精もみ1粒の重さ…精もみ1,000粒の重さを千粒重とよび、g単位であらわす。

教科書では玄米収量の式を次のように表現している。

「玄米収量（kg／10a）＝（1㎡当たり穂数×1,000）×1穂あたりもみ数×登熟歩合（%）×（千粒重÷1,000）×もみすり歩合÷1,000」

と表現しているが計算が困難なので次のように計算式を変更した。出た値は同じである。

「玄米収量（kg／10a）＝1㎡当たり穂数×1穂当たりもみ数×千粒重（g）×登熟歩合（%）÷1,000」

表1　強電解水による10a当たり玄米収量比較

	10a当たり玄米収量(g)	1㎡当たり穂数	1穂当たりもみ数	玄米1,000粒重（g）	登熟歩合（%）
対照区	412	327	73	19.6	88.2
電解水区	767	525	94	17.6	88.0

と簡単な式とした。

表1のように10aあたり玄米収量は対照区が412kg(6.9俵)となり、強電解水散布区が767kg(12.7俵)で約1.8倍の収量となり、強電解水の散布の効果は十分に認められた。

平成10年度の高知県の稲の作況指数は、平均92%で10aあたり391kgの不良であった[4)]。

参考文献

1) 小川俊雄「強電解水の原理と応用」(SLI 出版)
2) 「高等学校作物」(農文協)
3) 河野 弘「強電解水農法」(農文協)
4) アイケン工業「稲作利用報告書」

韓国における強電解水農法

趙 宗 來
韓国電解水研究院

1. はじめに

韓国の強電解水事業は、初歩段階であるにもかかわらず"ウォーターサイエンス研究会"から"韓国における強電解水の農業利用"に対する執筆の要請をいただいたことに感謝する。

今回の執筆にあたり、特に日本側の期待されるところは行政支援に関する項目と理解している。強電解水農法は省エネ、省資源、従事者の安全性、消費者の健康へも貢献するところが大であるため、政府を含めた農協中央会が率先して、電解水装置の導入、国産化、農家への普及を図ることとなった。

日韓両国はともに極東に位置し、文化や食生活において多くの類似点がある。そのため農業環境及び農産物も似たものが多く、営農方法と条件も類似していると思われる。強電解水農法という新技術の開発と普及も両国の共同研究と協力が必要だと思われる。強電解水農法のためのシンポジウムの開催や、農業従事者の相互交流促進を心から願うものである。

2. 韓国の電解水関連状況

2.1 沿 革

強電解水発明の先進国である日本の場合、医療分野での強電解水利用がいちばん活発で、その中でも歯科医療分野は相当にその範囲が広がっていると聞いている。しかし、農業分野での利用の歴史はまだ浅く、普及するためにはさらに時間が必要であろう。

韓国では平成8年に、日本のテレビ放送で"神秘の水""驚異の水"として強電解水が紹介され、関心が高まった。その後、日本の農家を実際に見学したり、一部の生成装置製造会社を訪問したりしながら、韓国でも農業にこれを導入し、応用しようとする気運が高まった。

3年が経過した今、水を研究する学者と農村振興庁の関係者、特に生産に直接関連のある農協が深い関心を示すことにより、韓国にも強電解水農法が行われるようになった。

農協は、昨年8月には新農法の一環として"強電解水農法の講演会"を開催し、10月には全国農業指導者120名が参加、"強電解水農法に対する評価と事例発表会"を実施した。その場で筆者が強電解水について講演を行った。このような試みは農協が韓国の農業発展に寄与しようとする一貫した行政支援策の表われであると思われる。

2.2 韓国農業の現況

韓国においての強電解水利用を知るためには、農業の現況を理解しなければならないので、次にその現況を説明することにする。以下に示すデータは1996年末を基準として作成されたものである。

表1　営農形態別農家数(単位：1,000戸、%)

区 分	総農数	営農形態別 農家戸数							
		稲 作	果 樹	菜 蔬	特 用	花 卉	田 作	畜 産	その他
1992年	1,641(100)	1,106(67.4)	121(17.4)	192(11.7)	35(2.2)	8(0.5)	96(5.9)	78(4.8)	4(0.2)
1993年	1,592(100)	1,013(63.6)	129(13.1)	209(13.1)	43(2.7)	9(0.6)	97(6.1)	89(5.5)	4(0.2)
1994年	1,558(100)	910(58.4)	133(8.5)	240(15.4)	52(3.3)	11(0.7)	81(5.2)	129(8.3)	3(0.2)
1995年	1,501(100)	823(54.9)	144(9.6)	247(16.4)	46(3.0)	10(0.7)	70(4.7)	156(10.4)	5(0.4)
1996年	1,480(100)	851(57.5)	150(10.1)	244(16.5)	38(2.5)	11(0.7)	69(4.7)	115(7.8)	3(0.2)
1996/95年	△1.4	3.4	4.2	△1.2	△17.4	10.0	△1.4	△26.3	△40.0

表2　農家所得推移(単位：1,000ウォン、%)

区 分	1990年	1995年	1996年	増 減 率	
				1995/1994年	1996/1995年
農家所得	16,928	21,803	23,298	7.3	6.9
農業所得	8,427	10,469	10,837	1.4	3.5
農業粗収益	12,927	16,012	17,284	4.3	7.9
農業経営費	4,500	5,543	6,447	10.4	16.3
農外所得	5,040	6,931	7,487	12.1	8.0
兼業所得	1,804	1,527	1,522	13.4	△3.0
事業以外所得	3,956	5,404	5,965	11.7	10.4
(農外所得率)	(29.8)	(31.8)	(32.1)	—	—

2.2.1　農家形態別戸数

総農家戸数は、148万戸でその中で専業農家は83万戸で総農家対比43%程度である。農業形態別としては水稲作が農家全体の57.5%を占めており、以下、菜蔬、果樹、畜産の順である(**表1**)。

2.2.2　農家人口と所得

農家人口を見ると約470万名、すなわち、人口比例10.3%で日本よりは多少高い数値を示しており、年齢別では50才以下が53.7%と次第に高齢化に推移していることがわかる。

一方、農家所得を見ると戸当り平均所得は2330万ウォンで、前年対比6.9%増加した。このような所得の増加は都市勤労者とほとんど同じ水準である(**表2**)。

作物別粗収入を見ると、米穀が第1位の48%で1730万ウォン、次に菜蔬、果樹、畜産の順である。ここで注意すべきことは、作物別粗収入は営農方法(特に強電解水農法)によって変化するということである。この部分の生産品の動向は日本とあまり差はなく、両国の頻繁な交流が期待できる。特に菜類は栽培方法の改良で面積あたりの生産量がだんだん増加していることに注目すべきである(**表3**)。

2.2.3　営農組織

今後、強電解水農法を全国的に普及させるためには、栽培農家を統轄する営農組織を把握するのが、

表3　葉菜、果菜、根菜の生産動向

区分	栽培面積(1,000ha)			10a当り数量(kg)			生産量(1,000ton)		
	1995年	1996年	増減率(%)	1995年	1996年	増減率(%)	1995年	1996年	増減率(%)
果菜類系	85	76	△10.2	―	―	―	2,294	2,083	△10.6
すいか	45	39	△13.1	2,478	2,207	△10.9	1,120	866	△22.6
うり	12	11	△11.0	2,760	2,732	△1.0	331	292	△11.9
いちご	7	7	△3.4	2,279	2,381	4.5	169	170	0.9
きゅうり	9	7	△15.9	3,947	5,002	26.7	337	360	6.6
かぼちゃ	7	7	2.5	2,248	2,374	5.6	159	172	8.3
トマト	4	4	3.0	4,518	5,513	22.0	177	223	25.7
根菜類系	41	45	8.0	―	―	―	1,594	1,885	18.3
大根	36	40	11.8	4,041	4,350	7.6	1,435	1,728	20.4
人参	6	5	△15.2	2,694	3,147	16.8	159	157	△1.0
葉菜類系	70	68	△2.5	―	―	―	3,439	3,518	2.3
はくさい	46	48	3.3	6,206	6,244	0.6	2,885	2,998	3.9
ほうれんそう	8	7	△10.2	1,484	1,520	2.4	122	112	△8.2
レタス	8	7	△20.2	2,056	2,118	3.0	171	140	△17.8
レタス	7	6	△11.4	3,936	4,551	15.6	262	268	2.5

もっとも重要だと思われる。

一番目は、農協は傘下組合と作目班に加入した会員数がもっとも多く、組織の規模も大きく韓国農業の核心的な組織である。

二番目に、自立的に組織された農民組織は、営農会の作目班で農業指導グループの次世代農業人だといえる。さらに、時代的要求で急速に増加している農業法人を挙げることができる。どんな組織であれ、これからの新農法の実践には彼らが必ず先導するという考えには疑いの余地がない(**表4**)。

表4　営農組織

組織名	組織数	会員数(加入)
農協	1,350	1,945,000名
畜協	193	278,500名
特殊法人	350	＊果樹、園芸等
作目班	23,383	91,330名
組合法人	3,487	詳細不明
会計法人	1,420	詳細不明
計	30,183	

2.3　農業への利用

2.3.1　実態

強電解水生成装置を農業に利用しているところはほとんどなく、これからだと思う。使用中の装置もほとんどが日本製で、まともな製品は数えるぐらいであり、一部の生産業者がコピーして使用しているが、強電解水としての効果は、まだ検証されてはいない。現在、使用しているのは、江原道春川市在住の裴某氏の果樹園で梨と桃に強電解水を散布、栽培しており、結果は良好であると聞いている。韓国食品開発研究所で葉菜類とりんご等に強電解水を使用した結果、保存期間が長くなり、鮮度もよくなったという報告がある。

一方、中堅企業の東洋グループで、ある日本の会社と強電解水生成装置の国産化を推進したが、失敗に終わった例もあり、当時の研究所長が独立して製品を生産してはいるものの、成果についてはまだ確認されていない状況である。

2.3.2　趨勢

現在、韓国での強電解水生成装置についての関心は様々な面で現われだしている。10月29日の新農法評価会が調査したところによると、参加者の7%が積極的で、20%程度は現場テストを要求する等、大きな反響を呼んだ。

一方、指導的立場の大学教授らは、強電解水に対する研究を具体化することを提案し、農協関係者も直轄市の仁川に導入することを提案し、先端農法として会員組合に働きかける意志を表示する等、展望は明るいと判断される。

3.　韓国型強電解水農法

筆者が韓国型強電解水農法という項目を記述するようになったことに喜びを感じている。昨年の夏までは、日本の実例と一部の国内資料を紹介するだけであったが、その後、筆者が直接模範農場で栽培した資料で、韓国型強電解水農法の具体的内容を記述することとする。

3.1　韓国型強電解水農法とは何か

3.1.1　電解水で土壌改善

ここでは、農作物栽培の必須条件である土壌に電解水をどのように散布すれば荒廃した土壌でも作物を育てることができるかを詳しく調べることにした。

① 強酸化水を利用、土壌中の病原菌を殺菌

普通、土を耕作するのと同じ方法で耕作した後、“強酸化水”を散布する。pH（水素イオン濃度）は2.5程度、ORP（酸化還元電位）は1130ミリボルト程度の規格で生成する。その時、土の表面とか、土の中1センチまでにいる病原菌とウィルスは死滅する。散布量は1坪あたり1リットル程度がよい。

② 強還元水で土壌に投肥

酸化水の散布の翌日は（約24時間前後）土を耕した後、強還元水を散布する。その時、還元水は前日に生成した還元水を使うようにする。そうすると、還元水のpHは11.5、ORPはマイナス700ミリボルト程度になる。散布量は坪あたり約1リットル程度がよい。強還元水は土壌の中性化、還元化（アルカリ性）作用をし、究極的には土壌を改善する役割をする。

③ 農作物栽培中、電解水散布により、土壌改善が進行

酸化水、還元水をそれぞれ1回ずつ散布した後、すぐに土壌改善の効果があらわれるのではなく、はじめは殺菌と肥料効果だけである。しかし農作物栽培期間中にはすくなくとも5〜6回にわたって強酸化水と強還元水を交互に散布して酸化した土壌をアルカリ性に、アルカリ性の土壌を還元性に活性化させ、漸進的に中性化すると、農作物に適した土壌に改善される。このような方法で2〜3年耕した後、土壌は理想的な状態に改善されると思われる。

3.1.2　種子は強酸化水で消毒する

① 種子の重要性と実態

韓国に“種が収穫の半分を決める”ということわざがある。近ごろ、種苗方法の発達で大部分の種子がよく精製されているし、病原菌もほとんど除去されるようになった。しかし、流通過程と保管過程で本来の種子状態に完全に保つには難しく、病原菌に感染していて、播種結果は良くない。特に、各家庭で任意に採集した種子は不良なものが多いのに気をつけなければならない。良い種子をまいて発芽率、根つきのいい場合のみが立派な作物が期待できると思われる。

② 種子の水消毒

表5で示しているように種子消毒は正確にしなければならない。まず、pHとORPが消毒基準に合致した強酸化水で消毒（沈積）すべきである。次に消毒時間を守らなければならない。どんな種子であれ30〜60秒以内に沈積を終わらなければならない。時間が長いと、種子の芽がつぶれ、発芽ができない場合もある。

そして、乾燥させなければならない。普通の場合、乾燥時間は20〜30分くらいで十分であるが、時によってもっと時間がかかる時もある。乾燥は必ず、光のない陰で乾燥させなければならない。

3.1.3　電解水散布

電解水の散布方法においては日本と韓国に大きな差があるのではない。ただ、農業用水が日本と少し違う（含有量と純度、そして硬度の面で）。それは“新農5号”がこの部分を補完できるのでここでは共通的

表5　種子消毒

消毒順序	時　　　方	備　　　考
使用する水	強酸化水 pH2.5, ORP1150	強還元水　絶対　使用禁止
沈　　積	30～60秒（1分以内）	時間　経過　禁止
乾　　燥	陰地に乾燥 20～30分	完全乾燥
播　　種	乾燥後24時間 過去に同じ	時間経過時もう一度病原菌 感染可能
沈積容器	容器は種子が沈む程度のもの 酸化水は種子の高さの3倍程度	

な電解水散布について説明する。

① 水農薬（強電解水）を農薬のかわりに散布

原理で説明したとおり、ここではどのような散布方法をすればより良い効果を上げるか見ることにした。

病原菌（細菌類、ウィルス類）は強電解水に接触すると瞬間的に電子が奪取され、死滅される。

強電解水の散布は作物によって違い、生長期間によっても違う。特に作物の種類によって、その散布量、及び強電解水の性状も違う。

強電解水は細菌やウィルスを瞬間的に殺菌できるので結局、殺菌剤は使わなくてもいい。これは無農薬農法が可能になったという意味である。

一方、虫の場合、完全な殺虫はできない。

昔は、虫を手でにぎったり、ニッパを使ったりしたが、最近では耐農薬性の強い虫がだんだん増えてきて、強力な農薬でないと救済が不可能になった。このような虫も種類によっては電解水による除虫は可能であるが、完全殺虫は難しい。ただ、耕作団地の全部が電解水を使う時は忌避現象を起こし、漸次的に発生を抑制することができる。

虫の場合、既存農薬散布量の3分の1程度、強酸化水を希釈し、散布すると害虫を駆除できる。

② 水肥料（強還元水）散布

作物の育成をしっかりとさせるのが強還元水であり、水を肥料の替りとして散布することである。

もし病原菌とか害虫防除がうまくできる場合なら、強酸化水は散布しなくても、水肥料散布のみが一番理想的である。

換言すると強還元水は肥料としての効果がすぐれ、土壌矯正はもちろん生育促進作用をする。すなわち、強還元水は化学肥料と水質悪化の農業用水の代替を可能とするに十分な能力を持っていると思う。

土壌とか作物は時には衝撃も必要であるが、強酸化水で強い衝撃を与えた後に、強還元水を散布すると生育エネルギーが活発になる。

このように水の肥料である強還元水は農作物にとって良い効果があり、多く使っても良い。

③ 交互散布

作物によって播種から収穫までの期間とその収穫方法は違う。強酸化水と強還元水はどんな作物であれ、交互に散布するのが一番いいと言われている。すなわち、強酸化水の散布後4日から6日以内に強還元水を散布し、次に同じ時間が経過した後、強酸化水を、その次に強還元水を、5～7回散布するとだいたい収穫期になる。ただ、葉菜類と果菜類の場合は酸化水より還元水を2～3回程度多く散布する時もあり、その時は結果も良好である。

3.2　強電解水農法

どの農業技術も栽培条件が違うと、栽培方法もそれに合わせなければならない。しかし、それぞれの栽培者によって評価も異なる。強電解水農法も例外ではない。現代科学では最先端だといえる電解水農法も、その使用者らが機械操作、生成規格、散布方法を一律的に適用してもその結果が千差万別で、一般化されている日本でさえ、その評価もさまざまである。われわれはここで重要な事実を認識すべきである。

各々の作物は各自が必要とする栄養素(主に肥料)と、地域、気温、土質、水質によってその成長状態は違う。それで農民たちもこのような状況に合う栽培法を使わないと上ランクの農作物を収穫することができない。強電解水農法もやはりその条件に合う農事プログラムの作成が必ず必要である。

強電解水農法は農薬を使わない、肥料を多量に投入しない理想的な営農法であり、強電解水を正しく生成、散布すると良い結果が出ると思う。

筆者は農協と農村指導所、そして、各作目班と協力して我が国の状況に合う"ソフトプラグラム"を1999年末まで完成し、農民の方に供給することを約束する。

3.2.1 ソフトプログラム開発

前述したように我が国の状況に合うプログラムを作るためには長い時間と人員投入、そして莫大な資金も所要される(**表6**)。

① 最少限1科に1個所以上の試験栽培をしなければならない。

② 試験栽培地の水質検査と土壌検査、栽培完了後残留農薬検査を(発行)公認しなければならない。

③ 栽培結果については評価、分析を実施、品評会を通じて、品評書を添付しなければならない。

④ 設置された生成装置に対する機器調整表(最初、中間、最終)を作成、添付しなければならない。

表6 Soft Program作成表

分類	栽培科目	Program内容
葉菜類	はくさい科 レタス科 ねぎ科 ほうれんそう科 とうがらし科	土壌検査 水質検査 残留農薬検査 作業日誌 栽培写真 評価分析 品評書 地域特性表(立地)
果菜類	メロン科 すいか科 いちご科 きゅうり科 トマト科 なす科	同上
果樹類	なし科 もも科 ぶどう科 かき、みかん科 りんご科	同上
花卉類	ばら科 蘭科 百合科 チューリップ科	同上
穀物類	いね科 むぎ科 大豆科	同上
球根	さつまいも科 大根科 じゃがいも科 にんにく科	同上
6類	30科(その他3科)	同上

3.3 展開方法

優秀な技術を普及するためには品質保証と経済性が必須条件である。農業経営における指導方法と行政措置は韓国と日本の間にさまざまな面で差がある。WHO体制以前には韓国農法は国家で支援する比率が相当高かった。しかし、平成10年IMF国際通貨基金体制後の韓国経済はマイナス6%の成長率で沈滞しており、国家支援は期待できなくなった。

状況がこのように急変し、投資の効率性と単位生

表7　葉菜類栽培概要

栽培作物	はくさい、レタス類
栽培地	京畿道 城南市 分黨区 白鉉洞 109－8
作目班	城南、楽生農協 白鉉作目班
栽培面積	ビニールハウス2棟(5.8×90m)
種目当り	150坪、計300坪
栽培者	班長 チョワンヒ、班員 シンヒョンテ

写真1　作物比較

従来栽培方式の収穫前(右)
強電解水栽培の収穫前(左)1998.8.27

表8　はくさい、レタス栽培状況

分類	区分	項目	栽培内訳 在来栽培	 強電解水栽培	備考
播種	播種日時		1998.7.23	1998.7.23	
	消毒	種子	○	消毒	強酸化水/1分
肥料	事前	複合肥料	1回	○	
	事後	要素	2回	○	
根	はくさい	根数	20箇	26箇	
	レタス類	根数	9箇	15箇	
葉	はくさい	サイズ、数量	17×330	192×335	m/m
	レタス類	サイズ、数量	55×146	65×182	m/m
商品性	はくさい	商品	55%	80%	
		下品	45%	20%	
	レタス類	商品	70%	80%	
		下品	30%	20%	
作況	はくさい	色度	20%変色	90%原色	
		充実度	70%	90%	
	レタス類	色度	25%変色	95%	
		充実度	80%	80%	
病虫害 発生 救済	はくさい	発生	露菌病外3種	ガ外2種	
		救剤	農薬散布	強酸化水散布	救済比率72%
	レタス類	発生	露菌病外3種	ガ外2種	
		救剤	農薬散布	強酸化水散布	救済比率60%
防災 手段	農薬	殺菌剤	2回	○	散布回数
		殺虫剤	5回	○	〃

産性を高くするための課題が現実にせまった。農業分野でも放漫な投資から、繊細な経営技法が必要となり、政府と農協も農業新技術を導入すべき時機になった。

筆者はこのような韓国経済の条件と農業現実を考慮し、打開策の一環として“強電解水農法”を政府と農協に提案することになった。

4. 模範栽培事例

昨年8月17日、農協で行った新農法“強電解水農法”講演会では、国内で試験した強電解水農法の栽培例もなく、一部で試験中の状態であったので、日本のものを中心に講演会を行った。その後、葉菜類のはくさい、レタス類の試験販売を終え、果菜類のきゅうりの試験栽培も成功した。ここでは2つの種類の栽培事例結果について説明する。

4.1 葉菜類の栽培

150坪のビニールハウスにはくさい、レタス類をそれぞれ50坪ずつ植え、従来方式1棟、強電解水方式1棟に分離栽培した。強電解水方式は種子を消毒、収穫完了時まで農薬と肥料は一切使わなかった(**表7**)。

4.1.1 はくさい品評会

写真1で示しているように電解水方式の場合根と葉が多く、根数も従来より15箇多い。これは土壌中の養分と水分の吸収が多いことを意味し、基礎がしっかりしているという結果になる。

また、発芽率も強電解水の95%に比べ、従来方式は72%で、13%の差がある。作況も電解水は平均的に育成されているが、従来方式はサイズ、葉数等で多くの差異を見せる。強電解水区には農薬肥料を全然散布しなかったが、従来品では3回もまいた。それで、残留農薬検査の結果でも強電解水区は完全無農薬の農作物と証明された。また、経済性比較も従来よりははるかにすぐれたと判定委員の全員(7人)が品評で認定した(**表8**、**表9**)。

4.1.2 レタス類の品評結果

レタス類ははくさいとは違い、長期間、数回の収穫ができるレタス科の園芸作物である。同じハウス栽培したが、その期間は8月23日から10月15日まで85日間が所要された。ほかの項目も大同小異であるが、全体的な作況は強電解水が優勢であり、特に強電解水は完全無農薬、無肥料の栽培であったことを関係者のすべてが同意した。

4.2 果菜類栽培(きゅうり)

4.2.1 栽培概要

きゅうりの苗種栽培は13日間、定植は8月23日に実施した。特徴は、作目班長と相談して苗種中の悪いものを選んで、強電解水栽培区に定植したことである(**表10**)。

4.2.2 栽培作況

実を結ぶ前に害虫が発生した時は電解水区に1回程度農薬を散布すればよい(葉と根)。ここで注目すべきところは投肥とカリを同時に使うことができないのに、作目班長が一部、カリを投肥して収穫に差し障りを招いたことである。

強電解水はそれ自体で肥料、特にカリは十分生成される。しかし、収穫結果は満足できるものであった。経済性で示しているように強電解水使用が収穫もはるかに多かったし、経済性も高かった(**表11**、**表12**)。

きゅうりのサイズ、成長状態等も**写真2**のように強電解水栽培がはるかに優秀であった。きゅうりは農薬だらけだと思っていた人たちの認識を変えた完全無農薬栽培商品が生まれたと需要者たちは驚いている。今後、きゅうりの栽培には必ず、強電解水農法を導入すべきだと品評会では話している。きゅうりの経済性を見ると、中間値成績で10月30日現在、25.2%増収されたことが分かる。

表9　経済性(はくさい、レタス類)

比較項目	回数	金額		備考
		在来栽培	電解水栽培	
肥料散布	2	9,600	0	複合肥料
農薬散布(1)	2	6,500	0	殺菌剤
農薬散布(2)	4	9,400	0	殺虫剤
灌水作業	10	500	500	地下水
除草作業	5	7,500	7,500	
電力費	18.2kW	0	1,029	農村電気料
KCL貸金		0	2,500	
労働力投入	9回	(3.3人) 84,400	(3.3人) 84,400	1人×1日×25,000
支出計(A)		w117,600	w95,929	
粗収入　はくさい		62,900	163,400	
粗収入　レタス類		374,000	385,500	
粗収入　収入計(B)		w436,900	w548,900	
収支対比(B-A)		w319,300	w452,971 (約25%増産)	電解水栽培 w133,671増収

表10

栽培作物	きゅうり
栽培地	京畿道 高揚市 徳陽洞 元堂洞 1220番地
作目班	京畿道 元堂 きゅうり 作目班
栽培面積	ビニールハウス2棟(8×100m) 400坪
栽培者	班長 イウンボク、班員 ジョンボング

表11　きゅうりの栽培状況

分　類	区　分	項　目	栽培内訳 従来栽培	栽培内訳 電解水栽培	備　考
播　種	播種日時		1998.8.11	1998.8.11	
	消毒有無		無	無	連絡不十分
定　植	面　積		200坪	200坪	
	株　数		1400株	1400株	
	日　時		8.23	8.23	
肥　料	事　前	醗酵堆肥	200kg	200kg	
	事　後	尿素、カリ ポリピド	5回	2回	
根	根　数		21箇	25箇	平均
	根の長さ		340mm	390mm	平均
葉	葉のサイズ	縦×横	255×70mm	295×65mm	平均
	充実度		不均衡	一定	
花	花の数	めばな	18	19	
		おしべ	21	7	
	さえたもの		1	1	
			1	0	
作　況	サイズ		265mm	272mm	平均100箇中
	状　態		穀果 10%	穀果 3%	〃
	色　度		普通	良好	〃
商品性	特　品		62%	78%	平均
	上　品		21%	13%	平均
	下　品		17%	9%	平均
病虫害 発生 救剤	病　害	露菌病	90%	60%	電解水 救剤率80%
		かび病	10%	10%	〃
	虫　害	油虫の群れ	40%	40%	電解水 救剤率50%
		chongchae虫	80%	80%	〃
		かたつむり	1%	1%	〃
防災手段	農　薬	殺菌剤	2回	0	
		殺虫剤	5回	2回	

表12　きゅうりの経済性比較

比較項目	回数	金額 従来栽培	金額 電解水栽培	備考
肥料散布	7回	(5) w39,700	(2) w15,880	
農薬散布(1)	2回	w6,400	0	殺菌剤
農薬散布(2)	7回	(5) w12,740	(2) w6,400	殺虫剤
灌水	12回	w820	w820	
除草作業	1回	w1,500	w1,500	除草剤散布
電力消費	30kW	0	w1,249	農村電気
KCl貸金		0	1,700	電解調定額
人力投入	6回	w41,250	w41,250	1人×1日×25,000
支出計		w102,410	w68,799	
粗収入		9,225(本) w1,107,000	111,385(本) w1,367,400	1本×120平均
収支対比		w1,004,590	w1,298,601 (21.5%)増産	電解水 栽培 w294,011増収

従来栽培方式で収穫したきゅうり
1998.10.8

強電解水方式で収穫したきゅうり
1998.10.8

写真2　きゅうりの比較

以上のように葉菜類のはくさい、レタス類と果菜類のきゅうりを比較した結果、強電解水農法の優秀性が判明した。

5. 終わりに

人間が発明した新技術をその結果として評価すると、すべてコロンブスの卵と信じても良いだろう。この立場から見ると、強電解水のノウハウも論理的設定とか技能的技術を機械的側面から見るとだれにでも可能なことと思われるだろう。しかしながら、同じ生成装置でも使う場所と条件、また栽培作物の種類によって使用方法も異なり、効果も違う。

筆者が話している“韓国型強電解水農法”とは、韓国の地理条件に合うように研究開発して農家の皆様が設置使用するにおいて、マニュアルを充実することで大いなる効果を期待している。

日・韓の学者又は農業関係者の方々に積極的参加と指導をお願いする。

石英斑岩(麦飯石)処理水の農業への応用
—石英斑岩による農薬の処理と培養液の活性化—

石川 勝美
高知大学農学部

1. はじめに

近年、資源・エネルギーの消費量の増加に伴い、地球規模の環境問題が顕在化しつつある。このため多くの産業部門では従来の化石エネルギー依存型の考え方に変化が現れ、化石燃料資源以外の未利用資源の有効利用と併せ、資源・エネルギーの節減とその効率的利用は緊急な課題となっている。

特に環境保全や省エネ、生態系農業の構築等の観点からは、高エントロピー産業とは異なる、微小エネルギー利用による低エントロピー生産技術の確立が期待されている。とりわけ、岩石の鉱物組成(成分)が生命体の根源と大きく関わることや、生体内の作用機構が元素の分量(濃度)に応じて特徴づけられることに着目すれば、生物・水等を活性化する効果の大きい造岩鉱物の特性を生かした素材開発は極めて重要と考えられる。

2. 石英斑岩(麦飯石)

火成岩中の石英斑岩に属する岩石に麦飯石がある。本岩石は古来漢方薬の材料として重用されており、文献にも薬石として、天然薬に関する中国の本草書「本草図経」、「本草品彙精要」、「本草綱目」等に収載されている。また、わが国でも「本草綱目啓蒙」において紹介されている。これら本草書中に麦飯石の産地や特徴、医治効能等が解説されているが、特に色、形態及び性質については、一貫して「色は黄白色、大きさは一様でなく、豆や米のような粒点があり、麦飯のような形状。性質は甘、温、無毒。」と記されている。益富らは1955年、岐阜県白川町で産出される石英斑岩を「本草綱目」記載の麦飯石と同定した。

2.1 化学組成及び放射能試験

岐阜県白川町産出の石英斑岩は濃飛流紋岩を貫いて、岩脈あるいは小岩株をなす。成因については定かでないが、5000万年～7000万年前に噴出・貫入した火成岩と推定されている。石英斑岩中の麦飯石の外観は、淡黄褐色の石基の中に白い長石の斑晶と、灰色をした石英の結晶が象がんされたように散りばめられており、黒雲母は酸化され、その結果生じた酸化鉄が散在している。長石は風化し、カオリン化している。

さらに自然の熱水や炭酸ガスにより炭酸化作用を受け、炭酸塩鉱物の溶出により生じた多孔質性を有している。麦飯石と石英斑岩の化学組成はいずれも類似の成分傾向を示し、主成分は無水珪酸と酸化アルミニウムである。40kV、30mAの一次X線(Cr)を麦飯石試料に照射し、X線スペクトルを見ると、微量ながら多くの物質が存在していることから、他の岩石に比べ多物質で構成されていることが判明している。この中で定量できた金属(単位：ppm)はCu

(45.0)、Zn(41.7)、Pb(28.4)、Sr(25.2)、Ba(14.3)であるが、これらはいずれも細胞内代謝過程で重要な意義をもつことが知られている。

さらに試料を真空容器に入れ、表面障壁型半導体検出器で測定したところ、α線は検出されなかった。またGM計数管で30分間β線の測定を行ったところ、試料の計数率は34.9± 1.08cpm、バックグラウンドの計数率は34.1±1.07 cpmとなり、β線も検出されなかった。これより麦飯石試料には放射能核種は含まれないことが判明した。

2.2 理化学性

麦飯石を破砕し、粒径0.5〜1.5mmの大きさにつき理化学的特性を調べたところ、真比重は2.636、飽和透水係数は0.149cm／s、比表面積は3.67m^2／g、交換性陽イオン(Na^+、K^+、Ca^{2+}、Mg^{2+}：meq／100g)はそれぞれ0.06、0.13、1.10、0.28であり、陽イオン交換容量(CEC：meq/100g)は2.37であった。

また粉粒体微粒子(25×10^{-6}m ふるい下)に対する多孔質状態の孔径分布は100×10^{-10}〜35000×10^{-10}mの範囲であり、中位径は1048×10^{-10} m、単位面積あたりの孔数は約83000／cm^{2}であった。さらに本微粒子のゼータ電位(電気泳動法：微粒子濃度0.1%)は、pH2.5、4.2、6.9、10.0、12.0時に、それぞれ－11.2mv、－17.3mv、－31.8mv、－35.6mv、－40.0mvを示し、pH依存性の変異荷電特性が明らかとなった。

2.3 農薬に対する吸着特性

ゴルフ場等で使用される農薬による河川や湖沼などの汚染は深刻な問題の一つとなっている。最近、行政指導等が行われるようになっているが、その対応は十分ではなく、今後とも農薬の環境への負荷については一層解明され、安全対策が図られる必要がある。概して、土壌中・水中に溶出する農薬の濃度のオーダは極めて小さく、夾雑物(成分)もあるためその同定は容易でない。このため、精度の高い同定を行うには他の成分の分離と特定成分の検出位置の推定が重要である。

このことを考慮し、濃度の低い農薬を精密定量するため、特に窒素及び燐の化合物を選択的かつ高濃度に検出するフレームサーミオニックを用い、分離管にはキャピラリカラムを使用して、ガスクロマトグラフィーの手法を用いて農薬の定量分析を行った。同定には、キャピラリガスクロマトグラフィーにおける農薬の保持時間を求め、標準試薬との保持時間の一致を図った。

ガスクロマトグラフによって分離された各成分は、質量分析装置に導入して、高真空下でイオン化し、得られたスペクトルを標準試薬のスペクトルと比較して溶出位置の推定を行った。検量線の作成は、1ppbから10ppbまで数段階の濃度において行い(スプリットレス法)、ppmオーダの分析はスプリット法で行った。

土壌試験区は容量0.07m^3(直経40cm、高さ55cm)の容器の中に、下層から10cmをボラ層、その上30cmを砂層、最上層10cmを試験土壌層とした。試験土壌層には砂に麦飯石(粒径2mm以下)150gを混入した区と、砂のみの区(対照区)を設けた。

試験では農薬の原液を水道水1*l* に対し、シマジン水和剤1g、ダイアジノン乳剤1m*l* 、ロブラール水和剤1gを溶かして調整した。この調整水を各試験区の最上層に7 *l*/m^{2}施用し、容器下方の採取口より採取した。

採取口から流出した直後の分析結果、供試農薬の理論的濃度はシマジン500ppm(水和剤50%)、ダイアジノン400ppm(乳剤40%)、イプロジオン500ppm(水和剤50%)であるが、実際に水道水に溶かして使用する時の原液濃度の分析値は、シマジン240ppm、ダイアジノン22ppm、イプロジオン70ppmであったことから、実質的にはシマジンは48%、ダイアジノンは5.5%、イプロジオンは14%程度溶出していることがわかる。

次に各原液を各試験区に施用した場合(**表1**)、土壌各層を浸透する間に農薬の成分は明らかに吸着されており、麦飯石混入区は対照区に比べ吸着効果が大

表1　農薬濃度の分析結果

試験区	シマジン	ダイアジノン	イプロジオン
原液	240 ppm	22 ppm	70 ppm
麦飯石投入区	1 ppb	1 ppb	50 ppb 以下
対照区	120 ppb	80 ppb	1000 ppb

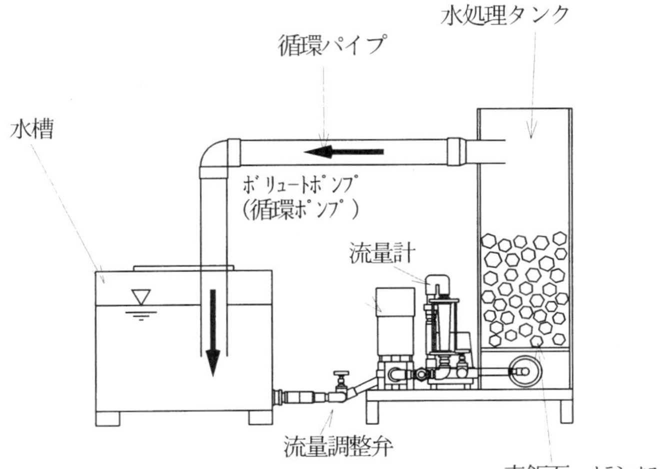

図1　水の機能化処理装置

きいことが判明した。

すなわち、シマジンでは対照区の120ppbに対して、1ppbとなり、8.3×10^{-3}に減少した。ダイアジノンでは対照区の80ppbに対し1ppbであり、1.25×10^{-2}に減少した。イプロジオンでは対照区の1000ppbに対して、50ppb以下となり、5×10^{-2}に減少した。

一般に珪酸塩鉱物はSi-Oの正四面体が三次元的に配列した立体構造であり、構造の末端は－SiO基となり、その基に金属元素が結合している。

一方、麦飯石中の物質は水と作用することによりイオン化し易く、触媒機能を発揮し易い構造となっている。従って、上記の吸着効果は多孔質性による物理的吸着のみならず、極性をもつことによる電気化学的吸着によるものといえる。孔径の大きさは交換し得るイオンの種類と関係するが、麦飯石は単位面積あたりの孔数及び孔径範囲が比較的大きいことから、イオンの選択制限は緩やかになるものと期待できる。

3.　水の機能化処理

麦飯石のもつ陰荷電を活用し、水自体の機能を向上させる水処理方式として、ボリュートポンプの作用によりFRP製の水槽(500ℓ)内に入れた水を吸い上げ、これを麦飯石とそのセラミックスを封入したタンクの下方より上向きの水流を与え、再び水槽内にフィードバックさせる循環処理されるシステム(**図1**)について検討した。

循環処理水の機能性を詳細に調べるため、原水を対照区(水道水)とし、春期(A区)と夏期(B区)において各3回、流量を一定(0.045m^3/min)として循環時間

表2 処理水の分析結果

試験区	循環処理時間 (min)	pH (−)	EC (μ s/cm)	Na^{+}	K^{+}	Zn^{2+}	Mn^{2+}	Fe^{2+}	Ca^{2+}	Mg^{2+}	NO_3^{-}	PO_4^{3-}	Cl	半値幅 (Hz)
								(ppm)						
A	10	7.46	197	21.1	2.3	0.0	0.0	0.05	13.98	5.61	8.53	0.0	7.33	123
	20	7.65	199	21.2	2.3	0.0	0.0	0.06	13.95	5.52	5.80	0.0	7.34	114
	30	7.77	198	21.2	2.3	0.0	0.0	0.05	14.08	5.50	6.21	0.0	7.38	115
	40	7.83	198	21.1	2.2	0.0	0.0	0.07	14.17	5.49	8.38	0.0	7.35	111
	50	7.87	198	21.2	2.2	0.0	0.0	0.08	14.13	5.53	8.64	0.0	7.33	107
	60	7.89	198	21.1	2.2	0.0	0.0	0.07	14.27	5.51	7.74	0.0	7.31	104
対照区		7.33	197	21.1	2.3	0.0	0.0	0.05	13.73	5.57	5.31	0.0	7.41	134
B	10	7.54	221	20.9	2.3	0.0	0.0	0.05	14.78	5.50	9.00	0.0	6.20	134
	20	7.82	221	21.1	2.3	0.0	0.0	0.06	14.96	5.50	7.97	0.0	6.18	119
	30	8.04	223	21.4	2.3	0.0	0.0	0.05	15.34	5.60	8.32	0.0	6.19	123
	40	8.07	223	21.5	2.3	0.0	0.0	0.05	15.10	5.50	9.08	0.0	6.21	119
	50	8.13	223	21.7	2.3	0.0	0.0	0.07	15.09	5.42	8.44	0.0	6.19	106
	60	8.21	223	21.8	2.3	0.0	0.0	0.06	15.15	5.47	7.52	0.0	6.19	106
対照区		7.13	221	20.7	2.4	0.0	0.0	0.06	14.74	5.59	9.00	0.0	6.19	141

水温 :25 ℃　流量 : 0.045m³/min

を変えて処理した水の定量分析及び物性値の測定を行った。

その結果(**表2**)、水中のイオンに微量ながら変化が現れ、pHは原水7.1〜7.3に対し、60分処理で弱アルカリ(pH7.9〜8.2)を示した。ECの変化は小さいが、溶存酸素濃度は増加した。

また酸化還元反応の速度は大であり、^{17}O-NMRスペクトル分析(AC-250型)による半値幅は、循環処理時間の増加に伴い漸次減少した。さらに動粘度も0.002〜0.005cSt程変化した。そこで水の状態変化の特性をイオン化の点から把握するため、水中の各イオン量をモル濃度に換算し、アニオン(NO_3^-、PO_4^{3-}、SO_4^{2-}、Cl^-)量とカチオン(Na^+、K^+、Ca^{2+}、Mg^{2+}、Fe^{2+})量に分けて調べたところ、原水の総イオン量は夏期≧春期であり、循環処理により夏期、春期とも総イオン量は微量に増加した。

すなわち、春期にはアニオン量、カチオン量とも増加するが、アニオン量とカチオン量の定性的変化を生じさせ、これらが水の構造変化に大きく関わっているものと考察される。

4.　培養液の機能化処理システム

養液栽培において、培養液のpH制御は植物成長にとって極めて重要である。一般的に、適正pHの範囲は5.5〜6.5であるが、植物の成長段階や施肥法により吸収される栄養素は変化する。通常、pH緩衝剤には酸、アルカリが用いられるが、この多量の施用は養分の構成を乱すことになる。

一方、水質保全の観点からは水の循環方式が期待されており、ここでは水に電荷を有するコロイドの機構に注目して麦飯石のpH緩衝効果について紹介する。

水耕栽培システムにはNFTプラントを採用し、FRP製の培養液タンク(500 ℓ)内に麦飯石を封入した試作の培養液処理装置を投入した。本処理装置は麦飯石を30kg挿入した充填層を有し、これに下方から圧送空気(ここでは流量を0.035m³/minに設定)を送ることにより、培養液タンク内における麦飯石の効果的作用を期待するものである。また、培養液タンク

図2　NFT水耕葉菜用プラントインキュベータ内のコマツナの初期育成

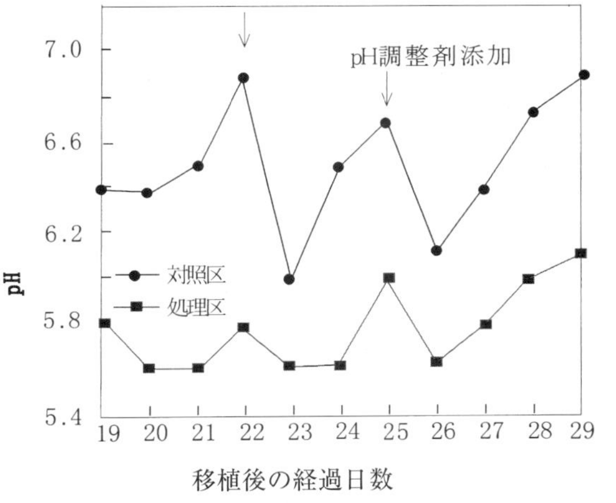

図3　培養液の変化(pH)

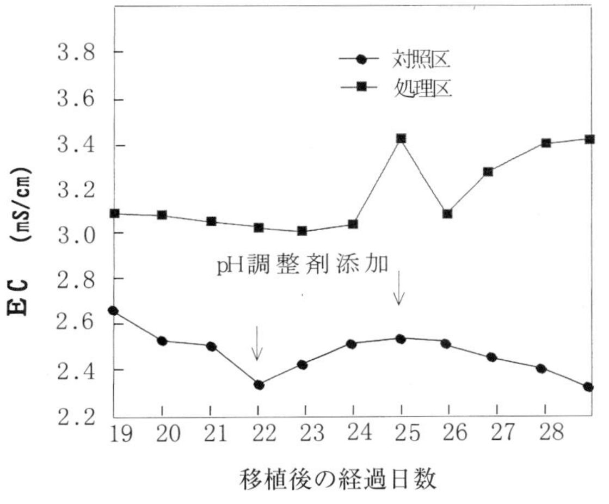

図4　培養液の変化(EC)

内の水(養液)はボリュートポンプにより吸入され、NFTプラント内を循環できるようにした。

まず播種は、1区画2.5cm×2.5cm×3cmで、300区画からなるウレタン培地(28.5cm×59cm)上にコマツナ種子(タキイ種苗)を10粒／区画播種し、これを25℃のインキュベータ内に置き、生育させた。供試水は水道水とその活性水(麦飯石処理水)の2種類とし、栽培においては、みかどNFT(Nutrient Flow Technique)水耕葉菜用プラントを使用した(**図2**)。チャンネルのフィルム上に置いた発砲スチロール(孔径20mmΦ、チャンネル幅12cm、90cm×60cm／枚)上にウレタン培地で播種・育苗したコマツナを27株／m^2で移植した。原水は水道水である。本システムによる養液栽培におけるpH緩衝作用と植物成長について調べるため、培養液は大塚ハウスのもの(大塚ハウス1号：複合10-8-27、2号：硝酸石灰、5号：複合6-0-9及び養液栽培用pH調整剤を用い、基準のpH、ECになるよう調整)で循環流量は0.5m^3/hに設定した。培養液のpHとECは2時間ごとに記録した。試験区は処理水で発芽・生育後、培養液処理システムで栽培

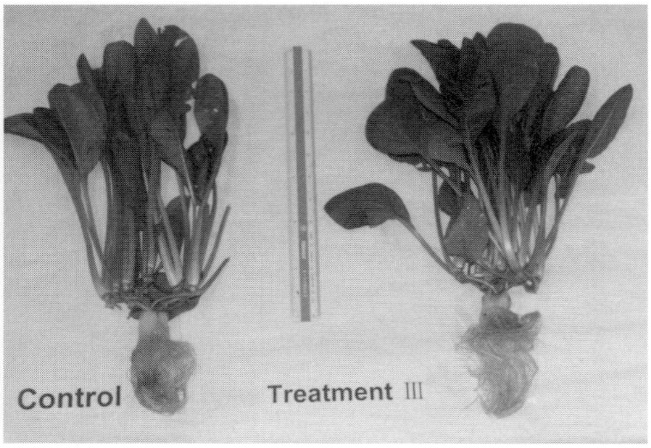

図5　1株あたりの収穫値後の比較

（試験Ⅰ区）、未処理水（水道水）で発芽・生育後、培養液処理システムで栽培（試験Ⅱ区）、未処理水で発芽・生育後、通常のNFTプラントで栽培（対照区）の3試験区を設けた。1試験区の栽培面積は2.7m^2、チャンネル長は4.5mである。

図3および**図4**はそれぞれ培養液の変化をpHおよびECについて示したものである。移植直後から移植後16日目まではpHは低下する傾向にあるが、処理区、対照区ともpH＝5.8～6.2で差は認められず、またECは逆に移植後漸次上昇し、両区とも2.5ms/cm（移植後4日目）～3.0 ms/cm（移植後14日目）を示した。移植後、19日目以降は対照区の方がpHは高い傾向にあり、対照区はpH調整剤を添加して調整を行ったが変動が大きく、処理区に比べて0.4～1.1ほど大きいことが判明した。

一方、同時期におけるECは処理区の方が大きく、対照区に比べ0.2～0.3の差であったが、pH調整剤を投入開始した移植後19日目以降はその差は大となり、概してpH調整剤を投入するとECは小さくなる傾向があり、対照区は処理区に比べ0.6ms／cm（移植後19日目）～1.08ms／cm（移植後29日目）ほど低下した。ウレタン培地上で発芽・生育試験（25℃）を行い、置床後8日目の結果、発芽勢は処理区の78.4％に対し、対照区では61.3％となり、1％の危険率で有意差が生じた。また苗長についても処理区の平均値56.1 mmに対し、

表3　収穫物の比較

試験区	地上部生体重／株（g）	根部生体重／株（g）
Ⅰ区	２２５．１	２５．８
Ⅱ区	２１０．９	２２．５
対照区	２０１．１	１９．１

対照区で平均値47.3 mmとなり、5％の危険率で有意差が生じた。

図5に収穫物の比較を示す。これらは標準規格に基づき、草丈が25～30 cm時のものである。**表3**によれば、地上部生体重の平均値はⅠ区で225.1g、Ⅱ区で210.9gあり、対照区（201.1g）に比べ増加していることがわかる。とくにⅠ区では対照区の1.1倍を示した。

さらに根部については、対照区の19.1gに対しⅠ区では1.4倍（25.8g）、Ⅱ区でも1.2倍（22.5g）を示した。これらのことは培養液が通常のものと比べ効果的に処理されたことを意味しており、培養液の活性（緩衝作用効果）に伴い、根と地上部の生育はバランスよく促進されたといえる。

参考文献

1) 石川勝美他：麦飯石の理化学的特性について、農業機械学会誌 57 (2)、51 － 56 (1995)

2) 石川勝美：DEVELOPMENT OF pH-BUFFER NUTRIENT TREATMENT SYSTEM USING SILICATE MINERALS FOR ENVIRONMENTAL PROTECTION, Proceedings of ISAMA 97, 313-318 (1997)

3) 中村博他：鉱物を用いた水の機能化に関する基礎的研究（第 2 報）、農業機械学会誌 59 (1)、59-68 (1997)

電解処理水の生成方法と食品工業への応用

米安　實
広島文教女子大学短期大学部

はじめに

食品を製造する過程では、水を介したさまざまな反応や変化が起きる。製造される食品の品質や収量は、これらの反応や変化をいかに的確に制御するかで決まると言っても過言ではない。これまでこれらの反応や変化の制御は、もっぱら処理条件を調節することによって行われ、そのための種々の技術や装置が開発されてきた。処理条件の調節が機械化され自動化されるにいたって、この方面での技術開発はひとまず一段落した感がある。

一方、これらの反応や変化の場となる水については、溶媒としての働きと食品成分としての役割から、水質の確保が重視され、各種の水質改善システムの開発や水質基準の改正が行われてきた。特に、最近における地下水や河川水の汚染等、水源を巡る環境の悪化は、食品製造用水の安全性や質の向上に関する効果的な処理技術の開発を促し、多種多様な方法が提案され試験されている。

これらの中で、水の電解を基本とした処理技術は、水質を改善する以外に用水中の各種イオン濃度や酸化還元電位を変化させることによって静菌や殺菌、さらに水を介して起きる各種の反応や変化に影響を及ぼすことができるものとして、最近数多くの試みがなされている。これらの試みの中には、作用のメカニズムや効果の再現性などについて十分な検討がなされていないものも多いが、従来の処理技術に比べると、比較的簡単で、かつ、低コストで有用な効果が得られる場合が多く、食品の製造や流通における新たな展開を予感させるものがある。

ここでは、水の電解を基本とした食品製造用水の改質方法とその利用について紹介する。

1.　電解処理水の種類と製造方法

電解処理水は、水溶液系に外部から電気的エネルギーを加えて、系内に化学反応を起こさせるもので、イオン種やpH、さらに酸化還元電位などを変化させるとともに、水溶液の物理的性質の変化をも期待するものである。処理の方法は、電源の種類や電圧、電流の違いなどによって次のように分けられる。

1.1　直流電源を利用したもの

直流電源を利用した電解処理水の製造は、基本的には**図1**に示した方法によるものが多く見られる。すなわち、電解質溶液に2本の電極を挿入し、その間に十分な電位を与えると、それぞれの電極で化学反応が生じる。陽極では酸化反応によりOH^-が酸化されて酸素ガスが、また、陰極では還元反応によりH^+が還元されて水素ガスが発生する。

電解を続けると、電解隔膜によってH^+の移動が拘束され、陽極槽ではH^+が豊富な酸性を示す水が得ら

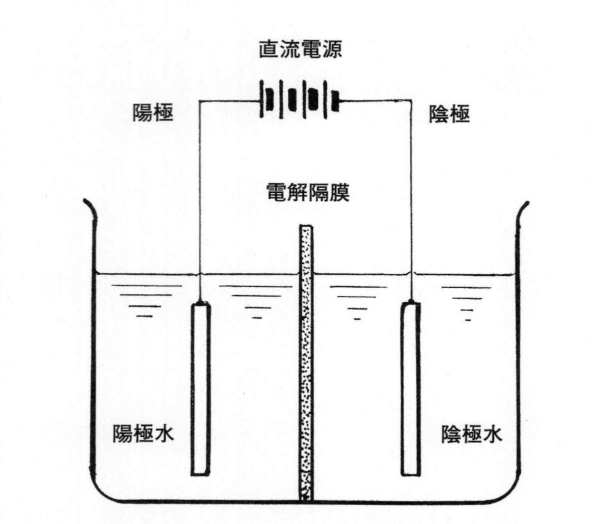

図1　直流電源による電解処理水生成法(バッチ式)

れ、陰極槽ではOH^-が豊富なアルカリ性を示す水が得られる。

この方式による電解にはバッチ式と連続式とがあり、バッチ式は所定の条件で電解したのち、それぞれの電極槽から電解処理水を取り出して使用する。また、連続式は、**図2**に示したように、水をそれぞれの電極槽に分けて供給し、それぞれの電極で瞬間的に処理したものを使用する。

さらに、バッチ式では**図3**に示したように、外部の貯水タンクと電解セルの電解槽とをパイプで接続し、水を循環させ、くり返して処理することによって、大量の水を強力に電解処理する方法[1]もある。

図1に示した装置に、10～20mMの塩化ナトリウムか、塩化カリウムを添加して電解すると、陽極槽から殺菌力の強い電解処理水が得られる。この電解処理水はpHが低い(2.7以下)ので、強酸性電解水と呼ばれている。

強酸性電解水の生成には、さらに**図4**に示したように、電解の低塩素化や低コスト化および電解処理水の安定性と活性の向上を目的として、飽和食塩水を入れた中間槽を持つ3槽タイプのものも考案されている[2]。

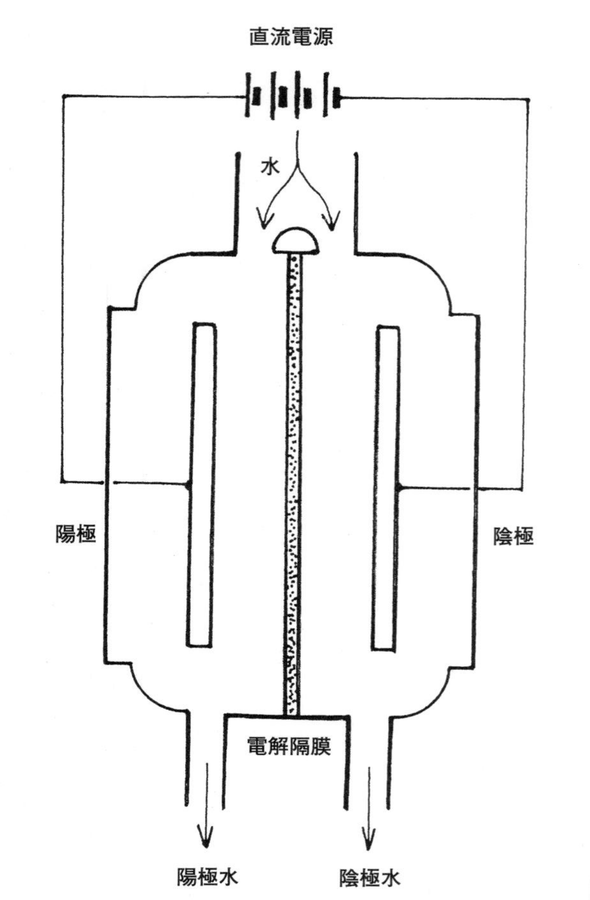

図2　直流電源による電解処理水生成法(連続式)

なお、電解処理水の利用においては、陽極槽または陰極槽のどちらか一方の電解処理水だけが必要な場合が多い。このような場合には、もう一方の電解処理水は不必要であるだけでなく、廃棄すれば環境汚染の要因となる場合も少なくない。省資源省エネルギーの観点からも、不要な電解処理水の生成を抑え、必要な電解処理水のみを効率よく生成させる技術の開発が望まれる。

図5は、このような要請に対する試みの一つを示したものである[3]。この装置では、不要な電解処理水を生成する電極の近くに、必要な電解処理水を生成する電極の電位に傾いた電位を印加した電極(副電極)を設置して電解する方式となっている。この装置で

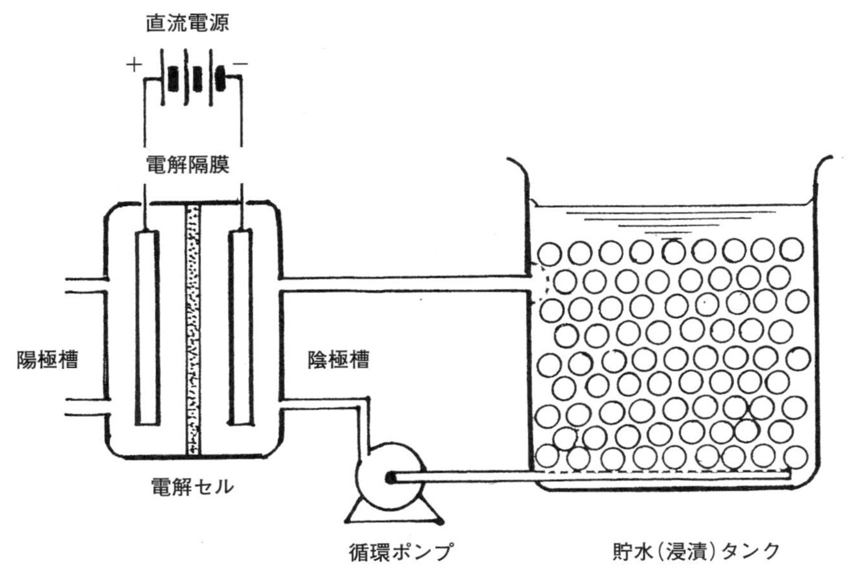

図3　直流電源による電解処理水生成法(循環式)

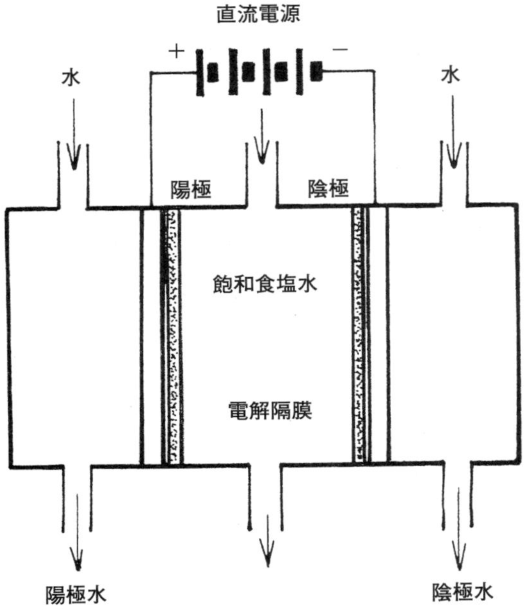

図4　直流電源による電解処理水生成法(3槽タイプ)

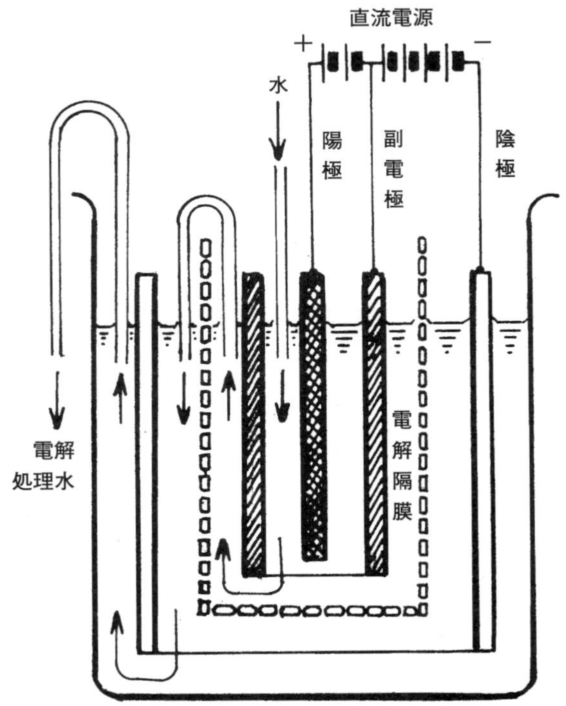

図5　直流電源による電解処理水生成法
(単極水生成タイプ)

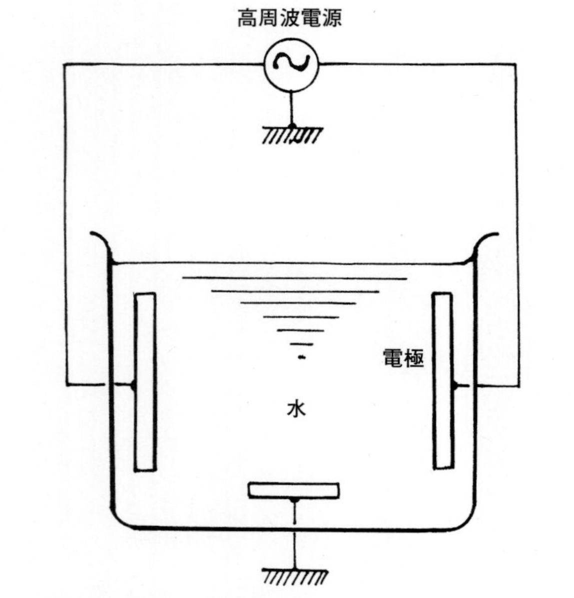

図6　交流電源による電解処理水生成法（バッチ式）

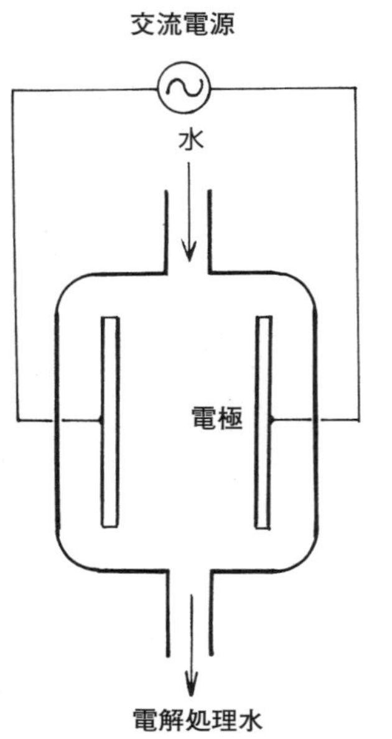

図7　交流電源による電解処理水生成法（連続式）

は、電源の極性を変えるだけで、得られる電解処理水の種類を変更することが可能である。

1.2　交流電源を利用したもの

交流電源を利用した電解処理水の製造では、直流電源を利用した場合のように性質の異なる2種類の電解処理水を得ることはできないが、通電によって、溶液中のイオンバランスを変えたり、溶質の溶解性を変化させることなどが可能で、こういった機能の付与を目的としたものが多い。用途も、例えばボイラー用水の改質、液状食品の風味やテクスチャーの改善などがある。

この方式による電解処理には、**図6**に示したバッチ式と**図7**に示した連続式のものとがある。バッチ式では電極ユニットが独立しているものがあり[4]、電極部を既設のタンクに設置して使用することが可能で、用水、液状食品、フライ油など、多方面にわたっての利用が考えられる。

この方式では、印加する電圧は数ボルトから数百ボルトで、電流は一般に微弱なものが多い。得られる電解処理水のpHや酸化還元電位は、あまり大きくは変化しないが、電極の材質などを工夫することによって、pHを変化させないで酸化還元電位だけを低下させることができるとされているものもある[4]。

1.3　電気石の微小電極を利用したもの

電気石は結晶が電気分極しており、粉砕してもその電極性は変わらない。この粉末と絶縁性の高い良質のセラミック微粉末とを混合、造粒、焼結して直径3.0～3.2mm程度の粒状物に成形する。この粒状物をステンレス製容器に充填し、水を処理するものである[5]。

この装置は**図8**に示したようなもので、充填された粒状物の層の長さは10～20cm程度である。水は充填層を通過する過程で、セラミック表面に露出した微小な電極間で電解される。電極間電圧が電気分解電圧以下のため、陰極面ではH^+の放電による水素ガスの発生はあっても、陽極面ではOH^-の放電は起こらない。そのため、水全体ではOH^-が豊富な状態になるとされている。このOH^-は活性化されており、エネルギー的に

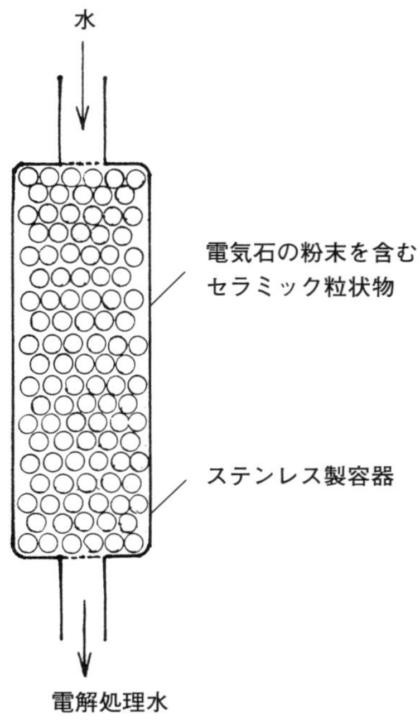

図8　電気石の微小電極を利用した電解処理水生成法

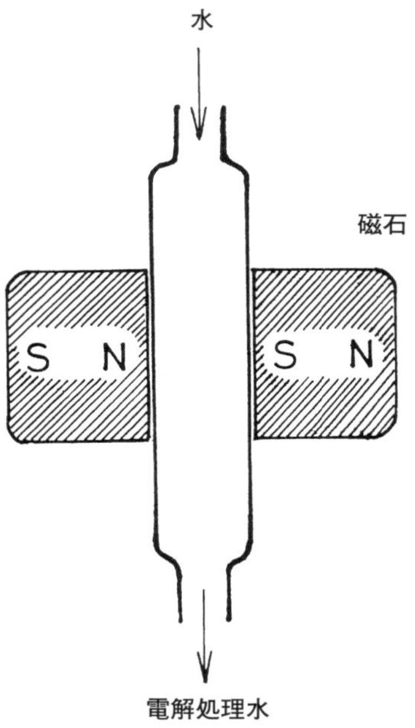

図9　磁気による起電力を利用した電解処理水生成法

も不安定で、この方式による電解処理水は、界面活性作用や還元作用を有するとされている[6)]。

1.4　磁気による起電力を利用したもの

この方式では**図9**に示したように、強力な磁場の中を導電性を有する水を移動させることによって、水中に微弱な電流を発生させ、電気分解電圧以下の電圧による電解作用によって生じる水の機能化を期待するものである。電解作用によって溶存酸素とH^+が消費され、OH^-が生成されるために、得られる電解処理水では溶存酸素の減少や、pHの上昇および酸化還元電位の低下などが認められる。

水の磁気処理では、こうした電解効果の他に、ローレンツ電場によるイオン分流とそれにともなうイオン濃縮が起こり、この作用によってスケール防除効果を示すことが知られている[7)]。

1.5　高圧電場を使用したもの

この方式では**図10**に示したように、絶縁された状

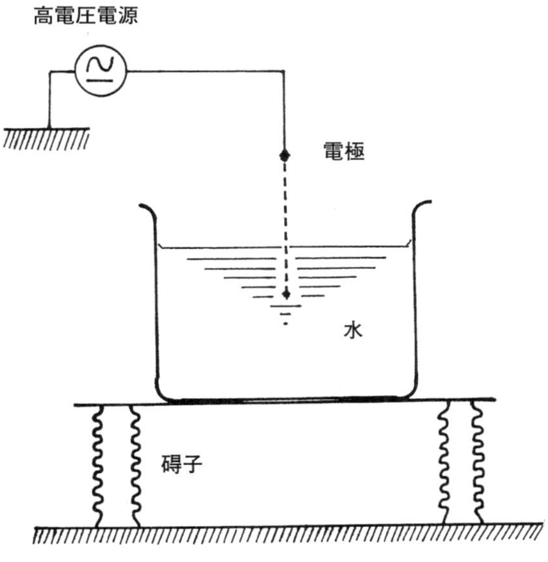

図10　高圧電場を利用した電解処理水生成法

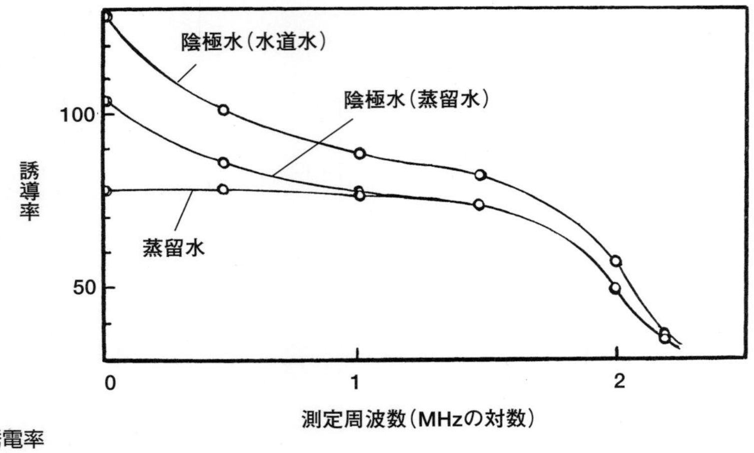

図11　陰極水の誘電率

態で数千ボルト以上の直流または交流電圧を印加するものが多く、電流はほとんど流れないか、あるいは流れても極微量なもので電気エネルギー的には極めて小さいものである。

水の蒸発が活発になることで知られる浅川効果[8]は、主に交流の静電場を利用したものである。高圧電場による水の蒸発促進作用にはコロナ風が関与することも報告[9]されている。

一方、電極を直接水に接触させて静電圧を印加する方法で水をアルカリ性にするとともに、還元作用を持たせようとする方式[10]もある。

2.　電解処理水の特性と作用

電解処理水は、その生成方法に応じてさまざまな特性を持つことが報告[11]されている。水に作用する電圧または電流が微弱な場合や交流を用いた場合には、電極面で明確な電気分解作用が起きないことから、得られる電解処理水の変化も誘電的、静電的なものに止まり、作用も不明確なものとなりやすい。これらの方法で得られた電解処理水の特性や作用については、それぞれの電解処理水の製造方法のところで述べたとおりである。

一方、電気分解電圧以上の電圧を作用させて明確な電気分解を起こさせた場合には、陰極側から得られる陰極水と陽極側から得られる陽極水とでは、特性も作用も大きく異なる。

2.1　陰極水

陰極と陽極とを電解隔膜で隔離し、電極間に電気分解電圧以上の電圧を印加すると、それぞれの電極で電解処理水が生成される。

図1で示した方式で生成した陰極水には、酸化還元電位の低下とpHの上昇が認められた。また、**図1**の陰極槽内に、長期間貯蔵した大豆から調製したタンパク質溶液を入れて電解すると、タンパク質中のSH基量が増加することが認められた。さらに、長期間貯蔵した大豆から調製した大豆粉末を入れて電解すると、大豆粉末からのタンパク質の抽出率が向上することなどが認められた[12]。

大豆中のタンパク質は、流通や貯蔵の過程で酸化され、SH基がSS結合を生じるなどしてタンパク質同士が結合し、溶解性が低下することが知られている[13]。これらのことから、この陰極槽内では大豆タンパク質が還元されることが示唆された。

なお、酵素中に存在するSS結合を定量する際に用いられる電解還元処理では、酵素が陰極に直接接触

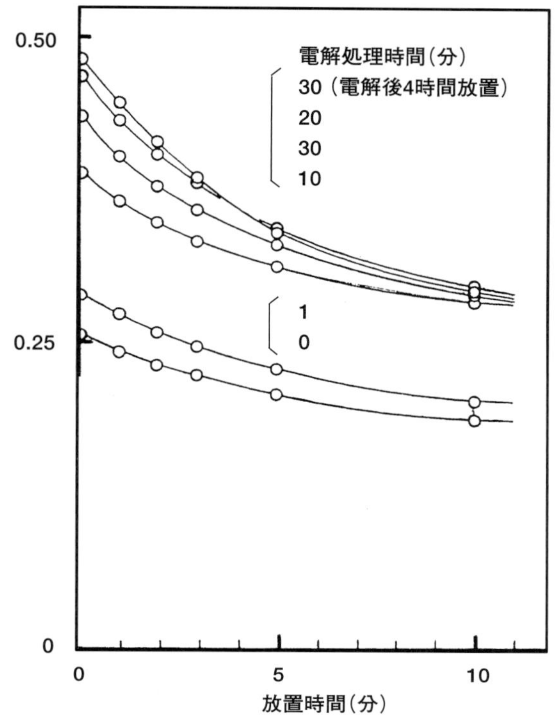

図12　陰極水の乳化活性におよぼす電解処理の影響

することが必要とされている。陰極槽内に入れた大豆粉末中のタンパク質の抽出率が向上したことについては、電解処理の過程で、大豆粉末中に浸透拡散していく水を通して還元作用がタンパク質に及ぶものと推察された。

図1に示した方法で電解処理して得られた陰極水の誘電率は、**図11**に示したようにかなり高い周波数依存性を示し、測定周波数が高くなると誘電率が急激に減少する、いわゆる誘電率の異常分散を起こすことが認められた[14)]。

誘電率の異常分散は、電場の周期が誘電の緩和時間と同程度になったときに生じるとされている。この図から、蒸留水では80MHzのあたりに誘電率の異常分散が1ヵ所認められるだけであるが、陰極水では、ここ以外にもう1ヵ所30MHzのあたりで誘電率が急激に減少することが認められた。

これらのことから、陰極水中には電解処理によって本来の水とは別に、配向にもう少し時間を要する、例えば構造的に複雑なグループが生成されることが推察された。誘電的特性は、その物質の電気的な性質とも相関が高いことが知られており、陰極水に見られるこのような誘電的特性の違いが酸化還元作用の有無とも何らかの関連があるように思われた。

さらに、**図1**で得られた陰極水には、**図12**に示したように乳化活性の向上が認められた[15)]。陰極水のこのような特性は、電気分解電圧以下の電圧で生成される電解処理水にも認められている[16)]。

また、電気分解電圧以下の電解処理水では、電気石の微小電極を利用して生成した電解処理水において、普通の水に比べて表面張力が著しく低下することや、半透膜の透過性が増大することなどが観察され、組織への浸透性が向上することなどが示唆[16)]されている。

表1　強酸性電解水の物理化学的性状[17]

パラメーター	水道水	強酸性電解水	強アルカリ性電解水
pH	6.8	2.5	11.6
酸化還元電位(mV)	+320	+1,170	-860
溶存酸素(mg/l)	7.0	14.8	1.3
残留塩素(ppm)	0.5	～40	0.1

2.2　陽極水

陽極水は、陽極と陰極との間に電解隔膜を置いた装置を用いて、電解質を含む水溶液を電気分解電圧以上の電圧を印加して電解した場合に、陽極側に生成されるものである。陰極水の利用を目的とする場合には、ほとんど副生成物的な扱いとなり、せいぜい洗浄や消毒に使われる程度で、他にアストリンゼント効果などが謳われているくらいである。

しかし、水に10～20mMの塩化ナトリウムや塩化カリウムを添加して電解すると、陽極側に殺菌力の強い電解処理水を生成する。これは強酸性電解水と呼ばれている。強酸性電解水の生成にともなって陰極側に生成される強アルカリ性電解水とともに測定された物理化学的な性状については、**表1**に示したような報告[17]がある。

強酸性電解水の殺菌要因は、次亜塩素酸を主体として、ヒドロキシラジカルや過酸化水素によって構成されていることが明らかにされている[17]。さらに、この強酸性電解水は、一般に使用されている次亜塩素酸ナトリウムに比べて、1/20程度の残留塩素濃度で同等の効果が得られ、かつ毒性が低く、容易に分解失活するという特性を持つことなども報告[17]されている。

このほか、強酸性電解水は細菌やカビに対して幅広い殺菌スペクトルを持っているうえに、カビが生産するマイコトキシンや、黄色ブドウ球菌が生産するエンテロトキシンの分解、さらにクリプトスポリジウム、ジアルジアやアメーバなど、原虫による飲料水の汚染の清浄化にも有効であるという報告[18]もなされている。

3.　電解処理水の利用と効果

これまで述べてきたような特性を有する電解処理水は、簡単な装置で、しかも比較的低コストで生成でき、残留性等における環境への影響も穏やかなことなどから、広い分野での利用が期待されている。ただし、電解処理水の作用は、これまでの加工技術や添加物などとは若干異なる作動原理によって機能することから、その実態をよく理解したうえで適切な方法を講じて利用することが必要である。また、作用の限界についても、正しい理解がなされていないと、効果についても期待を裏切られる結果になりかねない。

電解処理水の利用とその効果について、これまでに報告されているものの一部を紹介する。

3.1　陰極水

一般に、食品原材料の加工適性は、酸化されることで劣化する傾向がある。酸化によって劣化した加工適性のうち、可逆的なものの一部は電気分解の際の陰極付近の還元状態を利用することによって、あ

写真1　電解処理装置“ソイライザー”

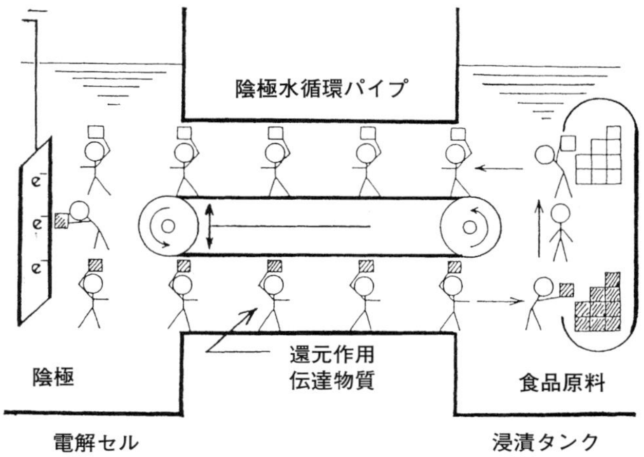

図13　陰極水の循環による食品原料の連続還元処理

表2　豆腐の性状に及ぼす電解処理の影響

大豆	水分 (%)	タンパク質 (%)	硬さ (T. U.)*	遊離アミノ酸(μM/g－豆腐)					
				グルタミン酸	プロリン	グリシン	アラニン	シスチン	メチオニン
新	90.39	5.35	0.41	0.68	0.09	0.14	0.48	0.55	0.03
貯蔵	91.28	4.52	0.29	0.37	0.04	0.09	0.30	0.29	0.03
貯蔵（電解処理）	90.27	5.44	0.45	0.67	0.10	0.15	0.52	0.56	0.06
貯蔵（電解処理）	91.27	4.50	0.36	0.49	0.06	0.10	0.36	0.31	0.04

＊ テクスチュロメーターユニット

る程度改善できることが報告されている[12]。この作用を実用化して、食品原料を陰極水で浸漬処理できるようにした装置を**写真1**に示した。

この装置は帝人エンジニアリング株式会社(大阪市)で“ソイライザー”の商品名で製造された。この装置の作動原理は**図13**に示したとおりで、食品原料と電解セルの陰極が離れていても、その間を陰極水が循環することによって、一種の接触還元の形で食品原料内部のタンパク質を還元しようとするものである。陰極水の循環を通して還元作用が陰極からタンパク質へと伝搬するもので、還元作用の伝達物質としては、最初から浸漬水中に溶解していた物質や、食品原料の浸漬過程で溶出してきた物質などの中で、電解によって還元機能を付与されたものなどが考えられる。

また、電解によっては水自体が還元作用を持つようになるとする報告[5]があることから、水自体が還元作用の伝達物質となり得る可能性も否定できない。この装置では、浸漬タンクはパイプで電解セルの陰極に接続されており、浸漬水は浸漬中連続的に陰極

表3　味噌の性状に及ぼす電解処理の影響

項目	加水分解型		発酵型	
	無処理	処理	無処理	処理
水溶性窒素(WSN, %)	1.12	1.20	1.19	1.35
ホルモール窒素(FN, %)	0.34	0.39	0.42	0.48
全窒素(TN, %)	2.23	2.16	2.19	2.18
WSN/TN(%)	50.2	55.6	54.3	61.9
FN/TN(%)	15.2	18.1	19.2	22.0
アルコール(%)	2.04	2.21	1.10	1.46
酵母数(1g当たり)	—	—	1.3×10^{4}	2.1×10^{5}
乳酸菌数(1g当たり)	—	—	1.8×10^{5}	4.2×10^{5}
pH	5.17	5.14	5.13	5.10
水分(%)	44.0	43.0	42.0	43.0
食塩(%)	11.4	11.5	11.0	10.4
直接還元糖(%)	12.0	13.1	14.2	11.2

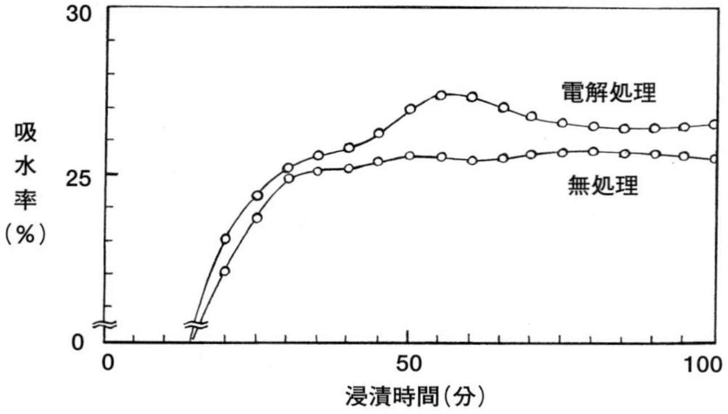

図14　米の吸水率に及ぼす電解処理の影響

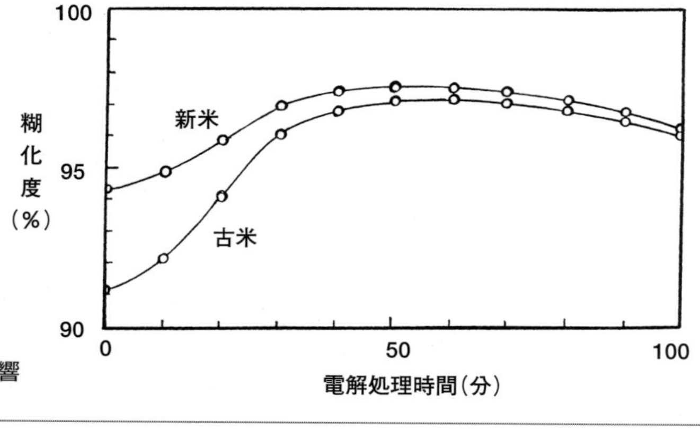

図15　浸漬時の電解処理が米飯の糊化度に及ぼす影響

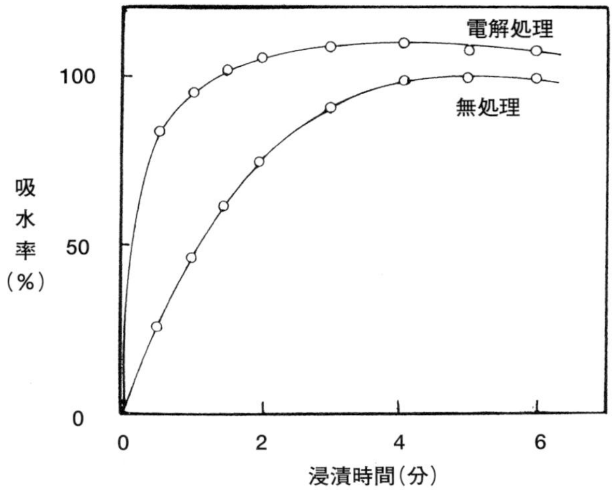

図16　アメリカ産ベビーライマーの吸水率に及ぼす電解処理の影響

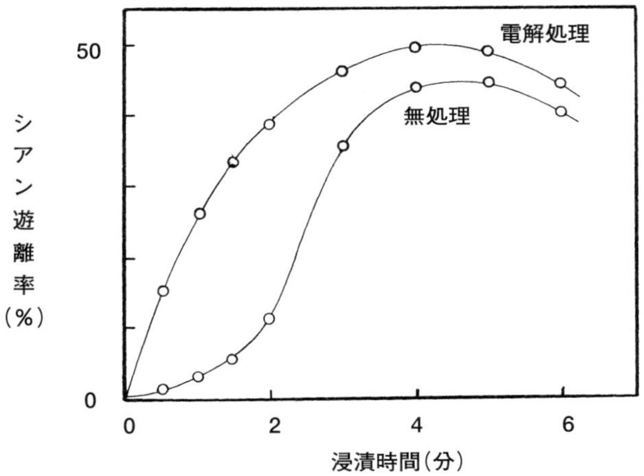

図17　アメリカ産ベビーライマー浸漬中のシアン遊離率に及ぼす電解処理の影響

で電解されて浸漬タンクに戻る過程をくり返す。

この装置を豆腐や味噌の製造において使用すると、**表2**および**表3**に示したように、貯蔵大豆を原料とした場合の製品の品質低下を改善できることが報告[19]されている。また、炊飯における米の浸漬工程で使用すると、**図14**および**図15**に示したように、米の吸水率や米飯の糊化度の向上につながることが報告[20]されている。

浸漬工程における米の吸水率の向上は、輸入米、特にインディカ米を原料として麹用の蒸米を製造する場合に、2度蒸し作業を省略できるなど、安価な製麹に道を開くものとして関連業界から注目されている。さらに、この方法で餡の原料豆を浸漬した場合、吸水性の向上の他にアク抜き作用やシアンの溶出促進などの効果のあることが報告[19]されている。シアン化合物を含む輸入雑豆について、浸漬中の吸水率とシアン遊離率に及ぼす電解処理の影響を**図16**および**図17**に示した。

餡の原料豆として使用されるアメリカ産のベビーライマーは、浸漬水の電解処理によって吸水が加速されるとともに、最終の吸水率も高くなることが認められた。さらに、浸漬中のシアン遊離率も浸漬水の電解処理によって高まることが認められた。シアン化合物を含む輸入雑豆から製餡する場合には、食品衛生法によって製造基準が定められており、原料豆の浸漬は温湯を用いて4時間以上行うことが義務付けられている。したがって、浸漬時間を短縮することは法的にできないが、シアン含有量をより低減させることができ、製品の安全性を高めるうえで有効であると考えられる。

原料大豆の浸漬中に電解処理を施すと、製品中の生菌数が低減することが認められ、その原因が電解処理による細菌胞子の発芽促進によることが示唆された[21]。

すなわち、原料大豆に付着している耐熱性の細菌胞子は、大豆の浸漬中に発芽して増殖するが、食品の製造過程での加熱処理によって栄養細胞はほとんど死滅する。

ところが、未発芽の胞子は加熱処理に耐えて生存し、製品中で増殖する。貯蔵寿命の短い豆腐製品ではこうした残存細菌による腐敗がその賞味期限をより短いものにし、業界では対策に苦慮している。原料大豆を浸漬中に電解処理することによって、耐熱性の胞子の発芽率が向上し、未発芽の胞子が減少することから、製品中の生菌数が少なくなり、貯蔵性の向上につながるものと考えられた。浸漬中の電解処理による細菌胞子の発芽の促進に関するメカニズムについては現在検討中であるが、細菌胞子の芽胞膜内層中にあるSS結合の切断によるものではないかと考えられた。

つまり、このSS結合はメルカプトエタノールやチオグリコール酸ナトリウムなどのジサルファイド還元剤によって還元され、芽胞膜の透過性に変化が生じることや、芽胞がリゾチーム感受性になることなどが知られており[22]、浸漬中の電解還元処理によっても同じような変化が生じることが推察された。

細菌胞子の発芽の促進に及ぼす電解処理の作用は、同じような耐久組織である穀類や豆類の種子に対しても応用できることが考えられる。現に、大豆や、もやしの原料であるブラックマッペ、さらにタデの種子やカイワレダイコンの種子などの発芽率が電解還元と電解酸化の組み合わせ処理によって向上し、かつ発芽勢が揃うことなどが観察されている。

これらの効果は穀類だけでなく、花卉や野菜類の栽培においても利用できる可能性を秘めている。また、発芽率の向上から、籾の直播きによる低コスト稲作の可能性へもつながり、農業生産分野においても広い利用効果が期待される。

3.2 陽極水

陽極水の利用については、静菌や洗浄の分野での利用が多くなされている。陽極水は利用の仕方によっては、食品や食品製造器具類、さらに従業員の手指の殺菌消毒などにも有効であることが報告[23]されている。また、この報告では、陽極水が従来から使用されてきた次亜塩素酸ナトリウムや塩化ベンザルコニウムなどと比較して1/10程度の濃度で効果があり、その作用も即効性であることなどが指摘されている。

キャベツ、レタス、キュウリなど表面の形状が比較的単純なカット野菜では、陽極水による洗浄・殺菌効果が認められるが、カイワレや肉類、魚介類などに対しては顕著な効果が認められなかったとされている[23]。陽極水による殺菌においては、あらかじめ陰極水で洗浄処理を施した後に陽極水に接触させると、優れた殺菌効果が得られる場合が多いともいわれている[18]。

陽極水による食品の殺菌においては、表面に付着している微生物のように、陽極水中の活性化学種との十分な接触が可能な対象物に対しては有効であるが、不十分なものではほとんど無効であることや、殺菌に関与する化学種が殺菌対象物以外の有機物との反応によって消費されても、なお、細菌との接触が可能で、殺菌を行うのに十分な化学種が残存する状態にあることが不可欠との指摘[18]もある。ちなみに、強酸性電解水は細菌やウイルスでは5秒間、カビや腸管出血性大腸菌O-157では5秒から1分間、芽胞形成のセレウス菌で5分間の接触で殺菌できることが報告[17]されている。

このほかに、強酸性電解水への浸漬処理によって、スダチや青梅の鮮度保持期間が延長され、その効果は強酸性水にキトサン、カルシウムあるいは植物ホルモン剤、KT-30などを混用したり、低温(4℃)と組み合わせると、さらに増大することなどが報告[24]されている。

おわりに

電解処理水の示すさまざまな機能は、いずれも処理される水中に何らかの溶質が存在することを前提に考えるべきもので、電解処理水の特性や利用の効果は、溶質の種類や量によって大きく左右されるのは当然のことである。したがって、強酸性電解水のように、最初から所定の溶質を添加して生成される電解処理水においては、機能が明確に現れ、利用効果も確実で再現性の高いものとなる。

これに対して、地下水や河川水をそのまま電解処理したような場合には、時と場所によって、得られる機能がまちまちで、利用の効果も不確実なものとなる。特定の食品原料を浸漬した浸漬水を電解処理した場合には浸漬水中に溶出する物質がある程度特定されることから、効果の再現性も高くなることが考えられる。

このようなことから、目的とする機能や利用効果が確実に得られるように、あらかじめ電解処理前の水の溶質の組成を調節することも一つの方法と考えられる。

いずれにしても、電解処理水は食品の製造において比較的簡単に、かつ低コストで、しかも場合によっては従来の処理や添加物に比べて、環境に優しい形で各種の効果が期待できることなどから、今後ますます利用の範囲が広がるものと考えられる。

参考文献

1) 米安 實：日本醸造協会雑誌、81, 771, 840 (1986)
2) 澄田修生ら：機能水シンポジウム '96 予稿集、(財) 機能水研究振興財団, p.48 (1996)
3) 米安 實：特願, 平 9-36856 (1997)
4) 早川英雄：フードケミカル, 77 (1992)
5) 久保哲治郎：'91 食品工業技術会議予稿集、(社) 日本能率協会, D-3-1 (1991)
6) 久保哲治郎：個体物理, 24, 1055 (1989)
7) 松崎五三男：水の科学講演集、ウォーターサイエンス研究会、p.297 (1995)
8) 浅川勇吉：科学朝日, 45, 118 (1985)
9) A.Yabe,et al : AIAA,Journal, 16, 340 (1978)
10) 井戸勝富：フードケミカル、63 (1992)
11) 岩元睦夫：食品と容器、38, 373 (1997)
12) 米安 實ら：日本食品工業学会誌、28, 41, (1981)
13) 斎尾恭子ら：日本食品工業学会誌、25, 451, (1978)
14) 米安 實：日本食品工業学会第 41 回大会講演要旨集、p.140 (1994)
15) 米安 實：食品加工技術、14, 332 (1994)
16) 松岡孝尚ら：日本食品工業学会誌、38, 422 (1991)
17) 堀田国元：食品と容器、38, 492 (1997)
18) 鈴木鐵也：食品と容器、38, 616 (1997)
19) 米安 實：食品加工技術、15, 78 (1995)
20) 米安 實：食品加工技術、14, 372 (1994)
21) 米安 實：日本食品工業学会第 33 回大会講演要旨集、p.42 (1986)
22) W.G.Gould,and,A.D.Hitchins:J.,Gen.,Microbiol、33, 413 (1963)
23) 山中信介：食品加工技術、13, 7 (1993)
24) 平田尚義ら：機能水シンポジウム'96 予稿集、(財) 機能水研究振興財団、p.26 (1996)

オゾン水の科学と食品産業への応用

西村 喜之
神鋼プラント建設株式会社

1. はじめに

オゾン(O_3)は強力な酸化力を持っているため、食品分野でも既に殺菌、脱臭、脱色、洗浄などに広く利用されている[1,2,3]。特にオゾン水は瞬時殺菌性が強く、その効果もオゾン水濃度に強く依存すると言われている[4]。また、反応後すぐに分解して酸素(O_2)に戻るため、残留しないことと合わせて、塩素系などの他の薬剤に代わる殺菌技術として確実に普及していくと考えられる。

オゾンガスに比べて半減期の短いオゾン水は、より安全で取り扱いが容易であり、反応性にも富んでいる。

オゾン水の生成方法はこれまで大部分、無声放電などにより発生させたオゾンガスを水に溶解させる方法であったが、この方法では溶解度が低いために、高い濃度のオゾン水を得ることが困難であった。

最近になって、従来の数倍の濃度である10 mg/L以上の高濃度オゾン水を、水道水を直接オゾン化することにより手軽に生成できる、高濃度オゾン水生成装置が開発された[5,6]のでその原理と特長を、さらに食品加工などの分野における利用方法について紹介する。

2. オゾン水の生成原理

一般にオゾン水は、無声放電などにより酸素や空気から発生させた高濃度オゾンガスを気液混合装置により水に溶解して生成している(ガス溶解法)。

図1は新しく開発されたオゾン水生成装置のオゾン水生成部(セル)を、**図2**は装置の構成、**図3**に装置の外観を示す。

水道水レベルの原料水をセルに通し、直流電圧を印加すると、陽極、陰極各々で下式の電気化学反応が起こる。

陽極反応：$2H_2O \rightarrow O_2 + 4H^+ + 4e^-$
　　　　　$3H_2O \rightarrow O_3 + 6H^+ + 6e^-$
陰極反応：$2nH^+ + 2ne^- \rightarrow nH_2$
　　　　　(n=4 or 6)

このようにしてできたオゾンは水道水にそのまま吸収され、外部に高濃度オゾンガスを発生させることなく、高濃度オゾン水が連続的に生成される。水道水には微量の塩素が含まれているが、高機能化された活性炭フィルターにより除去することが出来るので、有害な塩素化合物は生成されない。この結果、オゾンガス発生装置やそれを溶解させるための特別な装置を設置しなくても、オゾン水の優れた機能を手軽に活用できるようになった。

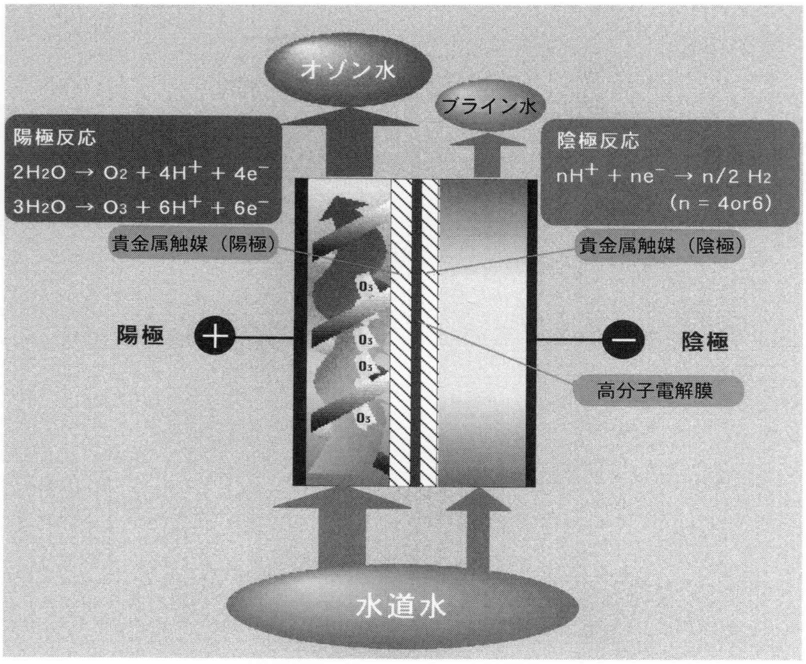

図1　新しいオゾン水の生成原理

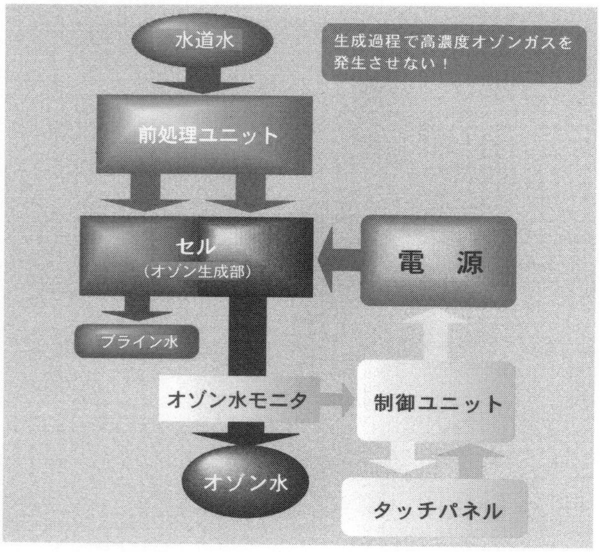

図2　装置構成

図3　装置外観

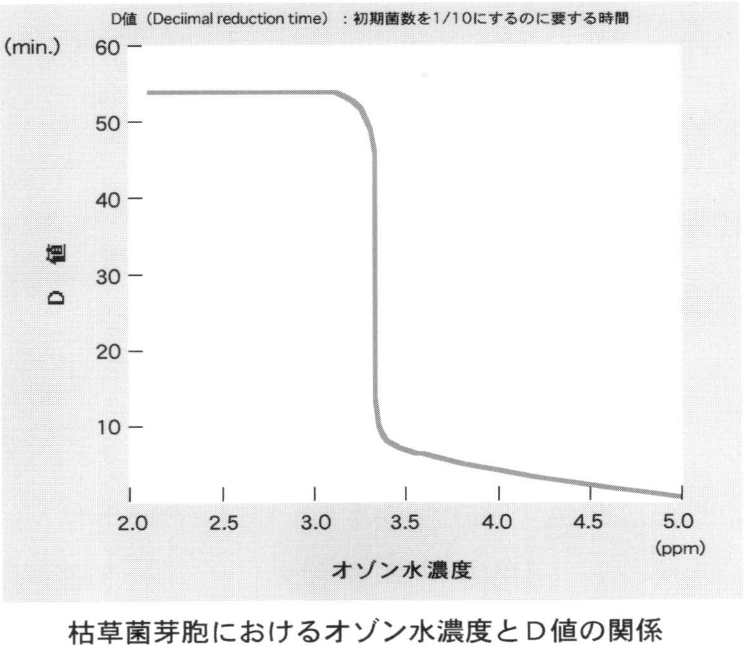

図4　枯草菌胞子（Bacillus subtilis）の処理

3.　オゾン水の特長

食品加工分野でオゾン水が有効な理由として下記のような特長があげられる。

1) 細菌、酵母、カビ、ウイルスなど、広範囲に効果を発揮する。
2) あとは酸素（O_2）に変わるため、残留したり、臭いを残したりしない。塩素系殺菌剤のように後洗浄、排水処理が要らない。
3) 水が介在するので、反応性に富み、処理時間が短い。
4) 耐性を持った菌が生じにくい。
5) 非加熱処理なので、食材の風味を損なわない。
6) 脱臭、鮮度保持効果などを合わせた複合効果が期待できる。

4.　高濃度オゾン水の必要性

食品原材料の場合、一次汚染菌は耐熱性胞子を形成する細菌が多く、その処理は非常に難しい。また、病原性大腸菌などの場合は、極めて厳しく管理しなければならず、確実な方法でなければ対処できない。さらに、食材の形状、状態などが多種多様で、汚れや有機物との反応が選択的に起こって、理屈通りにはなかなかいかないのが通常である。

4.1　耐熱性芽胞の処理

耐熱性胞子を形成する細菌の一つである枯草菌胞子（Bacillus subtilis）の処理を行った例[6, 7]を紹介する。

図4に初期胞子濃度 6.3×10^4個／mL の胞子懸濁液に対し、オゾン水濃度 2〜5 mg/L の条件での処理結

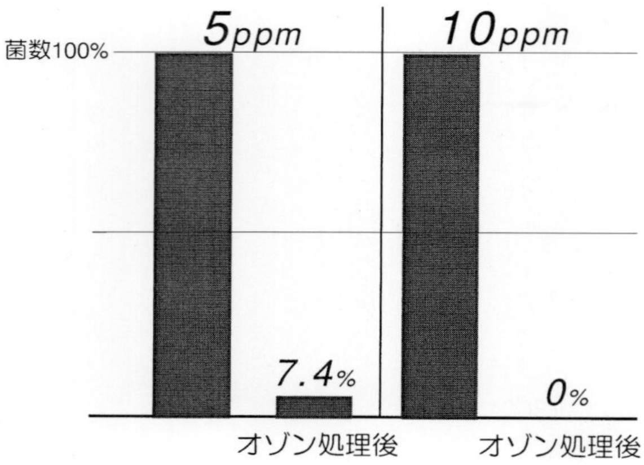

図5　カットキュウリの菌数変化

果を示す。図に見られるように、オゾン水の効果は、オゾン水濃度に対して閾値があり、3.5 mg/L 以上の濃度で著しい効果が見られる。さらに、閾値以上の濃度では、濃度と効果に相関がある。5 mg/L のオゾン水濃度でも1分以下の処理時間で菌数を1/10 以下に、さらに、2.5〜5 分の間でほぼ完全に殺すことが可能となっている。

4.2　反応物の量と時間減衰

図5にカットキュウリをオゾン水処理した場合の大腸菌群の菌数変化を示す。オゾン水濃度の違いによる菌数の変化を比較すると、5 mg/L の濃度ではまだ十分な効果が得られていない。これは野菜に特有の、菌の付着状況にもよるが、有機物との反応による急速なオゾンの消費とオゾンの時間減衰とが同時に起こり、必要な時間、有効な濃度が保持できない理由にもよると考えられる。このためにも、より高濃度のオゾン水を供給してやる必要がある。

5.　高濃度オゾン水生成装置の特長

直流電圧の印加による水のオゾン化を利用したこの方式は、ガス溶解式に比べて種々の特長を有しており、装置の使い方も大変簡単になる。

主な特長は、

1) 水道水から簡単に作れる。
2) 従来、不可能といわれていた耐熱性芽胞を処理できる高い濃度が出せる。
3) 外部にオゾンガスを発生させることなく、発生と同時にオゾンを直接水に溶解させてしまうため、安全性が高い。
4) オゾン水の濃度制御が電気的に簡単に行うことができ、短時間で整定するので、管理・記録を必要とするHACCP対応に適している。
   用途に応じて高濃度・低濃度の使い分けも自由である。
5) 装置の立上げ操作が簡単で、立上げ時間も短く間欠運転が可能である。
6) 装置がシンプルである。
7) 貴金属触媒の実用化で、クリーンなオゾン水が得られる。

などである。

6.　食品加工分野におけるオゾン水の利用

食品加工の分野でもオゾン水が確実に普及してきている。食中毒の防止はいうまでもなく、多くのユーザーが商品の高品質化を目指した研究開発に余念がない。今後も、HACCP対応を含めて、オゾン水が使用される機会が急激に増えてくるものと思われる。

オゾン水の主な用途をあげてみると、

1) 食材、生鮮食料品のオゾン水による洗浄・鮮度保持。
   大部分の食材はオゾン水洗浄が可能である(野菜、海産物など)。
   チラー水による冷却・洗浄過程や冷凍魚の解

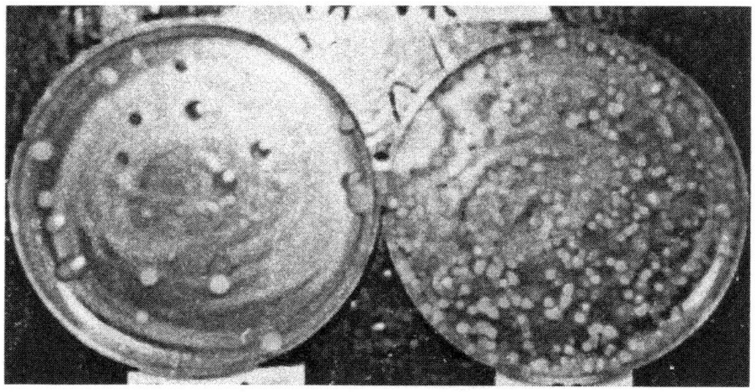

図6　冷凍イカの解凍

凍、減塩化・低カロリー化に対応する賞味期限の延長、もめん豆腐などの水封食品の賞味期限の延長対策などにも有効と考えられる。

穀粉のように水で洗浄できないもの、水を加えるとしても水分量に制限のある食材もあるが、このようなものにはオゾンガスを使うこともできる[8)]。

2) 生産設備(タンク、機械設備、器具・容器)、床、側溝、さらには手などの洗浄。
3) 工場の浮遊菌対策、カビの防止や脱臭。
浮遊菌の殺菌は湿度が大きく影響する。オゾン水を噴霧するとオゾンガスが気化すると同時に適度な水分を供給するため、殺菌効果が高い。

などがある。若干範囲を広げると、

4) 農業分野における種子の病害防止[9)]、養液栽培の病害防止[9)]、農業生産物の農薬の分解[10)]、出荷時の洗浄、鮮度保持。
5) 水産業、水産加工業における鮮魚の鮮度保持、冷凍前の洗浄処理。
6) 畜産業では畜舎での病害防止、脱臭、枝肉の洗浄、鶏卵の洗浄。

食品加工以外の分野では、

7) 医療分野。
8) 栽培漁業や製紙用水、排水などの水処理、有害物質の酸化分解。

など、枚挙にいとまがない。

図6は冷凍イカの解凍にオゾン水を使った例である。対照区は水道水をかけ流しにして解凍、テスト区は15 mg/Lのオゾン水をかけ流しにして解凍したものである。使用したイカは1本のロールイカを半分に切って両区に分けたものであり、同一固体である。

また、10mg/L 以上の高濃度オゾン水から製造したオゾン氷を使用すれば、鮮魚などの流通段階での鮮度保持が可能で、良好な鮮度の保持とより遠隔地への輸送に有効なことが実証されている。

7.　食品加工に対するオゾンの安全性

食品・食品添加物等規格基準に、オゾンは製造用剤として挙げられており、既に食品加工には広く使用されている。

また、オゾン水が肌に繰り返しかかったりした場合を想定して、動物による毒性実験も行われている[11)]が、毒性は認められていない。海外では飲用を可とする文献[12)]もあるが、我が国では基準がないので、飲用はすべきでない。

8. おわりに

オゾン水の利用は、食品加工の分野をはじめとして農業、水産業、畜産業、医療分野さらには流通などへと確実に広まっている。高濃度のオゾン水を手軽に使うことができるようになると、その傾向はますます加速されるであろう。しかし、オゾン水は必ずしも万能ではなく、使い方によって得られる効果も大きく変わってくる。オゾン水の特性をよく知り、食材や使う場所の特性をよく見極め、他の手段とうまく組み合わせるなどの工夫も必要ではないかと考える。

参考文献

1) 内藤茂三：新版オゾン利用の新技術（1993）、pp.339-426, 三ゆう書房
2) 内藤茂三：J. Antibact. Antifung. Agents Vol.22, No.11, pp.685～692（1994）
3) 内藤茂三：食品と開発、Vol.33, No.3, pp.15-19（1998）
4) 山吉孝雄：J. Antibact. Antifung. Agents Vol.22, No.11, pp.637-643（1994）
5) 塩田 博一：別冊フードケミカル -7, pp.94-99（1995）
6) 谷岡 隆、加藤 卓：食品加工技術、Vol.18, No.1, pp.28-35（1998）
7) 加藤 卓ら：日本防菌防黴学会 第24回年次大会要旨集、p.125（1997）
8) 内藤茂三：新版オゾン利用の新技術、pp.395-399, 三ゆう書房（1993）
9) 草刈眞一：食品加工技術、Vol.18, No.1, pp.6-14（1998）
10) 古賀 実：新版オゾン利用の新技術、pp.313-324, 三ゆう書房（1993）
11) 横見哲介：OZONEWS, No.20, pp.2-4（1996.7）
12) F.Kramer ：OzoNachrichten 2 Heft 3, p.66（1983）

磁気処理水の防錆・除錆効果と作用機序

鈴木 雅史、吉村 昇
秋田大学工学資源学部 、秋田大学工学資源学部

1.　はじめに

環境問題、エコロジーさらには省エネルギーが盛んに話題となる昨今において、永久磁石を用いた磁気処理により、我々人類の生活に欠かすことのできない水の浄化を行うことはきわめて重要な意味がある。磁気を用いた水処理については、旧ソ連において古くから盛んに研究され、日本においても工業用水等の配水管のスケール除去、飲料水用の配水管の赤錆除去を目的とし、種々の製品が実用化されている。しかし、磁気処理による防錆効果については確固たる理論的な裏付けが十分でないのが現状である。

2.　磁気の効果

2.1　磁場の直接の影響

磁気処理を考える場合、最初に検討を要するのが磁化の影響である。磁場中を水が流動するわけであるから、磁化の影響により水が何らかの影響を受けると考えられる。水の磁化率は18℃において-7.22×10^{-7}であり、透磁率μへの寄与は次式のように表される。

$$\mu = 1 + 4\pi X \quad (X：水の磁化率) \quad \cdots\cdots\cdots\cdots(1)$$

この式から、右辺第2項の値は10^{-5}のオーダーであり、1に比べて無視できるほど小さいことがわかる。また、水素結合のエネルギーは25kJ/molであり、平均熱エネルギーは4.2kJ/molであるのに対して、水に対する磁化の寄与は4.2×10^{-8}kJ/mol程度と言われており[1)]、磁化による水の性質の変化はほとんど期待できない。

通常我々が利用している水にはさまざまな不純物(電解質の性質を示すイオン、酸素などの溶存性の気体)が含まれているので、上記の仮定は必ずしも当てはまらないように感じられる。しかし、たとえば鉄管の腐食により混入してくる酸化鉄群の中のフェリ磁性物質(Fe_3O_4など)においても透磁率への影響は0.1%以下と見積もられ[1)]、通常の水においても磁化の影響は無視できることがわかる。

一方で磁気処理した水はセメントモルタルの強度を高める[2)]といった研究報告もあり、また植物の生育を促進することなども知られている。さらに、核磁気共鳴測定(^{17}O－NMRスペクトル分析)により、水の分子間結合が磁気により分断され小さくなっている事が確認されており、これからのさらなる研究が待たれるところである。

2.2　溶存酸素

磁気処理による水の状態変化には、前述の磁場による直接的な磁化の影響とは別に、溶存酸素の減少が知られている。温度など周囲の環境によりその値

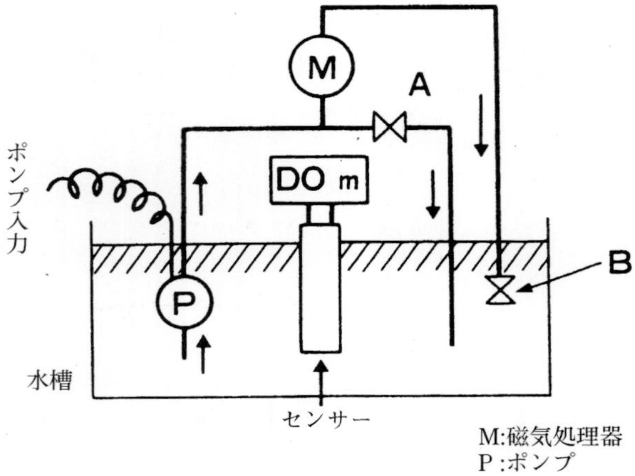

図1　溶存酸素濃度変化の測定装置[3)]

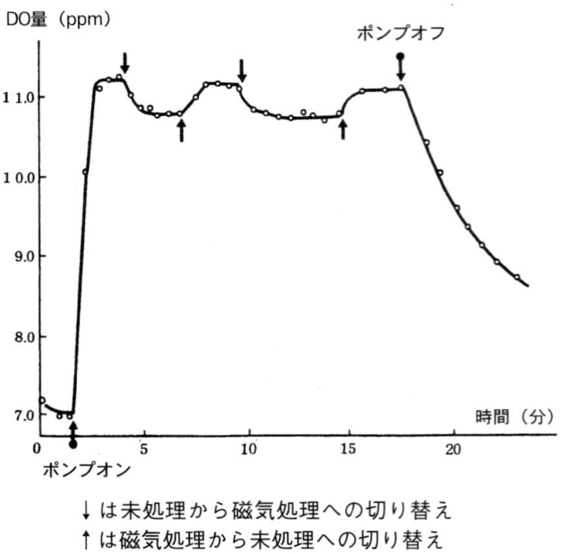

図2　磁気処理器通過によるDO量の変化[3)]

は異なるが、水中にはおおよそ5～15ppmの溶存酸素が存在する。鉄錆を例にとると錆の反応は、アノード側において

$$Fe \rightarrow Fe_2^{+} + 2e^- \quad \cdots\cdots (2)$$

また、カソード側においては

$$O_2 + 2H_2O + 4e^- \rightarrow 4OH^- \quad \cdots\cdots (3)$$

となる。従って腐食はこの両方が同時に起こり、

$$2Fe + O_2 + 2H_2O \rightarrow 2Fe^{2+} + 4OH^- \rightarrow 2Fe(OH)_2 \quad (4)$$

さらに、$Fe(OH)_2$は溶存酸素により

$$Fe(OH)_2 + H_2O + 1/2O_2 \rightarrow Fe(OH)_3 \rightarrow Fe_2O_3 \cdot nH_2O \quad \cdots (5)$$

のように表される。従って錆の生成には水の存在の他に溶存酸素の存在が重要であることがわかる。磁気処理による溶存酸素の減少については種々の報告があるが、ここでは坂元ら[3)]の報告を例に紹介する。

彼らの実験装置の概要は**図1**に示すとおりであり、水槽内の水はポンプにより循環され、その際に溶存酸素量が連続的に測定されるようになっている。彼らの実験では、はじめにバルブAを開きバルブBを閉じることにより未処理水を循環し、その後バルブAを閉じバルブBを開くことにより磁気処理が行われている。

結果は**図2**に示すようになるが、ポンプオンと同時にエアレーションに伴う溶存酸素の増加がみられ、その後溶存酸素量は飽和値に達する。そこで前述の方法で磁気処理を開始すると溶存酸素量が約0.5ppm減少することがわかる。また、処理停止により溶存酸素は元の飽和値に戻り、再び処理を開始することで溶存酸素を減らすことができる。磁束密度や流量の違いにより多少の差はあるものの、同様の結果がTebenihin[4)]によっても得られている。また、筆者らの実験においても磁気処理水中の鉄板は未処理水中の鉄板に比べ錆にくいことが確認されている。

このことから、磁気処理水が溶存酸素の減少をもたらし、これが防錆に効果があることは間違いないと考えられる。

2.3　ローレンツ力

電流の流れている金属または半導体の板に垂直に磁界を加えると、電流と磁場の両方に垂直な方向に起電力が生じることが知られており、ホール効果と呼ばれている。これは荷電粒子が磁界に垂直に移動するとローレンツ力により荷電粒子の進行方向が曲げられ、電荷が偏ることにより生じる。荷電粒子の電荷をe、速度をv、磁束密度をBとするとローレンツ力Fは

$$F = ev \times B \quad \cdots\cdots (6)$$

と表される。

通常水の中には正負のイオンが溶解している。従って、磁気処理水においても磁場中を流れる水の中のイオンは、流れの方向と磁場の両方に垂直な方向に力を受けることになり、その力の方向は正負のイオンでちょうど逆向きになる。これにより、通常では圧力勾配により下流に向かい流線が平行している水の流れに乱れが生じることになる。

(6)式よりローレンツ力は磁束密度の増加のみならず流速の増加によっても増大することがわかる。

Tebenihin[4]によると、強磁性体のコロイド粒子は磁界の影響によって、一定の寸法まで成長し、永久磁石の性質を帯びることにより凝集力を生じる。普通の水においても溶存酸素を考えると鉄酸化物の存在は考えられ、これらが磁気処理により凝集、沈殿し赤水が防止されると考えられる。

3.　錆の状態変化

磁気処理による効果として、赤錆から黒錆への変化も知られている。これは防錆よりは除錆と言うべきものであるが、水道管等の赤水防止として重要な効果である。この効果は**図3**に示すような装置でも確認できる。

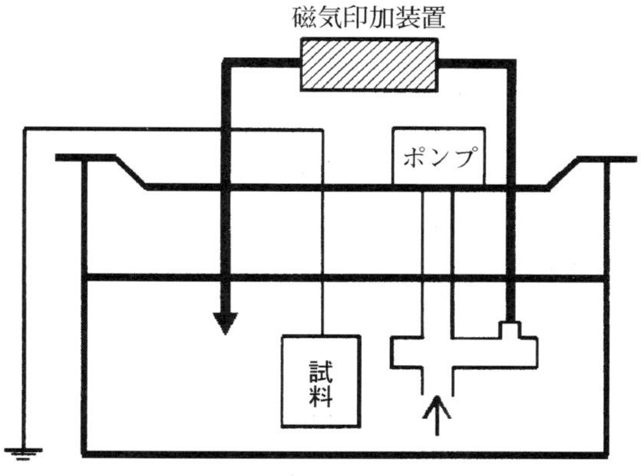

図3　磁気処理装置

試料は、鉄片（0.20×80×75 mm純度99.5%）を用い、表面をサンドペーパー（#600）で研磨する。また試料を実際の配管の使用状況に合わせ、アースし水槽につり下げるためのアース線を試料の片面にはんだ付けし、さらに、そのはんだ付け部分の被検液による影響を防ぐため、耐水性のあるシリコーンシーラントでその部分が覆われている。磁気印加装置には永久磁石（磁束密度7500[G]）を用い、この磁石4組を対向させた交番磁界を用いた。被検液は磁気印加装置内に設置されたガラス管を通る際に磁気印加される。なお、比較のために同様の装置で磁気を印加しないものを作製した。

実験開始後約1000時間において、磁場を印加したものとそうでないものの腐食面積を測定し、試料の全表面積に占める割合を求めてみると、磁場を印加しない場合では全表面積の約91%に腐食が見られたのに対し、磁場を印加した場合には腐食面積は全体の約39%にとどまることが分かった。この結果から、磁場照射が防錆に対して有効に働いていることが分かる。この防錆効果は前述の溶存酸素の減少によりもたらされると考えられる。

このように磁気処理をした場合とそうでない場合で腐食の進行状況に大きな違いが見られるので、電

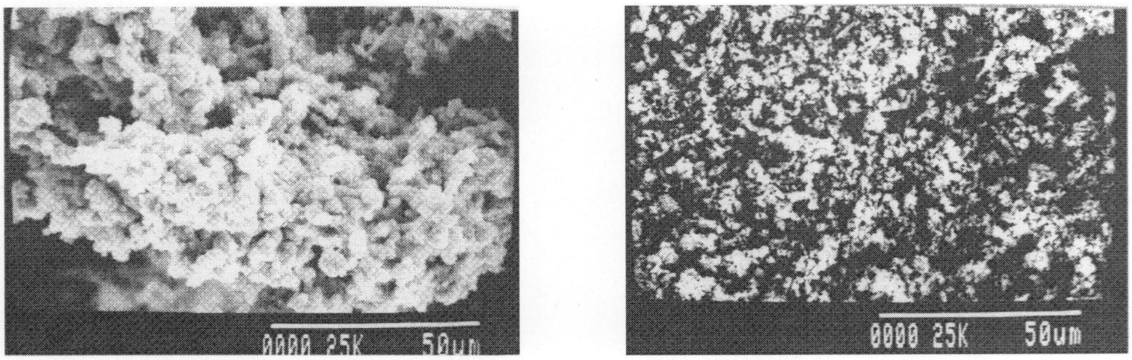

(a)磁気処理　(b)未処理

図4　電子顕微鏡写真

子顕微鏡を用いて錆の微細な構造の観察を行うと、**図4**のような結果が得られる。

図4(a)に磁気処理を行った試料を、**(b)**に磁気処理を行わない試料の表面の写真を示す。これより、磁気処理を行った場合には粒径の大きな錆が観察されるのに対し、磁気処理を行わない場合のそれは小さい。また、試料表面の錆を削り取り、磁石を使い磁石に付着する物質としない物質に分離した。磁気処理した試料では全体の約62%が磁石に付着し、磁気処理しない試料では約48%が磁石に付着した。磁石に付着した物質は色が黒く、付着しない物質は色が赤っぽくなっている。X線回折により、磁石に付着した物質は磁鉄鉱(Fe_3O_4)、磁石に付着しない物質は鱗鉄鉱(γ −FeOOH)であることがわかる。

γ −FeOOHには以下に示すような酸化還元反応がある。

$$Fe^{2+} + 8\gamma - FeOOH + 2e^{-} \rightarrow 3Fe_3O_4 + H_2O \quad (7)$$

$$3Fe_3O_4 + 3/4O_2 + 9/2H_2O \rightarrow 9\gamma - FeOOH \quad (8)$$

(7)式はγ −FeOOHの還元反応を、(8)式はγ −FeOOHの再酸化反応を表しており、磁気処理によりFe_3O_4の増加、γ −FeOOHの減少が見られたことから、磁気処理により還元反応が生じていることは明らかである。

参考文献

1) 磁気の効果と応用資料集、ベル教育システム発行(1988)
2) 山本 他、「磁気処理水がセメントモルタルの強度に及ぼす影響」、セメント・コンクリート、Vol.468、pp.36-40 (1986)
3) 坂元 他、「磁気処理水による赤錆防除効果」、磁気の効果と応用資料集、ベル教育システム発行、pp.29-35 (1988)
4) Tebenihin (遠藤 訳)、「動力装置の水の磁気処理と超音波処理」、新日本鋳鍛造協会 (1985)

スケール抑制と防錆効果のメカニズム

永井　達夫
株式会社日本製鋼所研究開発本部

1.　はじめに

本題に関して、多くの方が研究を重ねておられるが、学会等を通じて1つの共通した見解が得られているとは言い難い。このような現状で著者が本題について説明するが、ここで記する内容が正解とは限らず、著者らグループの実験事実と考え方であると理解し、目を通していただきたい。また読者の方々が今後正解を出すための討論のネタにしていただければ幸いである。

2.　電場と磁場

電場を生じさせれば磁場が生じる。本来、電場と磁場は同時に存在するため、これらを別々に論じることは難しい。しかし、電磁場を水に印加させる装置を製作する際、いずれかを直接発生させるかによって、電場水処理装置と磁場水処理装置に大別される。また、両者を総じて電磁場水処理装置と表現される。

1865年Porterの発明した装置が米国特許を取得したことから電磁場水処理装置が始まったらしい[1)]が、電場や磁場がスケールや錆の抑制に効果があることはかなり古くから報告されている。特に旧ソ連で行われた磁場のスケール抑制及び防錆効果やその作用メカニズムに関する研究は有名である[2)]。これら多くの報告は現象論であったが、初めて理論的解析に踏み込んだのが米国のBusch夫妻であると著者は感じている。Busch夫妻は磁場水処理装置の研究に注力されているが、磁場を水溶液が流れるときに生じるローレンツ電場がスケール及び錆の抑制に作用していると考えられている[3)]。Busch夫妻は磁場水処理装置の再現性に関しても研究されている[4, 5)]。

著者らのグループは磁場を否定しているわけではないが、Busch夫妻の指摘しているローレンツ電場の影響も受け、直接電場を印加することより研究に着手した。

3.　スケール抑制

3.1　従来の定性論

電場の中をイオンを含んだ水が通過する際、**図1**のように、正負イオン流が分離して図の上方に正イオンが、下方に負イオンが集まる“イオン流分離”“イオン濃縮”を引き起こす。また図の中央部の正イオンと負イオンの流れが曲げられる箇所では、正負イオンは熱運動による衝突と流れ交差による衝突を受けるので、正負イオンの衝突回数が増える。すなわち、“正負イオン衝突の増大”が生じる。よって、$CaCO_3$粒子の析出メカニズムとしては、

1) “イオン濃縮”によってできるpHの高くなるア

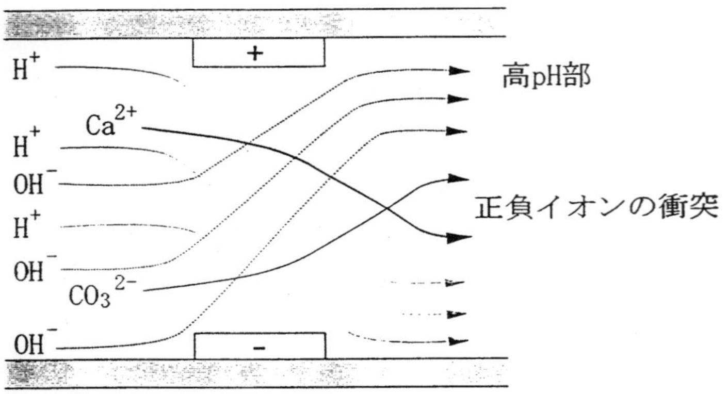

図1　ローレンツ電場による"イオン流分離"

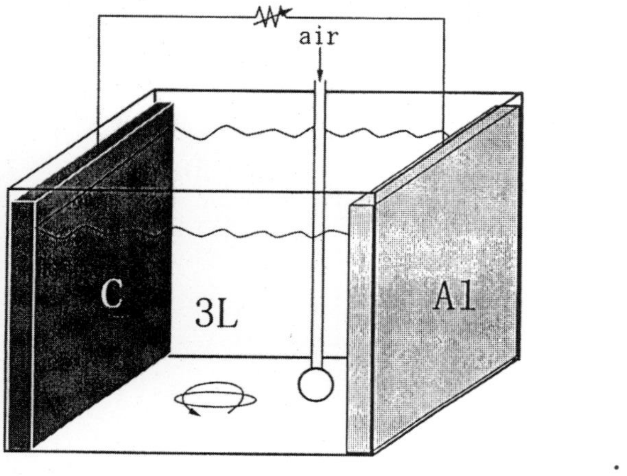

図2　電場印加実験装置の概略図

内寸法：L200×W150×H150mm
電極面積：185×130mm
水量：3L
電極間距離：120mm
水温：25±1℃

ノード電極近傍で$CaCO_3$の溶解度が小さくなることにより$CaCO_3$粒子が析出する

2）Ca^{2+}がカソード電極の方向へ、HCO_3^-（CO_3^{2-}）がアノード電極の方向へ移動する際に、衝突することにより$CaCO_3$粒子が析出することの2つが想定される。

SiO_2はpH9以下では溶解度がほとんど変化しないこと、イオン性が弱いことより、$CaCO_3$粒子の析出メカニズムを流用することができない。しかし、$CaCO_3$に比べスケールの発生件数が少ないためか、SiO_2粒子の析出メカニズムはあまり論じられていない。

いずれのスケール抑制理論も概念的なもので、例えば、$CaCO_3$粒子の析出メカニズムは上記の2つが想定されているが、"イオン流分離"と"正負イオン衝突の増大"のいずれが強い影響を及ぼしているか等、論じられていない。

3.2　衝突理論

著者らは、$CaCO_3$粒子の析出メカニズムにおいて、"イオン濃縮"と"正負イオン衝突の増大"のいずれが強い影響を及ぼしているかを検討した[6)]。

3.2.1　実験方法

イオン交換水（電気伝導度0.1 μS/cm以下）に$CaCO_3$を飽和溶解させた溶液及び硫酸カルシウム（以下$CaSO_4$）を飽和溶解させた溶液を別々に用意する。こ

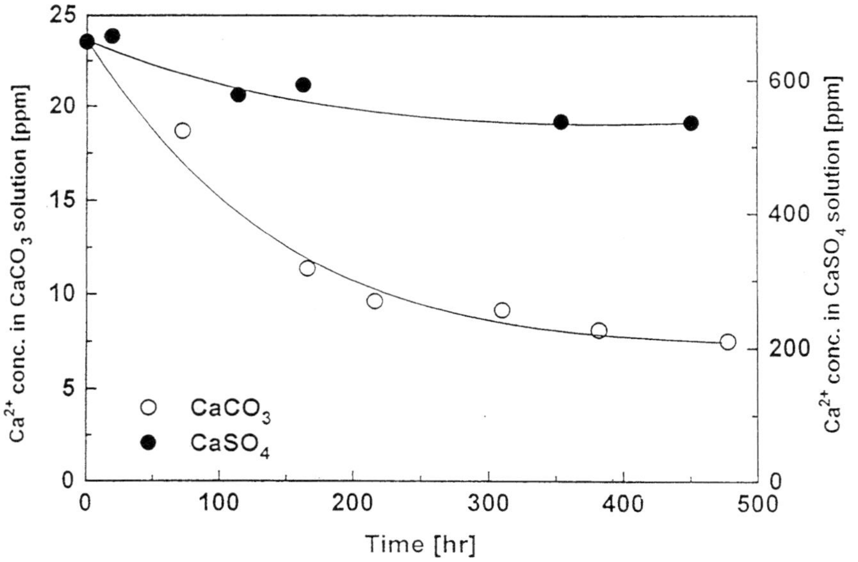

図3　$CaCO_3$溶液及び$CaSO_4$溶液に電場を印加した際のCa^{2+}濃度の時間変化

の際、両溶液の電気伝導度を同じくするよう$CaCO_3$溶液には塩化ナトリウムを添加した。それぞれの上澄み液を実験槽に入れ、アルミニウム（以下Al）と炭素（以下C）を電極とし、その自然電位差を利用して電場を印加した（**図2**参照）。電極間に接続した可変抵抗を用いて、通電される電流を3mAに調整しながら、$CaCO_3$または$CaSO_4$粒子の析出挙動として、溶液中のCa^{2+}濃度の変化をイオンクロマトグラフで調べた。

3.2.2　実験結果及び考察

$CaCO_3$溶液及び$CaSO_4$溶液に3mAの電流を連続的に通じたときのCa^{2+}濃度の時間変化を**図3**に示す。

いずれも時間とともにCa^{2+}濃度が減少し、約400時間で一定となった。そのときのCa^{2+}濃度の減少率は$CaCO_3$溶液では約70%、$CaSO_4$溶液では約20%であり、$CaCO_3$溶液の方が減少率が大きい。

そこで、$CaCO_3$溶液及び$CaSO_4$溶液について、平衡定数がどの程度変化したか概算する。各粒子の析出反応は式(1)であるから、

$$Ca^{2+} + CO_3^{2-} \text{ or } SO_4^{2-} = CaCO_3 \text{ or } CaSO_4 \quad (1)$$

各粒子の析出速度Vp及び溶解速度Vsは、

$$Vp = kpC_L^2 \quad \cdots\cdots (2)$$
$$Vs = ksNs \quad \cdots\cdots (3)$$

と表現できる。ここで、C_L^2はCa^{2+}濃度とCO_3^{2-}濃度またはSO_4^{2-}濃度の積、Nsは溶液中の$CaCO_3$または$CaSO_4$濃度である。さらに電場を印加していないとき0、電場を印加しているときEの添字を付すると、平衡状態ではVp＝Vsであるから、それぞれの平衡定数Kは、

$$K^0 = kp^0 / ks^0 = Ns^0 / (C_L^0)^2 \quad \cdots\cdots (4)$$
$$K^E = kp^E / ks^E = Ns^E / (C_L^E)^2 \quad \cdots\cdots (5)$$

$Ns^0 = Ns^E$であるから、電場を印加することによって平衡定数の変化は次式となる。

$K^E / K^0 = (C_L{}^0)^2 / (C_L{}^E)^2$ ……………………… (6)

ここで、$CaCO_3$溶液での各イオンの濃度は、電場を印加していないとき、$[Ca^{2+}] = 5.88 \times 10^{-4}$[mol/L](=23.5ppm)、$[CO_3{}^{2-}] = 9.88 \times 10^{-4}$[mol/L](=59.3ppm)、電場を印加しているとき、$[Ca^{2+}] = 1.88 \times 10^{-4}$[mol/L](=7.5ppm)、$[CO_3{}^{2-}] = 7.86 \times 10^{-4}$[mol/L](=47.1ppm)であるから、式(6)より$CaCO_3$溶液に電場を印加すると平衡定数は次のように変化した。

$$K^E / K^0 = (5.88 \times 10^{-4}) \cdot (9.88 \times 10^{-4}) / (1.88 \times 10^{-4}) \cdot (7.86 \times 10^{-4}) = 3.93 \quad (7)$$

さらに、式(4)、(5)より

$$K^E / K^0 = (kp^E / ks^E) \cdot (ks^0 / kp^0) = 3.93$$
$$kp^E / kp^0 = 3.93 (ks^E / ks^0) \quad \cdots\cdots (8)$$

と表現できる。

同様に、$CaSO_4$溶液での各イオンの濃度は、電場を印加していないとき、$[Ca^{2+}] = 1.65 \times 10^{-2}$[mol/L](=660ppm)、$[SO_4{}^{2-}] = 1.68 \times 10^{-2}$[mol/L](=1,610ppm)、電場を印加しているとき、$[Ca^{2+}] = 1.34 \times 10^{-2}$[mol/L](=536ppm)、$[SO_4{}^{2-}] = 1.22 \times 10^{-2}$[mol/L](=1,167ppm)であるから、式(6)より$CaSO_4$溶液に電場を印加すると平衡定数は次のように変化した。

$$K^E / K^0 = (1.65 \times 10^{-2}) \cdot (1.68 \times 10^{-2}) / (1.34 \times 10^{-2}) \cdot (1.22 \times 10^{-2}) = 1.70 \quad (9)$$

$$kp^E / kp^0 = 1.70 (ks^E / ks^0) \quad \cdots\cdots (10)$$

となる。すなわち、$CaCO_3$溶液の方が平衡定数の変化率が大きく、イオン衝突以外の何等かの因子が働いていることになる。

もう少しイオン衝突について考察を加える。

単位体積中にna個のaイオンとnb個のbイオンを含む溶液中を、aイオンが速度Va、bイオンが速度Vbで移動していると仮定すると、衝突理論より単位時間当たりのaイオンとbイオンの衝突速度Rは次のようになる。

$$R = na \cdot nb \cdot V \cdot \sigma ab \quad \cdots\cdots (11)$$

ここで、σabは衝突の断面積、Vは相対速度$|Va| + |Vb|$である。式(2)と比較し、$kp = V \cdot \sigma ab$であるから、

$$kp^E / kp^0 = V^E / V^0 \quad \cdots\cdots (12)$$

となる。本実験では電気伝導度を調整しているため両溶液間に電界強度はほとんど差がなく、かつ$CO_3{}^{2-}$のイオン半径は0.128nm、$SO_4{}^{2-}$のイオン半径は0.147nm[7]とさほどイオン半径に差がないので、式(12)より

$$(kp^E / kp^0)^{CaCO_3} = (kp^E / kp^0)^{CaSO_4} \quad \cdots\cdots (13)$$

となる。すなわち、溶液に依存せず析出反応の速度定数への影響は同じである。

よって、$CaCO_3$溶液において式(8)に示す$kp^E / kp^0 = 3.93 (ks^E / ks^0)$となっているのは、単なるイオン衝突への電場の影響以外の因子が見かけの平衡をずらしているのである。これが電極近傍のpH変化による効果であることを後述する。

3.3 スケール抑制理論

3.3.1 炭酸カルシウム($CaCO_3$)

①C電極近傍のpH変化

図2に示した実験装置を用いて、可変抵抗を変化させることにより通ずる電流値を変化させ、このときのC電極近傍のpH変化を**図4**に示す。また、各電流を連続的に印加した際のCa^{2+}濃度の変化を**図5**に示すが、$CaCO_3$粒子の析出量は通電される電流値に大き

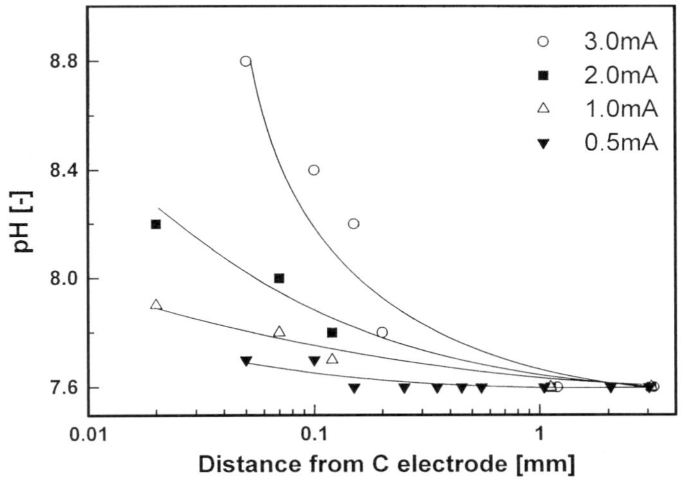

図4　C電極近傍のpH変化

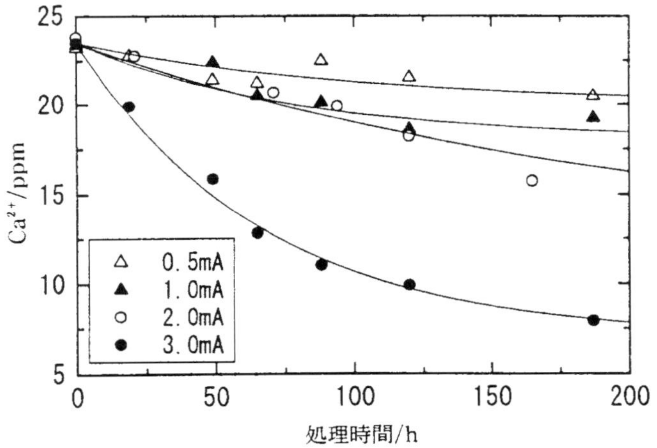

図5　$CaCO_3$溶液に電場を印加した際の通ずる電流とCa^{2+}濃度の時間変化

く影響されることがわかった。

②炭酸種の平衡とCa^{2+}濃度との関係

そこで、$CaCO_3$粒子は電場内の高pH領域で溶解度が低下することにより析出すると仮定し、$CaCO_3$粒子の析出モデルについて検討した。

pHによる$CaCO_3$溶解度の変化を求めるため、まず炭酸種の水溶液中の平衡を考える。

$$CO_2(aq) + H_2O = H_2CO_3 \quad \cdots\cdots (14)$$

$$H_2CO_3 = H^+ + HCO_3^- \quad \cdots\cdots (15)$$

$$K1 = ([H^+][HCO_3^-]) / [H_2CO_3] = 4.45 \times 10^{-7} (25℃)^{8)} \quad \cdots\cdots (16)$$

$$HCO_3^- = H^+ + CO_3^{2-} \quad \cdots\cdots (17)$$

$$K2 = ([H^+][CO_3^{2-}]) / [HCO_3^-] = 4.69 \times 10^{-11} (25℃)^{8)} \quad (18)$$

本実験では大気を溶液中に通じているので、水中の炭酸ガス濃度は大気中の炭酸ガスとヘンリーの法則に従って平衡を保っている。よって、$[H_2CO_3]$=一定とすると、式(16)、(18)及び$CaCO_3$の溶解度積

$$Ksp = [Ca^{2+}][CO_3^{2-}] = 4.8 \times 10^{-9} (25℃)^{2)} \quad (19)$$

より、

$$[Ca^{2+}] = (Ksp[H^+]^2) / (K1K2[H_2CO_3]) = \alpha [H^+]^2$$
$$\log[Ca^{2+}] = \alpha - 2pH \quad \cdots\cdots (20)$$

式(20)に著者らの実験値($[Ca^{2+}]=5.88 \times 10^{-4}$[mol/L]、pH=7.6)を代入すると、$\alpha$=12となり式(20)は

$$\log[Ca^{2+}] = 12 - 2pH \quad \cdots\cdots (21)$$

となる。

③pH変動から求まる平衡定数のずれ

pH1とpH2における平衡状態について、平衡定数Kを用いて表現すると、式(6)より

$$K1 / K2 = (C_{L2})^2 / (C_{L1})^2$$
$$\log K1 - \log K2 = \log(C_{L2})^2 - \log(C_{L1})^2 = (\log[Ca^{2+}{}_2] + \log[CO_3^{2-}{}_2]) - (\log[Ca^{2+}{}_1] + \log[CO_3^{2-}{}_1]) \quad (22)$$

pH2を飽和状態(pH=7.6)、CO_3^{2-}を一定とすると、式(21)より式(22)は

$$\log K1 - \log K^{satu} = 2pH - 15.2 \quad \cdots\cdots (23)$$

となる。

通ずる電流値3mAのときのC電極近傍でのpH変化は、**図4**よりC電極からの距離をX[mm]とすると、

$$pH = 7.6 + 1.91\exp(-X/0.11) \quad \cdots\cdots (24)$$

で示されるので、式(23)は

$$\log K1 - \log K^{satu} = 3.82\exp(-X/0.11) \quad \cdots (25)$$

となり、これをX：0〜1mmまで積分すると、

$$\log K1^{av} - \log K^{satu} = 0.42$$
$$K1^{av}/K^{satu} = 2.63 \quad \cdots\cdots (26)$$

となる。式(8)、(13)より、$CaCO_3$溶液に電場を印加した際の、イオン衝突以外のメカニズムによる平衡定数のずれ分は2.31であり、計算結果は若干大きくなっている。これは$CaCO_3$粒子の溶解速度[9]を無視していることによると思われるが、$CaCO_3$粒子が電場内の高pH領域で溶解度が低下することにより析出するという仮定がほぼ正しいことを示唆している。

3.3.2 シリカ(SiO_2)

SiO_2飽和溶液を**図2**で示した実験槽に入れ、AlとCを電極とし、その自然電位差を利用して電場を印加した。電極間に接続した可変抵抗を用いて、通電される電流を0〜3mAに調整しながら、SiO_2粒子の析出挙動として、溶液中のSiO_2濃度の変化をモリブデンイエロー法で調べた。その結果を**図6**に示す。

電流値が増加するとSiO_2濃度の低下率、初期低下速度が増加し、その濃度平衡値も小さくなることがわかった。また、水溶液中に脆い白色及び灰白色の析出物が得られた。この析出物をX線回折装置を用いて組成分析を試みたが非晶質なため明確なピークが得られなかった。そこで、エネルギー分散型元素分析装置(EDS)で元素分析したところ、AlとSiを含んでいることがわかった(**図7**)。

そこで、SiO_2粒子は以下の理由により析出すると仮定し、検討した。

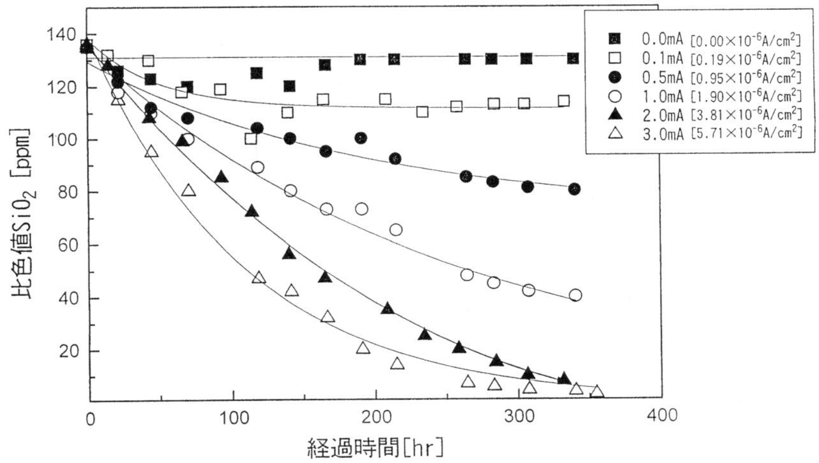

図6　電場印加によるSiO_2濃度の変化

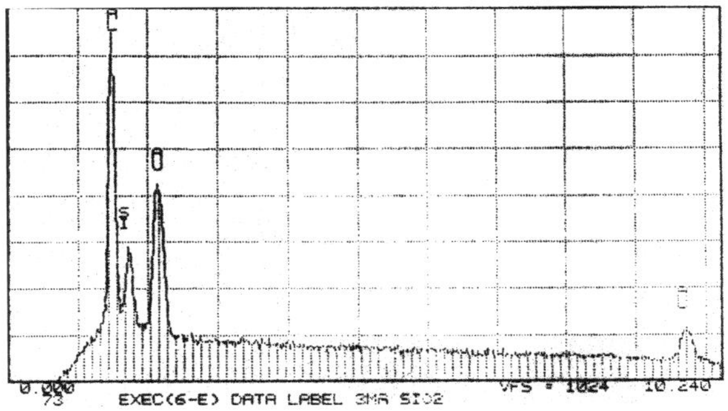

図7　Al-C電極による電場印加時に得られた析出物の元素分析結果

1) Al電極より生じるAl^{3+}または$Al(OH)_3$とSiO_2の結合
2) 電場内でのイオン状SiO_2の衝突
3) カソード電極近傍に生じる低pH領域による溶解度の減少

①Al電極の影響

図6に示したように、AlとCを電極とした場合SiO_2粒子が析出し、かつその析出物にAlとSiが含まれることが確認されたので、Tiを電極として同様の電流を通じてみた。この結果を**図8**に示すが、Ti電極を用いた場合、水溶液中のSiO_2濃度に変化はなかった。また、析出物もなかった。

Al電極からの溶出物質がSiO_2粒子の析出に関与していると推測されるため、SiO_2飽和溶液に塩化アルミニウム($AlCl_3$・$6H_2O$)を種々の濃度で添加してみた。その際、pHも水酸化ナトリウム(NaOH)で変化させた。その結果を**図9**に示したが、電磁場水処理装置で形成されるpH範囲では析出物を生じさせSiO_2濃

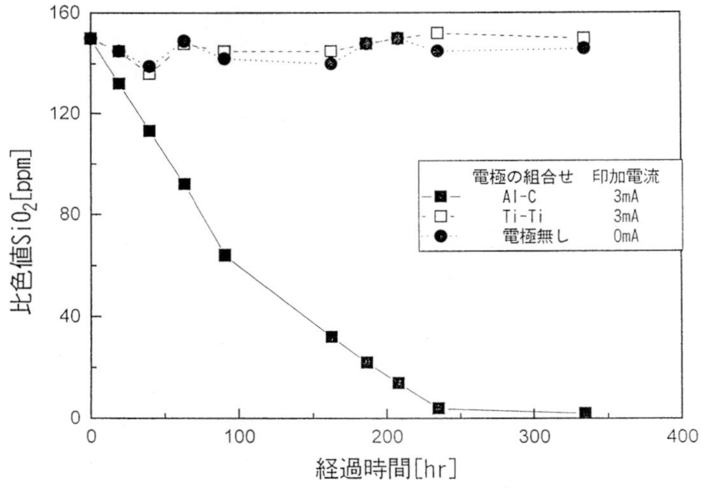

図8　SiO_2濃度の変化に及ぼす電極材質の影響

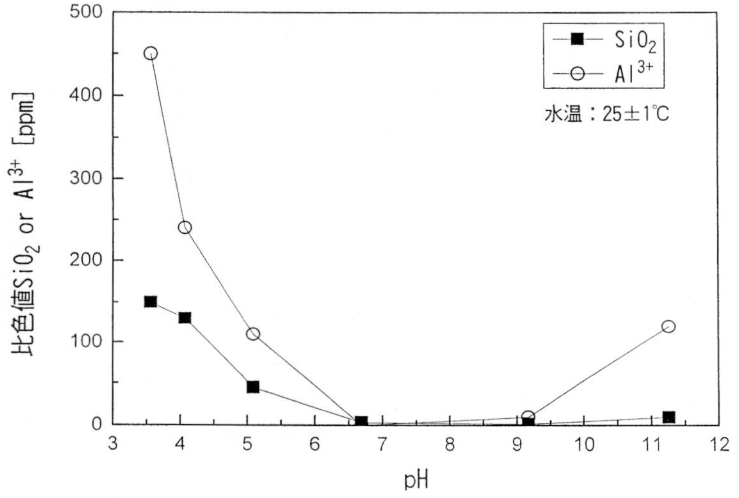

図9　Al^{3+}/SiO_2(モル比3/1)でAl^{3+}を添加した場合のSiO_2及びAl^{3+}濃度の変化

度が減少した。この析出物は分析の結果AlとSiの化合物であることがわかった。またその粒径は0.2 μm以上であった。

②イオン衝突の影響

水溶液中でSiO_2は、

$$SiO_2 + 2H_2O = Si(OH)_4 = Si(OH)_3O^- + H^+ \quad (27)$$

の形で存在していると考えられ、マイナスの電荷を有するためアノード電極に引き寄せられる。

これによりアノード近傍ではSiO_2濃度が上昇し、イオン状SiO_2同士の衝突が生じる可能性がある。Ti電極の実験では、電極での金属イオンの溶出がない

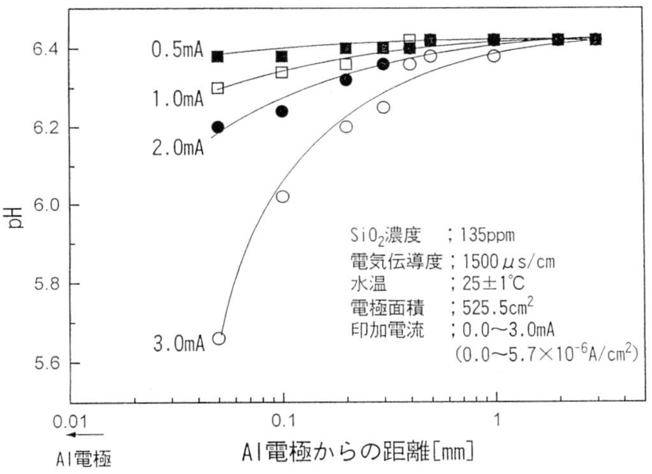

図10　Al電極近傍のpH変化

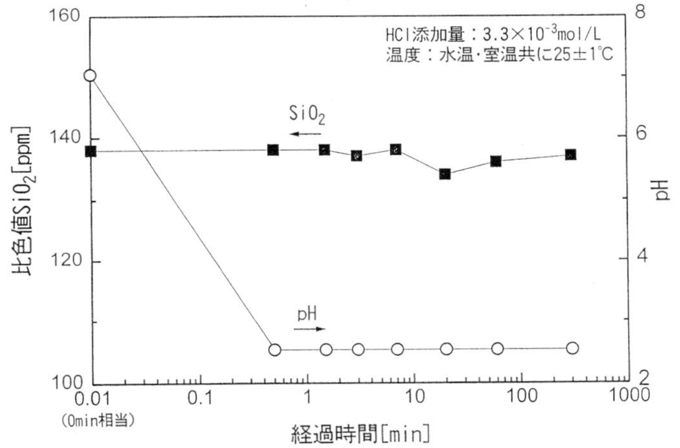

図11　塩酸添加によるSiO_2濃度とpHの変化

ため、SiO_2粒子析出に関しこの衝突を因子として含んでいるはずである。しかし、水溶液中のSiO_2濃度に変化がなかったことより、イオン衝突はほとんどSiO_2粒子の析出に関与していないと推測される。

③pHの影響

SiO_2のpHによる影響を調べるため、Al電極近傍に形成されるpH領域と、pHによるイオン状SiO_2濃度の変化を測定した。使用した実験装置は**図2**と同じである。

Al電極近傍のpH変化を**図10**に示す。電流値の増加に伴いpHが低下し、かつ領域が広くなっている。また、SiO_2飽和溶液3Lに塩酸1mL（3.3×10^{-3}mol）添加した際のSiO_2濃度の変化を**図11**に示す。塩酸添加直後pHは急激に低下するが、SiO_2濃度は変化しなかった。

図12にSiO_2溶解度とpHの関係を示すが、やはり電磁場水処理装置で形成される程度のpH範囲ではSiO_2

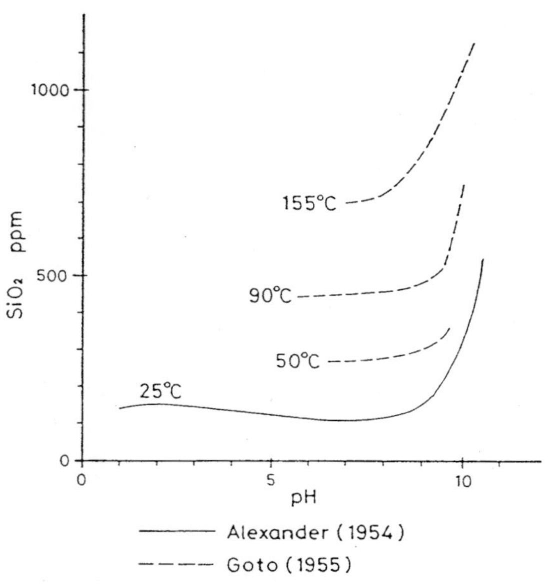

図12　SiO_2溶解度とpHの関係

粒子は析出しないことが確認できた。

④まとめ

現在モデル計算するまでに至っていないが、アノードであるAl電極から溶出されるAlがSiO_2粒子の析出に強く関与していると考えられる。また、鉄、マグネシウム、亜鉛等でもAl同様SiO_2粒子を析出させることが確認されている[10, 11]。

3.4　粒子生成とスケール抑制

他の研究者の報告や著者の上述より、電磁場処理が$CaCO_3$またはSiO_2粒子の析出に関与することは現象的に理解していただけたと期待する。しかし、本題はスケール抑制であり、スケール成分の粒子を析出させることではない。この粒子の析出とスケール抑制との関係を以下に説明する。

スケールが発生しやすいクーリングタワーを介する開放型循環ラインを想定する。循環水の濃縮倍率が低い場合$CaCO_3$スケールが、濃縮倍率の高い場合$CaCO_3$及びSiO_2スケールが発生しやすいが、その発生箇所は熱交換部または蒸発を伴うクーリングタワーの充填材である。

電磁場水処理装置を循環水が通過する際$CaCO_3$またはSiO_2粒子が析出され、その微粒子が循環水に流されスケールの発生箇所に送り込まれる。スケールが発生するためにはスケールの核を発生させる大きなエネルギーが必要であるのに対し、スケールと同成分の微粒子が存在すれば核発生より小さなエネルギーで現象が生じる核成長を促す。成長した固体（スラッジ）は流速の遅いクーリングタワーの底部または貯水槽に堆積する。

すなわち、熱交換部等に付着するスケールをスラッジという固体に姿形を変化させ、スケールを抑制する。

著者らが開発した電磁場水処理装置を設置した某地域冷暖房施設において、補給水量、ブロー量を測定できるようにしておき、クーリングタワーの底部に堆積したスラッジを回収し、この物質収支を確認した。理論上では、$CaCO_3$成分が乾燥重量で、

（年間補給水量×補給水平均Ca硬度）－（年間ブロー水量×ブロー水平均Ca硬度）＝1,078kg－983kg＝95kg

このラインに入ったことになる。1年間に得られたスラッジは乾燥重量で約90kgであった。クーリングタワーでの回収作業のため回収漏れは随分あるはずだが、理論値にかなり近い回収がなされている[12]。

4.　防　錆

著者らのグループでは、実際の現象として、鉄では防錆被膜である黒錆（Magnetite：Fe_3O_4）が生成される経験を多く持つ。この事実をいかに理論と結びつけるかが課題であるが、本題のメカニズムに関する研究においてほとんど成果を得ていない。しかし、メカニズムを解明するに当たり、久保田[13]等多くの研究者が述べているPourbaixの鉄の電位・pH図

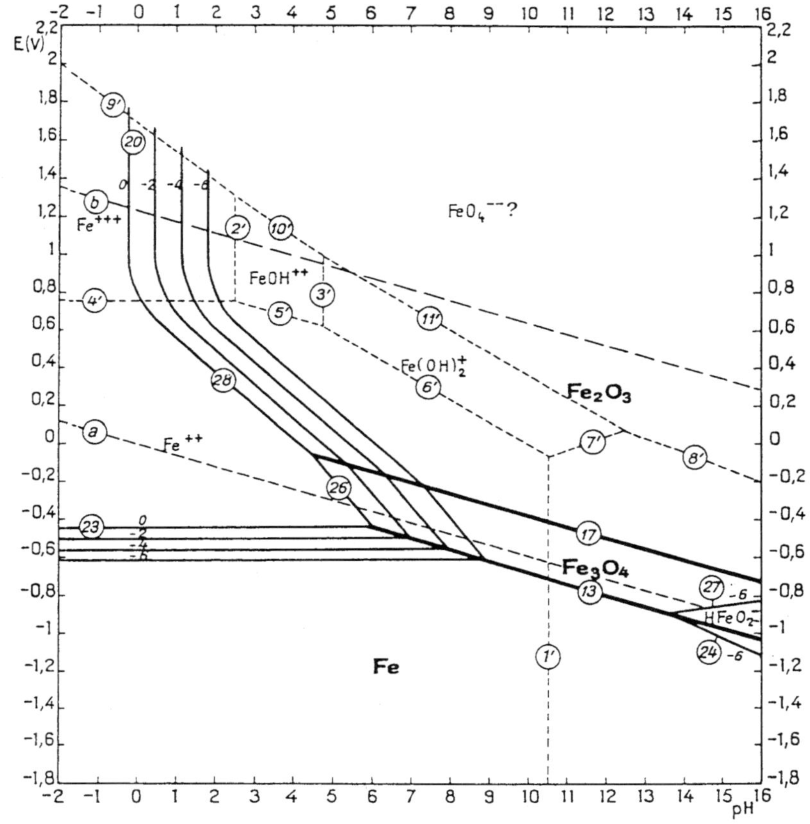

図13　鉄のPourbaix線図

（**図13**参照）[14]を用いて説明することがわかりやすいと考えている。

Pourbaix線図は、水温25℃の水中に鉄を浸せきさせたときの鉄の表面状態が、水のpHと電位でその状態が決定されることを示している。循環水の水温は極端に高いわけではなく、pHも7.5～8.5の範囲であるから、実用上鉄表面は電位で決定されるといえる。黒錆の生成が起こることから、電磁場水処理装置により電位が下がると考えざるを得ない。ここで、電位は酸化還元電位と考えていただいて結構である。

図2に示した実験装置を用いて電場による腐食電位の変化を調べたところ、**図14**に示す結果が得られた。

今後の研究成果を期待するところである。

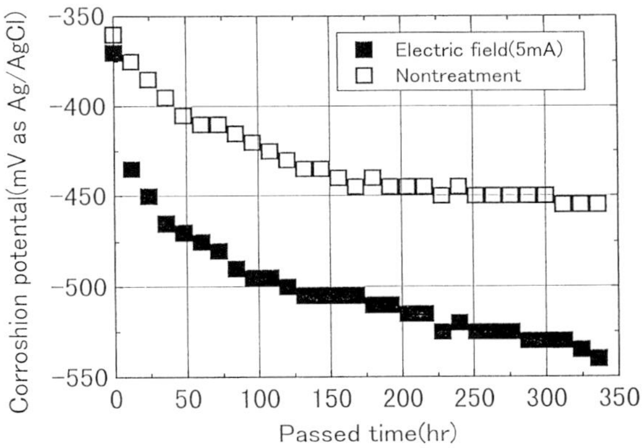

図14　電場による腐食電位の変化

5. おわりに

電磁場（と表現しているが実際には電場）が及ぼすスケール抑制及び防錆効果について説明してきたが、冒頭申したように、これは著者らの研究を中心に述べた感が強い。さらなる事実の発見、原理の解明が進み、その結果、より高性能の電磁場水処理装置が世の中に登場・貢献できることを願ってやまない。また、本書の主旨より技術的内容に終始したが、機会があれば実際のラインで電磁場水処理装置を使用した例についても、紹介したいと考える。

最後に、1つ注意していただきたいことがある。あくまで水にきちんと電磁場が印加されて初めて上述の現象が生じるということである。電極を配したから電場が印加されているとか、磁石を配したから磁場が印加されていると思い込むと危険である。水より電気抵抗の小さい、または透磁率の大きな材料があればそちらに電場または磁場は流れる。電磁場水処理装置と銘打つならばそれなりの回路を形成している必要がある。

参考文献

1) 大蔵、川村：水処理技術、Vol.2, No.3 , p.23 (1961)
2) E. Φ . T E Б E H И X И H：動力装置の水の磁気処理と超音波処理、p.32、日ソ通信社 (1985)
3) K.W.Busch, M.A.Busch et al.：Corrosion-Nace, Vol.42, No.4, p.211 (1986)
4) K.W.Busch, M.A.Busch：Desalination 109, p.131 (1997)
5) K.W.Busch, M.A.Busch et al.：Trans. Ins. Chemical engineers, Vol.75, Part B, p.105 (1997)
6) 永井 , 小口など：日本製鋼所技報 , No.52, p.1 (1996)
7) 桐山：構造無機化学 II 、p.274、共立出版 (1981)
8) 猿橋：日本科学雑誌 ,Vol.76, No.11, p.1294 (1955)
9) 永井 , 小口など：日本製鋼所技報 ,No.54, p.88 (1998)
10) 真下 , 小口など：化学工学会第 62 年会発表 (1997)
11) 真下 , 小口など：化学工学会第 63 年会発表 (1998)
12) 真下 , 永井など：化学工学会第 60 年会発表 (1995)
13) 中根 , 久保田：水の再発見、p.257、光琳
14) M.Pourbaix：Atlas of Electrochemical Equilibria in Aqueous Solutions, p.312, NACE Cebelcor (1966)

エレクトロニクス分野における精密洗浄

山中 弘次
オルガノ株式会社総合研究所

1.　はじめに

環境保護意識の高まりと製造コスト低減の必要性から、LSI製造、LCD製造、シリコンウェハー製造など、エレクトロニクス分野でのウェット洗浄プロセスにおける、洗浄薬品及びリンス用超純水使用量の削減が強く求められている。

機能水は、超純水にガス（オゾン、塩素、酸素、水素）を溶解して、酸化性／還元性を持たせ、あるいはこのガス溶解水に更に微量の酸／アルカリを添加してpHを調整した「洗浄能力の高い水」であり、従来の洗浄薬液に比べて、薬品使用量やリンス用超純水使用量を大幅に削減できることから、既に多くの製造ラインで実用に供されている。

表1に洗浄用機能水開発の経緯を示す。我々は、1993年に電解水による洗浄効果を見出して機能水洗浄技術の開発に着手し[1]、以後、1994年にはガス溶解方式による機能水製造を加え、機能水の製造方法と応用技術の拡大に努めてきた[2-13]。本稿では、機能水の各種製造方法とその特徴、及び洗浄効果について紹介する。

2.　機能水とは…

上述のように機能水とは、超純水にガスを溶解して、酸化性／還元性を持たせ、あるいはこのガス溶解水に微量の酸／アルカリを添加してpHを調整した

表1　機能水開発の経緯

1993年	5月	電解水によるシリコンウェハー洗浄効果の最初の発表[1]
	8月	超クリーン電解水製造装置　試作１号
1994年	8月	ガス溶解機能水　開発開始
	11月	超クリーン電解水製造装置「酸還王Ｉ型」　販売開始
1995年	5月	ガス溶解機能水製造装置　試作１号
1996年		機能水デモ機評価　活発化
1997年	10月	オゾン水／水素水製造装置「酸還王Ⅱ型」（ガス溶解タイプ）販売開始
1998年	3月	水素水製造装置「酸還王Ｈ型」（ガス溶解タイプ）販売開始

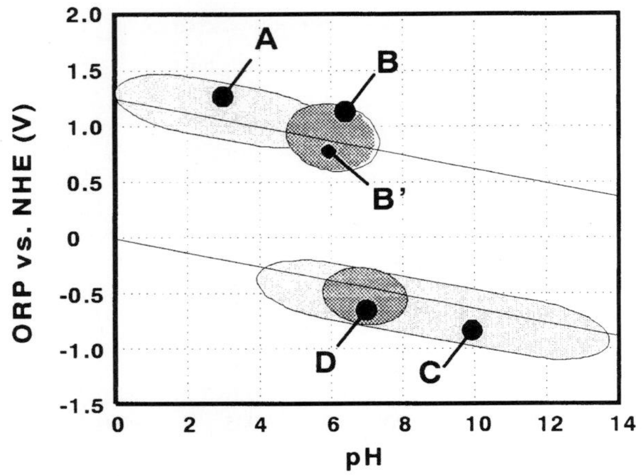

	洗浄効果	電解水	ガス溶解水
A	金属除去／有機物除去	酸添加アノード水	酸添加オゾン水
B	有機物除去	ー	オゾン水
B'	リンス効果	超純水アノード水	ー
C	微粒子除去	アルカリ添加カソード水	アルカリ添加水素水
D	微粒子除去	超純水カソード水	水素水

図1　機能水のpH、ORPと主な洗浄効果

「洗浄能力の高い水」であり、従来の洗浄薬液に比べて、薬品使用量やリンス用超純水使用量を大幅に削減できるものである。

図1に機能水のpH、酸化還元電位（ORP：Oxidation Reduction Potential）の範囲とその典型的洗浄効果を示す。機能水製造方法には、大きく分けて電解水方式とガス溶解水方式があるが、いずれの方法によっても、pH中性～酸性で且つ酸化性の機能水、及びpH中性～アルカリ性で且つ還元性の機能水を製造供給することが出来る。酸化性の機能水は、金属除去[1, 3, 5]、有機物除去、リンス効果[7, 9]などの洗浄効果をもち、還元性の機能水は、主として微粒子除去[2, 4, 8, 12, 13]に利用される。機能水の洗浄力の主要因となっている酸化性または還元性を与えているのは各種ガスであり、これらは洗浄後に排水となったとき容易に系外に抜けるので、実質的な排水負荷とはならない。

また、必要に応じて添加される酸／アルカリも通常ppmレベル以下であり、従来の洗浄薬液が%オーダーの薬品を含有しているのに比べれば、1/100以下の薬品含有量である。よって、機能水の導入により、薬品使用量、廃棄物排出量はもとより、水回収再利用率の向上、濃厚薬品使用量減によるリンス用超純水使用量の削減、リンス時間の大幅短縮、洗浄プロセスのスループット向上が可能である。

表2に機能水中の不純物濃度を示した。電解水方式とガス溶解水方式、いずれの方法によっても、製造される機能水中の不純物は、超純水中のそれと同等にpptレベルで定量下限値以下であり、極めて高いクリーン度を示している。この機能水の超純水に匹敵する高いクリーン度は、機能水が含有する薬品濃度が従来の洗浄薬液に比較して極めて低いこと、及び機能水製造装置部材の徹底したクリーン化によって達成されている。このように高いクリーン度を有する機能水は、原子レベルでの清浄性が求められるエレクトロニクス分野においても、安心してウェット洗浄に適用することが出来る。

表2　機能水のクリーン度

	超純水	電解水		ガス溶解水		分析方法
		カソード水	アノード水	水素水	オゾン水	
Na	<0.003	<0.003	<0.003	<0.003	<0.003	FLAAS
K	<0.003	<0.003	<0.003	<0.003	<0.003	FLAAS
Ca	<0.003	<0.003	<0.003	<0.003	<0.003	FLAAS
Mg	<0.003	<0.003	<0.003	<0.003	<0.003	FLAAS
Fe	<0.005	<0.005	<0.005	<0.005	<0.005	FLAAS
Mn	<0.005	<0.005	<0.005	<0.005	<0.005	FLAAS
Cu	<0.005	<0.005	<0.005	<0.005	<0.005	FLAAS
Zn	<0.003	<0.003	<0.003	<0.003	<0.003	FLAAS
Pb	<0.005	<0.005	<0.005	<0.005	<0.005	FLAAS
Cd	<0.005	<0.005	<0.005	<0.005	<0.005	FLAAS
Al	<0.005	<0.005	<0.005	<0.005	<0.005	FLAAS
Ni	<0.005	<0.005	<0.005	<0.005	<0.005	FLAAS
Cr	<0.005	<0.005	<0.005	<0.005	<0.005	FLAAS
SiO_2	<0.02	<0.02	<0.02	<0.02	<0.02	IC (as Si)

単位　：ppb
FLAAS：原子吸光法
IC　　：イオンクロマトグラフィー法

3.　機能水製造方法

機能水製造方法は3種類あり、それぞれ特徴がある。洗浄の目的・規模に応じて最適な方法を選択することが出来る。**図2**に各種機能水製造法の概念図を示す。

3種類の機能水製造方法とは、まず、(a)電解水：超純水を電解し電解水をユースポイントに供給する方法、次に(b)ガス溶解水：水電解でオゾンガスと水素ガスを同時に製造し、これらのガスを各々ガス溶解モジュールを介して超純水に溶解させ、オゾン水、水素水の両方を供給する方法、更に(c)水素水：(b)においてオゾンガスを製造せず、水素水供給のみに特化させて低価格化を実現した方法、である。

全ての方法において、必要に応じて酸／アルカリを添加し、機能水のpHをコントロールすることが出来る。

電解水方式とガス溶解水方式の機能水の特徴と効

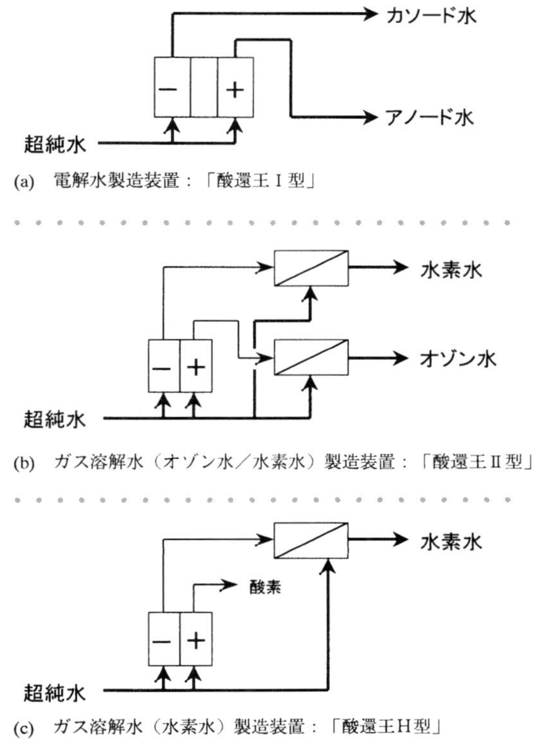

図2　各種機能水製造装置の概念図

表3　機能水の特長と効果

	電解水				ガス溶解水			
機能水製造装置	酸 還 王 Ⅰ				酸還王Ⅱ型/H型			
洗浄液	カソード水		アノード水		H_2水		O_3水	
	中性	アルカリ性	中性	酸性	中性	アルカリ性	中性	酸性
微粒子除去	○	◎			○	◎		
微粒子再付着防止	○	◎			○	◎		
金属除去			○	◎			○	◎
有機物除去				◎			◎	◎
自然酸化膜成長防止	◎	◎			◎	◎		
主な用途	・小流量用途(～20L/min)				・大流量用途(10L/min～)			

果を、**表3**にまとめた。

ガス溶解方式の特徴は、大規模装置に適していることである。電解水方式では、処理水量の増加に比例して多くの電解セルを必要とする。これに対して、ガス溶解方式では、処理水量に比例するのはガス溶解モジュールの規模であるが、このガス溶解モジュールはもともとガス溶解効率が高く、数10m^3/hクラスの装置であっても、装置全体をコンパクトに安価に製作することが出来る。

電解水方式の特徴は、アノード水の水質とその応用にある。ガス溶解方式におけるオゾン水が、文字通りppmオーダーのオゾンを溶解した水であり、高い酸化還元電位を持つのに対し(**図1のB**)、電解アノード水中のオゾンはわずかであり、オゾン水と比較してやや低い酸化還元電位を示す(**図1のB'**)。

例えば、ある種の金属膜が露出している基板表面を洗浄するような場合に、オゾン水では表面にダメージを与えるが、アノード水ではダメージ無く洗浄できる場合がある。

また、塩酸を加えてpHを酸性とする場合、オゾン水もアノード水も双方ともpH酸性で強酸化性の機能水となる。後述のように双方とも優れた金属除去効果を示すが、金属除去に必須である強酸化性をこれらの機能水に与えている主要な物質は異なっている。酸化性の主要因は、オゾン水においてはオゾンであり、アノード水においては添加した塩酸がアノード酸化されて生成した塩素である[5)]。オゾンも塩素も不安定な物質であるが、比較的塩素が安定と言える。洗浄の目的、他の機能水との組合せ等を検討し、オゾン水とアノード水を選択する必要がある。

電解水方式におけるカソード水と、ガス溶解方式における水素水は、双方とも水素が溶解した還元性水であり、同じように微粒子除去効果を示す。

なお、この分野の工場には、製造プロセス用に水素ガスが配管供給されていることが多く、この配管供給の水素を利用して、還元性機能水を製造することも可能である。

しかしながら、ガス溶解方式の機能水製造装置においては、ガス溶解モジュールからの微量の水蒸気逆拡散が起こりうる。製造プロセス用水素は通常高純度を要求されることから、万一のトラブルを回避するため、機能水製造装置は水電解槽を内蔵し、工場内水素供給系とは独立した形で水素を自己供給している。

また、機能水用に水素ボンベを独立で設置する方法も考えられるが、機能水製造に要する水素ガスは

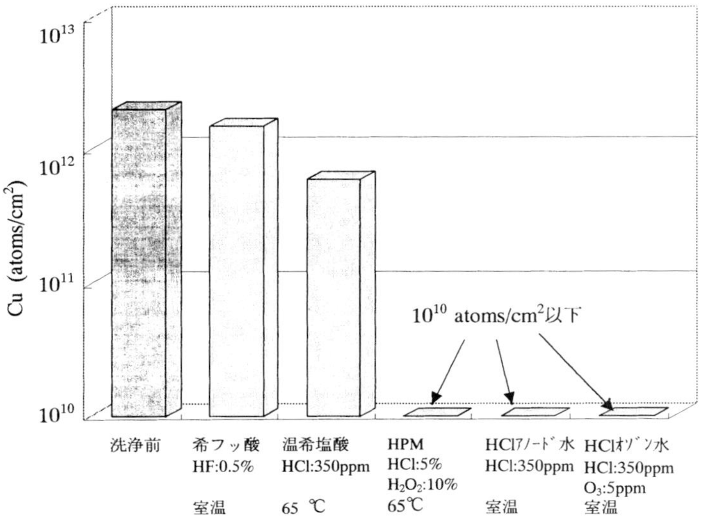

図3　シリコンウエハー上のCu除去効果[5)]

わずかなので、水電解槽を内蔵しても必要とする水電解槽は小さく、スペース・コストともにボンベ設置に比べて有利となる。

4.　機能水の洗浄効果

4.1　金属不純物の除去

機能水と従来の洗浄液によるシリコンウェハー上のCuの洗浄効果を**図3**に示す[1, 5)]。希フッ酸中でCuを強制汚染したシリコンウェハーを、希フッ酸(0.5%)、温希塩酸(HCl 350ppm、65℃)、HPM(塩酸過酸化水素混合液、65℃)および機能水(塩酸アノード水〔HCl 350ppm、室温〕、塩酸オゾン水〔HCl 350ppm、室温〕)でそれぞれ10分間浸漬洗浄した。

機能水(塩酸アノード水、塩酸オゾン水)は、両方とも、従来の金属除去用洗浄液であるHPMと同等のCu除去効果を示している。HPMが、塩酸5%、過酸化水素10%を含有するのに対し、機能水に含まれる薬品は、塩酸350 ppmのみと1/100以下であり、更に、HPMが高温で使用されるのに対して、機能水では常温で優れた洗浄効果を現している。

シリコンウェハー上の汚染金属は、洗浄液の酸性pHと酸化性によってイオン化されて除去される。従来法(HPM)では濃厚薬品と高温によって経験的に達成していた、酸性pHと強酸化性という金属イオン化の条件を、機能水ではオゾンや塩素といった有効成分を効率的に生成させて提供することができる。このために、大幅な薬品使用量の削減を可能にするものである。

4.2　微粒子の除去

LSI製造工程の内、CMP(Chemical Mechanical Polishing)後洗浄における微粒子除去効果を示す。CMPは、粒子径、数十～数百nmのSiO_2などの微粒子スラリーを用いてLSI表面を研磨、平坦化する技術である。LSI製造におけるシリコンウェハーの大口径化や多層配線化によって、CMPによる表面平坦化は重要なプロセスとなってきているが、CMP処理後には膨大な量の微粒子が付着し、また金属配線が表面に露出している場合もあるので、優れた微粒子除去効果を持ち、かつ金属配線にダメージを与えない洗浄方法が求められている。機能水洗浄は、このようなCMP後洗浄の要求に応え、優れた洗浄効果を発揮する。

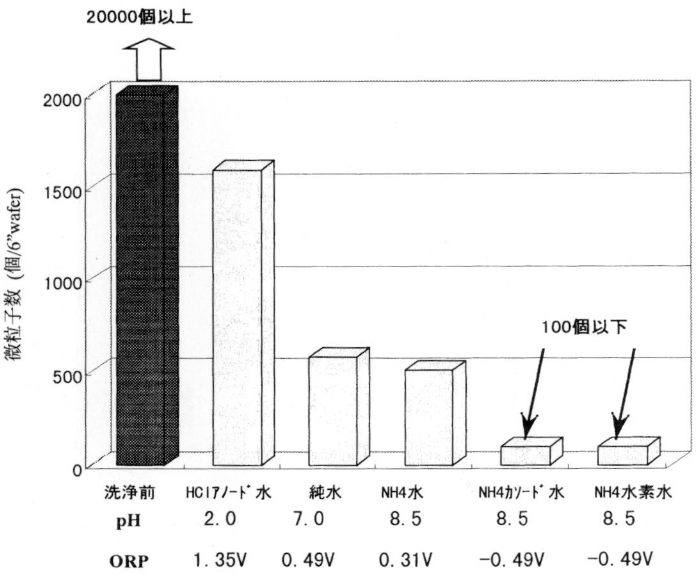

図4　CMPプロセス後の微粒子除去効果[2)]

図4に、熱酸化膜表面のCMP処理後の付着シリカ粒子を、各種洗浄液で除去した結果を示した[2)]。洗浄は、ウェハーを回転させながら洗浄液を流下させるスピン洗浄を5分間行った。微粒子は、粒子径0.2μm以上のものを計数した。洗浄前の表面には6インチウェハー上に2万個以上の微粒子が付着している。純水や、通常のアンモニア水での洗浄では、500～600個程度の残留があるのに対し、機能水（アンモニアカソード水とアンモニア水素水、両方ともpH8.5、アンモニア濃度としては約0.06ppm）では、微粒子を100個以下にすることができる。更に、pH8.5の機能水では、アルミニウム埋め込み配線に対するダメージも全く問題とならないことが示された。

更に最近、ロジック系LSIデバイス製造で重要となるCuの溝配線や低誘電率層間膜（HSQ：Hydrogen Silsesquioxane）を用いたプロセスでのCMP後洗浄に、還元性機能水が適用され、その有効性が確認されている。このプロセスの洗浄では、従来の洗浄液である希フッ酸やアンモニア水を用いた場合、金属やHSQ膜に対するエッチング、及びHSQ膜の誘電率増加が避けられないが、機能水を用いることにより、金属にもHSQ膜にもダメージを与えず、またHSQ膜の誘電率変化も起こさずに、良好な微粒子除去性能を実現できることが示された[12, 13)]。

次に、TFT－LCD基板上のアルミナ微粒子除去結果を**図5**に示す[4)]。実験は、アルミナ粒子で汚染した4インチ角TFT－LCD基板をスピン洗浄機で洗浄した。スピン回転数は500rpmとした。洗浄液として、超純水、希薄アンモニア水、および機能水を用いた。用いたアルミナ粒子は、平均粒径1μmで形状は不定形、等電点がpH9～10と比較的除去しにくい粒子と考えられる。アルカリ性でかつ還元性の機能水の粒子除去効果が高いことが明らかとなった。

5.　まとめ

エレクトロニクス分野における洗浄用機能水について、その製造方法、特徴、洗浄効果を述べた。本稿で紹介した機能水製造装置「酸還王」シリーズは、

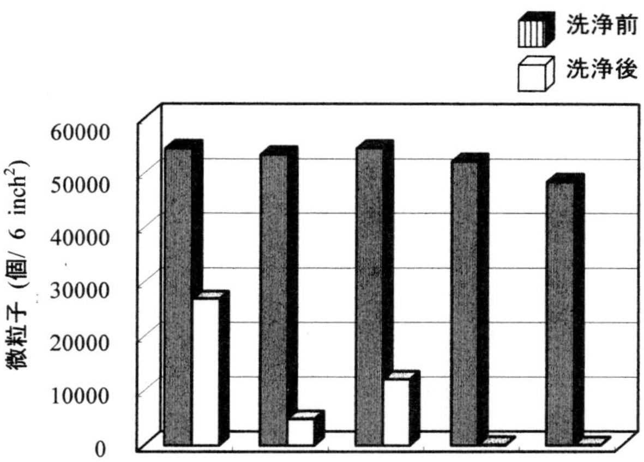

	超純水	アルカリ水	水素水	アルカリ水素水	アルカリ電解水
pH	中性	10	中性	10	10
ORP	300	-10	-550	-760	-760

ORP (mV vs Ag/AgCl)

図5　液晶基板上の微粒子除去[4)]

既に納入実績27件を数え（1998年6月現在）、大規模装置が実ラインで稼働するに至っている。今後は、機能水の洗浄メカニズムを追求して、その利用の最適化と用途の拡大に努めるとともに、機能水の効率的製造と回収など、工場全体の水処理システムと機能水の合理的な融合を実現して、さらに環境保全、コスト低減に役立たせたいと考えている。

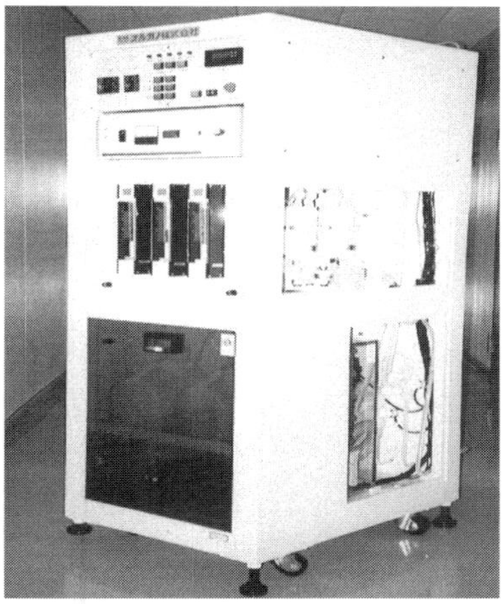

(a)電解水製造装置：「酸還王Ⅰ型」

(a)ガス溶解水（オゾン水/水素水）
製造装置：「酸還王Ⅱ型」

写真1　機能水製造装置「酸還王」

参考文献

1) H. Aoki, M. Nakamori, N. Aoto and E. Ikawa, Proceedings of Symp. VLSI Tech., 107-108 (1993)
2) H. Aoki, M. Nakamori, K. Kikuta and Y.Hayashi, Proceedings of Symp. VLSI Tech., 79-80 (1994)
3) K. Yamanaka, T. Imaoka, T. Futatsuki, T. Iwamori, Y.Yamashita, H. Aoki and S. Yamasaki, Proceedings of SPWCC, 1-22, Santa Clara (1995)
4) 今岡孝之、小島泉里、久保和樹、森田博志、大見忠弘、三森健一、呉義烈、笠間泰彦、吉沢道雄、山中弘次、加藤正行、都田昌之　信学技報、8、1-8 (1995)
5) H.Aoki, S.Yamasaki, Y.Shiramizu, N.Aoto, T.Imaoka, T.Futatsuki, Y.Yamashita, and K.Yamanaka (1995) International Conference on Solid State Devices and Materials, Osaka, Aug (1995)
6) 今岡孝之、山中弘次、三森健一、呉 義烈、笠間泰彦　クリーンテクノロジー、1996年7月、49-53 (1996)
7) K.Yamanaka, T.Futatsuki, H.Aoki, and N.Aoto, 1996 International Symposium on Semiconductor Manufacturing, Tokyo, Oct. (1996)
8) H.Aoki, S.Yamasaki, N.Nakamori, N.Aoto, K.Yamanaka, T.Imaoka, and T.Futatsuki, Material Research Society 1997 Spring Meeting, San Francisco, Mar. (1997)
9) K.Yamanaka, T.Imaoka, T.Futatsuki, H.Aoki, M.Nakamori and N.Aoto, Proceedings of SPWCC '97 (1997)
10) 山下幸福、山中弘次、二ツ木高志、今岡孝之、青砥なほみ、青木秀充　クリーンテクノロジー、1997年4月, 47-50 (1997)
11) 山下幸福、山中弘次、二ツ木高志、今岡孝之、青砥なほみ、青木秀充　クリーンテクノロジー、1997年5月、34-37 (1997)
12) 青木秀充、山崎進也、宇佐見達矢、青砥なほみ 第45回応用物理学関係連合講演会予稿集、874 (1998)
13) H.Aoki, S.Yamasaki, T.Usami, Y.Tsuchiya, N.Ito, T.Onodera, Y.Hayashi, K.Ueno, H.Gomi and N.Aoto, Proceedings of IEDM97., 777-780 (1997)

電子エコロジーの可能性

井戸 勝富
株式会社電子物性総合研究所

はじめに

水は生命の源である。

水はさまざまな物質を溶かし、生命活動を支えてきた。しかし、あまりにも多くの物質を受け入れる性質ゆえに、環境などの影響を受けやすく、水環境の悪化が騒がれている。

そうした背景の中、水を用途に合わせて使う傾向が強くなってきた。水は今、まわりに変えられる水ではなく、まわりに影響を与える水へと変わろうとしている。これから述べる電子水は、さまざまな分野を変えていくことのできる水であると考える。

電子水は、静電場処理された水である。電子水の製造原理は、物理学者、故・楢崎皐月氏の著書「静電三法」に基づいている。

1. 電子水の製造法と特性

静電三法に基づく電子水製造装置の概念を**図1**に示す。電子水製造装置は、**図1**に示すように、水に接する側の電極が非接地であり、水容器は電気的に空間に置かれている。水容器側の電極にはエレクトロン・チャージャーから特殊静電圧が負加される。

図1の電子水製造装置では、水タンクに電圧を加えても、原理的に電流は流れない。しかし、効果的に

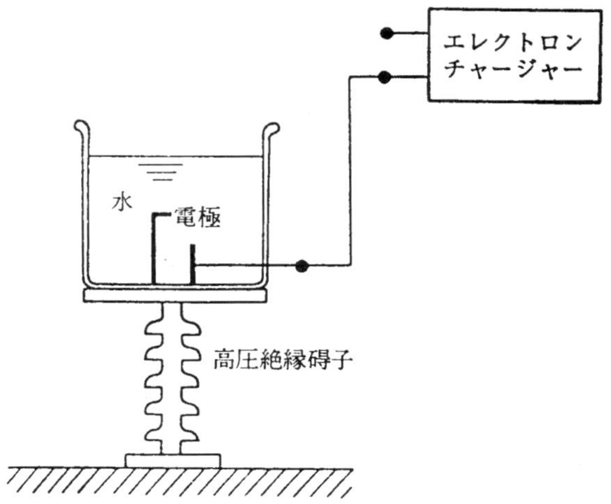

図1　電子水製造装置

水の改質を行うことができる。したがって、この方式は、きわめて省エネルギー的な水の処理法といえる。また、静電三法に述べられているように、この方式では、装置が置かれている環境の電磁場条件を適切に調整することにより、より優れた処理効果が得られることがわかっている。

商品化されている実装置の例として、家庭用から産業用まで幅広く普及しているエレクトロン社製の電子水製造装置を**写真1、2**に示す。電子水製造装置は**図1**に示すように、高圧絶縁碍子で対地絶縁したステンレスタンクに炭素電極を入れ、それにエレクトロン・チャージャーから特殊な静電気を与える装置

写真1　家庭用電子水製造装置

写真2　産業用電子水製造装置

表1　電子水の応用分野とその効果

応用分野	用　途	効　果
食　品 製造加工	原 料 水	・食味の改善 ・酵素作用の促進 ・保水性の向上 ・弾力性，粘弾性の増加 ・老化の抑制 ・腐敗の抑制 ・日持ちの向上
農　業	散 布 水	・光合成を高める ・葉や果実の甘味が増す ・増収穫
	水耕・灌水	・根の発育増進 ・節間の短縮 ・肥料効率の増大
畜　産	飲　用	・細胞の浸透圧を高める ・血液の浄化 ・消化の促進 ・飼料効率の増大
	散　布	・畜体の皮膚呼吸機能を高める ・畜舎の環境の改善
健　康	飲　用	・消化の促進 ・味質改善 ・防腐効果の増大 ・整腸 ・血液の浄化 ・体質の改善
工　業	純水製造	・イオン交換速度の増大 ・純水度の向上
	醸　造	・酒類の味質改善 ・腐敗防止 ・酵素作用の促進
	漂　白	・漂白効果の増大 ・漂白速度の増進
	染　色	・染料溶解度の増大 ・浸透性の均等保持
	洗　浄	・分散度の増大 ・可溶度の増大
そ の 他	化 粧 品	・浸透性の増大 ・保湿性の向上
	サービス業	・コーヒー，料理等の食味向上 ・観葉植物，切花の日持ち

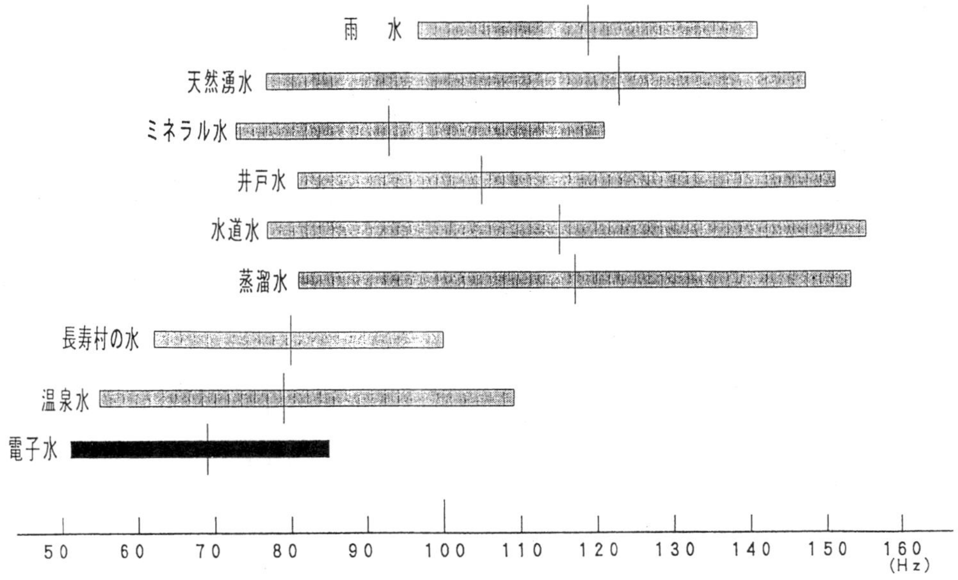

図2　いろいろな水と電子水の^{17}O-NMR測定結果
（生命の水研究所松下和弘氏、電子物性総合研究所データによる）

である。

電子水は、健康によい活性水としても知られている。日本電子物性中央研究会は、1973年に、健康な農・畜産物の生産や、家庭生活での電子水の飲用による健康増進と健康によい食品の生産法を広めることを目的として電子水の利用の本格的な実証研究を始めた。現在、全国的な研究会組織をもち、健康生活への電子水の利用、農業・畜産分野への電子水の効果的利用法について20年間にわたる数多くの実証的データを集積している。

産業面では、食品製造加工の分野への利用が進められている。最近ではミネラルウォーターの製造や化粧品などへの利用も始まった。食品製造加工では、原料水として使用すると、食味の改善、腐敗の抑制、保水性の向上などの効果がある。化粧品では、皮膚への浸透性が良いなどの効果が報告されている。電子水の応用分野とその効果の実用面での報告を**表1**に示す。**表1**に示すように、電子水の利用は幅広い分野で効果をあげていることがわかる。

電子水の物理的な特性は、多く研究されている。その一つに、松下和弘氏が開発した、NMR（核磁気共鳴）分光法による水の状態、すなわち水の分子集団（クラスター）の大小を比較する手法がある。私たちが日頃使っている水道水を飲用を目的として静電場処理し、電子水に変えると、^{17}O-NMRスペクトルの半値幅が狭くなる。この半値幅は原水、処理装置、処理条件、環境の電磁場条件などにより差がある。

図2に色々な水の^{17}O-NMRの半値幅と電子水の平均的な半値幅のHz数を比較して示す。この図から、電子水は、クラスターの小さな水であるといえる。また、電子水は原水にもよるが、一般に弱アルカリ性の水であることが知られている。

I.H.M社が開発した共鳴磁場分析器（MRA）という測定器がある。このMRAで物質の固有振動数が測定できるという。この測定器で電子水を調べてもらったところ、水道水や市販のミネラルウォーター各種に比べ電子水は5倍から10倍も数値が高いという結果が得られた。

写真3　5年目の電子水と井戸水

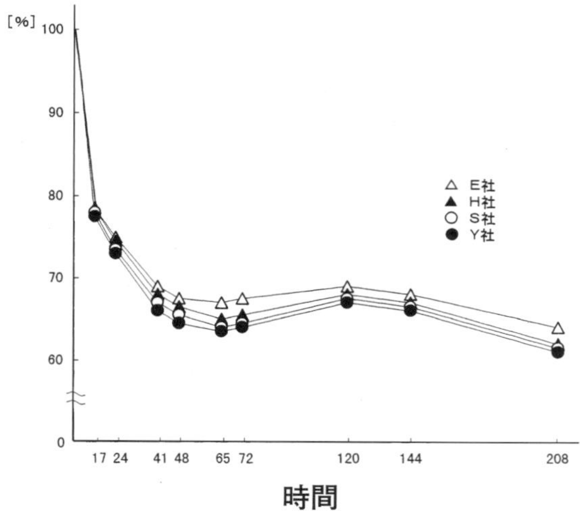

図3　各社の食パンの室内乾燥重量変化

表2　各社のパンの^{1}H-NMRスピン-格子緩和時間（T_1）の測定結果（25°C）

		T_1
E	社	381 msec
A	社	389 msec
B	社	409 msec
C	社	401 msec

また、電子水は、制菌性、還元性、溶解性、吸臭性が高い水である。電子水の制菌性の実証例として、井戸水とその井戸水を電子水にしたものとの5年間貯蔵した後の差を**写真3**に示す。

電子水は、以上のように、種々の特性がある。これらの特性を利用して、幅広い用途で活用されている。以下、食品製造・加工や農業、畜産などへの電子水の応用と利用について、実際例に基づき、その概要を述べる。

2.　食品製造・加工分野への応用 [5,6]

電子水は、食品製造・加工において、原料水や冷凍食品の解凍水などに利用されている。電子水の利用は、主に食味の改善、酵素作用の促進、老化の抑制や日持ちの向上などの効果がある。パン類、麺類、菓子類の製造に電子水を使用すると、小麦粉の吸水率が高まり、グルテンなどタンパク質との結合水の量が増し、保水性の高い製品ができる。結合水が多いとパン類では弾力性が高まり、しっとりとして舌ざわりが良い製品となる。麺類では、粘弾性が増し、舌ざわりが良く、いわゆる腰の強い麺となる。菓子類は、しっとりとしてまろやかな味質となる。また、結合水が増すと、保水性が高まり、製品の老化が抑制される。

以上のような電子水の効果をさらに相乗的に向上させる方法として、環境の電磁場条件を高めるための炭素の埋設や、熟成、調熱、酵素作用の活性化、酸化の抑制などを目的とする原材料・製品の電子チャージおよび空気中の陰イオン量が増し、環境を

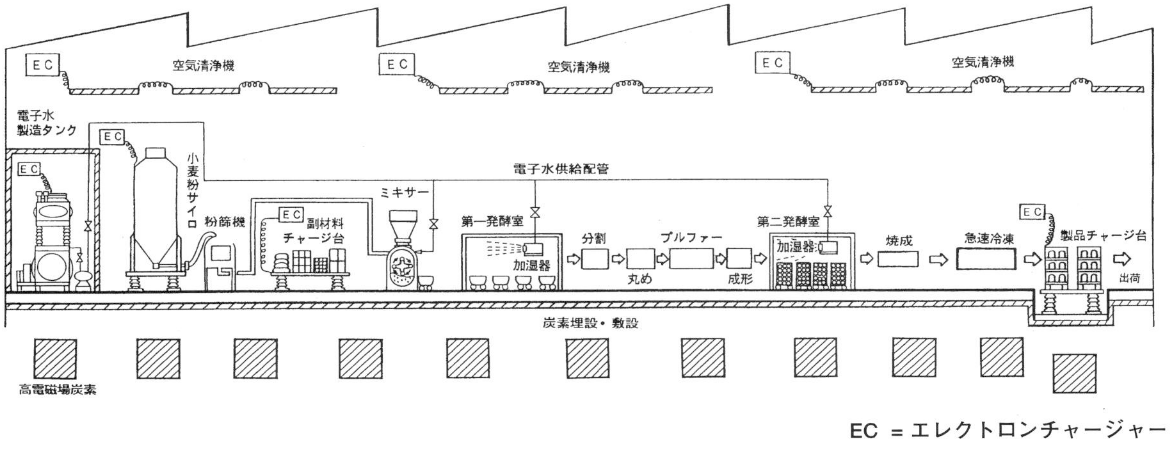

図4　電子パン工場の概念図

良くするための空気清浄機の利用などの技術を併用している。以上の技術を総称して電子物性技術と呼んでいる。

食品製造工場への応用例として、製パン工場での電子水の利用方法と効果をエレクトロン社の電子パン工場を例に報告する。

電子水と原材料を混合すると、酵素作用が活性化し、イーストフード（添加物）を使わなくても発酵が進み良質のパン生地ができる。発酵室では加湿水に電子水を用い、発酵環境をさらに整えている。また、小麦粉の吸水性が高まり、歩留りが良くなって、経済的な効果も期待できる。グルテンの結合水の増加は、焼成工程において内部への熱伝導を良くし、澱粉質のα化を促進させる。α化の促進は食味があって口溶けが良く消化しやすいパンができる。腐敗防止など品質が向上する。

電子水を利用して作った電子パンの保水性を確かめるために、一般メーカーの食パンとエレクトロン社の電子パンとの、室内乾燥による重量変化を測定した。また、結合水の量を評価するために、^{1}H-NMRによるスピン－格子緩和時間（T_1）を測定した。その結果を**図3**と**表2**に示す。

図3に示すように乾燥重量変化はE社（エレクトロン社）、A社、B社、C社の順で少なかった。また、T_1が短いほど結合水の割合が大きいことより、**表2**のように結合水量はE社、A社、C社、B社の順に多いと評価された。いずれの結果からも、電子パンは一般製法のパンに比べ保水性が高いということが判った。

エレクトロン社の電子パン工場では電子水の効果をより高めるために、炭素の埋設、原材料・製品の電子チャージ、空気清浄機を同時に使用している。以上のように、電子物性技術を総合的に利用した電子パン工場の概念図を**図4**に示す。

3.　農業への応用

農業への電子水の利用は「電子農法」と呼ばれ、いかなる在来農法にも適用でき、相乗的な効果が得られている。電子農法とは「植物波農法」「物質変性法」を基礎とし、自然界に存在する生態系や自然エネルギーの原理を活用し、植物生育の基本条件や自然界の物性に関する理化学的な基礎研究から発展した農業技術である。農業に応用されている技術としては

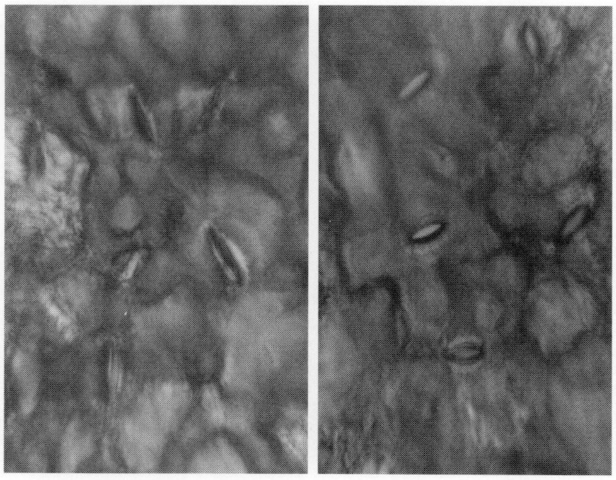

写真4　イチゴの葉の気孔（顕微鏡写真）

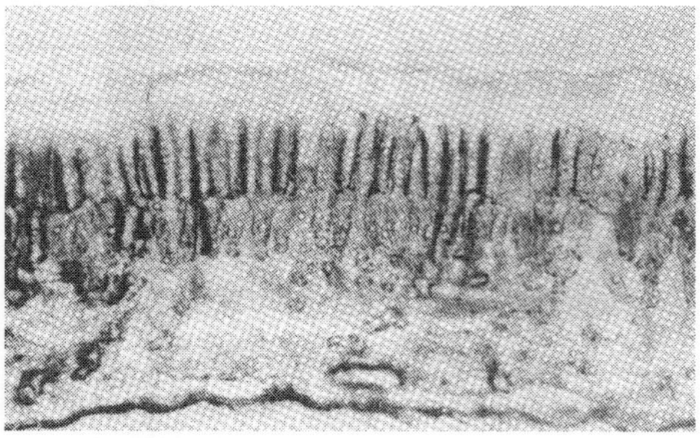

一般栽培によるイチゴの葉の断面
（葉緑素密度が低い）

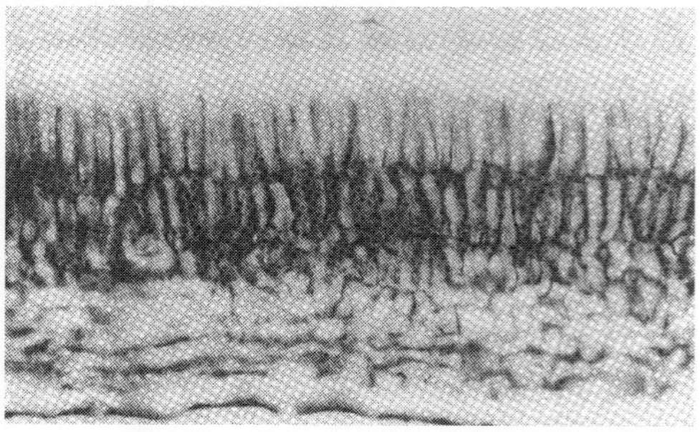

電子栽培によるイチゴの葉の断面
（葉緑素密度が高い）

写真5　イチゴの葉の断面比較

以下のものがある。

1）大地電位の調整技術
　炭素の埋設や混入により、大地の電位を調整して、土壌内の栽培環境を改善する。
2）大気電位の調整技術
　大気中のマイナスイオン濃度を高め、病原菌の発生を抑制する。
3）静電場処理水（電子水）の潅水技術
　電子水を葉面に散布することにより、葉の気孔を活性化し炭素同化作用を促進する。また電子水を根圏へ直接潅水することにより、根の周辺の土壌を還元状態にする。

　この他にも地下施肥の製造技術や損傷電位を利用した技術があるが、本稿の主旨に沿い、ここでは3）の静電場処理水（電子水）の潅水技術について概略を述べる。

3.1　静電場処理水（電子水）の潅水技術

1）電子水の葉面散布

　電子水を作物の葉面に霧状に散布することにより、細胞や気孔を活性化させることができる（**写真4**）。また光合成を高め、葉緑体の密度を増す（**写真5**）ことから農作物の葉の厚みと伸長を増し、葉や果実の甘みが増すという特長がある。電子水の霧散布により、大気中にマイナスイオンの元になる電子が充満して電位が安定する。電子水の葉面散布を行った農産物は収穫後も日持ちが伸び、良好な保存状態を維持できる。

2）電子水の根圏への潅水

　多くの農地は各種の化学肥料や農薬等の使用により酸性化されているので、電子水を直接、根圏に潅水することにより、根の周辺の土壌を還元状態にすることができる。また電子水を含んだ肥料成分は、薄い濃度でも効率よく根から吸収されやすいため肥料効率がよく経済的な利点もある。

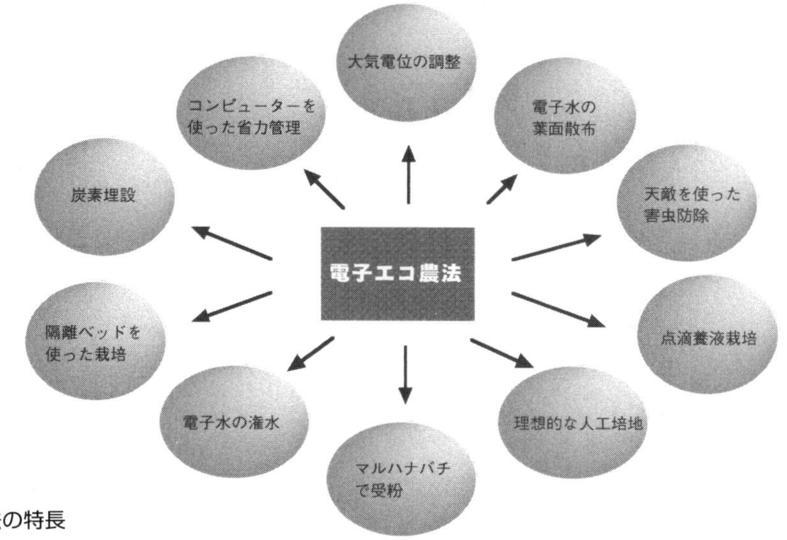

図5　電子エコ農法の特長

表3　電子エコ農法の利点

施肥手間の大幅な省力化
肥料と水の削減
施肥ムラ・生育ムラの減少
作物の品質向上
連作障害と環境汚染の回避
土中水分量の最適化
栽培管理の数値化
規模拡大と経営の効率化

表4　一般栽培と電子エコ農法の比較

	一般栽培	電子エコ農法
苗	接ぎ木苗 2400本/10a	自根苗 2400本/10a
元肥	有機堆肥　4t/10a 稲ワラ　2t/10a 化成肥料　460kg	不要 微生物資材　150kg
施肥量（窒素）	16kg＋4.8kg	6.2kg
（燐酸）	24.5＋4.2kg	3.5kg
（カリ）	17kg＋4.8kg	8.9kg
（石灰）	24kg	6.4kg
農薬	4－8回 土壌消毒1回	生物農薬の使用 土壌消毒はしない
潅水量	180t/10a	25t/10a
糖度	5度程度	7～9度
収量	8～10t/10a	12t/10a
保存性（日持ち）	収穫後2週間	完熟で20日間
ビタミンC含有量	14mg/100g	29mg/100g

3.2　電子エコ農法

これからの農業は、経済性だけでなく環境に対する配慮や農産物の安全性について考えていかなければならない。環境・健康・収益性を重視した新しい「環境保全型農業」のあり方を検討するため、野菜生産用の実験圃場において、電子物性技術と先端的な栽培管理技術を組み合わせた栽培試験を行っている。この実験施設では、電子水の葉面散布や根圏への潅水だけでなく、炭素埋設や大気電位の調整設備など電場処理に関連した技術を複合的に取り入れた。また、環境に配慮した新しい農業技術を積極的に取り入れ（**表3**、**図5**）、これらの技術が栽培環境の中でより効率的に運用できるよう、コンピューター制御による栽培管理システムを導入した。この栽培システムは「電子エコ農法」と称し実用化に向けた試験（**表4**）を行っている。

4.　畜産への応用

畜産への電子水の利用は、電子畜産と呼ばれ、肉牛の肥育、牛乳の生産、養豚、養鶏などに利用されている。

電子水は、飲用および畜体・畜舎への霧散布として利用する。電子水の飲用は畜体の細胞の浸透圧を高め、細胞のエネルギー発生物資の取入れ(浸透)を高める効果があるとされている。実際に電子水を多飲して成育した牛の血液や脂肪は腐敗(酸化)しにくく、また肉質も細胞組織が緻密でなおかつ高品質であるとの結果が得られている。また、電子水の畜舎内および畜体への散布は、畜舎空間のマイナスイオンの量を増し、畜体の皮膚呼吸機能を高める効果がある。

電子畜産は、電子水の利用のみならず、飼料への電子チャージ、炭素の埋設などの技術の併用により、悪臭の極端な減少など相乗的な効果が得られる。

各々1,300羽を用いた電子飼育(電子水と飼料チャージ)と一般飼育の養鶏の成育試験では、34日間の試験期間で、電子飼育区は一般飼育区に比べ7.5%以上飼料効率が高いという結果が得られている。電子畜産による牛乳の生産では、静岡県田方郡の牧場で次のような成果が報告されている。

1) 搾乳量が、一頭平均で23kg程度であったのが、平均33kgと40%以上も増加した。
2) 脂肪や無脂固形分は乳量が増加しても低下しない。脂肪3.6%あり、無脂固形が8.4～8.6%という数値である。
3) 細菌数が1万個を割った。細菌数が減るとコップの内側に牛乳がくっつかない。搾乳のパイプにも乳石がほとんど付着しなくなった。
4) 乳牛の最大の問題である乳房炎にかからなくなった。

また、仙台の養豚の例では、電子飼育の豚の精液を宮城県畜産試験場で調べたところ、奇形率が0%であるとの検査結果が得られた。一般の飼育では5～20%程度の奇形率が普通であるといわれている。電子畜産が畜体の健康増進にいかに効果があるかの実証例といえる。

5.　水産分野への応用

水産養殖業は自然界と生物の機能を最大限に利用した技術であり、本質な面で農業と共通するところが多い。電子物性技術を農業に活用した事例を前記したが、水産養殖の分野においても電子物性技術の活用に期待がもたれている。

近年、海洋汚染や海況の変化等、環境悪化の影響が養殖事業にも出はじめている。真珠養殖においてもアコヤ貝の大量死の問題が発生し、現在、その原因(原虫説、ウィルス説がある)の解明と対策が急務の課題となっている。電子物性技術を応用し、アコヤ貝を陸上(屋内)で長期間飼育し、環境とアコヤ貝の生体に対する電子物性技術の効果について種々の試験を行った結果、自然の海水と同等程度の環境を維持できることを確認した。

試験項目は餌料である植物性プランクトンの培養及びアコヤ貝の生育維持、赤変アコヤ貝の生体機能回復、生育を維持するための各種装置(**図6**)の考案等多岐にわたって行なった。プランクトンの培養では、電子物性技術の応用として電子エアーによる曝気試験を行い、培養効率の向上と安定性を確認した。また、電子エアーの通気と飼育海水に電子水を補充することによりアコヤ貝の生育が安定する傾向を示した。

一方、屋内飼育だけでなく、三重県の養殖現場においては、アコヤ貝の病態(赤変)改善試験を行った。実験室において静電場処理による生体機能の回復について検討し、経過観察を行った結果、(**写真6**)のように赤変の状態に改善の変化が見られた。

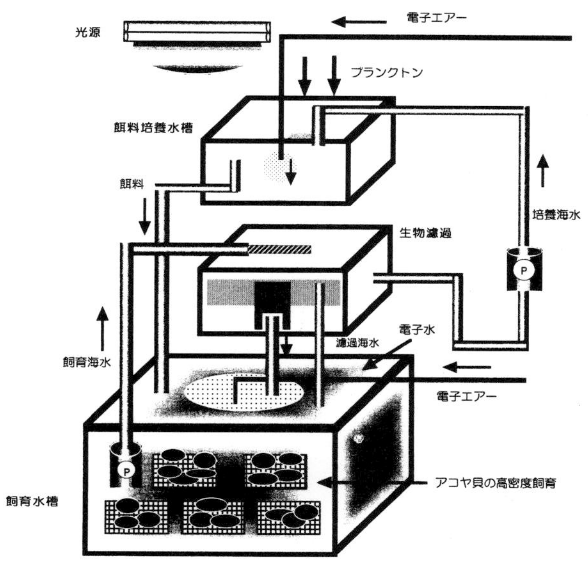

図6　アコヤ貝飼育のための海水循環システム

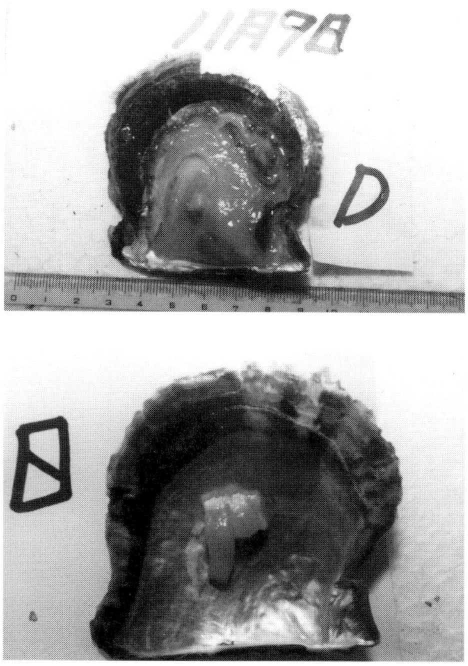

写真6　赤変アコヤ貝の経過観察

写真上）赤変アコヤ貝の軟体部外観
写真下）静電場処理による赤変貝柱の変化

本試験は、電子水を直接的に試験した事項ではないので、詳述は控えるが、電子物性技術を多面的に取り入れたことにより、従来の水産養殖の概念にはない新しい試みが可能になったことを附記しておく。

おわりに

電子水は、以上に述べた他に、うなぎの養殖などの水産業、喫茶店やレストラン・美容院などのサービス業、スーパーなどの流通業、化粧品の製造、ミネラルウォーターの製造などの分野でもすでに利用が始まっている。

将来、電子水の製造を含め静電三法に基づく電子物性技術は、省エネルギー技術として、また環境改善技術（エコロジー技術）として、化学工業やエネルギー産業なども含めあらゆる分野への応用が進められると期待している。

参考文献

1）楢崎皐月：静電三法、（株）電子物性総合研究所（1991）
2）松下和弘：遠赤外線とNMR法，人間と歴史社（1989）
3）松下和弘他：90年代の食品加工技術13章　NMR分光法による水の状態解明（1990）
4）松下和弘：核磁気共鳴装置でみた水（1990）
5）江本　勝：食品業界における共鳴磁場水の応用，食品工業（1990.6.15）
6）岩元睦夫：食品におけるアコサイエンスへの期待，アコサイエンス（水の科学）と食品、流通システム研究センター（セミナーテキスト）（1991）
7）日本電子物性中央研究会編：電子物性 No.21～35（1984～1990）
8）日本電子物性中央研究会編：電子物性 No.13～17（1980～1982）
9）日本電子物性中央研究会編：電子物性 No.47～50（1998～1999）

高周波還元水の科学と産業への展開

早川 英雄

株式会社環境還元研究所

1. はじめに

“水の惑星”地球の環境汚染が叫ばれ始めてから久しい年月が経過している。この間、日本はもとより、世界各国でさまざまな努力がなされているものの、地球環境は確実に汚染され続けている。いろんな汚染の中でも、われわれ人間を含む生物の生命活動に重要な水の汚染は大変深刻な問題として捉えられている。このような背景から、現在では多くの消費者が水に関心を寄せ、健康によい水を求めて浄水器や整水器を使用している。これらのメーカーの製品が数多く市場を賑わしている。それなりに有効性が発揮されているが、消費者はその商品選択に苦労するところでもある。

ここで述べる高周波還元水製造装置は、水道水の改質に使用すれば自然水に近いおいしい水が得られる。飲料水以外にも、いろいろな目的に使用でき、また他の水処理方法とは違った特徴が多々発揮されている。

この高周波還元水は物を溶かす力（溶解力）が大きく、油を落としたり、洗濯用水にも供されるところである。また、この水は食品の味を引き出すミネラル成分を多く含有し、食品の品質の向上にも寄与する。この溶解力を引き出すのが「酸化還元電位」、つまり水のもつ酸化還元電位が目安になる。水は酸化（プラス電位）方向に高くなるとミネラルの溶解力が落ちる。逆に還元（マイナス電位）方向に電位が低くなると溶解力は高くなる。

ここでは、高周波還元水の製造原理と特性、また産業への利用展開について述べる。

2. 酸化還元電位とは

水の場合、酸素（O_2）の酸化還元電位はプラス820mVで酸化剤である。一方水素（H）の酸化還元電位はマイナス420mVで還元剤である。

水の酸化還元電位の中点とは＋200mV、つまり中間電位になる。この酸化還元電位は酸化還元測定器（ORP計）により測定できる。

ORP計にて測定したいくつかの水の酸化還元電位は、

水道水（塩素入り）	＋470～＋700mV
岩清水	＋200～－100mV
高周波還元水	＋100～－600mV

となる。溶解力を上げるためには、pHを7～4にするとさらに良くなる。

図1にpHと還元電位による油の溶解力の関係を示す。このグラフの見方は例えば、pHを5に調整した後、還元電位を－500mVにすると、水に油が溶解しやすくなることを示している。要するに、水中のCOD（化学的酸素要求量）値が高くなることでその溶

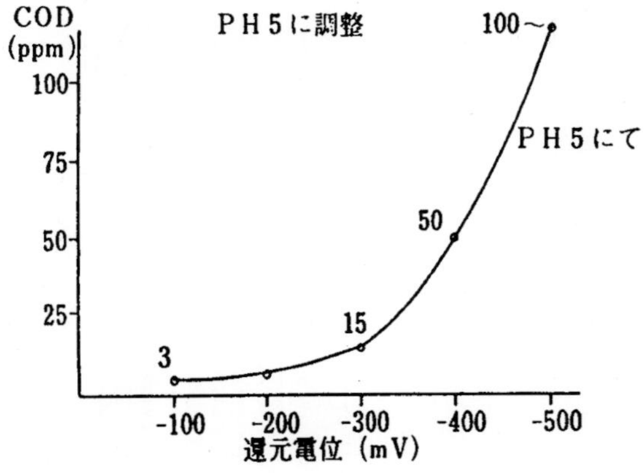

図1　pHと還元電位と水に対する油の溶解力

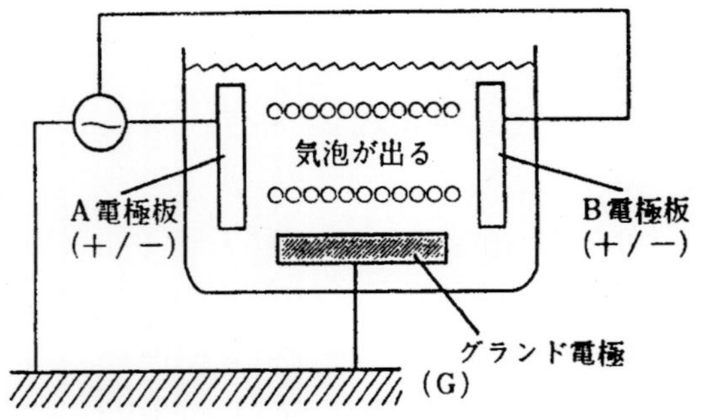

図2　高周波還元水製造の原理

解力が読み取れる。当然のごとく溶解力は温度が高いほうが増すことになる。

3.　高周波還元装置の原理

図2に高周波還元水製造の原理を示す。A電極とB電極の下方にさらにグランド電極を配置し、これに高周波電流をAB両極にかけると、水の改質が起こり、グランド電極側に電解された水が生成される。つまり、次のような反応が起こる。

$$2H_2O + 2e \rightleftharpoons H_2 + 2OH^-$$

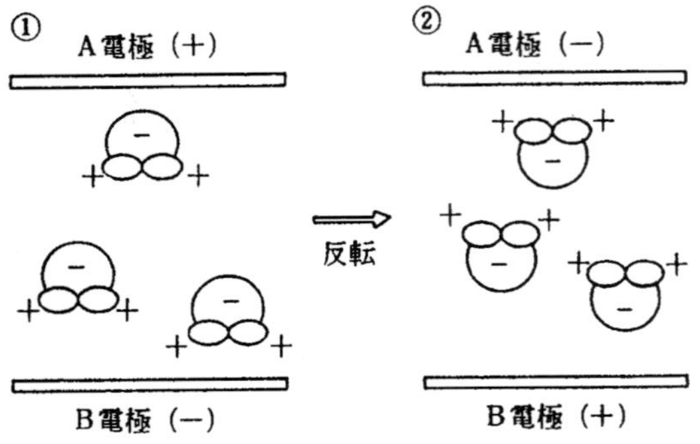

図3　高周波をかけたときの水分子の挙動

表1　高周波還元水の水質

水質の特性	原　水（水道水）	処理水（30分処理）
pH	7.02	8.11
酸化還元電位（mV）	+500	−170
溶存酸素（mg/l）	11.4	12.6

容量：20 l，周波数：40 KHz，電圧 1～50V

または、　$2H_2O \rightarrow O_2 + 4H^+ + 4e$

水分子は高周波電流により振動され、高周波電解により分解された水素ガスで有機物の分離、分解作用を促進する(**図3**)。高周波を選択した理由は超音波周波数20KHz以上は人体に感電を起こさないため安全性が高く、また高電圧処理ができるためである。そのほか電極の製作が容易であるなどの利点もある。**表1**に白金電極を使用した場合の高周波還元水の水質例を示す。

表2　溶存水素ガス量（質量ppm）の経時変化（25℃）

電解終了からの時間	0時間	1時間	2時間	3時間	48時間
（変則）高周波電解 溶存水素ガス量	25	15	10	8.5	－
溶存酸素	12mg/l （過飽和 8.6）				12mg/l
ORP	－220mv				－200mv

4.　高周波還元水の特徴

1）還元電位の持続時間が長い。つまり還元水でありながら溶存酸素が多いため、開放しておいても空気中より酸素が入りにくい。また、ミネラルなどの溶解が多いためミネラルによる還元力も大きい。

2）酸、アルカリに分離しないのでpHの変化が少ない。**表1**の通り、酸化還元電位は－170mVと低いにも関わらず、pHは1.09しか変化していない。

3）溶解力が大きい。pHが低く、還元電位が低い方が溶解力が大きいので、ミネラルの溶解や油の分離能力が高い。

4）有機物に対する分解作用があり、フリーラジカルが少なくなる。反応力のあるフリーラジカル（不対電子）に水素（不対電子）が結合し、対電子になるので安定な分子結合になるほか、弱い有機結合物は還元作用により分解し、いやな臭気や酸化物等が分解され沈澱する。

5.　産業への利用展開

5.1　飲料、食品への応用例

直流の電気分解方式と違い酸性、アルカリ性に分離しないため中性である。酸性物、アルカリ物の混成で還元されているためプラス、マイナスのイオンも混合され自然の浄化に近い水が生成できる特長があるが製造に時間がかかる。

還元電位は酸化物、還元物の混合比により測定されるので直流方式より交流電気分解の還元電位は高い。しかし、持続時間は酸素をとった直流のアルカリイオン水より長い。交流の電気分解を長時間行なうと水に溶けている有機物等が分解され還元電位の低下も起こる。

表2で示した通り、酸素、水素も過飽和に入り還元を示す為には酸素量より水素量を増やす必要がある。電極に酸化されやすい物質Mg、Znを取り付けることにより電極が酸化され酸素が奪われ強力な還元を示す。還元電位は白金、チタン等の酸化されない電極による電気分解のみで0mV～－200mVが最大である。

酸化されやすい電極で電気分解をすると、－600mV～－700mVまで還元される。還元電位により使用目的が異なるので以下説明する。

弱還元水は飲料水や農業用の生育促進に、また食

表3

	酸化チタン処理装置脱臭効率試験				還元水脱臭効率試験			
項目	入口濃度	出口濃度	脱臭効率	試験方法	入口濃度	出口濃度	脱臭効率	試験方法
硫化水素	24.0ppm	23.7ppm	1.3%	ガスクロマトグラフ法(FPD)	4.6ppm	0.065ppm	98.6%	ガスクロマトグラフ法(FPD)
トルエン	76.0ppm	65.5ppm	13.8%	ガスクロマトグラフ法(FID)	10.6ppm	7.4ppm	30.2%	ガスクロマトグラフ法(FID)
キシレン	1.5ppm	0.9ppm	40.0%		7.7ppm	2.4ppm	68.8%	
メチルメルカプタン					2.9ppm	0.23ppm	92.1%	

品加工水に利用するとまろやかな味になる。

強還元水は産業用で、ORP－200mV以下。電極の材質を変えることにより水中の金属イオンが増加し有機物分解が起こったり、農薬の分解も可能となる。

5.2 産業用への応用例

還元電位を－400mV以下にすると産業用の強還元水が出来る。その応用例を示す。

5.2.1 消臭効果

表3の通り、酸化チタン脱臭処理法に比べて還元水の方が脱臭効果は大きい。特に硫化水素の脱臭効率は高い。トルエンについては油性なので効果が少ない。このため、乳化剤で溶解すると効果が出ると考えられる。

硫化水素、アンモニアの消臭の例として牛舎(150頭)に取り付けた例がある。高周波電流による電気分解槽を牛舎の出入り口に3台設置し、24時間通電することにより水素、酸素ガス及び水蒸気の蒸発による効果で消臭効果が得られ、隣家からの苦情もなくなった。

また、小型の高周波還元装置をトイレに設置したところ、悪臭が消えた例もある。ペットの居る部屋に設置した場合にも同様の結果が出ている。8畳間で2リットル水処理で消費電力2～3W連続使用、交流電極はアルミニウムを使用し、交換は半年～1年、水も数ヵ月使用できる。

5.2.2 赤さび除去及び防止

高周波電流電解しているpH4～6の弱酸性液中に、赤さびで被覆された鉄片を浸漬しておくと赤さびは黒変した。

一方、鉄片から剥離した赤さびの粉末と黒変した黒さびの粉末をそれぞれ磁石に近づけると、赤さびは少量の粉末が磁石に吸引されるだけなのに対して、黒さびの大部分の粉末は磁石に吸引された。したがって黒さびはマグネタイトFe_3O_4であることがわかる。しかし鉄片から剥した赤さび粉末のみを還元水中で処理しても粉末が黒変することはなかった。そしてX線回折の結果からも還元水での処理前と処理後のさび粉末の構造は全く同一であることが分った(しかし、数週間処理しておくと黒さびに変色する)。

一方、赤さびで被覆された鉄片をpH10のアルカリ性溶液に浸漬しその溶液を電解処理したところ、弱酸性溶液の場合とは異なり、赤さびが黒変することはなかった。

次に比較のため、弱酸性溶液中に赤さびで被覆された鉄片を浸漬し窒素ガスをバブルさせ続けたところ、赤さびは黒変した。そして黒変したさび(黒さび)はX線回折の結果、マグネタイトであることも分った。

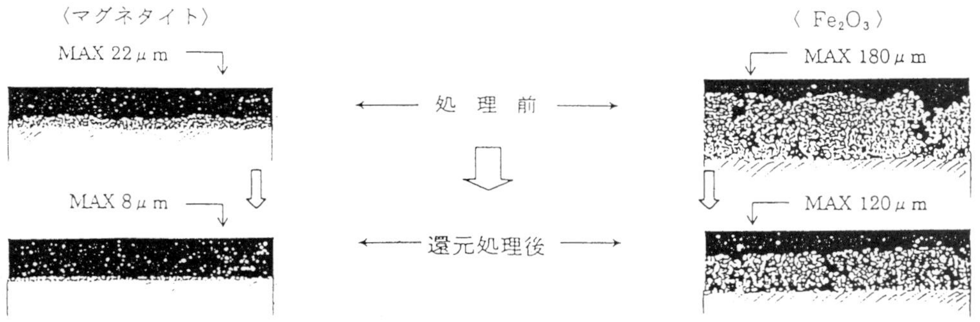

スケール 断面拡大写真(原子発電ボイラー)

5.2.3 還元水による赤さびの黒変

鉄上の赤さびが還元処理水中で黒変したということは、還元処理水中の溶存水素により還元されたように見えるが、しかし溶存水素は還元力をもっていないことが明かである。赤さびの黒変(マグネタイト化)は弱酸性溶液中でしかも下地としての鉄片の存在が必要であること、溶液中に水素ガスが存在するときにも起こることが分かる。

つまり、溶存水素は赤さびのマグネタイト化には必要ないのである。そこで弱酸性溶液で電解処理中の赤さび鉄片を観察したところ、電解で発生する大量の微少水素ガスによる物理的な作用であろうか、赤さび粒子がばらばらと電解槽の底に向かって落下していること、鉄片の表面から水素と思われるガスが発生していることが見られた。

そこで上記の結果を踏まえて考察すると、赤さびが黒変することは水素ガスによる還元ではなく、弱酸性溶液中での Fe の Fe^{2+} への酸化を含む(1)(2)(3)(4)又は(5)(6)式により起こるものと考えられる 。

$Fe \rightarrow Fe^{2+} + 2e$ ……………………………… (1)
$Fe^{2+} + 2H_2O \rightarrow Fe(OH)_2 + 2H^+$ ………… (2)
$3Fe(OH)_2 \rightarrow Fe_3O_4 + 2H_2O + H_2$ ………… (3)
$2H^+ + 2e \rightarrow H_2$ ……………………………… (4)

または、

$Fe + Fe_2O_3 + H_2O \rightarrow FeO \cdot Fe_2O_3 + H_2$ … (5)
$3Fe + 2O_2 \rightarrow FeO \cdot Fe_2O_3$ ………………… (6)

マグネタイトは緻密な被膜なので鉄の腐食に対して保護性をもつ。しかし溶液中に溶存酸素が多量に存在すると、マグネタイトは(7)式により赤さびに酸化される。

$2Fe_3O_4 + 1/2O_2 \rightarrow 3Fe_2O_3$ ………………… (7)

赤さびはその構造が緻密でないので下地を保護することがなく、腐食は時間とともに進行する。従って還元処理水中に鉄材を浸漬しておくことは還元水中には溶存酸素が少ないという意味で腐食の防止に役立つことになる。

窒素ガス雰囲気でもマグネタイトが生成するが、鉄さびの全く存在しない鉄材をその環境においた場合はマグネタイトの被膜は生じない。従ってマグネタイトの生成には適度な酸素が必要なのである。

期待される成果と利点

1) 本電解装置は小型で運搬が容易、しかも3電極のセットを溶液に投入するだけで溶液中の鉄材の防食ができるという簡便性・利便性を備えている。
2) 交流電解のためアノード電極が活性状態に保たれている。
3) 特殊な交流電解であるため、交流電解にもかかわ

表4　スケール 除去結果(原子発電ボイラー)

スケール(寸法)	還元水浸漬			従来の防止剤		
	No.	スケール除去量	スケール除去率	No.	スケール除去量	スケール除去率
マグネタイト(20×180)	L	3.3mg	13%	L	0.1mg	0.3%
マグネタイト(40×50)	S	5.6mg	17%	S	0.1mg	0%
Fe_2O_3 (20×180)	K	21.4mg	25%	K	0.1mg	0.2%

らずグランド電極近傍は常に水素による還元性雰囲気にある。

4）高周波交流電解であるため、電圧端子に触れても電気ショックを感じることがない。

【結論】

1）本実験で用いた酸化還元電位はいわゆる電気化学でいう厳密な意味での酸化還元電位ではなく、2つの化学種の酸化還元電位($2H^+$／H_2、O_2／H_2O)の組合せの電位(混成電位)である。従って酸化還元電位は速度論的因子に依存して大きく変動した。

2）鉄片の赤さびが黒さびに変わるのは、高周波電流電解によって生じる水素ガスによって赤さびが還元されるのではなく、鉄片から溶解した2価の鉄イオンが溶存酸素の少ない状態で水と反応して黒さび(マグネタイト)になるからである。溶存水素には還元力はほとんどない。

3）電解によって生じた水素ガスは数時間で大気中にぬけるが、白金電極表面の水素は特異的に吸着しているので、酸化還元電位は長時間低い値を保つこともある。

以上、説明の通り赤さびの防止・除去は白金、チタン電極による酸化還元反応であるが、この装置で原子力発電用蒸気発生装置と、放電加工機の加工水でテストした結果、スケール除去及び赤さび防止効果が不完全であった。このため高周波処理装置の高周波、周波数をランダムにFM変調した、原子力発電ボイラーの実験結果を報告する。

原子力発電ボイラーの実験結果：

1. 還元水質改善目標である酸化還元電位
 －700mV以下、pH8.9以下、電極元素溶出防止、溶存酸素濃度低減が下記により達成できた。
 －改良電源装置導入
 －還元器電極板の変更(Ti ＋ Pt)
 －水素ガスバブリング
 －ヒドラジン添加(pH8～9)
2. ステンレス鋼の付着スケールで8日間の還元水浸漬により、重量減少が確認できた。スケール除去効果はヘマタイトスケールに対して約25%、マグネタイトスケールについては約13%であった。

従来、SG満水保管条件のヒドラジン水に浸漬したサンプルには、重量減少がほとんどなく、スケール除去効果は認められなかった。

満水保管模擬水に比べ、還元水浸漬サンプルではスケール除去率が高い。除去されたスケールの一部は、水槽低部に残留していた。

6. その他の利用展開

6.1 農業用酸化水

混成還元器に酸化物及び塩を入れ強力な電気分解を行なうと遊離塩素が30～40ppm、ORP 1、100mV以上になり殺菌、殺虫力のある水ができる。分解後数時間経つと－200～－300mVに還元される。

腐敗菌の発生が起こらず、殺菌力のあるＯＲＰ 800mVの電位より急速に－200mV以下に反転する。この時の遊離塩素は0ppmになっている。食品工場や農業用分野にての応用は酸化殺菌後は長時間酸化による害が発生するため、還元水による洗浄を行なうことが必要とされているが、この作業の必要もなくなり好気性菌と嫌気性菌の発生を防止できる特別の機能をもった水と成りうる。

特に食品工場などで、一定電位の酸化力のある水を長時間必要としている場合に、通電中は遊離塩素、ORP電位が補給水がなくても一定に保つことができ、省エネタイプ、高効率になる。

6.2 灰のダイオキシン除去データ

《還元水によるダイオキシン低減化テスト》

ダイオキシンの分解技術は注目度も高く世界各国で日夜研究されている。その中で実用化に動き出しているプラントもいくつか出始めている。しかし、それらは比較的高温にして行うなど特殊な条件を必要としている。そこで今回、還元水を用いることによって、できるだけ簡単に作り出せる条件の元でダイオキシンを分解できないかテストすることとした。

【実験方法】

試　料：ダイオキシン類濃度既知の灰試料
2.8ng－TEQ／g(dry)

処理方法：

① 350℃－30分

② 350℃－30分(窒素通気)

③ 90℃－30分(還元水を湿る程度に混和)

④ 30℃－48時間(還元水に浸漬)

【結果】

	ダイオキシン類毒性等量	除去率
①	3.3	－
②	0.013	99.5
③	0.010	99.6
④	2.7	－

【所見】

①・②の条件は、すでに知られているダイオキシンの分解条件で、今回の実験方法が間違っていないのか確認のため行なった。

結果は予想どうり、窒素を通気して酸素欠乏状態にしたことでダイオキシンは著しく減少し、③の結果は、還元水で作り出された酸素欠乏状態とさらに何らかの付加によって高温処理した時と同等の効果が得られたことを示唆している。

また④の結果から、常温付近では、③と同様の効果が無いと思われる。

以上の事から、還元水によってダイオキシンを低温分解できる可能性が認められた。

6.3 クーリングタワースケール除去及びレジオネラ菌対策

クーリングタワーでのスケールの除去、防さび、レジオネラ菌抑制効果を確認するため、長期にわたるテスト結果を**表5**に示す。

《用途及び特徴》

① スケール除去効果、最大20%省燃費
② 配管のさび防止及び除去、マグネタイト化
③ 汚れの浄化、悪臭の除去
④ クーリングタワーの腐敗菌の除去

表5　クーリングタワーの水質改善装置テスト設置後の水質検査データ

月/日	内容	pH	総硬度 mg/l	カルシウム硬度 mg/l	伝導率 μs/cm	塩化物イオン mg/l	シリカ mg/l	レジオネラ CFU/100ml	ORP mV
8/ 6	現状の水質検査	8.6	340	160	1100	96	130		
8/ 8	CT清掃								
8/22	水質改善装置設置							6000	185
9/ 3	水質検査	8.7	300	150	970	89	110		174
9/12	レジオネラ検査							0	
9/20	CT清掃　水質検査	8.6	300	140	980	79	120		147
10/ 8	レジオネラ検査							160	
10/22	CT清掃　水質検査	8.5	340	170	1000	75	170		137
11/ 3	電極の合金消耗								160
11/ 6	電極を交換								
11/28	11/6投入の赤錆釘が黒錆	8.5							130
12/ 4		8.5							50
12/24	CT清掃　水質検査	7.6	250	130	700	52	100		
1/始	自動ブロー装置 MIZCON故障								
1/19	レジオネラ検査							110	
2/ 4	レジオネラ検査							35	
2/末	CT清掃　装置電源OFF								
4/ 3	電源ON								240
4/ 9	CT清掃　装置電源OFF								
4/17	電極交換　レジオネラ電源ON								

⑤ 発藻の防止
⑥ スライム(ぬめり)の抑制、付着防止
⑦ 有機物分解によるBOD、CODの低下
⑧ 活性炭／フィルター／化学薬品不用の方式
⑨ 100V交流電源で低電力消費で済み、設置や電極保全も容易
⑩ レジオネラ菌の生育抑制、汚染の防止

無薬品、無公害方式でタワー周囲の環境改善に役立つ環境に優しい装置である。

6.4　湖沼水浄化

本試験は予備試験の結果により、処理時間を4時間(240分間)とし実施した。

本試験は処理前、処理後、2週間経過後、4週間経過後の4回にわたり、その水質経過を調査した。また長期にわたって放置するため、ブランク試験を行ない、未処理状態における水質経過も同時に測定した。

高周波還元処理により電極から発生するガスが微細な粒子を凝集させ、表面に浮上しフロックを形成してくる。処理後はほとんどのフロックが気泡(酸素・水素)とともに浮上しているが、処理1日経過後における気泡はかなり脱気され、撹拌により容易に沈降した(**表6、7、8**)。

6.5　クリーニング用水

本方式は世界特許の交流3電極による還元方式の装置で、酸性水、アルカリ水の両方の機能を持つ消臭、汚れ落としに特別機能をもたせた電極材質を使用して電極を酸化させ、水の還元力をアップしている。

表6　実験結果一覧表

ブランク

項目			処理前	処理後	2週間後	4週間後
気温	(℃)		10.2	13.9	13.5	7.5
水温	(℃)	上澄み	12.3	10.7	10.6	5.0
透視度	(度)	上澄み	6.5	9.5	15	11
		混合	6.5	7.0	8.0	7.5
pH		上澄み	9.64(21℃)	9.49(21℃)	9.37(20℃)	9.04(19℃)
		混合	9.64(21℃)	9.49(23℃)	9.62(20℃)	9.22(19℃)
電気伝導率		上澄み	348	347	347	351
	(μs/cm)	混合	348	346	345	350
溶存酸素	(mg/l)	上澄み	12	11	12	11
BOD	(mg/l)	上澄み	19	17	12	19
		混合	19	18	21	36
D-COD	(mg/l)	上澄み	7.5	7.7	7.7	9.9
		混合	7.5	7.7	7.7	9.9
T-COD	(mg/l)	上澄み	28.2	23.2	20.6	23.6
		混合	28.2	26.8	36.3	40.6
SS	(mg/l)	上澄み	98	51	37	44
		混合	98	73	130	120
T-N	(mg/l)	上澄み	6.04	5.24	3.95	3.93
		混合	6.04	5.80	5.88	5.62
T-P	(mg/l)	上澄み	0.453	0.353	0.211	0.235
		混合	0.453	0.398	0.430	0.439
Chl-a	(μg/l)	上澄み	789	619	489	638
		混合	789	678	922	918
濁度	(度)	上澄み	90.8	64.3	40.0	55.7
		混合	90.8	76.3	92.4	192

次頁へ続く

表6　実験結果一覧表(続き)

高周波還元処理

項目			処理前	処理後	2週間後	4週間後
気温	(℃)		10.2	13.9	13.5	7.5
水温	(℃)	上澄み	12.2	11.2	11.0	5.0
透視度	(度)	上澄み	6.5	37	>50	30
		混合	6.5	13	10	10
pH		上澄み	9.70(20℃)	8.76(21℃)	9.08(19℃)	8.79(19℃)
		混合	9.70(20℃)	8.72(23℃)	9.13(19℃)	8.84(19℃)
電気伝導率		上澄み	348	325	315	312
	(μs/cm)	混合	348	323	312	310
溶存酸素	(mg/l)	上澄み	12	7.0	12	12
BOD	(mg/l)	上澄み	20	1.5	3.1	4.6
		混合	20	10	11	18
D-COD	(mg/l)	上澄み	7.3	4.1	3.3	4.9
		混合	7.3	4.1	3.3	4.9
T-COD	(mg/l)	上澄み	28.5	7.4	7.4	9.7
		混合	28.5	21.6	24.9	30.7
SS	(mg/l)	上澄み	95	17	13	16
		混合	95	140	160	190
T-N	(mg/l)	上澄み	5.64	2.10	1.90	1.83
		混合	5.64	4.67	4.68	4.67
T-P	(mg/l)	上澄み	0.420	0.054	0.047	0.051
		混合	0.420	0.305	0.275	0.305
Chl-a	(μg/l)	上澄み	718	62.4	116	158
		混合	718	562	462	509
濁度	(度)	上澄み	86.4	8.7	9.5	16.3
		混合	86.4	51.4	69.2	75.2

*処理前に記載してある値はすべて混合された値である。
BOD(生物化学的酸素要求量)　D-COD(溶解性化学的酸素要求量)
T-COD(化学的酸素要求量)　SS(浮遊物質量)
T-N(全窒素)　T-P(全リン)　Chl-a(クロロフィルーa)

表7　水質検査グラフ(その1)

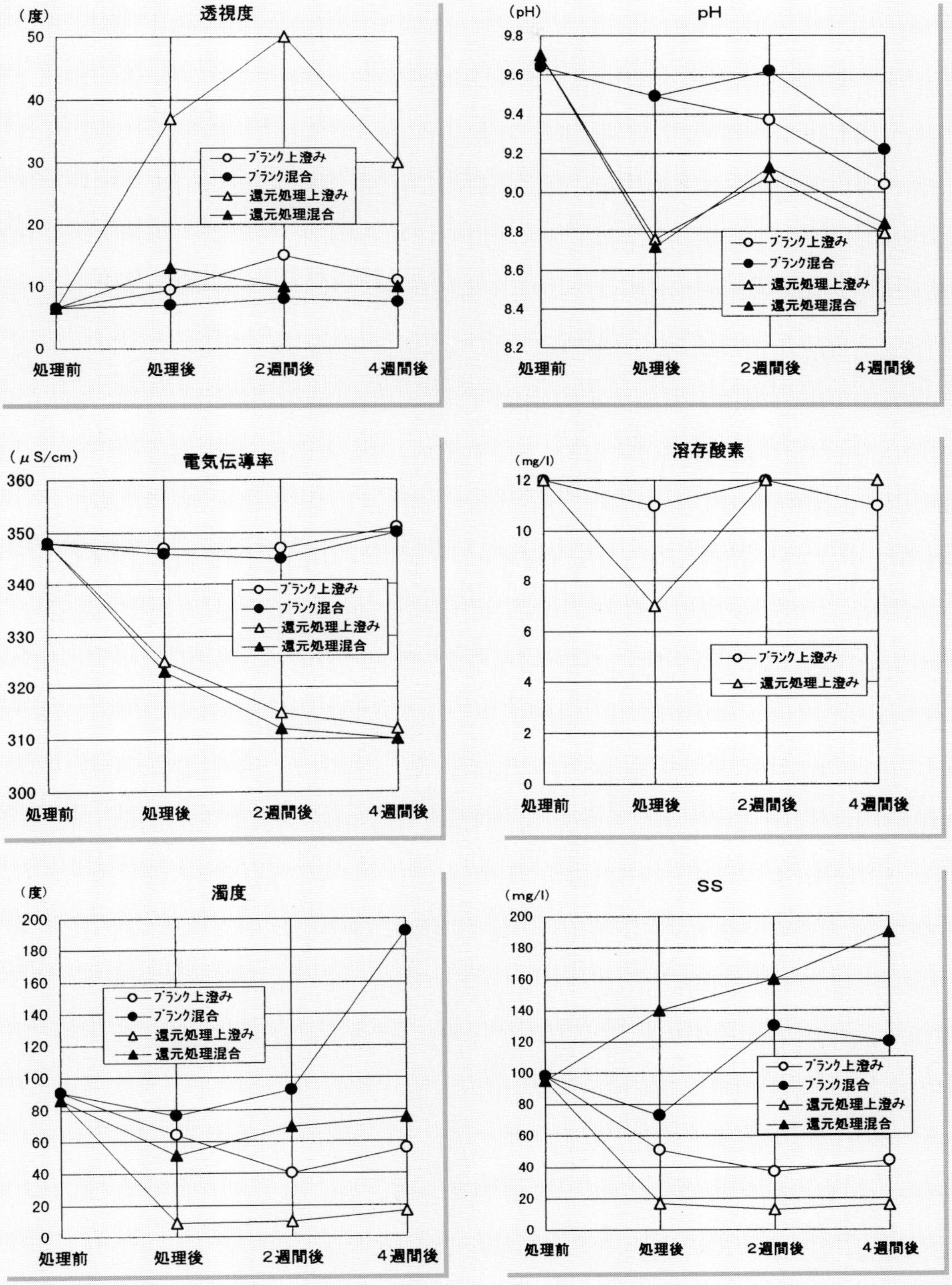

表8　水質検査グラフ(その2)

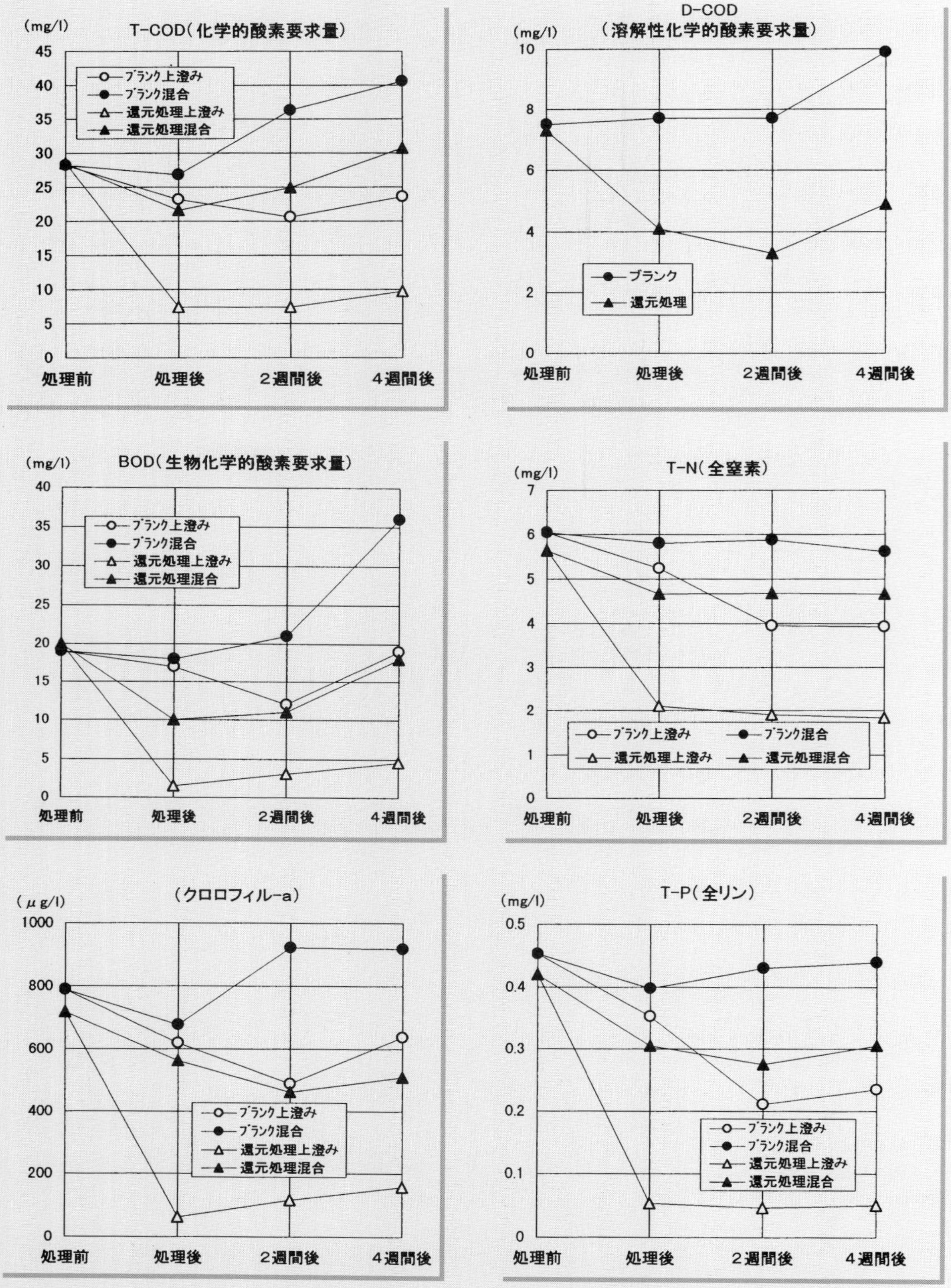

【特徴】

1. クリーニング用水に使用すると洗濯物の油汚れや消臭効果が絶大に有り、化学薬品や他の方式にて消臭できなかった頑固な老廃物の臭いも消える。
   この為、同時に洗った洗濯物に影響されず大量に洗濯が出来る。また、水の還元作用により衣類の黄ばみを落とす漂白作用(漂白剤70%減)も有り、繰り返し洗濯しているうちに白くなる他、ふんわりとふっくらとなり柔軟剤作用もある。
2. 還元作用により洗浄効果が大きいので洗剤(30%減)の使用量も少なくなる。
3. カセイソーダ等(70%減)のpH調整も少なくてすむので衣類にやさしい。
4. 洗剤、カセイソーダ、漂白剤が少なくなるので肌にやさしい洗剤となる。
5. 洗剤、カセイソーダ、漂白剤等の使用量が少なくなると同時に還元作用により、溶剤が分解されるので排水の害も少なくなる。
6. プラス、マイナスイオン(アニオン、カチオン)により表面張力が低下し、界面活性効果が大きくなり、浸透力が増大し油汚れを落としアンモニア臭の消臭や尿石も落とす。
7. 殺藻・殺菌作用がある腐敗しにくい水になり、洗濯物を細菌汚染から護り、清潔に保つ。
8. ボイラー給水に使用すると、さび、スケールを剥離分離し再付着を防ぎ寿命が増大する。
9. 無音運転である。電極に体が触れても全く安全である。比較的短時間に効果が目に見えて確認できる。

新しい水の機能と可能性
—超臨界水による有機汚染物質分解への応用—

山口　敏男
福岡大学理学部

1.　はじめに

水は、その臨界点（Tc = 647.3 K, Pc = 22.1 MPa）以上の温度と圧力では、液体と気体の区別がなくなる。このような状態の水を超臨界水とよぶ（**図1**）。

水は、O－H水素結合により会合しているために、他の溶媒に比べて沸点や融点が高く、常温常圧下では電解質や極性物質をよく溶かすが、有機物質などの無極性物質はほとんど溶かさない。しかしながら、温度や圧力を高めていくと、水の密度、導電率、誘電率、熱容量、物質の溶解度、イオン積などの諸物性は大きく変化する。特に、超臨界状態では温度や圧力により水素結合の程度を気体状態から液体状態まで連続的に変化させることができ、水溶液的特徴から極性有機溶媒としての非水溶液的特徴まで包含する溶媒となる。このため、近年、フロンやポリ塩化ビフェニル（PCB）・ダイオキシン等の難分解性塩素有機化合物を、短時間でほぼ完全に無害な無機物へ分解することができ、地球環境保全意識の高まりの中で活発に研究が進められ、実用化の段階

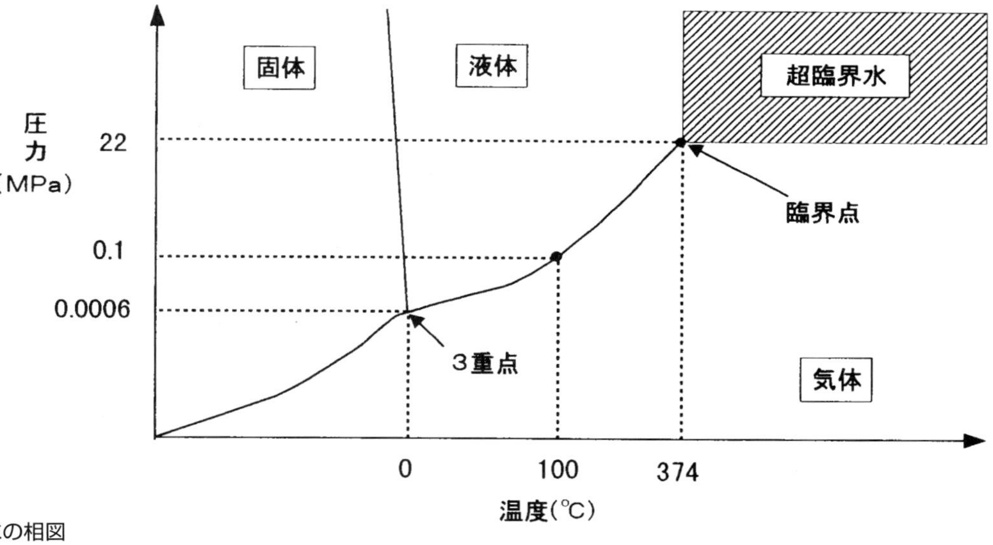

図1　水の相図

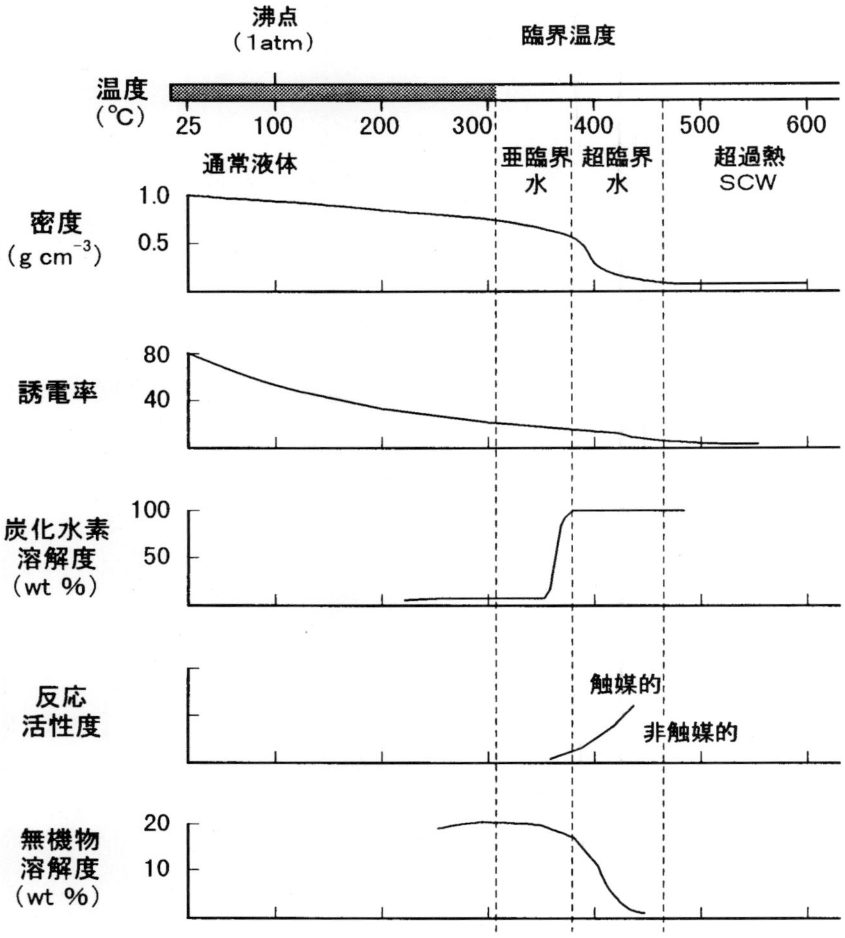

図2　水の性質の温度依存性(圧力は21.8～30.0 MPa)
(Michael Modell, Modar Inc.より)

を迎えようとしている[1)]。

ここでは、はじめに超臨界水の機能的な性質とその要因となるミクロ構造について紹介し、超臨界水を反応場とする種々の反応について概説する。

2.　超臨界水の構造と性質

水のいくつかの性質について、圧力21.8～30 MPaにおける温度依存性を**図2**に示した。密度は温度上昇とともに1.0 g cm^{-3}からゆっくりと減少し、臨界温度Tcに近づくにつれて大きく減少し、372.2 ℃を過ぎると著しく減少する。500 ℃ではわずか0.1gcm^{-3}になる。臨界点での密度(臨界密度)は 0.322gcm^{-3}である。

常温での水は、水素結合により高い誘電率80をもち、多くの電解質を水和によりイオン化する。しかしながら、超臨界水中では多くの水素結合が弱まる(切断される)ので、誘電率は2.5にまで減少してしまい、無機化合物はほとんど溶けない。例えば、食塩

(NaCl)の溶解度は、超臨界水中ではわずか100 ppm（ppm=1g/10^6ml）である。

一方、常温ではほとんど溶けないメタンやベンゼンなどの炭化水素は臨界温度以上では完全に水と混ざり合う。ある種の木材などでさえ超臨界水に完全に溶解する。同様に、酸素や窒素、空気などの気体も超臨界水中では完全に混ざり合う。このような性質のおかげで、超臨界水は次に述べる難分解性有機化合物の酸化分解の反応溶媒となるのである。

上に述べた超臨界水の機能的な性質は、水素結合に関わる溶媒構造が大きく反映している。液体水の構造は、X線・中性子回折実験から得られる動径分布関数（系中の任意の原子から距離r 離れた球面上に存在する原子の確率を表わす物理量、$D(r)-4\pi r^2\rho_0 g(r)$、ρ_0は系の密度）により、原子間距離や配位数として直接得ることができる。X線回折では水素原子の散乱能が小さいので、酸素原子の位置相関を表す$g_{OO}(r)$から水素結合についての情報を得ることができる。

一方、中性子回折では、水素原子と酸素原子は中性子に対してほぼ同じ散乱能を持つ。さらに、同位体であるHとDの散乱長が異なることを利用した同位体置換法により、部分二体相関関数$g_{HH}(r)$、$g_{OH}(r)$、$g_{OO}(r)$を直接得ることができるので、水素結合を詳細に観測することができる。

最近、イメージングプレート検出器を用いた迅速X線回折装置により、温度300－649 K、圧力0.1－98.1 MPa、密度0.7－1.0 g cm^{-3}の条件下で得られた水の動径分布関数[2)]を**図3**に示す。**図3**において、300 K、0.1 MPaで現れる氷類似の四面体構造に基づく第2ピーク（4.5Å）および第3ピーク（6.7Å）が、416 K、0.95 MPa以上で消滅しており、この温度以上の水中では氷類似構造が消滅することを示している。さらに、3.0Åの第1ピークについて定量的な解析を行った結果、2.9Åの水素結合の数は300 K、0.1 MPaで3.1であり、超臨界状態における649 K、80.4 MPaでは1.6へ減少した。

一方、3.4Åに存在する水素結合が切れた（あるいは弱まった）数は、常温での1.3から649 Kでは2.3へと増加した。すなわち、中密度0.7 g cm^{-3}の超臨界水中では、水素結合は常温常圧に比べて～70%も減少している。

図4は、298－673K、0.1－280MPaのD_2O、H_2O、D_2O/H_2O（1：1）における中性子回折実験[3)]から得られた$g_{OH}(r)$である。特に、2Åに現れるO…H水素結合のピークは、常温常圧（1）では鋭く、水素結合の存在を示しているが、超臨界状態（10）になるとブロードになり、水素結合が大きく減少していることが明らかである。このように温度や圧力の減少により水素結合の数が減少することは、**図2**に示した誘電率の減少に密接に結びついている。

3.　超臨界水による加水分解反応

臨界温度に近づくと水のイオン積が増大し（590 Kで、$-\log K_W = 10.6$）、水自身が酸触媒として働く。したがって、超臨界水を反応溶媒として用いることにより加水分解反応が進行する。近年、オゾン層の破壊の原因物質と考えられているフロン（フロン11：CCl_3F、フロン112：$C_2Cl_2F_3$）を超臨界水と反応させると、次の反応式（詳細な反応機構は明らかになってはいないが）で示されるように短時間でCO_2と無機酸にまで分解される。

$$CCl_3F + 2H_2O = CO_2 + 3HCl + HF$$
$$C_2Cl_2F_3 + 3H_2O = CO_2 + CO + 3HCl + 3HF$$

通常は、生成する無機酸を中和するために、予めアルカリ（NaOH等）を入れておくので、生成物中に塩（NaX、X=Cl, F）が沈殿する。**図5**に、4M NaOH水溶液とメタノールを等量混合した溶液10cm^3中にフロン11を5%混ぜて反応容器に入れ（反応容器の充填率58%）、さまざまな温度（昇温速度40K/min）で30分間反応させた時の塩素分解率を示す[4)]。メタノールはエントレーナ（助溶媒）としてフロン11の溶解度を増す

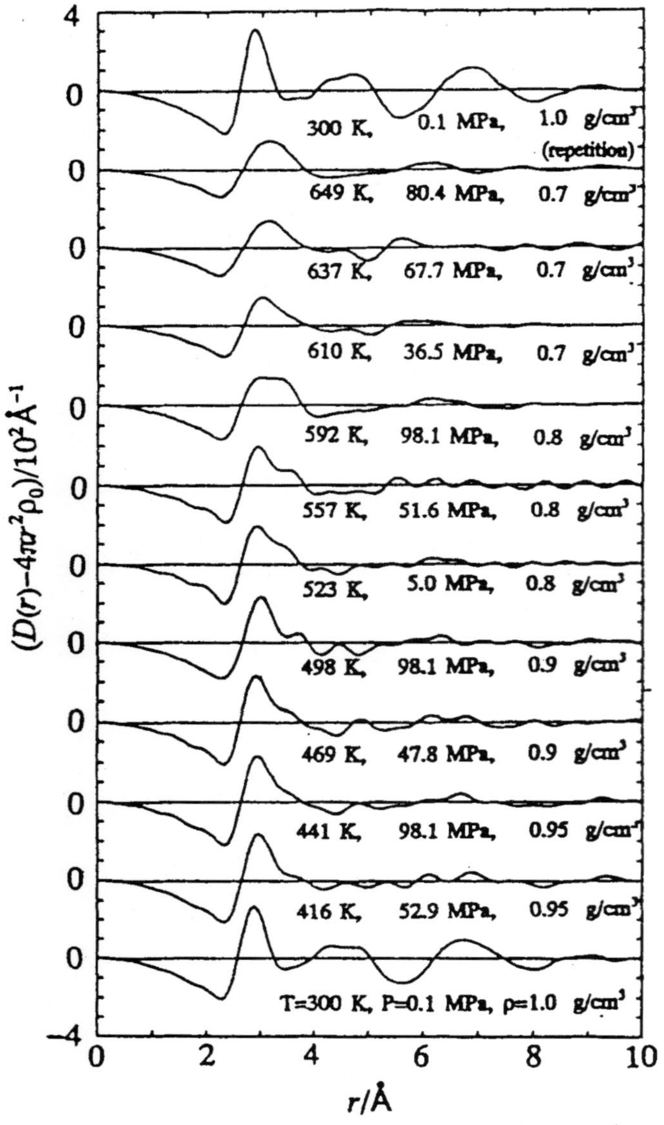

図3　種々の温度・圧力における水のX線動径分布関数[2)] $D(r)-4\pi r^2\rho_0$

ために用いられる。図から分かるように、メタノールを加えることにより、水の臨界温度より低い300 ℃でほぼ完全にフロン11が分解されている。

その他、超臨界水によりプラスチック廃棄物を分解し、化学原料として回収することも考えられている。代表的なものでは、ポリエチレンテレフタレート(PET)を超臨界水と反応させると、酸・アルカリ加水分解によりエステル結合が解重合され、テレフタル酸とエチレングリコールが回収される。また、ポリカーボネート(PC)からはビスフェノールAが、ナイロン6からはアミノカプロン酸が、ナイロン66からはアジピン酸とヘキサメチレンジアミンが回収される。

一方、ポリオレフィンなどの付加重合性プラスチックを超臨界水と反応させると数分で分解が進行し、トルエンとシレンが主生成物として得られる。また、超臨界水を反応溶媒として、木材の材料であるセルロースの分解、土壌中の汚染有機物質の分

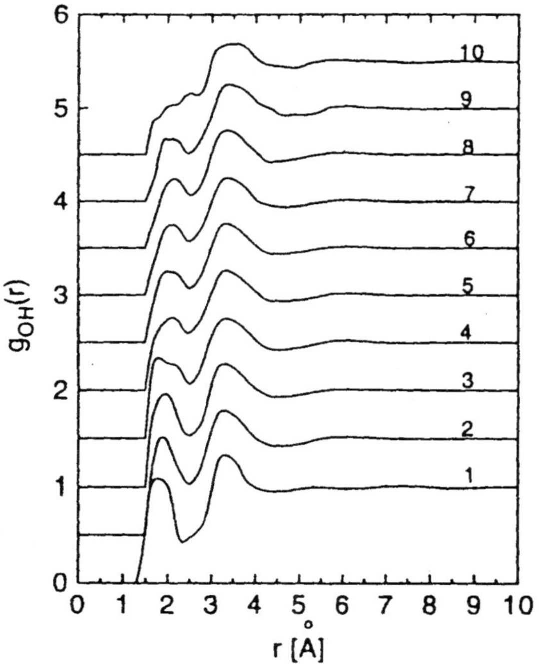

図4　種々の温度・圧力における
水の中性子部分二体相関関数[3)]

$g_{OH}(r)$. 1(298 K, 0.1 MPa); 2(423,190); 3(423, 10), 4(573, 280); 5(573, 197); 6(573, 110); 7(573, 50); 8(573, 10); 9(573, 9.5); 10(673, 80)

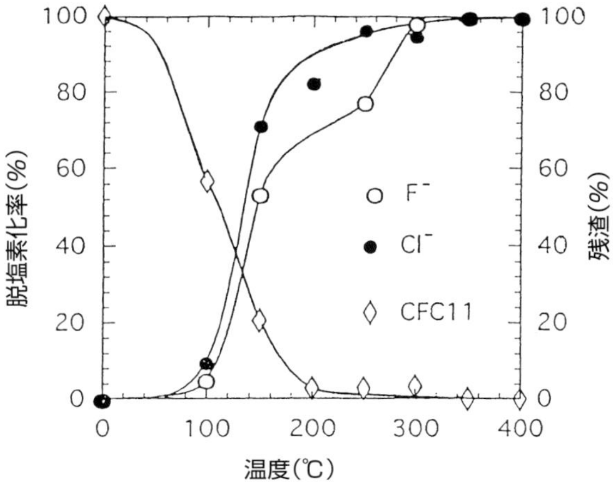

図5　フロンCFC11の4M NaOH—メタノール
1:1(v/v)混合溶液中での脱塩素分解率[4)]

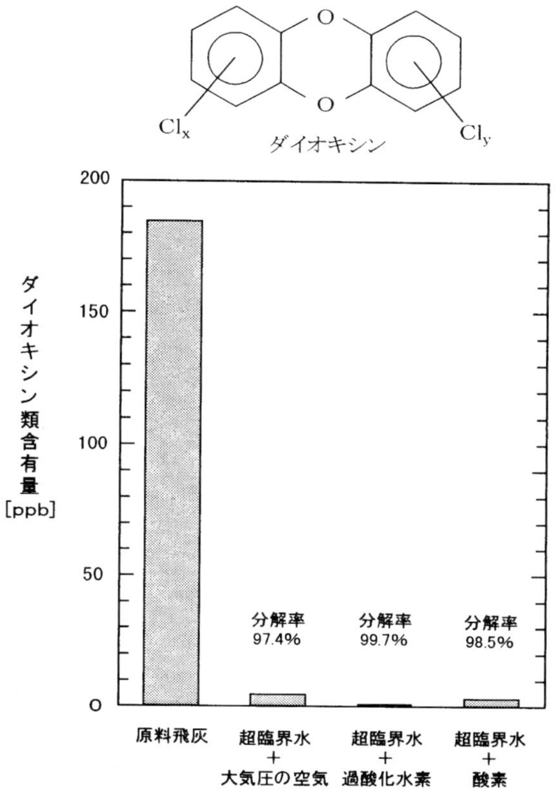

図6
超臨界水＋酸化剤による
ダイオキシン類の分解[5)]
(反応温度673 K，反応圧力30MPa，反応時間30分)

解、石炭の分解なども試みられている。

4.　超臨界水による酸化反応

超臨界水中では酸素や空気は完全に混ざり合い均一相になるので、高い反応速度が期待できる。最近、ゴミ焼却場から排出される灰中に高濃度のダイオキシンが含まれており大きな環境問題となっている。ダイオキシンは、**図6**に示すような塩素原子を複数含むフェノール系有機物で猛毒であり、ベトナム戦争時に使用された枯れ葉剤としても知られている。佐古ら[5)]は、673K、30MPaの超臨界水を用いて飛灰中のダイオキシン類(ダイオキシン類の濃度 184ppb、1トン中の飛灰中に184mg含有)の分解を試みた。

図6に種々の酸化剤を超臨界水に含めた結果を示す。酸化剤として0.02%過酸化水素、大気圧の空気あるいは5気圧の酸素ガスを使用した。上記の反応条件で30分以内に分解できたダイオキシン類の割合は、超臨界水+大気圧の空気では97.4%、超臨界水+過酸化水素では99.7%であった。

超臨界水を用いた酸化反応の例は、その他にH_2、メタン、CO、アンモニア、エタノール、フェノール、ギ酸の分解など数多くの有機化合物について研究が行われている。

5. 超臨界水による反応晶析

金属塩水溶液を加熱すると金属塩は加水分解し、金属水酸化物を生成する。高温下では脱水反応が生じて金属酸化物微粒子が生成する。この反応を超臨界水中で行えば、温度・圧力を操作することにより反応、核発生、核成長を自由に制御することが可能である。阿尻ら[6)]は、流通式反応器を用いて金属塩水溶液を連続的に供給し、予め加熱した水と接触させることにより超臨界状態まで急速に昇温し、加水分解を生じさせ、生成粒子を冷却後連続的に回収した。例えば、クエン酸アンモニウム鉄(III)水溶液からマグネタイト(Fe_3O_4)が生成した。鉄イオンは3価から2価に還元されているが、これはクエン酸の熱分解により生成したCOにより還元されたためと考えられている。

6. おわりに

溶液中の化学反応は、溶媒－溶媒相互作用(溶媒クラスター)、溶質－溶媒相互作用(溶媒和)、および溶質－溶質相互作用(イオン対)が複雑に関わっている。超臨界水は、温度や圧力のみをわずかに変えるだけで上記の相互作用を大きく変えることができ、したがって反応を精密に制御できる極めてユニークな反応場といえる。今後、ますます超臨界水を反応溶媒として利用する技術が展開されるであろう。

参考文献

1) J. W. Tester, H. R. Holgate, F. J. Armellini, P. A. Webley, W. R. Killilea, G. T. Hong, and G. T. Barner, In Emerging Technologies in Hazardous Waste Management III, ed. by D. W. Tedder and F. G. Pohland, American Chemical Society, Washington DC (1993)

2) K. Yamanaka, T. Yamaguchi, and H. Wakita, *J. Chem. Phys.*, **101**, 4123 (1994); 山口敏男, 高圧力の科学と技術, **4**, 193 (1995); T. Yamaguchi, *J. Mol. Liq.*, **78**, 42 (1998)

3) A. K. Soper, F. Bruni, and M. A. Ricci, *J. Chem. Phys.*, **106**, 247 (1997)

4) 山崎仲道, 藤田雅也, 守谷武彦, 金沢正澄, 資源環境対策, **31**, 39 (1995)

5) 佐古 猛, 佐藤眞士, 化学と工業, **50**, 319 (1997)

6) T. Adschiri, K. Kanazawa, and K. Arai, *J. Am. Ceram. Soc.*, **75**, 1019 (1992); 阿尻雅文, 新井邦夫, 金属, **62**, 4 (1992)

The Handbook of The Science of Water

機能水実用ハンドブック

2006年5月20日　初版第1刷発行

編者	ウォーターサイエンス研究会
編者代表	江川芳信
発行者	佐々木久夫
装幀	松田　陽
発行所	株式会社人間と歴史社 〒101-0062　東京都千代田区神田駿河台3-7 電話　03-5282-7181〔代〕　03-5282-7331〔編集〕 FAX　03-5282-7180
印刷	株式会社シナノ

ISBN4-89007-162-8
人間と歴史社ホームページ　http://www.ningen-rekishi.co.jp